软技能2

软件开发者职业生涯指南

[美] 约翰·森梅兹（John Sonmez）◎著

王小刚◎译

人民邮电出版社

北京

图书在版编目（CIP）数据

软技能. 2，软件开发者职业生涯指南 /（美）约翰
·森梅兹（John Sonmez）著 ; 王小刚译. -- 北京 : 人
民邮电出版社，2020.6（2022.9重印）
书名原文：The Complete Software Development's
Career Guide
ISBN 978-7-115-53453-8

Ⅰ. ①软… Ⅱ. ①约… ②王… Ⅲ. ①软件开发－工
程技术人员－职业选择 Ⅳ. ①TP311.52②C913.2

中国版本图书馆CIP数据核字(2020)第029054号

版权声明

◆ 著 [美] 约翰·森梅兹（John Sonmez）
译 王小刚
责任编辑 杨海玲
责任印制 王 郁 焦志炜
◆ 人民邮电出版社出版发行 北京市丰台区成寿寺路 11 号
邮编 100164 电子邮件 315@ptpress.com.cn
网址 https://www.ptpress.com.cn
北京天宇星印刷厂印刷
◆ 开本：800×1000 1/16
印张：32.75 2020 年 6 月第 1 版
字数：662 千字 2022 年 9 月北京第 4 次印刷
著作权合同登记号 图字：01-2018-1401 号

定价：99.00 元

读者服务热线：(010)81055410 印装质量热线：(010)81055316
反盗版热线：(010)81055315
广告经营许可证：京东市监广登字 20170147 号

内容提要

本书是《软技能：代码之外的生存指南》一书作者的新作，主要围绕软件开发从业者职业生涯的发展历程，描述软件开发者在职场中需要具备的各种“软技能”——如何入行成为软件开发者，如何学会第一门编程语言，如何写求职简历，如何准备面试，如何选择工作岗位，如何选择技术方向，如何拓展技术技能，如何与团队和领导融洽相处，如何以著书立说方式为自己在业界赢得赞誉，等等。

本书适合各层次的软件开发者阅读。尽管本书名义上是专门写给软件开发者的，但实际上这也是一本关于管理个人职业生涯以及如何获得成功的书，对软件开发行业的各类从业者做好职业发展规划都很有帮助。

译者序

相信我，翻译一本书是一件很辛苦的事情。辛苦的程度，我觉得可以直接类比 20 多年前我备战考研的历程。

考研和翻译的过程都是很孤独的，既无人陪伴也无人喝彩。考研和翻译的过程都极度烧脑，翻译更胜一筹，其烧脑的程度超过我从事咨询顾问工作 12 年以来完成的任何一个项目。考研和翻译的过程中都需要耐心和静心，拒绝浮躁与焦急。因为这个过程中你会面临许多诱惑，需要你具有良好的自控能力和时间管理能力，对抗各种各样的拖延症以及“懒癌”。

关键是，在这个过程中你随时都会想要放弃。当然了，放弃了也就前功尽弃了。反过来，坚持住也就修成正果了。但修成正果之时也不会有特别的欢喜——考研考上之后，只会想到“哦，这件事情总算有个结果了”；翻译交稿之时也只会觉得“哦，终于翻完了”。

一句话，翻译一本书跟考研一样，都是自己跟自己的死磕。

那么，为什么还要自讨苦吃做这么辛苦的事情呢？对我来说，二者都是为了一个承诺。考研，是为了我在刚刚走入大学校门时对父母做出一个承诺；翻译本书，也是为了一个承诺。

时钟拨回到 2016 年 7 月 19 日，北京，国家会议中心。

在“TiD 2016 质量竞争力大会”的会场上，本书作者 John Sonmez 向全场 2000 名与会者做了题为“Personal Development as a Software Developer”的主题演讲。那天，我给他做现场翻译。

承蒙大会主办方鼎力支持，那天演讲过后特别安排我和 John Sonmez 一起做了《软技能：代码之外的生存指南》中文版的首发仪式，场面相当火爆。

中午休息时，John 和我进行了亲切友好的交流，我们一致认为：除必不可少的技术技能与管理技能之外，还应该从“人”与“人性”的角度为软件开发人员提供更多、更好的关于“软技能”话题的指导与倾向性建议，引导大家围绕“如何让开发人员的生活更加美好”的主题展开深入探讨，让这个主题获得更多业界同仁的关注与共鸣。

火爆的首发仪式让我们充分意识到：《软技能：代码之外的生存指南》这本书恰恰满足了这样的需求，从职业发展、自我营销、自主学习、习惯养成、个人理财、健身和自我修养 7 个方面给予软件开发人员很多优秀的、令人耳目一新又具备高度可操作性的建议和最佳实践。

同时，我们也注意到，《软技能：代码之外的生存指南》一书还是有些许缺憾的——因为必须要关注内容的完整与充分，所以不得不在深入性和专注度上做出一些让步。

John 当即表示，他要再写一本专门论述软件开发人员职业发展的书，探讨作为软件开发人员，如何开始自己的职业生涯，如何有效推进自己的职业生涯，如何令自己的事业蒸蒸日上，如何充分施展自己的才华，大展宏图而不至于因为这样或那样的非智力因素而遭埋没。我当即表示：“John，你的新书一旦付梓，我继续来做中文翻译！”时任人民邮电出版社信息技术分社社长的刘涛先生当即表示：“这本书的中文版，我们出版社买下了。”《软技能：代码之外的生存指南》一书的责任编辑杨海玲立刻跟进：“我继续做这本新书的编辑。”

所以，今天我们 4 个人又聚在了一起，将这本新书《软技能 2：软件开发者职业生涯指南》的中文版呈现在读者的面前。我还要这么说：翻译这本书不仅是我对 John 做出的一个承诺，也是对所有喜欢“软技能”话题的各位同仁所做出的一个承诺。义不容辞！

当然，本书与《软技能：代码之外的生存指南》相比，还是有很多不同之处的。

本书在《软技能：代码之外的生存指南》的基础上，专门就“职业发展”的主题做了很多深入而又富有建设性的探讨。也就是说，《软技能：代码之外的生存指南》关注于“如何让你的生活更加美好”，本书则关注于“如何让你的职业生涯更加灿烂”。

《软技能：代码之外的生存指南》围绕“人”这一核心，用 360 度环状视角描述我们在生活中需要关注的各种“软技能”。本书围绕“软件开发者”这一核心，以一个从业者职业生涯的纵向发展历程的时空关系来描述在职场中所要具备的各种“软技能”——如何学会自己的第一门编程语言，如何准备面试，如何扩展自己的技术技能，如何与团队融洽相处，如何与领导融洽相处，如何以著书立说和为人师表的方式为自己在业界赢得声誉，等等。

就像《软技能：代码之外的生存指南》一样，本书中依然充满了各种各样的技巧：

- 如何遵循职场着装上的“高两个级别”原则；
- 如何成功逆转绩效考核评估结果；
- 如何逃离考核陷阱；
- 如何用“循循善诱”的方式让别人接受你的想法；
- 如何把团队里最能抬杠的“杠精”变成自己的坚定支持者；
- ……

所以，像《软技能：代码之外的生存指南》一样，无论你是初出茅庐的新手，还是身经百战的老将，都可以在本书中寻找到属于自己的如何更好地管理个人职业生涯以及如何促进自己更有效获得成功的内容。

这是因为，在本书中，John 依然坚持“人本”观点，依然笃信软件开发人员不应该只知埋头拉车而不知抬头望路，依然笃信软件开发人员既然能够写得出优质代码那就一定能够打理好自己的生活。

这也是我喜欢 John、喜欢他的书的原因。

于是，一如既往地，我继续承诺：今后如果 John 还有有关“软技能”的新著问世，我依然义无反顾做中文翻译。

译者致谢

一如既往地，首先，我要感谢我的父母。感谢他们对我的教导和晓谕，让我在这个纷繁复杂的世界上没有胡乱地生长。感谢你们，永远的！

感谢我的太太张炜英（Angel Zhang）女士。由于讲师和咨询顾问的身份，我常年穿梭于各大城市的各个客户之间。感谢她为家庭做出的莫大牺牲和贡献，感谢她给予我的支持和鼓励，感谢她从科技英语专业硕士高材生的专业角度为本书所做的审读工作（于是我才敢于把本书拿出来供大家品评）。

感谢本书的责任编辑杨海玲女士。她的宽容和耐心是我完成本书翻译工作的助推器和润滑剂。

感谢我的儿子小 William。翻译本书的历程，恰好跟我给你当好高三学生家长的历程重叠。感谢你在繁忙的学业之余自告奋勇审校了本书的部分书稿，这一年的陪伴让我自己学到了不少。

感谢上海浦东图书馆的所有工作人员。本书的大部分翻译工作是在这里完成的，这里窗明几净的环境和浓郁书香的氛围大大提高了我的翻译效率。

特别鸣谢《疯狂番茄》软件的开发者 SuperElement，以及“番茄工作法”（Pomodoro™）的发明者弗朗西斯科·西里洛。如果没有 Pomodoro™ 这么高效易用的时间管理工具，完成本书的翻译工作将是不可想象的。

最后，但并非最不重要的，感谢《软技能：代码之外的生存指南》的广大读者。正是大家的支持与厚爱让我充满动力翻译完这本《软技能 2：软件开发者职业生涯指南》！

前言

我从未料到，在写完上一本书《软技能：代码之外的生存指南》之后这么短时间内自己又写了一本书。好吧，我想这个周期也不是那么短：《软技能：代码之外的生存指南》一书付梓于 2014 年 12 月，现在这本书搁管自 2016 年夏天。

但是，写完一本书之后，一年半的休息时间似乎并不那么充裕，毕竟写一本书是一项举步维艰的工作。诚然，看到自己的著作摆在自己的书架上，还是颇有些自鸣得意的，但这中间的过程却无法令人心花怒放。

你可能一直都会问自己：为什么一定要再写一本书呢？至少以我的标准来说，为什么要在这么短的时间内另写一本书呢？

这绝对不是一个经济问题，因为有太多种赚钱的方式比花时间写书更加有利可图。这肯定也不是因为我自己热爱写作。诚然，我承认自己享受写作的过程，但是投入大把时间去写作还是一种令人痛苦而非快乐的体验。

它既不会让我赚很多钱，又会占用我大量的时间，那么我为什么还要再一次踏上这自讨苦吃的旅程呢？ 好吧，主要是因为我不得不又开始写作了。

当我浏览为软件开发者编写的所有书时，我发现没有一本书可以事无巨细、面面俱到地告诉软件开发者如何开始自己的职业生涯，如何推进自己的职业生涯，如何令自己的事业蒸蒸日上，以及为了尽可能地获得成功，他们究竟需要知道些什么。

在我的 YouTube 频道上，来自世界各国的软件开发者，无论男性还是女性，无论年轻人还是老年人，无论经验丰富的老手还是初出茅庐的菜鸟，都在问我各种各样与软件开发相关的“软”话题。例如：

- 作为一名软件开发者，我该如何起步？
- 我该如何培养自己的技术能力？
- 我该如何谈判薪水？在合同制员工和正式职员之间我该如何选择？
- 我该如何跟我的老板、同事打交道？我该如何对待职场偏见？我该如何跟技术女性打交道？我该如何成为一名技术女性？
- 我真正需要知道什么？又该如何学习它们？

- 大学学历教育、编程训练营还有自学成才，该选哪一种？
- 我如何找到一份工作？如果没有经验，我该怎么办？
- 我怎样才能通过面试？
- 身在职场我该怎样穿着？
- 我怎样才能推动自己的职业发展提升到一个新的水平？

我还可以罗列很多很多。

坏消息是，我也没有找到一个特别的资料来回答所有这些对软件开发者至关重要的问题；好消息是，你现在手握的这本书恰恰就是这样的资料。

因此，尽管我对写一本书仍然心有余悸（特别是在这么短的时间内，至少我自己认为是非常短的），我还是打定主意写了这本书，不是因为我一定非写不可（好吧，我承认对于重新开启写作生涯自己还是有些技痒的），而是因为我坚信，当你发现某些东西是人们翘首以盼的，那么你要么把它找出来，要么把它创造出来。

对于上述所有问题，我无法找出答案，因此我要创造出答案！

我希望你能和我一起，再一次一路同行。

John

这本书是为我量身定做的吗

也许你现在刚好正在关注自己的事业发展，于是你被本书的封面所吸引，于是你捧起了它（或者在电子设备上点开了它）。

你在走马观花般浏览本书的时候一定会自问：“这本书是为我量身定做的吗？”别担心，尽管我对你一无所知，但是我可以向你保证：我写这本书真的是为了你。

“怎么可能？”你问道，“毕竟，你甚至连我会不会读这本书都不知道。”好吧，其实我知道你会读它，因为如果你不读，此时此刻，我的这些文字也不会在你的脑海中发出奇妙的声音。我还知道另一件关于你的事，那就是我们都很有幽默感，或者，至少你可以包容我的幽默，因为到现在你仍在勉为其难坚持阅读这本书。

好了，在我让你感到索然无味之前，在你把本书放回到书架上或者关掉阅读器之前，我想我还是应该郑重其事一些，讲点儿正经事儿：不管你在自己的软件开发生涯中处于何种位置，这本书对你而言都不无裨益。

对于喜欢快速切入主题的人士，请允许我将你快速归类为以下三类读者中的一类，这样你可以快速接触到本书中对你最有用的内容。

初学者或者只是对学习软件开发感兴趣的人士

如果你刚刚开始学习软件开发/编程，或者你已经学了一些但还没有找到属于自己的第一份软件开发工作，那么本书的前两篇将对你有很大的帮助，在这两篇中我将讨论如何开启软件开发的职业之旅，以及你该如何获得第一份工作。

本书的其余部分将有助于你发现妨碍自己成为成功的软件开发者的知识短板，使你能从容有效地推进自己的职业生涯，并在职场里茁壮成长。

就像我所预期的那样，你还会在本书中找到其他任何关于软件开发的书里不会论及的相关主题，例如，在起步阶段如何拨开迷雾，开启正确的编程人生，如何学习第一门编程语言，以及如何在大学学历教育、编程训练营和自学之间做出正确的选择。

中级开发者

第三篇“关于软件开发你需要知道些什么”可能对你的帮助最大！这篇的内容将有助于你发现自己的知识短板，帮助你积极有序地管理自己的职业生涯，让你在职场上屡战屡胜。

但这并不意味着你可以忽略本书的第一篇“入行成为软件开发者”。因为，即使你已经通晓如何编程，你也可能会在第一篇中学到如何进一步拓展和掌握新的技术技能，如何学习新的编程语言，以及如何申请职位、制作简历和谈判薪酬。

如果你对如何发展自己的职业生涯兴趣盎然（其实你真应该如此），你会发现本书的最后一篇“推进你的职业发展”也是很有用的。

身经百战的专业人士

我知道，你已看穿一切。

你并不需要一本入门书来告诉你一些能够开启软件开发职业生涯的所谓“热点”知识，也不需要别人告诉你什么是源代码控制，更不需要别人的洞察力来帮你决策应该去大学深造还是应该去编程训练营精进。

真的，这一切我都知道。但是，相信我，这本书仍然是适合你的。下面我就来解释一下原因。

首先，这本书大约有一半的内容是专注于如何拓展和推进你的职业生涯的。尽管你已经在这一行浸淫许久，尽管你已经看起来功成名就（祝贺你），你还是可能会在本书中发掘到一些有益的东西：如何更好地与同事和老板相处，如何推销自己的想法，如何做好向上管理，甚至如何获得升值加薪。

如果你还没有对上述技巧驾轻就熟，你很有可能会在自己的软件开发职业生涯中遇到所谓的“玻璃天花板”的问题，即你感觉不到自己能取得更大的进步。

这种无奈我感同身受。因为在我的职业生涯中，该经历的也都经历过了[①]。幸运的是，我已经用我的头击破了那层玻璃天花板，所以我可以教你如何打造个人品牌，如何在行

① 此处原文为“Been there, done that, got the T-shirt.”。这是一句美国俚语，原意是指美国人的一种旅游习惯，到一个旅游景点之后通常买件 T 恤衫纪念一下，例如，去了纽约就来件上面印有“I love NY”字样的 T 恤衫。此处取其引申含义“该经历的都经历过了”。——译者注

业峰会上争取到发言机会，如何启动兼职项目……

另外，尽管本书开始的几篇看起来有点小儿科，但你仍然可以获得一些有用的信息：如何学习技术，如何获得高薪工作，如何谈判薪水，如何在合同制工作和正式职员之间做出选择。

还有，你也会去指导其他开发者，不是吗？如果对于如何起步迈入这一行你有一些好的建议，写下来给他们，那不是一件好事吗？

因此，我再说一遍，这本书就是为你而作的，不管你是谁。我甚至敢冒天下之大不韪，大胆地说：即使你对软件开发没有丝毫兴趣，你仍然可能会从这本书中获益，因为，虽然这本书名义上是专门写给软件开发者的，但是实际上它也是关于管理个人职业生涯以及如何获得成功的。

如果你已经意识到了这一点，那这本书就真的是为你量身定做的。因为，很明显，你喜欢我，而且，你知道吗？我也喜欢你。

目录

第 1 章　整装待发：写在开篇的话　1
本书的写作目的　1
本书的目标　2
如何使用本书　3
反复阅读与付诸实践　3

第一篇　入行成为软件开发者　5

第 2 章　跬步千里：如何入行　7
我是如何入行的　7
了解专业　8
理解问题　9
设计　9
写代码　10
测试和部署　10
不只是写代码　11
做好计划　11
把计划组合在一起　11
制订计划　12
谁想当运动员　12
具体示例　13
第 3 章　傍身之技：你需要具备的技术技能　16
安身立命的本领　16
一门编程语言　17

如何结构化代码 17
面向对象设计 18
算法和数据结构 18
开发平台及其相关技术 20
框架或者栈 20
数据库基础知识 21
源代码控制 22
构建与部署 22
测试 23
调试 23
方法论 24
感到不知所措？千万不要 24
第 4 章 格物致知：如何拓展技术技能 26
学习如何快速学习 26
基本过程 27
做中学 28
如何做中学 29
做中学的示例 29
我是怎样教别人技术技能的 30
阅读专家写的东西 32
重要的事情说三遍：实践，实践，实践 32
第 5 章 无问西东：到底应该学哪门编程语言 33
编程语言其实并没那么重要 33
选择编程语言时的考虑因素 34
第 6 章 蹒跚学步：如何学好第一门编程语言 39
从查看一款实用的应用程序开始 39
寻找好的资源或书并浏览它们 40
学习如何创建“Hello World” 41
学习基本结构并用实际问题检验学习效果 41
了解语言的功能特性和库之间的区别 42

通过理解每一行代码来检查现有代码和工作 43
构建某个程序，构建很多程序 44
将编程语言应用于特定的技术或平台上 44
通过解算法难题来精通这门语言 45
第7章 巍巍学府：通过上大学深造成为软件开发者 47
优势 47
劣势 50
策略 53
第8章 躬行实践：通过参加编程训练营成为软件开发者 56
什么是编程训练营 56
优势 57
劣势 60
策略 63
第9章 自学成才：通过自学成为软件开发者 66
自学编程的优点 66
自学编程的缺点 69
策略 71

第二篇 找到一份工作 75

第10章 初出茅庐：怎样获得实习机会 77
什么是实习 77
我该拿报酬吗 79
怎样获得实习机会 79
如何成为优秀的实习生 81
如何从实习人员转变为正式员工 82
第11章 柳暗花明：没有经验要如何找到工作 83
公司在雇用软件开发者时面临的最大风险 83
屏蔽这些风险 84
在网络空间里崭露头角 85

善打组合拳 85
创建自己的公司 87
面试准备 88
建立人脉 88
无偿工作 88
主动提出做一个小项目 89
先做其他工作 90
获得认证 91
持之以恒 91
第 12 章 独辟蹊径：找工作时的创新思维 93
传统的方法，也就是千篇一律的方法 94
独辟蹊径 98
第 13 章 移樽就教：怎样写简历 104
不要自己写简历 105
挑选简历写手 106
与简历写手协同工作 107
一份优质简历的构成要素 107
自己动手写简历 109
第 14 章 锦囊妙计：面试过程 114
不同类型的面试 115
面试中你需要知道的 119
面试技巧 121
第 15 章 唇枪舌剑：关于薪酬谈判 126
了解你的薪资范围 126
拿到录用通知书 127
讨价还价 131
定位 132
谁先出价谁输 133
不要害怕还价 134
一切都是可以谈判的 135

不要屈服于时间压力　136
面临多重选择　137
第16章　山高水长：要离职该怎么做　138
离职的时机　138
怎样离职　140
世界出乎意料的小　143
第17章　半路出家：如何转行成为软件开发者　146
中途转行的优势　146
不利因素　147
怎样实现转行　148
第18章　遇水叠桥：如何从质量保证或者其他技术角色转型为软件开发者　151
将面临的最大障碍　152
把目标公之于众　153
寻求机会　153
自己创造机会　154
利用自己的时间　154
遇水叠桥　155
换一家公司　156
我的最后一条建议　156
第19章　掎摭利病：合同制员工与领薪制正式雇员之间的比较　157
合同制员工的类型　158
领薪制的工作　160
金钱　160
详细分析合同制岗位的所谓“小时工资”　161
为什么合同制员工可以得到更多的报酬　162
其他福利待遇的价值　162
工作环境　163
其他考虑因素　164
第20章　去梯之言：招聘行业运作的秘密　166
招聘人员和招聘机构的类型（及其获利模式）　167

对你而言这些意味着什么 170

第三篇 关于软件开发你需要知道些什么 175

第 21 章 走马观花：编程语言概述 177
C 177
C++ 178
C# 178
Java 179
Python 179
Ruby 180
JavaScript 180
Perl 181
PHP 181
Objective-C 182
Swift 182
Go 183
Erlang 183
Haskell 183
忽略细节 184

第 22 章 知难而进：什么是 Web 开发 186
简短的概述 187
Web的工作机理 187
Web 简史 188
主流的 Web 开发技术 190

第 23 章 蓬勃发展：移动开发 195
什么是移动开发 196
主流移动开发平台 196
移动开发是如何完成的 198
移动 Web 应用 201
移动开发的注意事项 201

第 24 章 幕后英雄：后端开发 202
后端开发的确切定义 202

后端开发者都做些什么 203
后端开发中的主要技术与技能 203
全栈开发者怎么样 204
总结 205

第25章 游戏人生：游戏开发者的职业生涯 206
一项忠告 207
选择正规教育 207
必备技能 208
为大型游戏工作室工作 209
成为独立游戏开发者 210
资源和建议 211

第26章 事无巨细：数据库管理员与DevOps 212
数据库管理员 213
数据库需要呵护与照料 213
我需要成为数据库管理员吗 214
DevOps：一个全新的角色 215
运维：过去我们是怎么做的 215
什么是DevOps 216
这对你意味着什么 216

第27章 高屋建瓴：软件开发方法论 218
传统的瀑布式 219
你讨厌SDLC吗 219
敏捷 221
其他方法论和非方法论 228

第28章 层层设防：测试和质量保证基础 229
测试背后的基本思想 230
常见的测试类型 230
测试过程 234
敏捷团队如何开展测试工作 235
测试与开发者 236

第 29 章 源头把关：测试驱动开发与单元测试 237
单元测试应该是什么 238
有时被称作“单元测试”的又是什么 239
单元测试的价值 240
什么是测试驱动开发 241
测试驱动开发的目的是什么 241
测试驱动开发的典型工作流 242
以上还只是皮毛 243
第 30 章 清清爽爽：源代码控制 245
什么是源代码控制 246
为什么源代码控制如此重要 246
源代码控制基础知识 247
源代码控制的技术 250
最流行的源代码控制概览 252
第 31 章 步步为营：持续集成 254
以前构建代码是怎么做的 255
构建服务器应运而生 256
持续集成闪亮登场 257
持续集成的典型工作流程 258
持续集成服务程序与软件 261
第 32 章 火眼金睛：调试 263
什么是调试 264
调试的第一条规则：不要使用调试器 264
重现错误 265
坐下来思考 265
检验你的假设 266
检查你的前置条件 267
分而治之 268
要修复 bug 应了解其产生的原因 268
艺术与科学 269

第 33 章 日臻完善：代码维护 270
你职业生涯的大部分时间都要花在维护代码上 270
伟大的开发者都会编写可维护的代码 271
童子军军规 272
第一重要的是代码的可读性 272
重构代码使其更优秀 273
自动化是必不可少的 274
要写注释，一定要写好 274
学习编写可维护代码的资源 275
第 34 章 实至名归：工作岗位与头衔 277
头衔其实没那么重要 277
但要尽力得到最好的头衔 278
一些常见的头衔 278
有一种头衔要避开 279
基本角色或工作 280
大型科技公司里的头衔 281
关于头衔还有相当多门道 282
第 35 章 多姿多彩：软件开发者的工作类型 283
编写代码 283
修复 bug 284
设计和架构设计 284
开会 285
学习 285
实验与探索 286
测试 286
思考 286
与客户/利益相关人打交道 287
培训/辅导 288
就到这里吧 288

第四篇 软件开发者的日常工作 289

第 36 章 和而不同：与同事的相处之道 291
第一印象 292
尽己所能帮助别人 293
置身戏外 293
但对于冲突也不用逃避 294
政治与宗教 295
无所事事的同事 295
喋喋不休的同事 297
有毒人群 298
还有哪些状况 299

第 37 章 顺势而为：与老板的相处之道 300
了解你的老板 300
“责任在我”的认知 301
如何让老板的工作更轻松 302
坏老板 303
你不是总能选择老板 309

第 38 章 协力共进：与质量保证人员的相处之道 310
质量保证人员并非敌人 310
你要知道测试什么 311
要自己先测试一下自己的东西 312
避免陷入“发现 bug/修复 bug”的连环套中 313
帮助测试人员实现自动化测试 313
遇到差劲的测试人员怎么办 314

第 39 章 等量齐观：工作与生活的平衡之道 315
工作/生活平衡就是一个神话 315
加班毫无益处 317
但没有借口不努力工作 317

要先让自己有收获 318
把照顾好自己放在首位 318
谨慎选择你的人际关系 320
活在当下 320
真正的工作/生活平衡 321
第 40 章 并肩作战：与团队协作之道 322
团队一荣俱荣一损俱损 322
团队拥有共同的目标 323
对团队负责 324
沟通与协调 325
要坦诚也要机智 325
第 41 章 谠言嘉论：推销自己的想法 327
推销自己的想法为何如此重要 328
不要争论 328
具有说服力 328
循循善诱 329
清晰地沟通 330
借势权威 330
树立权威 330
好为人师 332
勤于练习 332
第 42 章 衣冠楚楚：着装之道 333
外表很重要 333
着装高出两个级别 335
追随领导 336
魅力与矛盾 337
着装可以改变个性吗 338
象征社会地位的符号 338
发型、化妆和基本卫生 339
要是我不在乎呢 339

第 43 章 谋事在人：安然渡过绩效评估 341
我是如何逆转对我的绩效评估结果的 341
提早着手准备 342
要有明确的目标并使其为人所知 343
跟踪和记录自己的进展 344
构建证据链 344
必要时要申诉 345
给自己打分的陷阱 345
同事之间互相打分 346
员工排名制度 347
第 44 章 光明磊落：应对偏见 349
要接纳人们无意识的偏见与陈规成见 350
给自己最好的机会远离偏见 350
不要让自己与世隔绝 352
对自己要有信心 352
尽可能无视它 353
不能无视就举报 354
偏见糟透了 355
第 45 章 身先士卒：身为领导之道 356
什么是领导力 357
如何做高效能的领导者 357
成为所有领域的楷模 358
让自己承担最大的责任 358
要对团队负责 359
相信自己的团队，合理授权 360
身先士卒 361
第 46 章 前程似锦：如何获得提拔与晋升 362
总是选择职责而不是薪酬 363
采取主动 364
投资对自己的教育 364

把自己的目标公之于众 365
让自己在公司之外更有价值 366
成为资产 367
询问具体数字 368
不要制造威胁 368
不要谈论你为什么需要钱 369
如果一切都失败了就去别处 369

第 47 章 巾帼英雄：科技女性 371
陈规成见和污名 372
男人为什么骚扰女人 372
给女性的忠告 374
给男性的忠告 378
衷心希望本章内容能帮上忙 382

第五篇 推进你的职业发展 383

第 48 章 名满天下：建立声望 385
名满天下的益处 386
风格造型与真才实学相辅相成 387
打造个人品牌 388
如何名扬四海 389
为他人创造价值 391
一切都需要时间 392

第 49 章 广结善缘：社交与人脉 393
拓展人脉的错误方式 393
拓展人脉的正确方式 394
到哪里去拓展人脉 395
创建和掌管一个团体 397
拓展人脉并不困难 398

第 50 章 与时俱进：让自己的技能跟得上时代 399
没有计划也是计划，只不过是一个蹩脚的计划 399
阅读博客 400
读书 400
挑选一样新东西去学习 401
学习的质量 403
参加活动 403
阅读新闻 404
大量编写代码 404
不要让自己太安逸 405
第 51 章 行家里手：做专才还是做通才 406
专业化的力量 406
为了做到专业化，必须有广泛的基础 407
这一切都与 T 形知识体系有关 408
每个人都说在寻找通才 408
今天，你甚至没可能成为通才 409
如果我选择的专攻方向是错的该怎么办 409
所以该怎么办 410
第 52 章 传经布道：演讲和参加会议 412
参加会议 412
演讲 414
走出去实践吧 421
第 53 章 笔耕不辍：创建博客 422
为什么博客仍然是最好的选择 423
怎样创建博客 424
选择一个主题 425
怎样撰写博客文章 426
坚持不懈的力量 427
引流 428
找到你的声音 430

坚持写下去 431

第 54 章 海阔天空：做自由职业者和创业 433

你确定要走这条路吗 434

什么是自由职业 435

如何迈出第一步 435

不是说有轻松的方法吗 436

如何设置收费费率 437

创业 440

第 55 章 策马扬鞭：职业发展路径 446

三类软件开发者 446

职业开发者的选项 448

穿越“玻璃天花板” 451

做管理还是搞技术 451

要一直思考“我要去哪里” 452

第 56 章 未雨绸缪：工作稳定性与工作保障 454

没什么是稳定的，不过没关系 454

工作保障并非来自囤积知识 455

取而代之，要做完全相反的事 456

用能力代替稳定 457

建立自己的安全防护网 457

拥抱不确定性 459

第 57 章 学无止境：培训与认证 461

证书物有所值吗 461

John，为什么你还拿了那么多证书 462

怎样获得证书 463

培训怎么样 463

都有哪些类型的培训 464

充分利用好培训机会 466

让雇主为你支付培训费 467

做培训讲师 468

关键在于你投入了多少精力 469
第 58 章 乐此不疲：兼职项目 470
兼职项目应该常伴左右 471
挑选一个兼职项目 472
让兼职项目服务于至少两个目标 473
整装待发 475
坚持不懈 476
成为终结者 477
从兼职项目中赚钱 478
勇敢迈出第一步 479
第 59 章 开卷有益：推荐阅读的好书 480
关于写出好代码的书 481
必须知道的书 482
处理既有代码的书 482
培养自己成为优秀开发者的书 483
厚植自己人文素养的书 484
深入挖掘类的书 485
娱乐消遣类的书 487
励志类的书 488
读书吧，我的朋友 489
第 60 章 余音袅袅：结束语 491
最后一个请求 493

第1章

整装待发：写在开篇的话

毫无疑问，本书卷帙浩繁。最终成稿的时候我统计过，英文原文总共20.2万个单词。真的是篇幅巨大。因此，我想我应该先跟你解释一下，*为什么这本书有这么多字*，以及*你如何才能充分利用好这本书*。

初出茅庐的新手，拥有几年经验的行家里手，或者饱经风霜的专业人士，不管你身处自己职业生涯的哪个阶段，本书的各个章节都会给你带来或多或少不尽相同的感受，甚至有些章节你会想着不断去重温回顾。

本书的写作目的

你可能想知道：*为什么我决定写作如此特别的一本书*。（在前言里我已经简要地提到过，但在这里我想再重复一下。）

我的博客和YouTube频道上的读者最常询问我的问题就是：如何开启软件开发的职业生涯？如何拥有成功的职业生涯？从没有找到一本完整的手册能够教导羽翼未丰的新开发者或者经验丰富的老开发者如何真正优化自己的职业生涯，以及如何应对投身这个行业之后那些无法回避的问题。

在《软技能：代码之外的生存指南》的职业篇中，我简要提到了一些这方面的话题，但我觉得，更深入地论述该主题兹事体大，且必不可少。

因此，与《软技能：代码之外的生存指南》一书关注软件开发者的整个生活（包括一个人的职业规划）不同，*这本新书只专注于职业生涯发展*。

在设计上，本书自成一体，所以你不是一定要读过《软技能：代码之外的生存指南》一书或者其他书籍才能最大限度地利用这本书，要阅读这本书，你甚至不需要拥有任何软件开发经验。

本书的目标

首先，我想要帮到那些新入行的软件开发者，让他们了解让自己在这个纷繁复杂而又荆棘密布的行当里初露锋芒所需了解的所有重要的东西。

我想给这些新进软件开发者提供关于这一领域所有重要方面的资源，让他们了解他们所需要知道的知识，并向他们展示获得自己第一份工作的最佳途径。在我看来，这些内容都是软件开发者在“菜鸟”阶段所要面临的最重要的挑战。

其次，我想要帮到已经成为软件开发者的人们，帮助他们弥补自己的知识短板（就他们的职业生涯而言），并为他们提供一些关于如何以一个软件开发者的身份工作与生存的指导。我将讨论如何平衡生活和工作，如何与团队一起工作，开发者如何推销他们的想法，如何获取加薪和升职，以及如何处理领导力与偏见等问题。

最后，不管是处于职业生涯中哪个阶段的软件开发者，我都想帮助他们将自己的职业生涯提升到更高层次。我将讨论如何在软件开发行业建立声望，可供软件开发者选择的不同的职业发展路径，以及软件开发者应该阅读的书籍。我将介绍一些有助于你进入更高层次以及成为卓越开发者的兼职项目、行业峰会与其他主题。

本书的所有内容仍然可以归类为“软技能”，因为我会更多地谈论你需要知道的东西，以及从理论上讲解行动项，而不是单纯地讲如何去做。

我坚信，在我们的周围以及我们的行业中仍然缺乏这种智慧，我坚信学习软技能比学习某一种特定的编程语言或框架具有更隽永的价值。

本书分为以下 5 篇，就像我在《软技能：代码之外的生存指南》一书中所采用的结构一样，每篇都由若干规模较小的章组成：

- 入行成为软件开发者；
- 找到一份工作；
- 关于软件开发你需要知道些什么；
- 软件开发者的日常工作；
- 推进你的职业发展。

本书的主要目标就是：不管你身处软件开发职业生涯的哪一个位置，你都可以从本书中获得一些东西，这些东西将帮助你的软件开发职业生涯跃迁到更高水平。

如何使用本书

应该如何使用一本书似乎是显而易见的事情。

使用一本书（如这本书）最实用的方法，就是把它拿起来开始阅读。（当然，如果你有一本印刷版的纸书，而且它又足够厚实，你还可以利用它来垫高你桌上的显示器。）

阅读本书的时候，你当然可以一口气从头读到尾，我想这也是大多数人会选择的阅读本书的方式。但是，你也可以选择一章一章或者一篇一篇跳着阅读的方式。

假设你刚刚开始投身于软件开发工作，甚至你还没有真正学会编程，在这种情况下，选择从本书的第一篇“入行成为软件开发者”开始阅读，获益最大，因为这一篇的内容与你关联度最大，碰巧它也是本书的第一篇“入行成为软件开发者”。

假设你已经有一份软件开发的工作，已经具备了好几年的编程经验，你可以直接跳到第四篇“软件开发者的日常工作”或者第三篇“关于软件开发你需要知道些什么”。

或者你只是对如何推进自己的职业生涯感兴趣，在这种情况下，选择直接跳到第五篇“推进你的职业发展”将是最审慎的行动策略。

同样，本书中的每一章都是独立成文的。因此，你也可以通过浏览目录来选择哪些章适合你，或者可以用来回答你当前以及未来的各种问题。本书之所以设计成这样，是因为我知道，软件开发者所面临的情况和问题在职业生涯的不同阶段会发生改变。

当你刚入行的时候，你想学习如何开始，但也可能你想要获得一些关于学习新的编程语言或者新技术的建议。

你现在可能并不需要立刻工作，也不需要去谈判薪水，也没有机会去和一位令你讨厌的同事或者老板打交道，但是将来的某个时候，这些章的内容可能会与你当时的处境息息相关。以前，当我想回看某本书的某一部分时，我总是感到沮丧，因为我记不起它们在哪里了，它们湮没在其他章中去了。

因此，我努力试图让本书既可以被直接阅读，也可以成为你软件开发职业生涯的参考手册。

反复阅读与付诸实践

现在，在跳到第 2 章的实际内容之前，我来说说关于如何使用本书的最后一点。最重要的一点是，*如果你不将我在这里写的内容付诸实践，那么这本书其实对你并没有多大用处。*

喜欢读书是一件好事。但是，即使你对书中作者的观点完全同意，但却不把学到的东西应用到自己的生活当中，那它就没多大用处。

不要给自己太大压力，也不用做大量笔记，更不用时刻告诫自己"在每一章的结尾都要做做练习"，或者强迫自己每天都要应用学过的东西。我会给你一种更加简单易行的方法——我自己使用的方法。

反复阅读

如果你真的想改变自己的行为，把那些优良原则和最佳实践应用在自己的生活当中，最好的一种方法就是让你的大脑包裹与萦绕在你想要融入生活的思想与观念之中。

做到这一点的最好的方法之一就是反复阅读。这是一种低压力的吸收和应用信息的方式。我自己一直也是这么做的。有几十本书我读过很多很多遍，因为我的事业和生活从中受益良多，我真的想把这些书中的理念与哲学内化为自己意识的一部分。

因此，我非常鼓励你不断重复阅读这本书，特别是那些与你的现实情况关联度最大的内容，你甚至可以在日历上设置一个提醒，以一年或者其他你认为最有利的时间间隔再次阅读这本书。

付诸实践

除非你开始采取实际措施并付诸行动，否则我要和你分享的所有想法和策略对你或你的职业生涯都不会有任何益处。

为了尽可能简化"付诸实践"这件事，我把所有可用的资源集合起来，打包并称之为"软件开发者职业发展规划完整指南数字化工具箱"（可以 Simple Programmer 网站下载）。

这个"工具箱"里包含了一个个循序渐进的、可一步步操作的过程，例如，快速找到软件开发工作（即使在你没有任何经验的情况下）、备战软件开发工作的面试、赢得上司的青睐和同事的尊重、可以帮你捕获并杀掉讨厌的 bug 的"调试检查单"……

我真诚地希望，伴随着你的事业蒸蒸日上，伴随着你展翅高飞，本书能为你带来源源不断的价值。

好了，我们开始吧……

第一篇

入行成为软件开发者

"如果你有一个梦想，你可以穷尽一生的时间去研究、去策划、去着手准备。

然而，实际上你最应该做的却是脚踏实地马上开始。"

——安德鲁·豪斯顿①

迄今为止，关于软件开发我最常被问到的问题就是："我该怎样入行呢？"

在生活中，真正开始做某事的最大障碍无外乎"如何起步"。阻拦你成为你想成为的样子的最大障碍也是"如何起步"。无论是开启一项新的健身教程，还是着手开始马拉松训练，乃至于写书、创业，以及更具体的编程，最大的障碍都莫过于"如何起步"。

浪费无数的时间来争论你应该做什么事情易如反掌。与实际操练相比，读书和学习也如探囊取物一般简便。思考永远要比实际迈出去哪怕一步都要简单，无休止的争论应该采取什么步骤也要比实际行动容易。但是，秘诀就是，你需要

---

① 安德鲁·豪斯顿（Andrew W."Drew"Houston）毕业于麻省理工学院计算机科学系，是著名的互联网企业家、云存储行业 Dropbox 公司的创始人和首席执行官。Dropbox 公司被称为硅谷 TOP20 的初创型企业。——译者注

亦步亦趋、循序渐进。

你只需鼓起所有的勇气并下定决心，你需要努力告诫自己："我已经逡巡犹豫太长时间了，我已经夸夸其谈太多话语了。我已经有一个计划了，虽然可能不是最好的，但是我要竭尽全力去完成它。"一旦你这么做了，你就已经在路上了。

在你知道这一点之前，你要回望一下来时走过的路。你现在已然是一览众山小了，不需要抬头仰望星空。但是，在做到这一点之前，你确实需要有一个计划。

许多有志于成为软件开发者的人士拒绝迈出这坚定的第一步。还有很多有志于成为软件开发者的人士在迈出这一步时又显得太过于随心所欲了，他们任何准备都没有，也没有制订任何计划，凭着一股子勇气就纵身跳入这前途未卜的地方。

在本书的第一篇"入行成为软件开发者"中，我们将着重介绍作为软件开发者的入门级基本知识。我们将讨论如何制订一份成为一名软件开发者的切实可行的计划——在代码的世界里遨游需要学习哪些的技术技能，以及如何具备这些技术技能。我们还将介绍应该从何种编程语言入手，以及学习编程语言的最好方法，是自学、参加编程训练营，还是通过传统的大学教育。

在本篇，我的目标是让你熟知如何入行、如何制订一份切实可行的计划，以及如何实施计划、何时实施计划。

即使你已然是一名软件开发者，你仍然可能会认为这部分内容很有用。它可以帮你弥补自己的知识短板，更好地规划自己的职业生涯，以及决定如何在软件开发这一行里做好继续教育。（你也可以把这些有用的知识传授给你认识的还在为进入这一行而努力奋斗的人，作为对他们的指导。）

另外，你一定想下载本书附赠的"软件开发者技能评估"（Software Developer Skills Assessment）工具（Simple Programmer 网站上可下载）。有了这个工具，你可以快速找到并缩短自己的技术差距，成为一名不负众望的软件开发者。

我可以向你提供关于软件开发的所有建议和信息，我也可以告诉所有你应该遵循的路径，但在你自己坚定地迈出第一步之前，这一切都是水中花镜中月。

正如我说过的那样，你必须要相信这个过程。那么，让我们一起开始吧。

第 2 章

跬步千里：如何入行

当我刚刚入行成为一名软件开发者的时候，我对自己所要从事的工作一无所知。我那时非常沮丧。我觉得这份工作没什么意思，我甚至都不认为我是“得到了一份工作”。我之所以告诉你这件事，原因在于：如果你已经捧起本书探求答案，你对这种感觉一定似曾相识。

别担心，这很正常。事实上，这也很自然。

让我说得直白一些：想成为一名软件开发者，你其实并不需要是个天才，甚至都不需要必须拥有平均水平以上的智商。

当你刚进入软件开发领域的时候，你要么感觉不知所措，要么感觉就像脚踝上绑好重物然后跳入万丈深渊，你或许做错了什么，或许你根本就不是人类，也许两者兼具。

无论如何，当你进入软件开发行业的时候，你应该想到这一行的艰辛和困惑，但你却没有想到——我打赌。

我是如何入行的

我还记得自己最开始自学编程的时候，并没有像今天这样拥有那么多的资源。事实上，我任何资源都没有。

我下载了一个流行的 MUD 游戏[1]的源代码（这是一个多用户版本的“地牢围攻”游

---

① MUD 游戏，即多用户虚拟空间游戏（Multiple User Domain），也有人称为多用户地牢（Multiple User Dungeon），或者多用户对话（Multiple User Dialogue），是文字网游的统称，也是最早的网络游戏，没有图形，全部用文字和字符来构成。第一个 MUD 多人交互操作站点在 1979 年建立。（以上摘编自百度百科）——译者注

戏，类似于《魔兽世界》，但没有图形只是文字）。是的，那是在遥远的“使用调制解调器拨号到BBS系统”的年代。

我甚至不知道我在看的东西到底是什么。我所知道的就是，我想创建一个属于自己的MUD版本，添加我自己规划的功能，并且最关键的是，我还要把这一功能掩藏在一堆奇奇怪怪的字符串之中。

刚开始我把一切搞得一片狼藉。我修改了变量的值，我搜罗了一些据说能够给对手致命一击的“秘籍”代码。我拿来改了改，重新编译了MUD，看看会发生什么事。有时我能得到我想要的结果，有时干脆编译都通不过。伴随着观察怎样做会行之有效而怎样做又一无是处的过程，我学会了。尽管我还是不知道我在做什么，但是在“摆弄”这些代码一周左右的时间后，我居然创建了一个MUD游戏的新版本，这个新版本中居然真的包含了一些我自己做的功能。

在成为一个专业高效的程序员的漫漫长路上，这只是一个开端，而我们每个人都需要一个开端。

我之所以告诉你这个故事，是因为直接动手做要比捧起一本教科书、走进大学或者参加编程训练营……都要重要得多。“千里之行，始于足下”，我相信这才是踏上编程之路的正确方式。你必须做些小打小闹的修修补补的工作，看看怎样是可行的，怎样又是“此路不通”的。我确信这才是学习的最佳方式。（参见《软技能：代码之外的生存指南》之“十步学习法”。）

但是，*学习编码与学习“如何开启软件开发的职业生涯”是截然不同的两件事情*。你的确需要学习如何编程，但软件开发远远不止编程。本章恰恰是关于编程之外的内容。

了解专业

首当其冲，你需要知道关于开发软件的一些东西。这比你想象的更容易，也更困难。

本书的有整整一篇内容都在论述“关于软件开发你需要知道些什么”，但是这里我只是给你一个快速浏览。

软件开发不仅仅是编程。编程是其中的一个重要部分，但是如果只知道如何编程，你不会走得很远；尤其是当你想在这个领域中脱颖而出的话。

大多数软件开发项目背后的想法其实就是要*把一个手工的过程自动化*，或者换句话说，就是要创建一种新的自动化方式来做一些对于手工操作而言过于困难的事情。

看看我，我现在正在使用的字处理软件Google Docs写这本书。如果我不用Google Docs或者其他字处理软件来输入本章的文字，那我只能选择使用打字机，或者干脆完全手写。如果我想编辑好文档格式然后打印出来，那我只能一个字符接着一个字符地手工排版好，然后才能打印。如果我想修改一些错误，尤其是拼写错误，那我得在手边放上一整瓶的涂改液（可能还需要一瓶威士忌）。

如今，不仅有 Google Docs，还有一系列硬件和软件程序能够帮助我自动化打字以及手写全书的过程。我想你已经明白了这一点。因此，请允许我向你强调一个核心概念，在踏上软件开发的职业生涯早期你就应该了解的一个概念，越早越好：*在自动化某一个过程之前，你必须知道手动完成这件事情的全过程。*

理解问题

太多拥有雄心抱负和丰富经验的软件开发者在试图编写一个软件时并不完全理解这个软件应该做什么。他们想直接跳进去编码。（在 MUD 游戏的例子中，这个方法兴许还不错。但它并不适合用来创建软件产品。）显而易见的，你比他们更聪明，因为你正在阅读本书。

*软件开发的过程往往都是从对问题的透彻理解开始的。*也就是，你需要自动化些什么？

不同的软件开发方法论在解决这方面问题时都有不同的方法，但是这个问题现在还不是最重要的。当下，关键点在于，在某种程度上，你必须收集一些需求，借此建立对要解决的问题的理解，然后才开始编写代码。

这个过程可以很简单，只需要与潜在客户交流一下，讨论需要构建怎样的系统、它应该如何运行，也可以很正式，创建一份完整的需求规格说明书文档。

设计

只有理解了问题之后，你才可以构想出设计方法，也就是，问题如何以代码的方式来解决——注意，这个过程依然发生在编写代码之前。

你可以将这个过程看成是构建代码的架构蓝图。同样，不同的软件开发方法论实现该过程的方法多种多样，但最重要的是，*在着手开始编码之前，你需要做出某种程度的设计。*

这条规矩同样适用于大规模软件开发与小规模软件开发。一些熟悉敏捷软件开发（这一点我们将在后面的章节中讨论）的开发者认为他们不需要任何设计，他们可以马上开始编码。尽管敏捷开发的重点在于“轻前期设计”，但是设计仍然是必不可少的。

想要盖好了一幢房子，你可不能把标准板材随心所欲地堆在一起就算了事。

写代码

一旦对软件的设计有了一些了解，你就应该编写一些测试用例来定义软件应该做什么（称为测试驱动开发，即 TDD），也可以着手开始编码。（我们会在后面的章节中进一步讨论 TDD。）

写代码本身是一门学问。因此，这里我们不会深入讨论，但我会推荐给你两本必读的关于编写代码的经典名著。我推荐的第一本书是 Steve McConnell 的《代码大全》，这是每位软件开发者都应该阅读的经典著作。我推荐的第二本是 Robert Martin 的《代码整洁之道》，这是另一本经典名著，它能在如何写出更出色的代码方面助你一臂之力。这两本书将帮助你学习如何结构化你的代码，以及如何编写易于理解和维护的代码。

这两本书都对我的编码技能产生了深远的影响，尤其是在如何澄清问题和如何设计方面。

测试和部署

那么，代码一旦被写出来，我们就可以发布软件了，对吗？

错。接下来应该是测试代码的过程。同样，不同的测试方法实施的测试过程也不尽相同，但总体来说，在将软件代码交付给最终用户之前实施某种形式的测试还是必要的。举例来说，在传统的瀑布式开发项目中，测试发生在项目的最后，但在敏捷项目中，每次迭代后（通常持续两周左右）都会有测试活动。

代码只有在经过了测试之后，才可以部署，这本身就是一个完整的过程。

本书后续内容中将有一章是关于部署的，这里我们就不讨论细节了。概括地讲，部署就是将已完成的软件安装在服务器上、上载到应用程序商店或者以其他某种方式能够让既定用户访问到该软件的过程。这个过程可能相当烦冗复杂。在这个过程当中，代码可能（那几乎是一定）会出些小毛病，所以需要将代码签入源代码库中，这样保障不同版本的代码及其在各个时间段的变更都能得到有效存储。

在一些处理卷和数据的复杂应用程序中，部署还可能涉及某种数据库的活动。数据库通常存储应用程序的用户数据或者配置信息，它也需要随着源代码的更新而不断更新。

许多软件开发团队使用持续集成的方式，在开发者“签入”程序的时候自动生成代码。

不只是写代码

最后，千万不要忘记调试。作为一个开发者，你大量的时间都将用于发掘你写的（或者别人写的）代码为什么不能正常工作的原因。

综上所述，软件开发远不只写代码那么简单。

在找到一份真正的软件开发工作之前，你需要了解上述所有知识。至少你要拥有一些经验和技能，如果达到精通的水准那就更好了。

但是，别害怕。本书的目的就是为你做好一切准备，或者，至少给你一个面面俱到的介绍，从而可以指引你走上正确的方向。你得自己备好行囊，旋即阔步进入软件开发的广阔天地，但至少，我可以告诉你该准备些什么。

做好计划

“好的，John，我已经知道了，软件开发不只是写代码，我会花很多时间调试代码，但是你还没有告诉我如何开始从事软件开发工作呢。”是的。我明白你的意思，但你猜怎么着？有一个好消息：你已经开始了，祝贺你！

拿起一本像本书这样的书，并且真正试图去理解软件开发并不只是写代码，你已经比大多数软件开发者拥有了一个更好的开端。

我知道，这里我又犯了自我感觉良好的毛病。但这的确是真话。有一天当你变成了一位像我一样牢骚满腹的老软件开发者时，你也会向别人唠叨同样的事情。

现在，我们讲得更实际一些——你需要一份计划。是的，一份真刀真枪、切实可行的、言简意赅的计划，一份规划你怎样从一个对软件开发一无所知的小白成长为无所不知的软件开发大拿的计划。

想做到这一点，有很多条路可供选。我会在后面的章节中论及其中的部分内容。但是，所谓“锲而不舍，金石可镂”，与其绞尽脑汁、苦苦思索该选择哪条路，还不如选好一条路之后持之以恒、坚持到底。

把计划组合在一起

让我们谈谈你的计划应该包含哪些内容。

首先，你需要开诚布公地评估一下自己当前所处的位置，以及你需要学习哪些东西。你有编程经验吗？你了解编程语言吗？你创建过应用程序吗？还是你彻头彻尾就是一个新手？本书前面内容提到过的其他技能，你是否拥有一两样？你对数据库、源代码控制、

TDD、测试、调试或者各类软件开发方法有所了解吗？还有，问问自己：你想做哪种类型的软件开发工作？

当然，每个人都想成为游戏开发者，但是这切合实际吗？这真的就是你想开始的地方吗？你愿意把精力都耗费在这条漫长而又孤独并且充满竞争的道路上吗？

太多的人终其一生都会沿着一个方向执着前行，却不会在发轫之始就去深思熟虑以谋定而动。花一些时间回答这些问题吧，这样你才可以在策马扬鞭走上这条职业之路时计划周全。

别误会我。我将竭尽所能让本书对你有所裨益，但其实我能帮到你的也仅限于此：我可以给你为成为一个优秀的甚至伟大的软件开发者所需要的所有信息，但是你必须亲自动手把它们组合成一个有机的、为你自己量身定做的行动计划，然后你要做的就是遵循这个计划。

制订计划

一旦你对这些问题已经考虑成熟，那么现在制订一个切实可行的计划恰当其时！

制订计划的最好方式就是以终为始——从想要达成的目标开始一步一步倒着排。你必须要制订一个具体的目标——你想成为哪种软件开发者，而不是像“学习编程”或者“成为一名软件开发者”这样泛泛的说法。

在本书第三篇“关于软件开发你需要知道些什么”中，我将全景展现所有值得你去考虑的关于软件开发的不同种类的角色与职位，但你也可以自己做一些研究以确定哪一种才是最适合自己的。

计划的内容必须尽可能具体，这样你才会了解你需要学习什么，你该如何制作简历，你应该报名参加哪种学校或者培训课程，甚至你需要申请哪些职位。

我知道做出这些决策与承诺是很困难的，但我无法不去强调这是多么重要！关于你想成为哪种软件开发者这件事，你考虑得愈是具体而微，一切就会愈发唾手可得。

你将能够清楚直白地告诉自己你需要学习什么，以及你需要为职业生涯的每一步做些什么。

谁想当运动员

我们举个例子：假设你想成为一名运动员。

这是一个相当宽泛的问题。你应该成为怎样的一名运动员呢？也许你应该练练举重和跑步，也许你应该练习游泳，或者也许你应该练习打网球。那你能不能把所有这些事情都做了，甚至练更多的项目，以便为成为一名全能运动员做准备，在任何一支队伍里都可以出色发挥。这听起来是多么荒谬可笑啊！事实上，当一个人许愿说“我想成为一名软件开发者”时，听起来也是荒诞不经的。因此，“选择你的运动项目”很重要。

一旦你了解了一项运动，你就知道为了那项运动该如何训练自己，这将使你的生活更容易——相信我。从目标开始，以终为始，以此来决定为了达成那个目标你需要知道什么、你需要做什么。

一旦你如法炮制，就可以制订出自己的计划。你的计划应该以从需要学习的东西开始。弄清楚你需要的学习顺序以及如何学习是至关重要的。然后，你应该尽一切所能搞清楚：为了得到自己的第一份工作，针对你所要申请的职位，你需要做好哪些准备工作。最后，为了得到这份工作，你还需要制订一份切实可行的计划——你要去哪里看看？你打算申请哪个职位？你打算怎样申请？可能还需要增加一个计划，列出你在得到第一份工作之后如何继续个人发展与实施在职教育。

有点儿不知所措？没关系。我写这本书就是要让这一切对你而言简单易行。

在接下来的几章中，我会帮你了解自己需要哪些知识，以及如何获取这些知识，同时在后面几篇中，我将就如何找工作给予你详细的指导。而现在，你需要开始思考你的计划应该是什么样子，并且试图弄清楚自己想成为哪种开发者。

向 John 提问：可是我真的不知道自己想成为哪种开发者？

没关系。如果你刚刚入行，你可能都不知道自己有哪些选择——除游戏开发者以外。

幸运的是，想弄清楚这个问题也不是什么难事，只需要做一些调研。

在本书后续的一些内容中（主要是在第三篇“关于软件开发你需要知道些什么”中）我会介绍软件开发者的种类，但是你也不妨自己做一些调研；询问一些你认识的软件开发者，他们在做些什么，或者直截了当地问他们“你是哪种开发者”；思考一下，在创新和研发领域，有哪些相关的技术和编程语言是你自己感兴趣的。

在软件开发这一行，有很多的职业发展通道和技术专长领域，你大可以选择其中的一部分作为自己的主攻方向。你可以选择 Web 应用程序方向，也可以选择移动应用程序方向，你也可以写一段调节冰箱温度的代码，也许你想要编写怎样把宇航员送入太空的程序。

三思之后，着手做一些调研工作。只要你的问题正确，答案也不难找到。

具体示例

我总是觉得，真实的例子最有用。因此，让我们来看一个真实的场景：某人想成为一名 Web 开发者，选择以 Node.js 作为主要技术方向。

目标 成为 Node.js 开发者。

计划

学习

- 学习 JavaScript 的基础知识。
- 学习 Web 页面和 Web 开发技术，如 HTML 和 CSS。
- 学习 Node.js 的基础知识。
- 可以编写某种用 Node.js 开发的简单的 Web 应用程序。
- 学习开发者用于开发 Node.js 应用程序的不同架构和技术。
- 基于上述原因，列出某些和 Node.js 一起使用的架构的技术。
- 学习某些和 Node.js 一起使用的数据库技术。
- 学习计算机科学的基础知识，例如：
  - 算法；
  - 数据结构。
- 学习有关编写优质代码的最佳实践。
- 学习 Node.js 应用程序的架构设计的方法。

为找到第一份工作所需的准备工作

- 开始在我所在的地区搜寻有关招聘 Node.js 开发者的广告，找出岗位要求必须具备的技能。
- 列出本地我有可能找到工作的公司名单。
- 开始参与本地用户组的活动。
- 开始与本地的其他 Node.js 开发者的联谊活动。
- 聘请一位简历写手，请他帮忙写一份优秀的简历。
- 实操面试时可能遇到的编程问题。
- 实操模拟面试活动。
- 构建一个应用程序作品集，包含有数个自己开发的应用程序，以备面试时演示。

找到一份工作

- 跟我的关系网的所有联系人都打好招呼，让他们熟知我的价值、我正在找寻什么样的工作。
- 开始申请一个初级职位，或者实习开发的职位。
- 每天至少申请两个职位。
- 每次面试之后都要做总结，确定我还需要在哪些技能上增长功力。

你的计划一开始可以简略一些，之后随着你了解到的自己应该学习和掌握的东西越来越多，你需要让自己的计划越来越翔实。

拥有一份计划永远是至关重要的。你可以不断地调整和变更计划，但是如果你连一份计划都没有，你会漫无目的地随波逐流，更有可能会因为心情沮丧而放弃。

在第 3 章中，我们将讨论想成为一名软件开发者所需的技术技能。在这个过程中，我将进一步帮助你改进自己的计划。

第 3 章

傍身之技：你需要具备的技术技能

我强烈建议：软件开发者除具备应对本职工作的技术技能之外，还必须大力拓展自己的“软技能”。事实上，关于这一点我写了整整一本书。尽管如此，我仍然无可否认：技术技能还是至关重要的。

我的意思是，如果你不会写代码，不能开发软件，那么你学到的所有的软技能对你而言都是“屠龙之技”。也许你会成为一个好经理、好教练，但不会成为一名软件开发者。

因为你正在阅读本书的这部分内容，所以我就假设你有兴趣成为一名优秀的软件开发者，我们就来谈谈要在软件开发这一行登堂入室，你需要了解的傍身之技。

安身立命的本领

现在要谈论的是一个很容易令许多初级软件开发者不知所措的话题，因为他们会觉得有太多的东西要去了解，千头万绪不知道从哪里下手。

我要试着解构一下这个问题，这里只论述能使你迅速成长成为软件开发者的最为重要的和最有价值的技能。

本章绝不能作为软件开发者可能需要的所有技术技能的事无巨细的详尽清单，我只打算列出必要的内容，并在这里逐一进行概述。

别担心，在本书的第三篇“关于软件开发你需要知道些什么”中，我还将另外奉献一章，对每一项技能我都会抽丝剥茧地深入探讨。我还把这个清单压缩成一个有用的工具——“软件开发者技能评估”，供你免费下载。

因此，毫无疑问，下面将简要介绍我认为最重要的技术技能。

一门编程语言

我想我们最好是从这个话题开始，不是吗？

想成为一名程序员，却连一门编程语言都不懂，那可是缘木求鱼。你懂我的意思，对吧？（不明白的可参考 Ernest P. Worrell[①]的系列电影，很搞笑的。）

我们将在第 5 章中详细讨论如何选择一门编程语言，所以这里不再赘述。不过，我要说的是，选择到底该学习哪一门编程语言其实并不像你想象中那么重要。相反，让我们来谈谈，为什么我建议从学习“一门”编程语言开始，而不是试图学习太阳底下的每一门编程语言。

许多初学编程的人在找到软件开发的第一份工作之前，都试图竭尽全力学好几门编程语言，借此来增加自己找工作的砝码。但我认为，虽然你最终应该学习掌握的编程语言不止一种，但是我并不建议你在前期就学习很多编程语言，因为这只会导致混乱，让你将本应用于学习其他技术技能的精力耗散殆尽。恰恰相反，我建议你潜心钻研一门编程语言的来龙去脉，这样你才可以胸有成竹地宣称：我具备用这门语言编写代码的能力。

还记得我们在第 2 章讨论“你想成为哪种软件开发者”时不厌其烦地强调你需要尽量具体、具体再具体吗？

在这里，道理是一模一样的。

如何结构化代码

在学习一门编程语言之后，甚至是正在学习这门编程语言的过程当中，你就需要了解如何正确地结构化你的代码。这是我的坚定信仰。

我已经给你准备好了极佳的资源，以此来帮你结构化代码这一极有价值的技能——由 Steven McConnell 编写的《代码大全》。

那么，“结构化代码”到底是什么含义呢？

我的意思是：编写优质的、整洁的、不需要太多注释就能理解的通俗易懂的代码，因为代码本身是用于沟通的。

许多软件开发者终其整个职业生涯也没有学会这项技能，那只能用“命途多蹇”来形容

① Ernest P. Worrell 是由美国演员 Jim Varney 扮演的系列滑稽喜剧电视、电影里的人物。本书这里的原文为“you know what I mean, Vern?”其中的 Vern 直接取自 Ernest P. Worrell 的著名儿童系列电视剧 *Hey Vern, It's Ernest!*，Vern 是 Ernest 的不出镜的好朋友，Ernest 每次提到 Vern 的时候均表现出夸张、滑稽、小丑一般的表情。（以上摘编自维基百科）——译者注

他了。因为包括我在内的许多人都依此来评价一名软件开发者的技能高低和竞争力强弱。

良好的代码结构体现了一个人对技术的奉献精神，而不是敷衍了事。结构化代码实际上正是软件开发过程中的艺术部分，同时也是关键部分，因为你和你的同事正是通过代码来交流和共事的，而且你们还要旷日持久地花费大把时间维护现有代码，而不是编写新代码。

我不会在本书中与你详细讨论如何正确地结构化你的代码。因为正像我说过的，我已经给你提供了极佳的资源，但是你必须从一开始就努力学习如何写出优质的、整洁的代码，而不是“以后”在学这一技能。

我向你保证，即使你是一个初学者，只要你能写出优质、整洁、简洁、易懂的代码来表达它的结构、它的含义，那么任何一个看到你的代码的面试官都会认为你是一位有经验的专业人士。

不仅如此，从某种程度上讲，你一定会成为专业人士，至少已经走在通往这个方向的路上。因为你已经把这份职业当作一门专业，而不只是一份工作，这正是真正的工匠精神的标志。

面向对象设计

有人可能会对这一点提出质疑，特别是当你正在学的不是面向对象（OO）的编程语言时，但在软件开发界已经有了种类繁多的面向对象的设计思想，所以你需要确保自己了解它。

面向对象设计是一种设计复杂程序的方法，它将复杂程序分解为单个的、代表特定角色与职责的类或者对象（类的实例化），其中封装功能。

在软件开发的世界里，我们一直在矢志不渝地管理复杂度，以“对象”的方法来思考将有助于我们定义和设计复杂的系统，我们会把一个系统看作是一群相互作用的组件，而不是试图从整体上处理这个复杂的组合体。

今天，函数式编程语言多种多样，但你会发现，最流行的软件开发语言和模式仍然在部分地或者全量地深受面向对象的设计与分析的影响。因此，你应该深刻理解什么是类，牢固掌握不同类型的继承关系有哪些，并且明确领会面向对象的术语，如多态、封装。

算法和数据结构

如果你想在大学或者各类学院通过传统的学位教育获得计算机科学学位，你会发现这一内容是最难啃的硬骨头。

算法是解决各种计算机科学/编程问题的常用方法。例如，有几种常用的算法可以将事物按照规定的要求排序。根据算法的速度、内存大小和里昂的数据类型的不同，这些排序算法的性能不尽相同。

在计算机科学领域有很多这种算法，了解如何根据这些算法来编写自己的程序以解决实际问题是非常重要的，特别是当问题非常棘手的时候。通常，精通各类算法的开发者用区区一个小时就可以解决盘亘在其他开发者手上好几天都束手无策的问题。

如果你对各类算法做不到融会贯通，你就无法知晓其实优雅的解决方案早已比比皆是。因此，仅凭这个原因，我认为算法就是一项价值千金的技能。

数据结构也属于类似的范畴，通常与算法一起协同工作。

所有的软件开发者都应该熟悉下面几种常用的数据结构，包括：

- 数组或向量；
- 链表；
- 栈；
- 队列；
- 树；
- 散列表；
- 集合。

通过掌握数据结构和算法，可以轻而易举、气定神闲地解决许多编程难题。

刚开始学习编程时，我对数据结构和算法的知识是一头雾水的，因为大部分内容我是自学的。我不知道它们的真正价值，直到我在一个叫作“顶级程序员”（TopCoder）的网站上参加竞赛的时候我才发现，通晓数据结构和算法的知识会给你带来巨大的优势。

很快，这些技能在编程领域的现实世界中举足轻重的作用便凸显在我眼前，因为我遇到了一些既简单又有趣的问题，而这些问题在我认真学习算法和数据结构之前是不知道该如何解决的。

事实上，我认为算法和数据结构是软件开发中最有趣的领域之一。通过算法和数据结构可以事半功倍地解决难题，利用数据结构和算法可以开发出简单、优雅的解决方案，而且效果还非常好。

截至我写本书时，关于这方面最棒的资源还是 Gayle Laakmann McDowell 的名著《程序员面试金典》。在书中，她详细介绍了你需要知道的算法和数据结构的所有知识。

学习这项技能是一项挑战，但是物有所值。这是一项能令你在同行中脱颖而出的技能。因为大多数软件开发者在这方面的技能都少得可怜。

如果想通过微软或谷歌这样的公司的面试，你必须掌握这项技能，势在必行。

开发平台及其相关技术

你应该至少具备一个开发平台的相关经验，并精通与之相关的技术或者框架。

我说的平台是什么意思呢？一般来说，它指的是操作系统（OS），但它也可以指代其他类似于操作系统的抽象。例如，你可以是 Mac 开发者，也可以是 Windows 开发者，前者专注于 Mac 操作系统，后者则专注于 Windows 操作系统，你也可以成为专注于某个特定 Web 平台上的 Web 开发者。

在这里我可不想陷入对某一个具体平台的论战之中，不同的人会有不同的见解，但是为了方便当前讨论，我会把一个平台看作是一个特定的环境，而你个人的职业发展将会随着不同的环境有着不同的生态与特性。

再强调一次，与选哪一门编程语言类似，我认为你到底该选哪种平台其实无关紧要，重要的是你必须得选一种。

每家公司雇用的开发者通常都是固定于某一个特定平台或技术的。如果你拥有在 iOS 平台上的开发经验，那么你找到一份 iOS 开发的工作就会简单得多。这意味着你需要熟悉平台本身，以及程序员在该平台上做开发时通常会使用的开发工具、惯用模式和常见框架。

你可能认为选择哪种编程语言决定了选择哪种平台，事实上这种情况很少发生。以 C#语言为例，今天的 C #开发者可以为 Windows、iOS 或者 Android 平台编写代码，也可以为 Mac、Linux 甚至是嵌入式系统开发程序。因此，不必在乎选择哪种语言，你需要选择的是一个平台。

框架或者栈

除学习特定的编程语言和特定的平台之外，我还强烈建议你学习一种框架，以及与该框架相关联的完整的开发栈。

什么是框架？什么是栈？

框架就是一系列用于在特定平台上或跨多个平台上编写的库。通常，框架可以使在该平台上的一般性编程任务变得更容易。

回到刚才的 C #例子。大多数 C #开发者使用.NET 框架编写 C #应用程序。在.NET 框架中包含有大量的库与类，这可以让一位 C#开发者工作在更高层级的抽象上，每次当他想写做点儿什么的时候他并不需要完全从底层开始。例如，.NET 框架中含有用于图像操控的代码。从头开始编写这些代码，无疑是非常困难的。所以框架为 C#开发者带来巨大的好处，可以让他们不需要编写代码，只需要以某种方式熟练操控库函数即可。

栈稍有所不同。栈是用于创建一个完整的应用程序所必备的一系列相关技术，通常包括一个框架。

例如，常见的MEAN栈。它是MongoDB、Express.js、AngularJS和Node.js四种技术的合称。MongoDB是数据库技术，Express.js是基于Node.js的用于创建Web应用程序的框架，AngularJS是用于创建Web应用程序用户界面的前端JavaScript框架，Node.js是开发Web应用程序中的JavaScript运行环境。

是否理解上述技术无关紧要，除非你是一名MEAN栈的开发者。重要的是，你要明白，如果你对上述所有技术和框架都了解，你就可以开发出完整的Web应用程序。

栈可以让创建应用程序变得更加简单，因为栈提供了一种通用的范型，需多开发者都在使用它来开发应用程序，因此可以轻而易举地做到知识共享，并且你可以确信：一组特定的技术在协同工作方面是行之有效的。

学会了某个栈时非常有价值的，因为这意味着你拥有开发完整应用程序所需的全部技能。许多公司都是使用某一个特定的栈来开发应用程序的，所以他们都在竭力网罗搜寻熟悉该栈的开发者，希望自己能够在竞争中借此旗开得胜。

数据库基础知识

尽管在过去几年中数据库技术发生了非常大的变化，但我并不认为数据库很快就会消失，所以我想你应该了解一些关于数据库的技术，你觉得呢？

在编写本书时，现行的数据库技术主要有两种：关系型数据库和文档型数据库。我认为，今天的开发者至少应该熟悉关系型数据库的知识，可能也需要对文档型数据库有一定的了解。

在软件开发中，数据库通常用来存储应用程序的数据。当然，有些软件开发团队有专职的数据库开发者或者数据库管理员（DBA），但这并不能够成为你不去了解数据库基础知识的借口。

最低限度，你需要了解以下机制：

- 数据库如何运行；
- 如何执行基本的查询语句以获取数据；
- 如何插入、更新与删除数据；
- 如何连接数据集。

此外，你可能还需要了解如何使用你所选择的平台和/或框架来编写程序以检索和存储数据。

大多数开发者都能编写与数据库交互的代码。

源代码控制

源代码控制是任何一个软件开发项目的必要组成部分。

遥想当年，在我们那个年代，还没有什么源代码控制，我们要么把项目的全部文件都放到网络上共享，要么就靠纯手工来回传递软件的不同版本。我很惭愧，当年的我不止一次地参与过这些令人啼笑皆非的“游戏”。但是，当时的我还很年轻，也很蠢萌，你没必要这么做。

现在，几乎所有的专业开发者都应该知道如何使用源代码控制来签入和签出代码，并且能够合并来自多个源代码版本的变更。

源代码控制的最基本要求就是，在一个软件项目中各个文档与代码上所有变更的历史记录都被完整无误地保存下来；同时还允许多个开发者在同一时间处理同一段代码，并将这些更改合并在一起。

这里我们不讨论源代码控制的细节，但是你应该熟悉至少一种源代码控制系统，并且熟悉源代码控制的基本概念。

在当今的软件开发界，几乎所有的专业软件开发团队都会使用某种源代码控制系统。

构建与部署

今天，大多数软件开发项目都会应用某种自动化构建和部署系统。

这些任务过去都是手工完成的。现在，有好几种不同的软件应用程序可以帮助团队自动化这两项任务。而对有些团队来说，这两项工作仍然是手动的。

那么，什么是构建和部署呢？好问题。

你知道如何编写代码并将代码签入源代码控制系统吗？在完成签入工作之后确保代码确实有效，这可是个好主意。这就是构建系统的作用。构建系统的最基本作用就是编译所有的源代码，并确保不出现任何编译错误。

一个复杂的构建系统还可以运行单元测试用例或用户测试用例，执行针对代码的质量检查，并提供代码库的当前状态报告。

部署系统将负责将代码部署到生产环境或者测试环境中。

你不必成为这方面的技术专家，但是了解这些系统如何工作、了解构建和部署代码的过程是非常重要的。

如今，在通常情况下，创建和维护构建与部署系统这个领域里最热门的话题非

DevOps（Developer Operation 的简写）莫属。但是，这并不能构成你不了解如何运作这个过程的理由。

测试

过去，开发者不需要对测试有太多了解。我们会写一大堆代码，然后就像甩包袱一般把它们扔给一堆测试人员，他们会在我们的代码中找出各种各样的 bug，我们再去修复这些 bug，就是这样。

这样的日子一去不复返了。如今，越来越多的软件项目都采用了所谓的敏捷过程，（下面我们会在“方法论”一节讨论更多有关敏捷的话题），在敏捷过程中软件开发者和测试人员必须更加紧密地合作。

质量已然成为整个团队的责任——我更愿意强调，其实一直都是这样的。因此，你需要知道一些关于测试的知识。你至少应该熟悉一些基本术语，例如：

- 白盒测试；
- 黑盒测试；
- 单元测试（并非真正意义上的测试）；
- 边界条件；
- 测试自动化；
- 验收测试。

一个优秀的开发者（我假设你至少想成为一个优秀的开发者）会在自己测试了自己编写的代码之后才将代码交付给别人。

如果你真的想被别人视为专业人士而不仅仅是一名黑客，这一点是无可辩驳的。

调试

很多新手的软件开发者的梦都是在调试器面前破碎的。

每个人都想写代码，对吧？但是没有人想调试他们的代码，对吧？明白我的意思了吧？以下就是见证真相的时刻。

身为软件开发者，你 90%的时间都会消耗在苦苦探究“我的代码为什么不能正常工作”这个问题上。我知道这一点也不刺激。我知道你幻想着每天只写新代码，然而真实的世界不是这样运作的。

如果你使用的是类似“测试驱动开发”的方法，你可能会在调试器上花费比较少的时间。但是，无论如何你都必须学习如何调试自己的以及其他人的代码，无可逃避。因此，与其对你必须做的事情采取心不在焉的态度，还不如咬紧牙关，真正学会如何卓有成效地做好调试工作。

在第32章中，我会更多地讨论这个问题，现在你只需要知道调试工作的必要性和必然性。

方法论

被上面这一长串你需要知道的技能清单吓倒了吗？如果还没有的话，我这里还得再加一个，不过我保证这是最后一个。

当一个软件开发团队刚开始编写代码并努力完成工作时，大多数情况下都会使用某种至少他们会假装遵循的方法。（在这里顺便说一下，请注意：不要期望任何一支团队真正遵循他们声称的自己正在使用的软件开发方法。在这里，我可不想愤世嫉俗地指手画脚，我只是一个现实主义者，而且我碰巧知道有很多人说他们正在实施某种软件开发方法，如Scrum，因为他们每天都有一个会议，在会上每个人都要站着。）

因此，你至少要对一些最常见的软件开发方法背后的基本思想了如指掌，这一点非常关键。在这里我要着重强调瀑布式开发和敏捷开发这两种开发方法。

大多数团队都声称他们在使用敏捷方法工作。敏捷本身是一个相当松散的概念，但是，如果你想要谈论这个话题并且融入敏捷团队，那么你应该知道敏捷包含一些实践，还有一些仪式（可以这么说）。

我们将在第27章中更深入地探讨这个话题。

感到不知所措？千万不要

我知道上面我列举了相当多的东西，而且我还只是触到这些话题的表面。现在，你可能会感到有点不知所措，因为你不明白这些技术技能的确切含义。

没关系，还不到你应该知道确切含义的时候——除非你已经是一名软件开发者，如果你已经是一名软件开发者还不知道这一点，你应该感到羞愧！（开玩笑的，但你最好应该把你的知识体系整理清爽，真的。）

不用担心，我将在第三篇“关于软件开发你需要知道些什么”中深入细致地讨论这些主题。因此，就像俗话说的那样——淡定。

接下来，我将告诉你学习这些技术技能的通用方法，这样在你阅读到关于这些技术技能的具体章节时，你就可以开始学习它们了。

向 John 提问：我注意到本书中有很多链接，你似乎在推销你的其他产品。你的书里到底有什么干货呢？

我很高兴你能这么问我。

首先，让我们讨论一下链接的问题。是的，这本书有很多链接。但是，别担心，你不需要查阅所有的链接。你只需点开你感兴趣的内容。我主要是试图链接到一些我在过去撰写发表过的相关内容，以便于你能够深入细致地了解某一个主题。大多数链接都会指向我的博客帖子或者我在 YouTube 发布的视频，那里通常会有更多更细致的描述与论述，抑或只是因为它们很有趣。（此外，如果你访问本书中的任何一个链接，就会被带到一个页面上，那里有一张按章排列的书中所有链接的列表。）

还有我的其他产品。是的，你猜得对。我确实是在通过本书推广它们。这里我要了一点小聪明。书很便宜。写一本书赚不了几个钱。事实上，如果你想写一本书，目的肯定不是为了赚钱。我写本书的一个原因就是要帮助推广我的一些其他产品和内容，我觉得你会感受到它们的价值。

它们可不是“垃圾邮件”，而且你并没有被强制要求购买任何东西（本书的装帧设计本身就是物超所值的）。但是，如果你想要得到它，它就在那里。

第4章

格物致知：如何拓展技术技能

截至目前，我已经罗列了一长串的待拓展的技术技能，你现在可能急于想知道，你将如何拓展所有这些技能，以及这个过程需要耗费多长时间。

好吧，先不用担心时间的长短，只要你是一名软件开发者，你就一直都在拓展自己的技术技能。因此，就把拓展技能这件事看作是一次旅行吧，别当作是目的地。你会一直优秀下去，只要你愿意。

在很长一段时间里，我都在错误地拓展自己的技术技能。后来，在三年的时间里，我在Pluralsight创建了超过50门高级技术培训课程，我自己也学会了如何以飞快的速度自学技术技能并且教会别人。

回首往昔，我曾经以为，学习一门技术的最好方法就是拿起一本大部头的参考书，一口气从头读到尾。我读了太多大部头的书，每一本都有800多页，但这样的经历并没有给我带来多少好处，除了我的手臂可能会因为长期搬运这些大部头而长粗长壮。

我不想让你犯相同的错误，如果你已经如此，我会告诉你有一个更好的方法。

学习如何快速学习

在我们开始学习技术技能之前，我认为有必要花点儿时间讨论一下如何事半功倍地快速学习、如何触类旁通地自学。

在本篇的第5章中，我们将更深层次地讨论自学的主题。但是，这里我想快速向你介绍一下基础知识，并且讨论一下我用来快速学习任何东西的方法。

如前所述，我曾经花费大量时间学习和教授各种技术，乐此不疲。我在几个星期内学会了一门编程语言，旋即开始讲授关于它们的课程。在这个过程中，我开发了一个可靠的方法来学习任何我需要去学习的东西。

与其说是我有意为之，还不如说是被逼出来的。我不得不摸索出一种快速、高效的学习方法才能够以快速高效的方式工作，而且，顺理成章地，我摸索出的学习模式也促使我的学习效率越来越高。

在这里我只想介绍一些有关这种学习方法的基础信息，完整的内容我已经整理成《软技能：代码之外的生存指南》一书的一部分，题为“十步学习法”。

基本过程

“十步学方法”的基本思想很简单。从本质上讲，你要先确认你想要学习什么，即明确学习的范围。针对你确定的学习主题，你需要获取足够多的信息以纵览全局；然后，把主题聚焦到一个足够小的范围之内，这样你才能专心致志地去钻研，心无旁骛地去研修。

然后，你需要确定学习目标，即你需要明确你想学什么以及为什么要学，更为重要地，你将用哪些指标来确认自己确实已经学会了这些内容。人们都喜欢学习新东西，但是太多太多的人并没有合理的办法来衡量自己到底是学会了还是没学会。

在确定了学习目标之后，你就可以开始着手搜集学习资源了。

我的建议是：不要总是从头到尾阅读一本书，相反，你需要收集多种资源，其中可能包括书、博客、播客、杂志、视频课程和教程、专家专栏等。然后，你利用其中的一部分资源创建一个切实可行的学习计划。你可以利用收集到的资源，创建一个系统的而又井然有序的学习计划来研修你想要学的东西。例如，你可以应用你找到的某一本书的目录，来辅助确定你打算学习的内容的顺序和重要性。基本上，针对你的学习主题的所有内容，你需要确定一个学习的顺序。

然后，你就可以沉浸其中了。根据你的学习计划，开始学习关于你的主题的每一个模块。而对于每一个模块，你可以采用“学-做-学”的顺序来学习——学习一点内容，保证学到的内容足够完成一些实践任务；然后开始做一些实践演练，然后再回到内容当中，继续深入学习以便于能够解决你在实践当中遇到的任何问题。基本上，“做中学”的时候我们都会很专注。关于这一点我们一会儿再谈。

“学-做-学”的关键在于：开始的时候学习的东西不要贪多。相反，你要在自己演练的时候利用自然的好奇心来驱动你的学习。然后，带着你在实践中积累的经验和遇到的问题，再回到书本上，仔细研读这些学习资料。这样的学习方法会自然而然地引导你去寻找真正重要的东西。

在学习的时候，如果案头摆满一大堆材料，那么我们将面临一个大难题：我们不知道什么是重要的。通过实践，我们可以自己找到问题、自己解决问题，我们学到的东西才可以历久弥坚。

最后，把你学到的东西教给别人。把你学到的东西教给谁、怎么教，这些无关紧要。如果你不介意，你讲给你的狗或者院子里的松鼠听都可以。重要的是，你以某种方式重组你头脑中的知识，形成自己的思想，并且拿出来与外界交流。

如此这般。这个过程正是把学到的知识转化成为自己的理解的过程。这里我们罗列的学习知识的基本步骤，你可以应用于任何你想快速学习的东西上。

如果你想看一个更具体、更全面的示例，Simple Programmer 网站上提供了一些文字资料和视频："快速学习任何东西的十步学习法"。

现在，我们来重点谈一谈学习与技术技能拓展。

做中学

我笃信，从实践中学到的东西才是最好的东西；而且，当学习技术技能时，在实践中学习也是第一要务。

对大多数的技术技能而言，读读书本文字、看看视频教程这种简单粗糙的方法是不可能学会的。用这种方法学习，对于一项特定的技术、一门编程语言或者一种工具你只能略懂皮毛，只有在自己用过它并用它解决过实际问题之后，你才会摆脱略知一二的粗浅境地。

在第 3 章中，我谈道：每一件事都需要书本知识以外的更多实践，才能够获得真正的能力。

对学习编程语言而言，"做中学"的作用更是不言而喻的——只阅读一些语法你能真正学会如何利用源代码控制吗？

如果你从未犯过把文件合并到错误的分支上或签出源代码的错误版本这样的错误，又或者你从未实际利用源代码的版本历史来确认 bug 是从哪里引入的，你是不会真正明白如何利用源代码控制的——你只是自认为你明白了。（即使你现在还不明白如何利用源代码控制，也不用担心。）

我不是已经承诺在本书第三篇"关于软件开发你需要知道些什么"中会教你所有这些技术技能吗？现在你在阅读本书时，难道不是抱着想学点东西的目的吗？是的，没问题。但关键在于，学习并不止步于此。

你可以读我的话，并粗略理解我在这里谈论的一个话题。但在某些时候，你需要放下本书，立即采取一些切实可行的行动，这才是积极学习你所读到的内容的做法（至少是针对我们在这里讨论的技术技能学习方面）。

如何做中学

尽管你会觉得我又是对显而易见的内容翻来覆去反复强调，但我还是要告诉你如何真正做到“做中学”——你就把下面的内容看作对自己已经知道的事情的提醒吧。

无论何时，当你尝试要学习一项技术技能时，首先要明确的就是用它将帮助你做什么。如果你对这项技能没有直接的需求，你甚至会质疑“我为什么要学它”。相信我，如果把大量的时间都浪费在学习永远不会在现实世界中用到的技术技能上，我会很内疚的，这一点都不好笑。

如果你对某项技术有直接的应用需求，你对学习这项技术就拥有了真正的诉求，你学习它的时候也会感觉更轻松一些。

我敢肯定，如果拥有真正的应用诉求，你就会如饥似渴地学习，就像你在驾机飞上蓝天之前一定要学会跳伞一样。

但是，如果你没有迫切的需要该怎么办？如果某一种技术技能，只会在你找到一份工作之后才会被用到，这时又该怎么办？在这种情况下，你需要人为制造一个使用这种技能的理由——创造一个目标。

做中学的示例

让我们看一个真实的例子。假设你想了解关系型数据库，你想学会如何使用它们。你可以试着读一个数据库的使用说明，抱着随便玩玩的心态运行一些查询——嗯，这可能会有点儿效果。

如果你的目标是创建一个数据库来存储自己的一组电影，那该怎么办呢？如果你的目标是查询这个数据库，插入新电影，删除老电影，更新标题……又该怎么办呢？如果你想要创建一个简单的应用程序，让你拥有访问数据库的权限并完成所有这些操作，那该怎么办呢？好了，学习的目标有了，学习的路径也有了。现在你有工作要做了。

你如何学习关系型数据库？你阅读书籍，或者查看视频教程，寻找你需要知道的用于解决实际问题的具体信息。然后，你需要实际创建一个数据库，并且实际使用这个数据库（而不只是作为一项练习）。这才算是有了真正的目标。

想一想，当你以这种方式工作和学习时，你会掌握多少信息啊。

做中学，不亦乐乎？

我是怎样教别人技术技能的

正如我前面提到的，我曾经教过相当多的技术技能，覆盖多个技术领域。因此，我认为，如果你了解了我如何教别人技术技能，使学习这些技能的过程更加轻松，对你会有所启发的。这样，你就可以在自己教他们的时候应用这个方法。同意吗？

当我教技术技能的时候，我想要给人们带来的最大回报就是：我不想让他们感到厌烦，让一些无关紧要的学习内容变成他们的沉重包袱，我也不想教他们自己都可以学会的东西，让他们感觉味同嚼蜡。相反，我会把重点放在教那些能够立刻产生价值的东西，当他们需要深入研究一个话题的时候，我会给学生们必要的资源去实践我所说的“及时学习”。

当我教一项技术技能时，我主要尝试教会别人三件事。

- 总体格局：你能用这项技术做什么。
- 如何开始。
- 你需要知道的只有 20%是最有效的。

下面让我们把每件事都分别描述一下。

总体格局：你能用这项技术做什么

我总是喜欢从总体格局开始。

我相信谷歌能够解决你的大部分问题，但是如果你连问题到底是什么都不知道，就算是把谷歌摆在你面前你也不能搜索到结果。因此，我会先教我的学生关于一项特定技术的总体格局是怎样的，以及应用这项技术能够做什么。

总体格局这一块的介绍不需要特别详细。我并不会向你展示如何使用这项技术完成所有事情，我只是给你一个快速的指导，概要介绍一下这项技术最有价值的地方。

例如，对于一门编程语言，我可能会介绍它的历史以及它的主要用途；然后，我可能会介绍它的所有结构和特性——特别是独有的特性；最后，我可能会介绍它包含的各种类型的标准库，并介绍这些库所涵盖的内容以及你可以使用它们做什么。整个过程中，我的想法就是给你完整的格局，但却不深入细枝末节当中。

你总是可以自己查找你感兴趣的所有事物的细节。在这一步，我想消除所有“对未知的未知”，我要确保你已经知晓你对哪些东西一无所知，这样当你需要了解它时，你可以知道在哪里找到答案。

我的目标是：你不会说“哦，我不知道 X 能做这个。”而是说“我知道 X 能做到这一点。虽然我现在不确定该怎样去做，但是马上我会弄清楚的。”

想象一下，如果对电动打磨机或者刳刨这类工具都一无所知的话，怎么学会木工？你并不需要知道如何使用这些工具，但是如果连它们的存在都不知道，学习木工就是无稽之谈了。

如何开始

接下来我喜欢教学生如何开始。这通常是学习一项技术最难的部分——它是“做”的前奏，所以我想尽量让它变得不那么苦不堪言。

我会向每一位学生演示如何下载他们需要的东西，如何安装它，如何创建自己的第一个项目，以及如何编译他们自己写出来的代码。一旦能够克服这个障碍，接下来他们就可以随心所欲地使用这项技术实际构建一些东西。

如果让这个门槛看起来高不可攀，那么很可能有人就会转而捧起一本教科书或者观看视频教程，放弃真正的实践与操作。

你可以在自己学习的过程中充分利用这一方法，确保你在学习过程的早期就把注意力集中在发现如何开始应用一项特定的技术技能上。找一些专门展示如何开始动手做的教程或指南，你就可以从那里汲取到营养。

你需要知道的只有 20%是最有效的

最后，我会试着引导学生明确：他们将会将 80%或更多的时间用在关于一项技术的 20%信息。

在生活中，几乎所有的事物都服从所谓的“二八原则”，即 20%的东西产生 80%的结果。学习一项技术技能的关键就是弄清楚那 20%是什么。一项技术的 20%就可以应对 80%的工作场景，你能学会那 20%吗？

实际上，“二八原则”的重要性主要还不是体现在理论上，如何践行“二八原则”才是至关重要的。许多书，甚至许多视频教程，都像参考手册一样写得面面俱到，并没有特别强调什么是技术的关键 20%，而那 20%才是最重要的。

如果你正在积极主动地应用一项技术，你很快就会发现应用场合最多的关键内容是什么，因为对这些内容了解不透彻的话将是极其痛苦的。

让我们回到之前的关系型数据库的示例。如果你透彻了解关系型数据库，你会发现，怎样编写 SELECT 语句十有八九就是那 20%的关键内容。如果你只是读一本关于 SQL 的书，那么你可能会对选择、插入、更新、删除、索引以及其他各种各样的数据库功能给予同等的重视程度。但是，如果你真的尝试创建一个数据库并且使用它，那么你就会执行大量的 SELECT 语句，你就会很快发现，你需要学习如何连接数据表。

与其浪费时间去学习有关关系型数据库的所有知识，不如把精力聚焦在学习如何编写 SELECT 语句、如何连接数据表等 20%的关键内容上。这就是"做"如此重要的原因。

"做"还可以通过追随专家的身影实现：像学徒一样辅助他们，近距离观察他们如何工作。通过观察使用你正在拓展的技术技能的人，观察他们的 20%是什么，你就可以快速了解你需要知道的东西。这也是为什么岗位培训尤其卓有成效的原因。

阅读专家写的东西

关于如何拓展某项技术技能我的最后一项建议是：热衷于阅读那些这项技术技能的专家所撰写的文章。

当我学习技术的时候，我每天花大约 30 分钟阅读与我正在学习的主题有关的各种博客。当我想深入了解 C++的时候，我天天都泡在 Scott Meyers 的 *Effective C++*这本书中。

只是听取专家对某一主题的见解就能让你深刻领悟，而一个人冥思苦想却让自己时时陷入死胡同。这样的经历肯定屡见不鲜。

理解编程语言的语法、掌握如何使用某个框架是一回事，而深刻领会这方面的习惯用法是另一回事。

去研究专家是如何把你想要学的技术能力灵活地运用在现实世界中的，去阅读专家对一项复杂的技术技能的观点和评论，会加深你自己的理解和认知。

重要的事情说三遍：实践，实践，实践

希望我已经给了你一些学习和进一步拓展技术技能的有用技巧。至少，你应该对这一点铭记于心：通过实践来学习某项技术技能是至关重要的。你还应该非常清楚，你需要一个切实可行的学习计划和一个定义明确的目标——"我到底想学什么"。

现在，我只想强调一点——实践。拓展任何技术技能都需要时间。为了能对某项技能了然于胸，你必须要多多实践。

试着不要为学习某项技能的漫漫长路而感到沮丧（漫漫长路很多时候也只是表象），尤其是当你觉得自己没有取得任何进展的时候。只要你有明确的目标，肯投入时间切实执行自己制订的计划，结果一定是技能傍身。

坚持下去，相信"精诚所至，金石为开"。

第 5 章

无问西东：到底应该学哪门编程语言

新入行的程序员最常询问我的问题之一就是：我应该学习哪门编程语言。

对一些胸怀抱负的开发者而言，这个问题最终会演变成他们永远无法逾越的绊脚石。我曾指导过很多开发者，他们总是怀疑自己的选择，甚至改变主意，不断地从一门编程语言跳跃到另一门编程语言，总是担心做出错误的决定。

如果你总是纠结于“我到底应该学习哪门编程语言”，本章正好适合你。首先，我会消除一些疑问；然后，我将就如何选择你的第一门编程语言给你一些实用的考虑因素。

编程语言其实并没那么重要

是的，学习哪门编程语言实际上并不像你想象的那么重要。

我能下这个断言有若干原因，其中一个主要原因就是：许多编程语言的内核其实是很类似的。是的，语法是不同的。是的，编程语言看起来是不一样的，甚至具有完全不同的特性集合。但是，在其核心，所有编程语言共通的地方可能比你想象的还要丰富。

几乎所有编程语言的基本构造里都有分支、循环与方法/过程的调用，以及在较高级别组织代码的方法。甚至，许多编程语言是如此相似，以至于如果你知道一门语言，你几乎也就了解了另一门语言。C#和 Java 就是很好的例子，JavaScript 与这两种语言也非常相似。

因此，学习第一门编程语言总是最艰难的。一旦你学会了一门编程语言，学习第二门语言就容易多了。你了解了两种或者更多的编程语言之后，其他各种编程语言学起来都易如反掌。

如果你连一门编程语言都不太了解，或者说一无所知，你可能会觉得这些说法纯粹是无稽之谈。但在我的职业生涯中，我学过不下 10 种不同的编程语言，我可以向你保证，学习第一门和第二门编程语言的时候确实是非常难。

不但各种编程语言之间比你想象中的还要相似，而且你还可以轻而易举地从一种语言切换到另一种语言，并且很快学会它。

这意味着，即使你学了一门编程语言之后才发现这不是最正确的选择，或者你找到的这份工作迫使你使用另一门完全不同的编程语言，这都不是什么大事，因为你已经完成了学习第一门编程语言这项艰苦卓绝的工作。

你可能还会发现，许多开发岗位，尤其是在微软或者谷歌这样的大公司，并不需要你懂特定的编程语言。

我在很多次面试中，都被告知可以用任何一种语言来解决某个编程问题，哪种语言舒服就用哪种，没有任何约束，没有要求我一定要懂某种特定的编程语言。

选择编程语言时的考虑因素

因此，我真的认为你没必要太过纠结于决定学习哪门编程语言，但是如果你仍然在做决定时遇到了一些困难，下面我会给你一些考虑因素。

当前与未来的就业前景

我想说，对大多数人来说，最重要的考虑要素就是：哪门编程语言可能会帮助你获得哪种工作，以及这门语言未来的应用前景如何。

当前，对大多数主流的编程语言来说，在任何时候都会有大量的工作机会。各种编程语言此起彼伏、应接不暇，但如果你关注的是获得工作的可能性，你应该将主流的编程语言列入考量范围。在写本书的时候，我认为当前的主流编程语言包括 C#、Java、Python、Ruby、JavaScript、C++、PHP。

对使用这些语言完成编程工作的开发者来说，工作机会不会短缺。也就是说，如果你不喜欢漂泊不定的生活，那么选择何种语言主要取决于你生活在世界上的哪个地方。例如，假设你住在阿肯色州的某个小镇上，小镇上只有一家技术公司，这家技术公司用 Java 完成一切工作，那么我就建议你学习 Java。当然，我能够想象得出，对大多数人来说这个例子不具有典型性，但如果恰好你就是这种情况，那么我猜想，要你做出选择就相当容易。

如果你能够接受迁徙，或者你正计划成为编程方面的自由职业者，你可能需要专长于某种使用量更为稀少的生僻语言，这种领域专家很少，于是你就可以做得更为出色，进而成为专家。但是，如果你刚刚入行，我还是建议你尽量学习一些更主流的语言。

除就业前景之外，另一个要考虑的因素就是你正在考虑学习的编程语言的未来前景。

我在写本书的时候，对于刚入行的人，Objective-C 可能不是一个好的选择，原因很简单，因为大多数 iOS 开发者都在转向 Swift，而苹果公司也正在对 Swift 编程语言进行大量投资。如果你已经是一位 Objective-C 程序员，那也不必太过担心，工作机会还有不少，因为仍然还有大量基于 Objective-C 的应用程序需要有人去维护。但是，从未来前景上来说，Objective-C 不是最好的选择。

当然，我们中间谁也没有水晶球，所以很难预测哪些语言会大行其道，而哪些语言又将不受欢迎。就在不久之前，我曾预言 JavaScript 会死亡，但事实上这并没有发生。

我刚刚参加了一个会议，在会上有一位演讲者恰恰就是 Objective-C 的共同发明者之一 Tom Love（Objective-C 诞生于 20 世纪 80 年代初期）。他写过一本书，在书中他指出“JavaScript 语言已死”。然而，就在写作本书的时候，JavaScript 却成为世界上使用范围最广泛的五大编程语言之一。（我听说它自称是第三名。）

关键在于，你永远不知道将来会发生什么。Ruby 在诞生很多年之后才逐渐流行起来；JavaScript 可以说是有史以来设计得最糟糕的语言之一，最初用于制作网页上的弹出式会话窗或者告警框，现在它却成为一门非常流行的语言。

因此，除非你有一个水晶球，否则一定无法预测未来。当然，如果你真的拥有预知未来的能力，那还是忘了编程吧。华尔街才是你该去的地方。

向 John 提问：你为什么那么讨厌 JavaScript？JavaScript 没你说的那么差吧。

我知道，上面的内容听起来好像是我不停地在吐槽 JavaScript，编排它的不是，也许你会认为 JavaScript 给我的童年带来了某种伤害，给我留下了深深的情感创伤。

好吧，让我告诉你一个小故事，JavaScript 是如何诞生的——故事很短，所以请允许我啰唆几句。

1995 年 5 月，当时在网景公司工作的布兰登·艾希（Brendan Eich）在 10 天内创建了 JavaScript，因为是应急的产物，所以他创建的是一种简单的“胶水语言”[①]，易于网页设计师和兼职程序员使用。（这是我从维基百科上查到的。）

因此，我要说的是，JavaScript 从一开始就不是深思熟虑的产物，它只不过是在短短 10 天之内完成的应急之作。这是事实，事情就是这样。这么说吧，其实我并不憎恨 JavaScript，我只是认为它并非一门设计得十分优雅的语言，所以我并不喜欢它。仅此而已。

---

① “胶水语言”指用来连接软件组件的程序设计语言，通常是指脚本语言。（摘自百度百科）——译者序

尽管如此，新版本的 JavaScript（现在称为 ECMAScript）已经要好很多了，已经改善并弥补了 JavaScript 以前的许多不足。因此，事实上，现在我还真是有点儿喜欢上新版 JavaScript 了（虽然我并不愿意承认此事）。

不管怎样，我的意见并不重要。我是个现实主义者。显然，JavaScript 是一种非常流行的语言，它的应用领域遍及各处。因此，无论喜不喜欢，我都得接受它——同时保留发表自己意见的权利。

如果你上面的文字还没有说服你，为什么不去看看有关 JavaScript 畅销书之一——《JavaScript 语言精粹》呢?

你感兴趣的技术

在选择编程语言时，有一个很棒的考量因素就是你对哪种技术更感兴趣。如果你从学习某一种技术开始切入，那么选择编程语言可能会更容易。

我认识很多开发者，他们对开发基于 Android 的应用程序很感兴趣，因为他们喜欢这项技术。对他们中的大多数人来说，Java 是挺不错的选择，因为 Java 就是用来开发 Android 应用程序的“原生”语言。（尽管如此，你可能也会使用许多其他的语言来开发 Android 应用程序，如 C#、Ruby，甚至 JavaScript。）

根据你最感兴趣的技术来选择你的第一门编程语言完全不会给你带来什么伤害，因为你在学习第一门编程语言时很可能是步履维艰。你对所学的东西越感兴趣、越兴奋，你就越容易坚持下去，顺利通过学习曲线上的艰难险阻。

我真的很想开发一个 iOS 应用程序，因为我刚刚得到了一部 iPhone，而且这项技术让我觉得非常兴奋。这股兴奋劲儿让我轻而易举地学会了 Objective-C，并构建出我的第一个 iOS 应用程序。如果不是对这项技术感到如此兴奋，我是不可能走这么远的。

不要害怕根据你的兴奋点或者兴趣点来选择你的第一门编程语言。你的热情可以你在学习的过程中遇到难关时助你一臂之力。

难度级别

另一个主要考量因素是难度级别。有些编程语言比其他语言更难学。

我通常不建议从学习 C++开始，因为同许多其他编程语言相比，学习 C++很难。C++需要你直接应对管理内存和指针，以及其他一些令人不快的结构，这些都会让初学者陷入泥潭。虽然 C++是很棒的语言（依然是我最喜欢的语言之一），但却并不是最容易学的语言。

类似 C#、Lua、Python、Ruby 或 PHP 这样的语言对初学者而言更容易一些。甚至还有一些专门为初学编程的人量身定做的语言，如 Scratch 或 BASIC。

我说这些，可不是给那些真正想要学习 C++这类更难的语言的人泼冷水；但是，在做决定之前，你至少应该知道你要面对的是什么，并且确定是否要选择相对容易一些的编程语言作为你的第一门编程语言。

你可用的资源

你可能还需要考虑一下，你有哪些资源可用于学习编程语言。

某种晦涩难懂的编程语言可能找不到那么多的书、在线视频或者其他可用的资源，这可能会增加你学习的难度；另外一些更流行的编程语言则会有很多在线教程、可以注册的入门课程以及书或其他学习资源，所以在选择编程语言时你一定要了解有多少资源可供你使用。虽然这一点在今天看来已经不再像以前那么令人担忧了，因为有那么多的资源可供初学者使用，但是你还是需要把这一点列入考虑因素。

你还可能需要考虑一下可供给你使用的特殊资源，如计算机或者软件。一种学起来不那么容易的编程语言却可能成为一个更容易的选择，只是因为在网上有很多现成的互动式在线教程。你可以通过网络浏览器在线学习 JavaScript，而无须在计算机上安装任何软件。像 C++这样的语言则需要下载一些工具和软件，这些工具和软件可能不容易找，也不容易获得。

最后一项资源，我想应该是你能找到的认识的人。你能向谁求助？如果你陷入困境，谁可以回答你的问题？谁又可以帮助你加速学习的进程？

在选择你的第一门编程语言时，我当然不会将资源作为最大的考虑因素，但这仍然是你应该考虑的因素。

适应性

最后，让我们谈谈适应性问题。不同的编程语言，要适应不同的情况和技术。

例如，在写本书的时候，C#编程语言就是适应性最好的语言之一，这要感谢微软和 Xamarin 公司（现为微软的一部分）。如果想学习 C#，那你就不只是局限于 Windows 或 Web 编程，如今，C#可用于几乎所有的平台，所以它具有很强的适应能力。你可以用 C#编写 Linux 和 Mac 的应用程序，你也可以用 C#编写 Android 和 iOS 应用程序。

许多其他编程语言也具有很强的适应性。例如，Ruby 已经被移植到许多不同的平台，广泛应用在许多技术领域。JavaScript 也具有很强的适应性。你甚至可以使用 JavaScript 来控制 Arduino 板、开发机器人。（这一点是如何做到的，请在 Simple Programmer 网站上阅读我的好朋友 Derick Bailey 的文章。）

其他编程语言的适应性就没有这么好了。例如，如果你学习 R 语言或 Go 语言，你将被迫局限于为这些语言设计的技术和平台。

越来越多的编程语言，特别是流行的语言，都纷纷采用各种不同的技术移植到多个平台上，但还有一些语言就不会这样。因此，如果你今天想成为一名 Web 开发者，但明天想要做 Android 开发，或者你想要参与到一系列不同的平台或技术中，你可能需要考虑一下你想要学习的语言的适应性有多强。

关于选择编程语言的最后几点思考

尽管我已经给你提供了一些考虑因素，但是当你选择第一门编程语言时，我还是想要强调的一点：实际上编程语言并没那么重要。重要的是，你要挑选一些东西，并且坚持足够长的时间，才能顺利通过所谓的“学习曲线”，以获得更多的知识。很多刚入行的程序员都会感到沮丧，因为他们觉得自己恰恰没有理解这一点。

我将在第 6 章讨论如何学好你的第一门编程语言。

做好选择，然后坚持下去，你就会成为专家。我保证。学习的过程可能会让人厌倦或者产生怀疑——“我学的是错误的语言”，所以你可能会一直在改变选择。但是相信我，这不是个好主意。

最后，考虑一下这个场景：当我开始编程时，深入了解一门语言是程序员最重要的技能之一。于是我全身心扑在 C++的书本上，努力学习这门语言的各个复杂技巧，但现在它不再是一项重要的技能了。如今编程是在更高的层次上完成的。如今编程会使用库和框架，而不只是语言自身的特性。

当然，了解一门编程语言并精通它很重要，但牢固掌握则不是一项有价值的技能。这就是我说不要太纠结于你到底该先学习哪门语言的原因。你只需要确保自己学会一门语言，并且持之以恒坚持下去（至少到当下为止）。

第 6 章

蹒跚学步：如何学好第一门编程语言

好的，现在你已经决定了你要去学习哪门编程语言，整装待发。

“我要做的所有事情就是打开一本书开始阅读，对吧？”不完全是。我是说，你可以这样做——如果你喜欢为此而屡战屡败的话。

还记得我们曾经讨论过的，“做中学”是最好的学习方式吧？这就是本章的主旨。我将给你提供学习第一门编程语言的理想方法的蓝图，不只是为了学习这门语言，更是为了彻底掌握它，而且要让学习的过程轻松舒适、融会贯通。

学习第一门编程语言可能是整个学习编程过程中最为艰苦的环节，但是我们有办法让它变得不那么辛苦。大多数程序员，包括以前的我在内，学习编程都是靠着头悬梁锥刺股的劲头儿——读一本书、学会一丁点儿东西，然后再读另一本书，学会另一点儿东西，直到完全“学会”为止。

接下来我将要和你分享的是我在指导和训练了许多软件开发者学习编程之后总结出来的方法，通过这种方法他们不仅学会了自己的第一门编程语言，而且提升了自己的学习语言的能力。我还会给你带来我自己精通 C、C++和 Java 等语言的经验。

基本上，在本章中，我将向你们展示，如果我现在处于你这样的初学者的位置上，如果我正在学习自己的第一门编程语言，基于我目前的认知，我会做些什么。

从查看一款实用的应用程序开始

大多数初学者在想学习编程时，他们的做法都是捧起一本书开始读。

诚然，有一些优秀的书试图教会你关于编程的非常贴合实际的方法。然而，我认为最好的起点是查看实用的真实应用程序的源代码，并尽可能多地了解正在发生的事情。这可是一个步履维艰的过程。你会觉得非常不舒服，但没关系，习惯了就好。

我想让你做的是选择一个开源的应用程序，最好是一个设计很棒的、得到广泛应用的程序，然后开始查看它的源代码。你可以在 GitHub 上找到很多这样的程序，所以我建议你去那里查看一下。

尽管超出了本书的范围，但是我还是要说，如果你能想方设法下载到代码、自己编译并且运行该应用程序那就再好不过了。如果你有朋友能帮你做到这一点，那就更好了。如果没有，也没有关系。重要的是，你要自己探索代码，以便了解该编程语言的语法，并且要读源代码看自己是否真正理解某些东西。

如果可能的话，使用应用程序本身作为教材，这样你就可以了解代码和代码所做的事情之间的关系。

当然，就像我说的，这会让你觉得很不舒服。你可能觉得自己什么都不懂。我再说一遍，这没关系。你要做的就是竭尽全力，努力搞清楚一两项功能是如何工作的，或者你可以在代码中做一些修改，以某种方式改变功能。

此外，你还需要了解变量是如何命名的，以及它们是如何被组织在一起的。

你要假设自己是一位考古学家，试图去发掘并理解某些古代文明的文字。以这样的方式开始你的第一门编程语言的学习历程，相比大多数程序员你将赢得起步的优势，他们甚至都对自己努力学习的编程语言一无所知。

在踏上任何旅程之前，先弄一张地图总归是一个好主意。学习编程概莫能外。

寻找好的资源或书并浏览它们

在上一节我们说到，扬帆起航之前总得拿到地图。接下来的步骤仍然不是采用“从头到尾”仔细阅读一本编程书的方式，而是挑选一些书或者其他资源，如视频、文章或者视频教程，然后快速浏览它们。

同样地，这一步也会让你有点儿不舒服，因为大部分内容你还是看不懂。这一步骤看似有些多此一举，因为你只想知道这样东西有多大，以及通用概念是什么。但是，当你知晓了自己将要学习的是哪一类型的语言，以及这些概念是如何建立在彼此之上时，这一步工作的价值将会显现出来。

如果你已经学了我的“十步学习法”的课程，你可能会意识到你在这一步所做的实际上就是“十步学习法”里面的“了解全局”和“确定范围”这两个步骤。

学习如何创建“Hello World”

好吧，到这一步为止，我依然不建议你去读书，也不用去参加任何培训课程。如果你愿意的话，你可以马上就去这么做。（当然，如果你愿意遵循以下步骤，你实际上可以不用读书或者参加培训课程就能学会一门编程语言。我在大约两周内学会了 Go 和 Dart，使用的只是在线文档，遵循的也是我们在这里讨论的类似的过程。）

在这一步，你需要做的就是利用正在学的编程语言来创建能够完成某项功能的最基本的程序。

还记得第 4 章中谈到的“做中学”吗？这正是我们的目标。你要尽快开始创建基本程序的工作，这样你就可以建立起足够的自信，能够让你将学到的知识立即付诸实践。

你要开始做的是一个非常非常基本的程序，叫作“Hello World”。大多数编程书都会从让你创建的一个“Hello World”程序，该程序只是在屏幕上显示出“Hello World”。

这里，我并不是让你学会这门语言的所有细节，而是让你熟悉并验证当你用自己选择的编程语言来构建和运行程序时所需的基本工具链。

如果你正在阅读这门编程语言的书，它肯定也包含一个让你创建“Hello World”程序的例子。如果没有，那你只需在谷歌上搜索“Hello World+你选择的编程语言”。这样，找到一个范例应该没任何问题。

通过创建一个“Hello World”程序，你还可以学到使用你选择的编程语言的基本结构。

学习基本结构并用实际问题检验学习效果

现在，如果你有一本关于编程语言的书或者某种视频教程，你就可以开始阅读或观看了。

如果你一上手就是阅读或者观看这些教程，你一定会觉得它们高深莫测，但到现在这一步的时候，你就不会再有刚开始的那样感觉了。你现在要做的就是熟悉正在学习的编程语言的每一种基本结构，然后动手编写一些使用这些结构的代码。你还应当尝试去思考那些与你所学的东西相关的问题或者应用，它们应该尽可能是现实存在的，因为当你把一项技能应用到解决实际问题时，你就可以更好地记住它。

大多数编程语言应该包含的一些基本构造如下：

- 在屏幕上写上输出的能力；
- 基本的数学运算能力；
- 将信息以变量的形式存储；

- 将代码组织为函数、方法或模块；
- 调用函数或方法；
- 执行布尔逻辑求值；
- 分支条件语句（if/else）；
- 循环语句。

这里还有一些好消息。一旦你了解了这些基本结构，掌握了如何使用它们，你就掌握了任何编程语言的基础知识。是的，语法可能是不同的，但这些却是编程的核心。

你可能会在这个阶段花费大量的时间。别担心，你只需要坚持自己的做法：每一次仅学习该语言的一种结构，然后通过实际编写一些代码来应用每个结构。

如果你完全是在自学，那么你需要识别所有的结构是什么，以及你有效学习它们的顺序是什么。如果你正在阅读一本书或教程（或者，当然最好是多本书和教程），你应该为自己设置学习路径，甚至应该为自己设置一些目标以及有挑战性的任务。尽量一直确保你对自己正在学习的东西以及如何应用它们保持很好的理解。

现在是一个很好的时机，让我们回到你在第一步中看到的源代码，看看你现在掌握的内容是不是比刚开始的时候有了显著的增长。

了解语言的功能特性和库之间的区别

有一件事经常会让刚入行的程序员感到无所适从，尤其是使用当今编程语言的程序员：明确知晓哪些是语言的一部分，而哪些是随之而来的标准库的一部分。

通常情况下，这种区别并不十分明显。因为，在通常情况下，你将编写的都是使用了标准库的代码。

没关系。反正这两部分都是你正在学习的编程语言的重要组成部分，都是你需要了解和掌握的；但是，你应该特别小心，极力搞清楚哪些是实际语言的一部分，哪些是经常与该语言一起使用的库的一部分。

这听起来像是吹毛求疵，但我认为这是很重要的，因为搞清楚二者之间的区别将有助于对语法进行分类和组织，要不然的话你脑子里记下来的语法会混乱不堪。

你将意识到，对大多数编程语言来说，实际语言的部分本身并不大，而且相对容易学习；但是标准库却是非常庞大的，为了了解标准库你还将要付出巨大的努力。

如今，编程工作更多的就是了解如何使用库和框架，而不是成为语言方面的绝对专家。这就是为什么需要了解这一区别至关重要的原因之一。

通过认识到什么是语言的一部分，什么又是库的一部分，学习如何查找库来完成你想要用编程语言完成的常见任务，你将成为一名卓越的程序员。

通过理解每一行代码来检查现有代码和工作

此时，你应该已经熟悉了正在学习的编程语言的所有主要概念，并且在实际示例中使用了这一编程语言的大多数特性。你还应该对语言本身和与语言一起使用的库之间的区别有了一个良好的理解。

也许，你仍然不能对这门语言驾轻就熟，但是，在这个阶段，你可能会感觉到，你可以理解每样东西是如何工作的，但是你不知道如何将它集成在一起来编写一个真正的应用程序。（这有点儿像学说另一门自然语言。）

许多刚入行的程序员往往会在这个阶段陷入困境、无法自拔，认为自己永远不能成为真正的程序员。

摆脱这一困境、确保你的知识点没有空白，最有效的方法之一就是逐行查看现有代码，确保你准确地理解代码中的每一行和每条语句想要做的事情。（即使你不总是明白为什么，也能感受到进步。）

向 John 提问：难道我不需要知道原因吗？如果我不明白代码为什么要这样做而只是知道代码会做什么，这对我有什么好处呢？

这样想吧：如果你不理解“是什么”，你就不可能理解“为什么”。

如果不知道本书中的单词是什么意思，你就不能理解每个句子；如果不能理解每个句子，你就不会理解本书中提到的概念。这就是我们从最低层次开始的原因。我想确保你知道代码中的每一行每一条语句都在做什么，因为如果没有建立这样的认知，你就无法理解“为什么”，更无从知晓它们之间又是如何结合在一起的。

因此，你先从“是什么”开始学习吧，然后再理解“为什么”。是的，理解程序里的每一行代码或者函数里的每一行代码的原因和方式都是很重要的，但是要想做到这一点，你必须理解语言本身。

因此，现在只关注学习语言本身。剩下的你也会学会的，我保证。

你可以从在第一步查看的项目中获得源代码，然后开始随机地浏览项目中的文件。打开一个文件，浏览文件中的每一行代码，确保你确切地了解它在做什么。如果你不明白（肯定会有很多你还不理解的事情），花点儿时间好好想想，查查你不懂的东西。

是的，这太乏味了，甚至还很无聊，但这是值得的。

当你觉得可以阅读任何一行代码并且知晓它正在做什么的时候，你就可以继续前进到下一步了——再强调一次，在这个阶段，“为什么”不那么重要。

构建某个程序，构建很多程序

现在是真正开始使用编程语言的时候了。在这个阶段，你应该已经编写了一些小程序，并且使用了该语言的大部分功能，但是一旦你真正开始构建真实的应用程序，你就会对该语言有更好的感觉。

选择一些小项目（别太大了，要不然你驾驭不了），然后开始构建应用程序。不要选择任何过于雄心勃勃的东西，也不要尝试在这个时候做任何限定于某个平台或者 UI 密集型的事情。当前你的应用程序最好就是从键盘输入、打印文本到屏幕上这样的。

我的意思是，构建一些简单的应用程序，这些应用程序侧重于利用你正在学习的编程语言及其标准库，而不是框架附加的平台特性，这一块内容我们接下来会介绍。

通过构建简单的应用程序，你将对自己在该编程语言的应用能力方面建立起足够的信心。同时，你还将学会如何使用各种基本结构以达成你既定的目标。

下面是一些你刚上手时可以完成的简单项目：

- 创建一个程序，通过从用户那里获取输入来解决数学问题；
- 创建一个类似于《选择自己冒险》类型的游戏程序，由用户的输入来决定游戏的进程；
- 创建一个非常简单的基于文本的冒险游戏，用户可以发出命令来拾取物体、空间移动等；
- 创建一个程序，这个程序能够从文本文件读取输入，并将文件的内容写到另一个文本文件；
- 创建一个聊天机器人，它可以假扮成人类与用户交谈，甚至会给出很幽默的回复。

将编程语言应用于特定的技术或平台上

到这个节点上时，你应该已经基本学会了你所选的编程语言。这是有效规划的成果，因为在添加了用于构建现实应用程序的环境、框架等额外的复杂结构之前，你必须理解并熟悉编程语言本身及其标准库。

为了能够使用编程语言创建真正有用的东西，你需要将它应用于特定的技术或平台上。当完成这个节点的学习时，你就应该可以完成几个小项目，在特定的平台上使用编程语言。

举个例子，假设你正在学习 Java。到目前为止，你已经可以编写能够运行在任何可以运行 Java 的平台上的 Java 代码，因为你主要使用 Java 的标准库来处理一些简单的操作，例如，输入和输出文件到计算机屏幕和文件。

现在，你可能想用 Java 构建一个 Android 应用程序，那你必须学会如何构建 Android 应用程序，学会 Android 框架。由于你已经熟悉了 Java，因此你不会在不知道 Java 是什么以及 Android 是什么的情况下，同时学习大量的概念。

当然，你可以一起学习 Android 和 Java——事实上，我做了一门 Pluralsight 课程，教的正是如何做到这一点。但是，为了能够真正掌握语言，避免混淆，把语言从平台或技术中先分离出来，然后再把它们结合起来，可能会轻松得多。

现在，你将使用正在学习的编程语言来拓展自己的专业技能，这对你将来找到一份工作会很有帮助。选择你认为最有可能在未来用到的任何技术或平台，并开始使用它创建一些小规模的应用程序。

我还是建议你目前只专注于一种技术或平台。以后你总有机会学习更多。通过聚焦，你不仅会专注于你现在必须学习的东西，而且会让自己在某一特定技术中获得更深层次的知识和能力，这会使你信心倍增，并大大提高你在这项技能上的市场竞争力。

通过解算法难题来精通这门语言

到现在为止，你应该感到对自己正在学习的编程语言已经运用得相当自如了。你应该对此感到满意，你可以用它编写各种各样的应用程序。你应该已经熟悉某一个特定的技术平台，在这里你可以充分发挥自己的技能，使用这种技术自如地创建基本的应用程序。

尽管如此，你仍然觉得自己还没有达到精通这一语言的境界。别担心，这也是正常的。

我记得，我开始学习 C++的时候，即使我已经知晓了 C++的每种结构，并且用它实际创建了几个应用程序，甚至已然成为一名用 C++写代码的开发者，我还是觉得我没有真正掌握这门语言。我觉得我是一名好的 C++程序员，但还不是一名卓越的 C++程序员。我真的想让我的 C++技能得到进一步的提升，但我不知道该如何去做。

直到我发现了一个叫作 TopCoder 的编程竞赛网站。TopCoder 上每个星期都有一组新的编程挑战，在那里你可以与其他程序员比赛解决一些相当有难度的算法问题。刚上这个网站的时候，我感到毛骨悚然。那上面最简单的问题我都解决不了。我只好去看其他人的解决方案，我无法理解他们是如何想出这些解决方案的，我甚至看不懂他们的代码是如何工作的。他们运用 C++的出神入化的方式，我闻所未闻。

但后来，随着时间的推移，我不断地尝试去解决一些问题，不断地向别人学习如何解决问题，情况开始变好了，越来越好。我开始理解解决某类问题的基本套路，我开始真正懂得如何利用那些以前被我忽视的 C++的特性，我学会了如何有效地运用标准库、语言功能以及数据结构来解决复杂的问题。于是，对于 C++我不再是熟练而是精通了。

终于，我觉得自己真正掌握了一门语言。这正是你要去做的事情。

虽然你并不一定要去TopCoder参加竞赛，但是还有很多其他地方可以供你练习去求解算法类型的编程问题。

我已经提到了承载有这类问题的一个很好的资源TopCoder，但还有另外一些：

- Gayle Laakmann McDowell的著作《程序员面试金典》；
- John Bentley的著作《编程珠玑》；
- Project Euler网站；
- Codility网站；
- Interview Cake系列在线课程；
- TopCoder（查看其中的算法竞赛部分）。

这些问题最初你肯定会觉得极端困难，没关系。它们本来就是给精英级别的人物准备的。但是，随着时间的推移，逐渐地你会发现，这些题目其实不过尔尔，你都可以迅速解决。

当然，刚开始的时候，你肯定会对它们一筹莫展。别担心，就像我常说的那样，只要持之以恒、坚持不懈就好了。

还有，千万别忘了去看看你束手无策的问题别人是如何解决的。尝试理解他们为什么用那种方式解决了这个问题。这是我能够学会如何解决这些问题的最好的方法之一。我经常会去TopCoder看看那些顶尖程序员的解决方案，这让我受益匪浅。

一旦你能用自己所学的编程语言解决这些编程问题，你不但对这门语言驾轻就熟，而且在面试中被要求写程序的时候，那些令其他应聘者后背发凉的问题，在你看来也不费吹灰之力。

第 7 章

巍巍学府：通过上大学深造成为软件开发者

在接下来的三章中，我们将讨论可以让你入行成为软件开发者的三种不同的策略与途径。首先，我们将讨论上大学深造的方式；然后，我们将讨论参加编程训练营的方式；最后，我们将谈论自学的方式。

这些路径中的任何一条都是行之有效的，但我想列出每条道路的利弊，并给你提供一个切实可行的策略，以便于在你选择走其中某一条路的时候，能对你有所帮助。让我们从进入高等学府（大学或者大专院校）开始，也就是传统教育的途径。

我不打算花太多时间谈论什么是大学，相反，我想谈谈这方面的选择将涉及的所有因素。

如果你选择走这条路，那意味着你将进入一所经过认证的学校，在这所学校学习深造 2～6 年的时间，获得计算机科学、计算机编程或其他类似专业的学位。这是大多数软件开发者采纳的策略，但这是最好的选择吗？让我们一起来探寻究竟。

优势

首先，让我们谈谈上大学的好处。

你的父母可能认为上大学有很多好处（事实上，他们可能认为上大学是唯一的选择），但我希望尽可能客观。

尽管我自己并不是传统教育的忠实粉丝，但是我不得不承认，得到一纸文凭还是有一些真金白银的好处。

许多公司仍然只雇用有学位的开发者

尽管我们已经生活在 21 世纪了，但许多公司在招聘时仍然显得非常目光短浅，尤其是对招聘开发者。

通常情况下，你会发现，那些拥有人力资源部门的大公司只会雇用正规大专院校毕业的拥有正规学位的软件开发者。虽然这并不意味着如果没有学位你就不能在这样的公司获得一份工作，但是要想做到这一点还是相当有难度的。

下面是我的亲身经历：我在取得计算机科学学位之前，我被录用成为惠普的雇员。那是因为，在此之前的几年里我一直从事程序员的工作。事实上，我是一名在惠普现场工作的外包开发者。通常，惠普公司不会雇用任何没有学位的人，但他们批准我为例外，因为我是被内部推荐的，并且已经在作为外包开发者的工作过程中证明了自己。

我克服重重困难才得到这个机会，但当我拿到录用通知的时候，我感到大失所望。没人考虑我的经验和能力，我被归类为“无学位人员”类别里，这意味着他们给我开出的是最底层人员的薪水，同时还告诉我：我能得到这个 offer 真是幸运。

我给你讲这个故事只是想让你了解某些公司的普遍心态，这些公司通常把学位看得很重，甚至超过了学位的本质意义。获得一个正规学位，你就有机会为自己打开更多扇门，比自学成才的人或者加入编程训练营的人的机会多得多。

诚然，有很多公司会雇用没有学位的人，也不会歧视他们，但总体而言，没有学位，选择面将会非常有限。这就是现实。

因此，底线就是：有学位会让你比没有学位的人拥有更多的工作机会。

好的计算机科学概念的基础知识

许多自学成才的程序员都是非常优秀的程序员，但是他们普遍缺乏计算机科学基础概念的知识，而这些概念是在大学里教的。

今天，这些技能并不像软件开发中实际应用方面的技能那么重要，但我始终确信：每个软件开发者都应该学习操作系统、数据结构、算法、谓词逻辑、计算机体系结构以及位列大多数计算机科学学位课程体系中的许多课程。这些主题自学是非常困难的，特别是在你甚至都不知道有它们存在的时候。

正如我们将在第二篇“找到一份工作”中讨论的那样，许多顶尖的公司都会在面试中安排编码面试，而这种面试针对的恰恰就是这些经典的计算机科学知识。

我是一个非常务实的人，我在很大程度上对传统教育体系持反对意见，但我确信，更多的程序员需要理解他们正在编写的代码背后的一些基础理论。

虽然大学不太可能教你现今作为软件开发者需要具备的实用知识，但大多数学位课程都会带给你更深入的计算机科学概念的知识，而当你进入更复杂的编程场景时，这些知识会非常有用。例如，实时系统开发，研究并实现新算法。即使是像机器学习这样新领域也需要人们对这些计算机科学概念有深入而又透彻的理解。

体系化

传统教育能够带给你的另外一项不可替代的好处就是体系化。

有些人，如果不告诉他们具体该做什么、该怎么做，他们就连简单的操作也做不到位。

许多人渴望成为软件开发者，但却没能梦想成真，就是因为他们往往被自己需要掌握的全部信息压垮了，他们不知道怎样才能以循序渐进的方式把这些信息有效地组织起来以利于自学。而另一些想成为软件开发者的人，他们之所以失败则是因为缺乏自学所必需的激情斗志与自律精神。

如果你不确定自己是一个可以自我激励的人，或者你是在前途不明的时候缺乏行动力与决断力的人，平心而论，大专院校的系统化教育可能更适合你。如果你想试试自学，那么你必须确定什么时候学习、每天要在学习上投入多少时间。

如果你选择大专院校里的计算机科学课程或者其他的课程，你还会挑选一些选修课，这样你对自己的日常日程还有一些发言权，但是要学习的其他内容是已经全部被计划好的。你要做的，无非就是坚持这个计划。

实习与其他机会

大专院校往往能够提供实习机会以及其他资源与联系，这些往往是你凭一己之力无法得到的。

许多公司与大学预先建立起来合作关系，直接从大学招聘员工，这可以让学生找工作更容易。

许多大学还提供的课外的培训和其他机会，如各种基金会、学术会议以及其他活动等，这些活动可以极大地帮助你建立起关系网和联系。这可是一个巨大的优势，特别是如果你想在职业生涯早期就进入谷歌或微软这样的大型科技公司工作的话。

一位经验丰富的开发者可能需要凭借自己的优势和经验才能在这些大型技术公司中找到一份工作，但对刚开始工作的软件开发者来说，实习是一种很好的方法。因为大多数实习项目都是在大专院校实施的，所以你必须是在校学生或刚刚毕业的学生才有资格接触到这些机会。

劣势

好了，现在开始讨论大学的缺点。

你的父母肯定不喜欢本书的这部分内容。但是，上大学确实有一些缺点。有些明显，有些却不那么明显。

时间

第一个也是最明显的一个缺点就是时间。

上大学，你至少要花费四年的时间。在这段时间里，你不可能作为一个全职的软件开发者，获得任何能够写到简历里的实际工作经验。这是一笔相当大的投入。四年的时间可能会发生大量的事情。因此，你真的要想清楚，为了拥有一个学位是否值得放弃四年或更长的时间。

在大学里的学习本身也需要时间上的投入。并不是所有的活动和在校的时间都会对你有直接的好处。你会被要求去完成一些与成为一名软件开发者完全无关的必修课程，因此你会认为这是纯粹浪费时间。

参加考试也可以说是一种时间上的浪费，因为它对你没有直接的好处。听讲座也是如此，尤其是在你想更快地吸收同等数量的信息的时候。

传统教育并不是为了最大限度地利用时间而设计的，传统教育通常必须以最低限度的共同标准来教授课程。（当然，并非所有学校都是如此，但一般来说大抵都是如此。）这是我反对传统义务教育的主要原因之一。我觉得传统教育的效率并不高，所以在你选择传统教育之前必须考虑这一点。

成本

接下来是钱的问题。

每个人都想要得到更多的钱，没有人想放弃它，但如果你上了大学，你很可能不得不放弃很多。

我肯定我告诉你的都是一些你已经知道的事情，当我说学校很贵的时候，我指的还是学费每年都变得越来越昂贵。如果你上了大学，除非你获得奖学金，否则你会支付一大笔钱。在社区学院学习倒是能省一些钱——关于这一点稍后会有更多的介绍。如果你自愿或者被要求住在校园里，并且没有其他的资助渠道，你会发现账单会越来越厚。

我认识很多软件开发者和非软件开发者，他们在获得学位之后很多年甚至几十年，仍在为自己高等教育时的学费支付欠款。那太糟糕了。把好几年的收入都用来支付学费，这时再去计算昂贵的教育成本是非常困难的，特别是考虑到助学贷款的利息以及获得学位之后的工资增加等因素（如果有的话）。

是的，这个观点有点令人讨厌，但我指导和劝告了许许多多为获得学位而花费了大量学费的软件开发者，他们中的许多人最终深陷财务危机之中难以自拔。

不过，别担心。我有一些方法来缓解这个问题，如果你真的想去一所传统的大学，我会在本章“策略”一节中讨论这个问题。

这里还有一句忠告：一定要把你上大学的所有费用加在一起，包括利息、食宿以及因此而失去的工作收入，至少这样你才能算得清楚你的收获。

另外，声称无知并要求政府帮助减免你的学业贷款债务不仅是不负责任的，而且是愚不可及的。

过时的、脱离现实世界的教育

出版一本教科书需要很长时间。创建学位课程并且获得批准，或者在现有课程体系中增加新的课程，这也需要很长时间。

大学教授经常与现实世界中正在发生的软件开发工作完全脱节。因此，大学的教育项目缺乏在真正的软件开发工作中对成功的至关重要的技能和技术。

是的，计算机学科专业背景可能会有所帮助，但它并不像学习如何使用源代码控制、使用敏捷方法那样实用，也不像如何使用最流行最广泛的 JavaScript 框架那样实用。

公平地说，许多传统的学校认识到了自身的这个弱点，并且采取了一些措施使它们的学位课程与当今软件开发领域的现实联系得更加紧密，但还有许多学校没有做到这一点。这也是我写这本书的原因之一。

我想教你所有软件开发行业需要了解的知识，因为我觉得大多数高等院校都没有讲授这类知识。

当然，你可以通过自身的学习来克服这一局限，但是，如果你真的做到了这一点，你还真得质疑一下刚开始的时候为什么一定要花钱上学以获得一个学位。

让人分心的事

为什么在这个国家有所谓的“最顶尖派对院校”的排名，这是有原因的。为什么有些人说大学是他们一生中最有趣的时光，这也是有原因的。

大学里充满了各种各样的干扰，酒精，派对，抗议，运动会，音乐会，打鼾的室友……分散注意力的干扰无处不在。

我认识很多软件开发者，他们花了六年甚至更长的时间才能获得学位，因为他们无法静下心来专心学习。他们被大学里其他事情搅得心神不宁。虽然有些人认为这是一种优势，但是如果你想成为一名真正的软件开发者，大学里活跃的氛围可能会让你分心。

我认为很多年轻的高中毕业生进入大学生活时没有考量对这方面的干扰。他们天真地假设自己在周末既能学习，又能完成作业，还能参加聚会。事实根本不是这样的。我上大学的时候，每晚都有派对。忽视学习、彻夜不眠、缺席逃课……样样都做，就是不做学业作业。

是的，你可以避免陷入上述所有这些泥潭，只需专心致志地去做重要的事情，但至少要确保在你选择传统教育之前必须了解这些情况。

向 John 提问：但我父母要让我上大学。他们说我必须这么做。我要是不去上大学，他们会跟我断绝关系。

前几天晚上，我在圣迭戈太平洋沿岸海滩的一家寿司餐厅里用餐，一个无家可归的人跟我说，我应该在海滩上跑步，在沙滩上跑步，而不是在海滩附近的人行道上跑步。我说他的观点很好，也许我应该听听他的话，而我 6 岁的女儿却尖叫着说："做你自己！你可是 Simple Programmer。"

显而易见，我的口头禅也打动了她。我很震惊，但她是对的。

是的，我知道，你的父母抚养了你，所以你总是觉得对他们有所亏欠。但是，事实是你并不是必须这么觉得[①]。生命对于你只有一次，而且是你自己的。你不欠任何人任何东西，也没有人欠你任何东西。

最终，是你自己必须要承担你的抉择的后果；不是你的父母，不是你的指导顾问，也不是你的朋友，就是你自己。因此，虽然你可能觉得自己别无选择，但你总得要有所选择。不要误解我。我可不是说"不要上大学"，我的意思是，你需要自己决定上大学是否适合你，而不是由别人告诉你应该做什么。

这很艰难，我懂。因为我有过这样的经历。当年，当我告诉我的父亲我要投资租赁房产的时候，他立刻就摔了电话并从此再不认我。

但是，生活中，有时你不得不去做出艰难的抉择，有时你必须以愿赌服输的精神接受任何可能出现的结果，以及承担关系破裂的后果。

相信我，做一个为自己而活而不是为别人而活的人，你的人生会更快乐。

---

① 注意，作者此处所阐述的观点与中国传统文化有较大的差异，敬请读者注意。——译者注

策略

如果你选择了传统路线去上大学，那么做一份计划是至关重要的。

你可不能像今天的大学毕业生那样，背负着沉重的债务却只得到微薄的回报。让我们来谈谈一些可供你利用的策略，以便获得最大的回报。

从社区学院开始

首先，为了省一大笔钱，我强烈建议你先去社区学院读两到三年的学位课程。

如果你得到奖学金，这个建议你可以忽略。但如果你是自掏腰包，或者正在为你的学位承担助学贷款，那么去社区学院学习可以帮你省下一大笔钱，而且你以后还可以从一所更有声望的大专院校获得学位。

关键是要确保你在社区学院里取得的学分和课程能够无缝地转接到你最终想要获得学位的学校那边。因此，确保你事先一定确认这一点。

避免债务

接下来，如果你能应付自如的话，我真诚地建议你不要负债。债务是可怕的。债务会毁了你的生活。

有些人认为为教育而负债是良性债务，就像抵押你的房子或者投资不动产一样，但我不这样认为。我发现，在学校里背负的债务很少能够在毕业前还清，这迫使你走上一条你不想走的道路。这就像给自己背上了一个沉重的负担，让你在接下来 5 年、10 年甚至更长的时间里不堪重负。

不要这样做。

相反，下面是一些又能去上学又能避免债务的方法。

（1）*找一份工作，花一年时间存点儿钱*。不必高中一毕业后就去上大学。存点儿现金确实可以帮助你避免负债。

（2）*拿奖学金*。并不是人人都能拿到奖学金，但如果你能获得一些奖学金，这将大大有助于减少开支。

（3）*上学时找一份兼职工作*，这样你就能付清学费了。这不好玩，但从长远来看，这还是值得的。

（4）*住在家里*。是的，这很糟糕，但是你可能会省却很多麻烦，而且你只用付一点点钱。

（5）搬到一个教育免费的州，如阿拉斯加，或者暂时搬到德国去。

你甚至可以把这些策略组合起来，进一步减少债务。

相信我，虽然花 4 万美元让你获得高等教育的机会看起来是值得的，但是你需要花很长时间才能还清这笔债务——特别是利息。

而且，更为可怕的是，如果你做了这么大的投资之后找不到工作，你又该怎么办呢？

把学习当作是自己的责任

上大学、拿到学位，这是件好事，但这并不一定意味着你真正学到了什么。如果你要花费时间与金钱就读于一所大专院校，你最好能够得到比一纸文凭更多的东西。

但遗憾的是，没有人能教会你任何东西。你必须自己学，无论你是在哪里学到的，也不管是从谁那里学来的。永远记住，教育是你自己的责任。不要为了通过考试而读书、做作业，而要尽可能多地学习与应用你学到的东西。

这就是现实生活中的运作机制。不是有人会“教”你做什么，而是你自己要去“学”什么，所以你最好现在就习惯这种机制。

我都没有告诉过你，我遇到过多少大学毕业生，他们花费数万美元与数年时间在一项毫无价值的教育上。他们认为，拿到学位一走了之，这就是他们接受的教育，而且还能保证他们有份工作。

但事实并非如此，所以如果你要走进大学接受高等教育，那么就做好学习这项“工作”，承担起学习的“责任”，而不是把学习的责任交给你注册的学位项目或那些给你讲课的教授。

做兼职项目

上学会占用你大量的时间，会让你丧失大量的实际工作经验。花上四到六年的时间专注于一件事情上是一件严肃的事情。

大学毕业生面临的一个最大的问题就是，因为他们没有工作经历，缺乏实际经验，所以在一段时间之内，他们很难找到工作。解决这个问题，有一个好办法就是一边学习一边做兼职项目。

大学是建立你的投资组合或者开始兼职项目的好时机，它可以让你积累宝贵的经验，甚至获得一些收入，甚至让你从此踏入自己的职业生涯。同时，兼职项目也可以帮你将正在学习的东西付诸实践，这样你就不会忘记它，并且更有可能深层次地领会它。

此外，你肯定能列举出许多的故事：许多百万富翁就是从大学生涯开始启动兼职项目而后成功的。微软（Microsoft）、脸书（Facebook）、雅虎（Yahoo）、戴尔（Dell）和谷歌（Google）都是从宿舍、从地下室、从车库的兼职项目开始的。

这并不意味着你在寝室里做一个兼职项目就可以发家致富，但也说不定。即使是最坏的情况，你也能学到一些东西，而当你毕业时，兼职项目可能会为你创造属于自己的工作机会。

做实习工作

我之前提到过，上大学的一大优势就是可以获得实习机会，因此我强烈建议好好利用这一优势。

对一个没有经验的小白软件开发者来说，在谷歌或微软这样的大公司找到工作，甚至只是做一份短工，实习可能都是最简单的方式之一。实习也可以在很大程度上弥补学位课程与现实世界之间的巨大差距。

你肯定不想在拿到学位之后在一条羊肠小道上与许许多多没有经验的应届毕业生一起拼个你死我活。因此，如果可以的话，确保你充分利用实习机会，尽管它的报酬实在不高。

你在以后的职业生涯可以赚钱，现在你需要的是经验。

一边工作一边拿文凭

这是我用过的策略，不用背负债务，不用牺牲多年的工作经验，仍然能够为自己获得学位。

我在上了一年学之后得到了一份高薪的全职工作，所以我辍学工作了几年，然后我重新注册了一所网上学校，这让在我正常工作期间也可以学习。结果，我从来没有像穷人那样生活，我比大多数大学毕业生都多了四年的经验，而且我还拿到了学位。

而且，由于我已经在做软件开发的全职工作，我的学位非常便宜，得到的过程轻而易举。另外，我可以把我所学的东西立刻应用到我的工作中。现在，我意识到不是每个人都能做到这一点。

然而，如果你是一位自学成才的开发者，或者你已经有了一份工作，我认为这是一个优秀的选择。你甚至可以一边工作一边在另一个完全不同的领域内深造。这样做的唯一的缺点是，一边工作一边学习很辛苦。当然，还需要高度自律。但如果今天让我重新选择的话，我依然会选择走这条路。

接下来，我们将讨论一种不那么传统、更富有争议的开始编程生涯的方式——参加编程训练营。

第 8 章

躬行实践：通过参加编程训练营成为软件开发者

在并不太遥远的从前，如果你想成为一名程序员只有两种选择：上大学深造或者自学成才。在过去几年里，至少在写作本书的时候，出现了一个崭新的选择。

对许多人来说，这是一个令人喜出望外的选择，它带来了新的机会，它把计算机程序员的养成带入了一个崭新的时代：人人都可以在短短三个月内学会编程。

对于那些宣称“想成为真正的程序员，你必须在学校里待上几年”的编程精英，对于那些笃信“半夜 12 点才能写出代码”的编程俊杰，这可是一个可怕的威胁。

不管是喜欢还是憎恨，编程训练营已然出现了，而且看起来它们还会持续存在。

什么是编程训练营

在了解编程训练营的优缺点之前，我们需要先谈谈编程训练营到底是什么。

编程训练营顾名思义。虽然每个编程训练营教的内容有很大的不同，教学方式以及教学时间也不尽相同，但他们都专注于一个基本的想法：它们教会你如何快速成为程序员。

大多数编程训练营的目标都是：在一个紧凑的时间段内，教会你要获得一名软件开发者的工作所需的足够技能；编程训练营只关注真正重要的事情，并且尽最大可能让你只专注于现实世界里编程工作的内容。

编程训练营是个好主意吗？对你来说它是正确的选择吗？让我们一起来探寻究竟吧。

优势

首先，让我们谈谈参加编程训练营与传统形式的教育（即上大学）以及完全依靠自己教育相比的优势。

与流行的看法相反，走编程训练营的路线有很多显而易见的好处。如果我是今天才入行的程序员，这些好处足够说服我去报名参加编程训练营。事实上，即使是对于一名经验丰富的开发者，我认为参加编程训练营也是有很多收益的——想象一下，在一个编程训练营里学习一项新技术是什么样感觉。

没准儿有一天我真的会去做个卧底，参加一个编程训练营。

学习时间短

编程训练营的最大好处之一是将学习过程压缩到一个很短的周期之内。

上大学以及自学都可能需要耗费数年时间。一些编程训练营承诺在短短 3 个月内让你学有所成、找到一份软件开发者的工作。

现在，虽然这种说法似乎不为人所接受，但我对此深信不疑，原因如下。

有些编程训练营让你每天持续学习 10～12 小时，每周学习 6 天；在这段时间里你除了学习编码和练习编程之外，什么都不做。

我相信许多开发者在这段时间里都可以获得相当于数年工作的经验，因为在一个典型的工作环境中，你每天可能大约只有 20%的时间用于编程——甚至还不到。

如果你在编程训练营里努力学习，并且沉浸其中，我觉得你甚至会在比 3 个月更短的时间内学会编程。

稍后我们将讨论这种学习方式的缺点，但我始终认为这是一个巨大的优势。

时间就是金钱（反之亦然）。用你的时间作为投资去赚钱，然后利用这些钱赚取更多的钱，再然后买回你的时间作为净利润。

我宁愿把自己完全沉浸在某件事上 3～6 个月，也不愿意在好几年的时间里慢慢腾腾地学习它。我宁愿不假思索地投入其中，获得成效之后尽最快可能在现实世界里找到一份编程工作，因为那里才是最有价值的经验的源泉。

编程训练营的上述优势是显而易见的，不可等闲视之。只要你愿意从心底里接受这种方式，你真的可以在很短的时间内学会编程，我对此深信不疑。

实现起来确实有些难度，但可能性是完全存在的。

就业率高

不可否认的是，许多编程训练营的就业率高居不下，他们的毕业生可以在真正的公司里获得真正的工作机会，尤其是在硅谷。

当然，并不是所有的训练营都是一样的，但我听说优秀的训练营就业率高达 90%。这是一项价值连城的优势。

想一想，经过几个月短暂而又艰苦的学习之后，一位年薪 3 万美元的程序员可以一跃成为年薪 8 万～10 万美元的程序员。这可是相当惊人的变化。

如果你拥有一个大学学位，这些学位课程虽然也可以帮你得到就业机会，但很多情况下你还是不得不吞下“毕业即失业”的苦果，除非你参加过实习工作。

我知道有许多找不到工作的大学毕业生，经常在我的 YouTube 频道上抱怨连连。但我还没听说过有谁在完成了编程训练营的特训之后还没能找到工作。

当然，我相信并不是所有编程训练营的所有毕业生都能够轻而易举地找到工作。但是，因为编程训练营的最大优势之一就是教会你找到一份工作所需的能力，所以许多编程训练营都与许多公司建立起来良好的关系，以确保他们能够达成这样的承诺。

因此，实际上，编程训练营自身对于学员在完成了他们的特训之后的工作去向十分关注。现实中，有一些编程训练营会给你一项承诺：找不到工作全额退款；找到了工作才收学费，而收学费的方式就是从你第一年的工资里扣除一部分。

没有工作经验想得到一份工作是很困难的，所以我认为高就业率是编程训练营的一项显著优势。

价格不贵

尽管有些人抱怨编程训练营价格不菲，但相对于编程训练营能够给你带来的价值而言，我认为它的价格便宜得很，相对于传统大学的学费而言更是如此。

编程训练营的价格从免费到 2 万美元左右封顶，而你认为很便宜的大学，学费可能在每年 1 万～2 万美元，持续缴付 4 年或以上。这样比较下来，收费最高的训练营都是相当便宜的。

我也非常喜欢这样的说法：编程训练营的收费金额是大多数人都可以节省出来的款项，并不需要贷款。（是的，节省这么一笔钱可能需要一段时间，但对大多数人来说，靠节衣缩食省下来 4 万～8 万美元支付大学的学费却是一项不可能完成的任务。）

我还要告诉你，尽管我没有专门做过针对编程训练营的价格调研，但是当我决定去参加哪家编程训练营的时候我会考量许多因素的，价格只是作为最后的考虑因素。当谈到为你的事业和你自己投资的时候，千万不要因小失大。

总而言之，把你从编程训练营中获得的价值与你为此而付出的金钱相比，收益绝对是物超所值的，任何愿意承受艰苦工作的人都愿意为之付出。

专心学习

编程训练营的另一大优点就是让你有机会用“浸入式学习”的方式聚精会神地研究编程技艺。

如果你选择上大学，虽然你有可能会在某一个时间段里集中精力努力学习（特别是当期末考试即将来临的时刻），但是在这几年里你的大部分精力其实都是分散在好多门课程里的。

编程训练营则不然。一些编程训练营要求它的学生每周学习 6 天，每天学习 10～12 小时，而且这段时间里完全专注于学习如何编程。

有些人可能会认为这是一个缺点，但我认为这是最好的学习方式，通过大时段、心无旁骛地学习可以取得大幅度的提升。

你可能听说过，学习外语的最好方式就是全浸入式学习，我认为学习编程也理应如此。这种深层浸入式的学习方式也是编程训练营能够在如此短的时间内覆盖如此大规模信息的原因之一。

真实工作环境设置

就像我在上一章中提到的那样，大多数大专院校的学位课程并没有很好地为学生做好准备，让他们毕业之后就能适应现实世界中的编程环境。

今天我刚好与一位刚刚获得学位的初级程序员交谈，他抱怨说，他觉得自己在大学里所学的并没有真的为自己在现实环境下的软件开发工作做好了准备，而且自己在大学里无论如何努力学习也没有机会掌握这些重要技能。

而编程训练营通常都是专门招收以前从未写过代码的人，让他们在尽可能短的时间内立即开始真正的程序员工作，所以你可以放心，大多数编程训练营都是从头到脚模拟现实的编程环境的。

大多数编程训练营的特点就是务实，所以我认为，如果你想尽快跟上实际工作的节奏，编程训练营将是不二选择。

同道中人扎堆

实际上，在撰写本章第一稿的过程中我居然忽略了这一优势，因为，老实说，我并没有注意到这一点。

我绝不敢贪天之功为己有，这一节内容之所以出现在这里要感谢 David Tromholt，他在我的 YouTube 视频中留下了这样一条关于编程训练营的评论：

> 很多人都想知道，为什么有些人心甘情愿花那么多钱去参加编程训练营。显然，他们参加训练营的原因并不是不知道如何自学编程，网上有大量廉价的甚至是免费的资源。
>
> 真正的原因在于：通过参加训练营可以让你获得更大的个人成长空间。这是一个有关社会属性方面的问题，有些人在特定的环境下可以更好地学习。
>
> 和一群目标相同的同学在一起学习时你会动力十足，而且你能得到的灵感要比从自己阅读一本书或者观看一段视频得到的更直接。

这是一个很好的观点，编程训练营这个巨大的优势居然被我给忽略了。

许多编程训练营的组织形式都是一个混合的教室/工作环境，在那里你直接跟其他同学一起工作和学习。这不仅可以激发学习的积极性，同时也是一种良好的团队合作训练。

劣势

到目前为止，我已经列出了编程训练营的许多优点。但是，几乎所有这些优点都有其相应的缺点，这取决于你从哪个角度看待它。

编程训练营并不适合胆小或者懒惰的人。如果你的个性属于这两类之一，我在上面提到的那么多优点在你看来可能都将成为我们在下面将要讨论的缺点之一。

时间投入大

尽管从日历时间上看，在训练营里学习编程的速度极快，但是你还是要花大量的时间去参加一个编码编程训练营直至毕业。

这不是你晚上业余时间去做的事情，也不是你的业余爱好。这不像锻炼或跑步。一个编程训练营基本上就是一项全职的工作。如果你参加了一个编程训练营，那么在这段时间里它就是你生活的全部。在 3～6 个月的时间里，你不得不辞去工作，放弃你的所有，全身心地投入到学习编程的工作中。

有一些训练营的时间会长一些，会以较慢的速度进行。但是，与上大学或自学的慢节奏相比，编程训练营的节奏要紧凑得多。

正如我之前说过的那样，有些编程训练营要求学生每天在教室里做 10～12 小时项目，每周 6 天。

难度非常高

下面让我来阐述编程训练营的另一个重大劣势：编程训练营（至少是其中的佼佼者）是出了名的艰苦困难。

我们在上一节已经谈过了时间和节奏问题，但是要想在编程训练营中脱颖而出，你需要做的可不只是出席一下，你需要做到废寝忘食地工作。

大多数编程训练营的进度都非常快，即使你对编程一无所知，第一周内也可以写出真正的代码。在非常短的时间内，有大量的东西需要你去学习，所以你完全没有放松的时间，尤其是在你没有编程工作背景的情况下。

如果你是那种在充满挑战的环境下成长起来的人，你可能会发现这是一件好事，但我想大多数人会认为这至少是一个不利因素，一个不该被忽视的不利因素。

还是有点贵

尽管编程训练营比传统的大学便宜得多，但它们仍然很昂贵，如果考虑到编程训练营还没有类似助学贷款那样的经济援助，编程训练营就更贵了。

到目前为止，据我所知，没有任何政府项目可以帮你支付编程训练营的学费，或者给予你助学贷款让你可以在毕业之后再行偿还。（也许有，但我相信那并不常见。）因此，无论如何，我得说这是一个很现实的问题。

如果一名律师想转行学习编程，1 万美元对他而言是一笔很小的开销，不值一提。但是，如果是一名刚满 18 岁刚刚高中毕业的孩子，他都从来没有干过一份时薪超过 10 美元的工作，编程训练营的学费对他而言那可就是高不可攀了。

因此，如果你想参加编程训练营，不管你属于上述哪种情况，你都必须理智地安排好自己的预算。

鱼龙混杂

这可能是我想到的有关编程训练营的最大缺点——鱼龙混杂，很多编程训练营都是骗人的。

编程训练营可以在很短的时间内获得大量的现金流，而且谁都可以开设一个，以至于在撰写本章内容的时候，我一直都在想，我也应该去开一个编程训练营。

记住，选择编程训练营时必须非常小心。你最不想发生的事情应该就是辞去你现在的工作、花费几千美元、把你生命中的 3 个月花在某件事上之后，却发现只是在浪费时间与金钱。虽然有很多合法注册的编程训练营，拥有良好的声望，深得学生喜爱，但是也有很多皮包公司试图利用人们对编程训练营的狂热而快速敛钱。

一个有经验的程序员可能会迅速发现这些骗局，但是对刚入行的新人来说，很难区分正规合法的训练营和唯利是图的骗子。在下一节我们讨论“策略”的时候，我将向你展示一些为自己选择一个优质的编程训练营的方法。

无法获得学位

尽管编程训练营可能会教会你编程，并帮你找到一份软件开发者的工作，但参加编程训练营并不意味着能够为你做好终身的准备。

如果你决定转行，或者你想申请一家要求应聘者拥有学位的公司，那么你会发现，比起上大学深造，花钱参加编程训练营有些误入歧途了。这一切都取决于你对风险反感的程度，以及你对拥有一个实际学位的重视程度。

一旦你进入了软件开发领域，学位就没那么重要了，但其他人可能不同意——谁知道呢？兴许未来这种情况还会改变。

缺失某些计算机科学领域的知识

还记得吗？我说过的编程训练营的一大特点就是务实。

这是一把双刃剑。好的一面是，你可以学会为了获得一份软件开发者的工作以及编写代码需要了解的所有技能。坏的一面是，你会因此而忽视其他一些长久地看可能会对你的职业生涯产生重要影响的知识。事实上，许多经验丰富的程序员对编程训练营满含憎恶，原因不外于此。

编程训练营倾向于聚焦在如何开发软件上，而不是它背后的原因或科学理论。这有时会导致你对自己的能力过分自信，但实际上你并没有真正理解你在做什么。

想象一下，一位医生没有上过医学院，在工作实践中学会了一些知识，现在在与其他几个医生一起工作，接下来会发生什么事情？虽然这与通过参加编程训练营来学习编码还不尽相同，但在我看来，许多经验丰富（并且我认为他们技能卓著）的程序员往往认为实际情况就是这样。虽然我认为他们只是有点过分维护现有自己的工作职位，但在一定程度上他们是对的。

当然，要想解决这个问题也很容易，就是回去继续深造，去补充学习那些你在编程训练营中没有学到的计算机科学概念，但是大多数开发者似乎从来没有时间回去继续学习。

因此，你要充分意识到，在编程训练营里纵然可以学会编码，可以让你找到一份程序员的工作，但它仍然可能会给你留下一些知识上的空白，如果你想把自己的潜能充分发挥出来，你就得设法回去填补这些知识空白。

策略

好吧，让我们谈谈我最喜欢的部分——策略。

我已经给许多刚入行的程序员提供了很多建议，如何才能更好地为参加一个编程训练营做好准备，所以我对这方面颇有心得。

我还要和你们分享一些我给那些想成为程序员的人的建议，也就是，如果我也是一名刚入行的新人，那么我该怎样去参加编程训练营。

做一些调研，确保你没有受骗上当

首先，你要做一些调研，确保你没有误入我前面提到的那些信誉较差的编程训练营。

这项工作的重要性是不言而喻的，有相当多的人都被诱骗到那些看上去就好得都不太真实的训练营里去了，所以我认为这一点还是有必要提醒的，哪怕只是为了着重强调。

在付钱给编程训练营的时候，一定要确保你不是报了一个便宜但蹩脚的山寨货。多付几千美元，学到真正有价值的东西，找到一份真正的软件开发工作，比节省那点儿钱要明智得多。

检验一所编程训练营的品质，最简单的方法是与以前的学生交谈。如果一家编程训练营都找不出几届毕业生，我会非常谨慎地选择报名。一定要和以前的学生谈谈他们在编程训练营的经历，他们学到了什么，毕业后找工作是否容易。这是这项调研的基本步骤，它可以让你避免受骗上当损失数千美元，它可以帮你避免以后长期的痛苦和遗憾。

花点儿时间做些调研，心甘情愿地多付一些钱以获取更高的品质。

用存款一次性付清

用借债来支付大学学费是个坏主意，而且，在几乎所有的情况下，我都会说，用借债来支付编程训练营的学费同样是个坏主意。

你无法保证从编程训练营毕业立刻就能找到一份工作，所以不要刷爆你的信用卡，或者拿一把锤子砸烂你的储蓄罐拿出所有的积蓄，更不要抵押你的房子、把你的401K[①]积金都拿出来去参加训练营。

相反，你可以更理智一点。

① 401K 计划也称 401K 条款，是美国按照 1978 年《国内税收法》新增的第 401 条 K 项条款的规定，始于 20 世纪 80 年代初的一项养老保险制度。它适用于私人营利性公司，是一种由雇员、雇主共同缴费建立起来的完全基金，相当于中国的企业年金计划。401K 计划是美国最为普遍的就业人员退休计划。——译者注

在你研究编程训练营的时候，也要考虑怎样省钱。此外，你可能需要更长的时间才能入行成为一名程序员、开始你的职业生涯，所以你也要考量一下你下的赌注，而不是只因对未来的憧憬就去不切实际地做一些你做不到的事情。

在任何领域，这种短视的想法都会导致灾难。

彻底清空你的其他日程安排

作为人类，我们往往会高估我们能在一天内完成的工作总量。任务清单永远都做不完。我们总是把我们的时间表塞得满满的，远远超过我们的能力。

如果你打算花费时间、金钱和精力去参加一个编程训练营，我建议你把所有其他的事情都从你的时间表中清除掉，全身心地投入训练营中。

是的，也许你可以为了保住一份工作而只在晚上参加编程训练营，或者在参加训练营的同时你还继续做一个兼职项目或者继续你的学业，但是，因为编程训练营的节奏往往太过紧凑，所以我个人是不会冒险这么做的。

如果我今天去参加一个编程训练营，我会彻底清空我的时间表中的一切其他事务（也许除了锻炼身体之外），确保我自己全身心投入特训——这也是我建议你做的。

放学后不要走，与尽可能多的人交流

我强烈建议你，尽可能长时间地留驻在训练营里。

放学以后不要走，继续做你的项目。与训练营里的老师和同学多多交谈。和老师们好好相处，帮助他们做任何他们需要帮助的事情，这样你就有机会学到更多的东西。

我保证，充分表现出你的奉献精神和乐于助人的意愿，会让你走得更远。人们会看到你付出的努力，他们会看到你的真诚，他们会记住这一点，当你去找工作的时候，这些都会派上用场。

确保你是班上最顶尖的学生

如果一个编程训练营的毕业生有 90%的就业率，那么在训练营结束后，你一定要确保你没有在这个班的最后 10%中。

如果我是你，我的目标是成为班级里最顶尖的那 10%。事实上，我会尽我所能去争取最前面的位置，因为这个位置几乎就可以保证得到一份好工作。

因此，在训练营里全力以赴吧。在没有任何经验或学位的情况下闯入软件开发行业是极困难的。我不想冒任何风险，尤其是当我花了一大笔钱并投入了大量时间且付出了巨大努力的时候。

提前学习一些基础知识

最后但并非最不重要的，进入编程训练营之前，尽可能多地提前掌握一些你要学习的编程语言的编程知识。

如果你想成为编程训练营里最顶尖的学生，并且你想要确保你从这个训练营中得到最大的收益，那么你就要确保自己不会被抛在后面。要把你拥有的每一个优势都充分利用起来，你开始可以利用的最大优势就是至少已经熟悉你在编程训练营里将要学习的编程语言和技术。

为成功做好准备。别指望你会在一个编程训练营里学到自己需要知道的一切。相反，你要带着精进学习的态度进入训练营，然后你带着自己学到的知识以及如何将学到的知识应用于现实世界环境中的技能，满怀信心地离开训练营。

但也许编程训练营并不适合你。因为你更像是一头“独狼”。没关系，我也考虑到了你的需求。在第 9 章中我们将谈谈如何自学，以及完全自主学习是怎样的情形。

第 9 章

自学成才：通过自学成为软件开发者

许多程序员都是自学成才的。在软件开发的世界里，自学编程的程序员并不少见。

一些最优秀的程序员，以前从事的都是其他职业，在工作中他们发现需要自动化一些常见的任务，于是出于工作的需要学会了编程。但是，这并不意味着在编程方面，自学成才是轻松容易的事情。很多在技能养成方面急功近利的软件开发者都在自学成才的道路上苦苦挣扎，屡受挫折。

在软件开发的世界里，自学成才的程序员是特立独行的稀有动物。如果我和一个无师自通的程序员（既不是从高等学府走出来的科班毕业生，也不是编程训练营走出来的实战派选手）一起共事的时候，我几乎立刻就能发现他是自学成才的。

自学成才的程序员倾向于认为他们可以接受任何挑战。但是……有时他们会太过于贸然前行，或者急于求成，所以经常被贴上“编程牛仔”的标签。当然，这并不意味着所有自学的程序员都是这样的，但是自学编程确实有一些显而易见的优势和劣势。

如果你正在考虑自学，那么在你开始这个令人心潮澎湃而又时而令人黯然神伤的旅程之前，你应该意识到自学的优点和缺点。

自学编程的优点

首先，让我们谈谈自学编程的诸多优点。

自学编程的大部分优势都基于灵活性。当你想通过自学来掌握编程技能的时候，你就拥有了最大限度的灵活性。有些人认为这是一件好事，而另外一些人则认为这是一件坏事。

我倾向于认为这是一种“祸兮福之所倚，福兮祸之所伏”的事情。在你可以利用它为你做更多的事情的时候，灵活性是一项伟大的特性，可以让你沿着自己想走的道路锲而不舍。而在因为缺乏系统性让你觉得不知所措、缺乏动力让你觉得身心疲惫没有动力继续前行的时候，情况就不大妙了。

灵活性并不是自学的唯一优点。低廉的成本，以及因此而获得的自学技能，都是选择自学成才这条路的真正的好理由。

接下来让我们深入探讨自学编程的优点，好吗？

成本低到基本为零

自学编程可以为你节省大笔金钱。可以想象，在今天，任何人都可以利用互联网上的免费资源来自学编程。

我们确实生活在一个令人惊奇的时代，我们可以自由自在地获取大量信息，尤其是在编程方面。网络上充满了免费的教程、博客帖子、参考手册，甚至还有书的副本，人人都有机会充分利用它们学习如何成为软件开发者。

事实上，你可以在我的博客上阅读本章内容，而且还是完全免费的。甚至许多编程工具和开发环境也是免费的。免费提供给程序员，供他们学习使用。

注意，免费并不总是最好的选择。通常，花一些钱来获得一套更为体系化、正规化的学习资料是物有所值的。

但是，即便如此，自学成才的策略仍然比上大学深造或者参加编程训练营要廉价许多。你只需花上几千美元就可以买到比你曾经读过的书还要多得多的书，还能在 Pluralsight、Lynda 或者 Udemy 这些网站上获得成千上万种在线课程。

如果你囊中羞涩，光凭“低成本”这个理由就足以说服你走上自学成才的程序员之路。

自我教育是你能学到的最有价值的技能之一

每当我谈到“每个软件开发者都应该知晓的 5 大软技能”的时候，自我教育，或者说“学会学习”（learning to learn）总是排在第一位。

不仅是在计算机编程与软件开发领域，即使是在日常生活当中，无论我怎么强调这一技能多么价值连城都是不过分的。

掌握自学技能的人可以令整个世界为他们敞开机会的大门，而那些依靠他人才能学习的人却做不到这一点。

如果你拥有自学能力，那么在生活中几乎没有什么是你力所不能及的，所以我非常重视自学这项技能。

当然，这并不意味着你必须通过自学编程才能掌握自学这项技能，但自学编程不失为一种开拓这项技能的好方法，因为自学编程是一项艰苦卓绝、苛求努力的活动。在生活中，再没有什么比自学编程更加充满荆棘的了。

我知道一定会有人不同意我的说法。但是，我已经教会了自己很多技能，我已经在各种生存技能上做了很长时间的老师，我只遇到过一件比学习编程挑战更大的事情，那就是学习成为一名企业家。

按照自己的节奏学习

人们之所以诟病传统教育或者编程训练营，主要因素之一就是它们的学习节奏要么追风逐电、一日千里，要么慢慢腾腾、磨磨蹭蹭。

不同的人的背景不尽相同，智力水平参差不齐，注意力也是强弱不一，所以学习和掌握知识的速度也有快有慢。如果老师的教学速度比最合适你的速度慢一拍，这种感觉会让人灰心丧气，因为你觉得这是在浪费你的时间，你会因为感到厌烦而心不在焉。但是，如果你坐在一个教学速度飞快的课堂上，同样会令你感到垂头丧气，因为你很难理解正在发生的事情。

通过自学如何编程，可以完全避免这个问题，你可以完全以对自己来说最舒服的速度前进。而这一切的结果，就是你可能会更好地掌握你正在学习的内容，因为在开始下一个概念之前，你能够对这一个概念做到融会贯通。

如果你认为自己的学习进度是快于常人或者慢于常人，那么自主安排学习进度对你而言是一个巨大的优势。正是基于这个原因，我几乎总是尝试自己去学新东西。

按照自己的时间表学习

无论你是决定去大学深造，还是去编程训练营精进，你每天的日程都是被别人固定好的，甚至你的生活都是被别人安排好的。

如果你再没有其他的事务，而且你决心专心致志地学习编程或者攻读学位，那么这种固定安排是再好不过了，但是如果你已经有了繁忙的时间表，并且你还不想辞掉自己的全职工作，那么自学编程可能是一个更优的选择。事实上，这可能是你唯一的选择。

我自己就是自学编程的，然后我又通过函授学校获得了学位。当时，我迫切需要这种自己安排时间的灵活性，因为我已经有了一份非常好的工作，全职脱产学习对我而言是完全不可想象的。

因此，如果你不想放弃生活中其他的一切而专注于学习编程，那么按照自己的时间表自主学习应该是你选择自学编程的一个重要理由。

可以深入研究任何你感兴趣的主题

我发现，自学编程的最大优势在于，我可以深入研究任何我感兴趣的主题。

当我在传统大学学习的时候，我时常感到很沮丧，因为在我觉得自己对每一个主题都不得不浅尝辄止，不能深入探索。我经常觉得我们只能一目十行地翻阅教材，这样我们才能看完整本教科书，而这并不是真正努力的学习方式。

如果你发现自己是一个好奇心非常重的人，你对正在学习的东西渴望深入挖掘和细致理解，那么你可能会对大学的学习生活感到索然无味（可能在编程训练营里同样也是如此）。在那里，往往会强调对教科书的“好读书不求甚解”，而不是真正地深入理解、融会贯通。

自学编程的缺点

如前所述，自学编程有很大的优点，但是，毋庸讳言，它也有一些的缺点。

如果你对学习编程感到无所适从，并且也没有人来指导你，那么前面所讲到的自主安排时间表、自主设置课程列表的“灵活性”对你而言将是一种戕害。

在你为自己开启自学编程之路之前，你应该需要考虑它的一些不利因素。

你必须弄清楚要学什么和该做什么

还记得我说过“灵活性”是一件福祸相依的事情吗？下面我来解释一下我之所以这么说的原因。

当你拥有完全自主的灵活性时，确定该做什么将会成为一项艰难的选择：

- 我该先学什么？
- 我该怎样判断我的所作所为是正确的？
- 我该怎样去确认自己的学习进展状况？

当你试图开始自学编程的时候，这些问题还只是冰山一角。

为什么我在第 6 章中列出了学习地一门编程语言的一个循序渐进的学习过程？这就是原因之一。

因此，我总是说：每个人都向往自由，但是鲜有人能够真正驾驭好它。

如果你不是一个善于自我激励的人，或者你不善于在没有铺好的道路上奋勇开拓，你应该考虑一下是否通过其他更能获得指导的途径去学习编程。

对找工作毫无帮助

虽然高等学府通常不会对你毕业后找到工作提供大量的直接的支持，但是大学通常会提供实习机会，以及广泛的人脉，你可以利用这些机会大大增加你在获得文凭之后找到工作的机会。

编程训练营更是专注于如何把他们的学员在完成特训之后直接送进公司工作。

但是，如果你选择自学成才，那你还真的是要全靠自个儿了。如果你是自学成才的程序员，找到自己的第一份工作难于上青天。

没有任何工作经验，没有任何证书或者文凭，要想能证明自己胜任一项工作，这是很有挑战性的。但这也是可以做到的。在本书第三篇“找到一份工作”中，我会谈到更多内容，但在你走上自学之路之前，这绝对是你应该考虑的因素。

很容易失去动力

甚少有人能够在缺乏动力的情况下砥砺前行斩获目标。这是一项价值连城的生活技能，也是一项难得一遇的技能，很难获得。大多数人只在动力十足的时候才能做事情，特别是在刚开始的时候。这就是为什么在可以系统化学习的地方，如大学的正式学位课程、编程训练营里的3～6个月特训课程，都能对初学者有所帮助。

当你觉得自己有义务去完成某件事（因为你扔掉了一大笔现金，或者已经投入了大量的时间），即使在动力减弱的时候，你也可以更容易地找到继续前进的动力。

动力也可以借由周围的人产生，在你缺乏动力的艰难时刻，他们的动力与热情可能会感染到你。

如果你没有动力，或者你不擅长自我激励，那么独自学习是一件很困难的事情。

记住，当新鲜感消失的时候，每件事情都会变得索然无味。因此，从某种意义上说，在完成了一天的艰苦工作之后，还要在晚上7:30自学编程，似乎就没那么有趣了。在这种情况下，你能做到坚如磐石吗？

那么，你还不如更好地利用体系化的学习方式来让自己变得更加坚定一些吧。

脱离社会

我们也不能对自学带来的与社会隔绝的问题视而不见。对许多人来说，这是一个非常棘手的问题，也是大多数人从来没有质疑过的他们必须要面对的问题之一。

大学和编程训练营为你提供了很多机会，让你可以与其他人轻松社交，并与其他志同道合的人亲密合作。

刚开始独自学习的时候，这个问题可能并不至于很糟糕，但宅在自己房间里、整日面对计算机几个星期之后，你可能会开始发狂了。

我自己在工作中就有很多时间是在独自前行，所以我从个人经验中知道这一点。因此，我总是想方设法找到其他途径与他人交流，但是即便如此，我也经常憧憬着在一间正规的办公室里与周围的人一起工作，而不是在一天的大部分时间里都是孤独一人。

在你做出最终决定之前，这必定是你需要检验的东西，看看你能否自如克服。

可能会在知识体系上有所欠缺

我知道，到目前为止，我已经跟你讲述了自学编程的好几个缺点。

我可不想给你描绘一幅过于黯淡悲伤的景象，因为我自己就是自我教育的坚定倡导者。我只是想让你知道自学到底意味着什么，因为这条路对大多数人来说都是失败概率最高的。因此，请原谅我再跟你讲述自学编程的另一个缺点。我保证这是最后一个。

就像我在描述编程训练营时提到的那样，独自学习可能会给你留下一些知识上的空白点。然而，与上大学或者参加编程训练营相比，自学留下的空白点可能会在不同的领域。许多自学成才的程序员缺乏大学毕业生或者编程训练营毕业生所具备的一些最佳实践与正统观念。

这是因为当你独自工作、独自解决问题的时候，你会形成一些自己特有的做事方式。这并不一定是坏事，但一旦你找到一份真正的工作，如果你想出的方法与人们普遍接受的方法大相径庭，你不见得愿意去学习和改变自己的做事方式。

当然，你可以通过有意识地在你自学编程的过程中增加一些学习内容来改善这一点，比如，学习计算机科学的内容，参加开源项目等。但你一定要意识到，在你无师自通而掌握的知识体系里可能会有一些你还没有意识到的空白。

策略

在第 6 章和第 4 章中，我已经介绍了很多关于自我教育的策略，但是在这里我会深入探讨更多的技巧，因为我认为这些技巧会对你自学编程有所帮助。

正如我在前面提到的那样，你可能会发现我自创的“十步学习法”也有一定的价值，因为它为你提供了一个很好的可以用来自学任何东西的体系。

制订计划

老话儿说得好：“凡事预则立，不预则废”。虽然有些老生常谈，但却毋庸置疑。

我几乎可以向你保证，如果你不为如何自学成为一名软件开发者制订一个切实可行的计划，你的失败无可避免。

在你自学和为自己制订课程列表的时候，计划的重要性是毋庸置疑的。相信我，作为一名企业家，我深知这一点。

因此，一定要做好计划：你要自学哪些知识，你要花多长时间用于自学，以及你需要采取怎样的切实可行的步骤引导你从现在的位置到达彼岸。

计划不会是完美的，所以你一定要在执行计划的过程中不断修正它。最为重要的是，时刻都要保有一份你确实花时间经过深思熟虑而成的切实可行的计划。千万不要随心所欲地随便翻开一本书，天真地以为这样你就会学会如何编程。

你现在可以从下载免费的“软件开发者技能评估”工具开始制订计划。这个工具将向你展示你需要学习的知识和技能的范围，这样你就可以选择从自己最薄弱的领域开始着手学习。

设定时间表

如果你只愿意遵循本节中的一条建议，那么请一定遵循以下这条建议——设置时间表。

如果在自学编程的过程中你没有为自己的设定一个切实可行的时间表，我几乎可以保证你一定会充满挫败和沮丧的感觉。

你可以自行决定学习时间的长短、学习频率的高低，但是一定要提前制订好时间表，并且遵照时间表坚持实施，就仿佛你的生活依赖完全它一样。

我的职业就是指导软件开发者如何生活。我教人们如何提高工作效率，如何保持身材，如何达成目标，基本上就是靠“努力到无能为力，拼搏到感动自己”[1]这一招。我可以告诉你，那些没有提交时间表的人总是失败者。

如果我不制订一个时间表，我一定会失败。如果我不按照时间表的规定，每天花若干分钟的时间写这本书，这本书根本就没有机会问世。此刻，我手边就有精确计时器，它发出的“滴答”声告诉我，我还需要写作 21 分钟。

对任何领域而言，累积效应都是最有力的影响。制订一个时间表，利用它来充分发挥你的优势，每一天、每一周你都会稳步前行。

自学期间不忘拓展人脉

还记得我说过：自学编程的主要缺点之一就是你缺乏他人的帮助，缺乏人脉在你完

① 此处原文为“basically kick ass”，语带双关，一方面是说要想达成目标就是“坚持”；另一方面是说能这样坚持下来还是挺厉害的。——译者注

成自学之后帮你找到工作。这就是说，你的人脉网络对你而言是至关重要的。

你肯定不想看到这样的局面：费尽千辛万苦自学完了编程，踌躇满志准备去找工作，突然发现你甚至不知道从哪里下手，你没有人脉可以帮你。

那么，马上开始着手拓展你的人脉吧。

- 开始参加你所在地区的研讨会和用户组；
- 去参加编程训练营以及其他活动；
- 开始写博客，参与社区活动。

如此一来，在你准备好找工作的时候，就会变得容易得多。不要等到火烧眉毛的时候才做这类事情，临时抱佛脚不如立刻开始。

找一位导师

不需要找尤达大师[①]一样的人物做你的导师，而且你也不需要某人陪你走过你的整个学习历程，但是当你遇到一些问题需要帮助的时候，你应该至少有一位软件开发者可以请教。

别指望有人会正式接纳你作为他们的门徒，这种情况非常罕见，尤其在今天的社会里这会被看作是荒诞不经的行为。但是，当你陷入困境的时候，至少会有一两位你可以向其求助的人。

拥有一位可以依赖的导师，在你感到怅惘或者迷茫的时候，可以帮助你走出挫折感的泥潭，节省很多时间。因此，在你开始自学之前，要确定在你迫切需要帮助的时候你可以去找谁，即使你必须要为他们的建议付钱。

对了，当你自学的时候，还要看看你是否也可以成为别人的导师。要真正地加深你对某一学科的理解，最好的办法莫过于尝试把你对该学科的理解传授给别人；而且，回馈他人、帮助他人也是一种非常良好的感觉。

至少完成一个兼职项目

再没有其他方法能像将你所学应用于为真正的问题寻求真正的解决方案一样更好地帮你学习。

我们已经在前几章中已经讨论过了，除这个原因之外，兼职项目还有其他非常有益之处。

---

① 尤达（Yoda）大师，《星球大战》（*Star Wars*）系列中的人物，正义与力量的化身、绝地武士中的大师、绝地高级委员会委员，德高望重，受人尊敬。尤达大师在绝地武士中还扮演着一个重要角色：年轻的绝地弟子的第一次训练就是在尤达的指导下进行的，许多非常伟大的绝地武士在孩童时期都接受过尤达的指导。（以上摘编自百度百科）——译者注

我对一举多得的做事方式情有独钟：

- 当前我正在写的这章的书稿，将会成为我的博客上的一篇博文；
- 现在，我是站在书桌前，用键盘敲入本章内容，站着办公能够帮我消耗掉一些额外的卡路里；
- 每天我至少要写1000字的文章，以保持并提升我的写作技能。

因此，你瞧，今天我在写本章书稿上花费的一小时，让我至少得到了以上三个好处。

做一个兼职项目也可以让你一举多得。一个好的兼职项目能让你同时获得如下好处：

- 让你有机会将所学到的东西真正应用于解决实际问题；
- 让你可以用来在未来的面试中展示真实的工作成果；
- 让你有机会获得一些额外的收入，甚至创建新业务；
- 在学习编程的同时让你可以为自己创建一些有用的工具；
- 让你对自己的能力建立自信；
- 为自己的娱乐休闲提供一个出口（如果你喜欢那种东西）。

反正你不管怎么样都是要写代码的，那么干脆你就为一些有用的事情写代码吧，这样你会一举多得。

如果你不知道自己在做什么，也不要担心，在实际做项目的过程中你会慢慢理解的。

即使你完成的项目就是一些你自认为是“垃圾”的东西，至少你也完成了一些东西，于是在你自学编码的艰苦历程结束的时候，你总归有一些成果可以拿出来展示。

订阅类似 Pluralsight 这样的网站

迄今为止，我已经为Pluralsight录制了55门教学课程。但是，老实说，即使我没有给它录制课程，我还是会告诉你要订阅Pluralsight。为什么？因为物超所值。

多希望在我学习编程的时候就有这样的网站。今天，针对每一个有关编程的主题，你都可以找到不计其数的大量内容，每一种都是由各类专家提供的，而且价廉物美。

即使你不去注册Pluralsight，你还有其他很多选择，如Lynda、Treehouse和Udemy等。如果我现在在学习编程，我必定会好好利用这些物美价廉的资源，因为这是一种很好的自学方式，而且是体系化的。

对于有志于自学编程的人，我怎么强调此类视频培训网站的价值都不过分。

好了，到目前为止，关于如何入行成为软件开发者，你已经了解得足够多了。（尽管你可能还需要做出一些重要的决定，以确定如何以最佳的方式开始你的新冒险旅程。）

从现在开始，我们将开始开启本书的另一篇章。在第二篇中，我们将深入研究如何获得一份软件开发者的工作。这一大块内容将从讨论如何获得实习机会开始。

第二篇

找到一份工作

“有终生之乐，无一日之忧。”

——孔子[1]

虽然这不一定完全正确，但确实是一个令人欣喜的想法。

无可否认，从事一份自己喜欢的工作要比从事自己不喜欢的工作给你带来更大的快乐。然而，我想再次指出：任何你认为自己喜欢的工作，最终都会变成你不喜欢的工作，有时甚至变成你厌恶的工作。这是必然结果。

无论如何，在确定自己是喜欢还是讨厌一份工作之前，你必须先得到一份工作，对吧？这就是这一篇的内容——找到那份工作。

你可能是刚入行的软件开发新人，要么刚大学毕业，要么刚结束编程训练营的

---

① 此处原文为“Choose a job you love, and you will never have to work a day in your life. —Confucius”，标注为孔子所说，但遍观《论语》及其他孔子著作，未见此句。在《荀子·子道》中记载了孔子与其弟子子路的一段对话——子路问于孔子曰：“君子亦有忧乎？”孔子曰：“君子其未得也，则乐其意，既已得之，又乐其治。是以有终生之乐，无一日之忧。”（君子在他没有得到职位时，就会为自己的抱负而感到高兴；得到职位之后，又会为自己的政绩而感到高兴。因此有一辈子的快乐，而没有一天的忧虑。）学界一般认为，包括《子道》篇在内的《荀子》末五篇是荀子及弟子所引述的记传杂事，所以放到了《荀子》全书最后。无论这句话是否真正为孔子所说，其立意都值得我们学习。——译者注

特训，要么通过自学，你也可能是一个饱经沧桑的编程老手，正在寻找你的下一站归宿，不管怎样，你需要了解一些事情：你需要一份至少看起来是风光体面的简历；你必须要能够获得面试机会，还要对通过面试充满希望；如果你收到了录用通知书，你必须学会如何不被别人看作是按捺不住、受宠若惊的傻瓜，实际上这份录用通知书里的“出价”还是可以继续谈判的；还有，那些招聘专员又是些什么样的人？是朋友还是敌人？你能真正信任他们吗？领薪制正式员工与合同制雇员哪一个更好？

找工作可能是你在职业生涯中花费最少的技能。尽管如此，身为软件开发者，这依然是一项非常重要的技能，因为你所从事的工作、你工作的地点、你与谁共事、你的工作内容以及你的薪水，都对你的生活有着非常重要的影响。

正是基于这一考量，我试图把关于如何找到下一份工作你需要知道的所有内容都打包起来，集中在这一篇中讨论。

为了能够使本篇内容简单易学，并且可以实际应用到你的软件开发工作当中，我还创建了一个额外的“开发者求职行动计划”，你可以在 Simple Programmer 博客免费获得。

我将在接下来几章中对这个行动计划的内容进行循序渐进、抽丝剥茧的介绍。此外，你还能获得一些额外的工具和资源，包括一个工作申请进度状况跟踪器，以及打造完美简历的最佳技巧。

做好准备继续阅读本篇的内容了吗？

我们将从针对初学者的一些建议开始：如何获得实习机会，如何在没有工作经验的情况下找到工作。然后我们将直接进入求职的过程，以及在寻找工作的过程中可能会遇到的其他一些问题与情况。

让我们直接开始讨论吧，既然你很喜欢编程，那你也一样喜欢获得报酬。

第10章

初出茅庐：怎样获得实习机会

如果你刚开始工作，找到工作的最好和最简单的方法之一就是实习。如果你想在微软、谷歌、脸书或者苹果这种所谓的“四大科技公司”中找到一份工作，这一点尤其关键。

许多大型技术类公司只雇用实习生或者经验丰富的软件开发者。实习为公司（雇主）提供了一个独一无二的机会，使其可以在雇用潜在员工之前对他们进行充分的评估。

如果你是刚入行的软件开发者，实习岗位也为你提供了一个独特的机会，让你体验到为一家公司工作是什么感觉——尽管你的工作职责可能不那么具体。

实习的机会可不是人人都有，所以如果你有机会赢得实习机会，尤其是在你刚入行的时候，我强烈建议你要抓住这个机会，即使薪水不是很高，甚至几乎无偿。在职业生涯的初期，以微薄的工资工作一段时间所付出的牺牲，从长远来看一定会有巨大的回报。

在本章中，我们将讨论什么是实习，并且对一些难题（如实习期薪酬、获得实习机会的方法）给出解答，我还会就如何当好实习生、如何利用好实习机会找到工作给你一些建议。

什么是实习

尽管你可能已经对这个词非常熟悉，但是我还是认为我们最好先谈谈什么是实习，尤其是软件开发领域里的“实习”。

实习通常是一个组织对刚入行的学生或者专业人士开放的临时职位——可能有薪水也可能没薪水。

与大多数工作岗位不同，实习岗位通常并不需要你具备任何工作经验。因此，对刚入行的你来说，实习的机会非常宝贵。没有经验很难找到工作，没有工作就很难获得经验。这听起来就是“第二十二条军规”①重现！

公司招收实习生的原因多种多样。有些公司想借此彰显自己“乐善好施，回馈社会”的企业形象，这种情况下提供的实习岗位实际上只是用于积极公关的象征性职位。（我会尽量避免自己陷入这种类型的实习工作。）有些公司想借此为自己注入新鲜血液，想从大学毕业生中招聘人才，并且借此机会培养青年才俊，从而让他们可以长期服务于该公司。不可否认，还有一些公司之所以开放实习机会就是为了寻求廉价劳动力。他们认为提供实习岗位是一种双赢的局面——在这种情况下，公司可以给毕业生实习的机会，而实习生也可以为公司完成一些不计报酬的工作（给正常职位但不计报酬是不可能的）。

我相信，企业要雇用实习生还有更多理由。但是，开发者为什么要去做实习工作呢？实习到底意味着什么？这很难说，因为做实习工作的原因和公司雇用实习生的原因一样多——这两者往往是相关的。

有些实习工作就跟真正的工作一模一样，那里的人们期望你成为软件开发团队中的一员，并且和团队中的任何其他成员一样工作。做这种类型的实习工作，通常会指派一位经验丰富的开发者作为你的导师，指导你、帮助你掌握做事的诀窍。

有些实习工作其实就是一场面对面的竞赛，公司雇用了好几个实习生，他们将为了某个职位而展开竞争。做这种类型的实习工作，一般所有的实习生都被安排在同一个团队中一起做一个“实习生项目”，这是一种双重测试，目的是观察每个实习生在这种环境下的适应性。

类似地，通常一家公司会挑选一个他们没有资源去完成的项目，然后利用实习生来完成这个项目。这种类型的实习工作也许是证明自己的绝好机会，弊端是你可能无法得到指导和帮助，很可能你只会被告知期待的最终结果是什么，然后就要独立自主地去完成它。

最后，还有一种实习工作，基本上你就是办公室里的一个“跑腿的”。这些类型的实习实在是没有什么含金量，因为你实际上可能无法加入那些将你作为新入行的软件开发者使用的、可以让你发挥技能的项目，你只会被安排去做一些端茶倒水的琐碎工作。

在签约成为实习生之前先了解一下你将做什么，这可能是一个好主意。你可以通过直接询问、联系以前的实习生等方式，了解一下这份实习工作的具体情况。

在开始下一个话题之前，我想再谈一谈那些“端茶倒水”式的实习工作的内幕。“端茶倒水”并不一定都是坏事。做好这些琐碎的工作可以证明你不会看轻任何工作，你愿意做好任何事情，这是一个非常令人钦佩的性格特征。有些公司正是通过这样的实习工

① 此处原文为“catch-22”，出自美国作家约瑟夫·海勒创作的长篇小说《第二十二条军规》。在这部小说中，根据“第二十二条军规”理论，只有疯子才能获准免于飞行，但必须由本人提出申请，而一旦提出申请，恰好证明你是一个正常人。因此，人们常用“第二十二条军规”来比喻自相矛盾、不合逻辑的规定或条件所造成的无法摆脱的困境或难以逾越的障碍，让人们跌进逻辑陷阱、陷入死循环而处于左右为难的境地。——译者注

作考察实习生的——虽然并不总是如此，但是常常如此。

我该拿报酬吗

这是一个很好的问题，而且如此复杂。

这其实真的是要看机会的。如果一个亿万富翁愿意招我为他做实习，我会公开表示：我将乐意接受没有任何报酬的实习工作，我愿意露宿在他家的草坪上，只是为了学习。我建议你也这么做。

话虽如此，但这并不意味着你不应该为你的劳动索取报酬。大多数实习工作都是有报酬的。甚至还有一些关于实习期工资支付的法律规定。我不是律师，所以我不敢就这些事务提出特别的建议，但是如果你对实习机会的报酬问题比较关切的话，你当然应该调查一下。

我想要说的是，当你考虑实习工作机会的时候，报酬是无关紧要的，因为如果将实习工作与报酬关联起来，那就太短视了。相信我，换一个场合我会告诉你如何成为谈判专家，让你能得到最好的工资待遇。但是，在讨论到实习工作时，就完全不是一回事儿了。之所以这么说，有以下几个原因。

当你想去参加实习的时候，你必须先考虑清楚什么才是自己想要的。通过一个你本来无法得到的机会获得经验，这才是你想要的，这也是最重要的——这样你以后才能找到一份高薪工作。

因此，实习并不是为了赚钱。这有点儿像学徒。如果你参加实习工作是以赚钱为目的的，你就错了。相反，你应该考虑一下，这种经历将如何帮助你促进你的事业发展，如何为你打开机遇的大门。当你以这样的方式去考虑问题的时候，时薪 10 美元、时薪 30 美元，抑或是什么都没有就是白干活儿，这还真的很重要吗？

总体上讲，实习工作是一份短期的工作，所以总体收入数额不会有太大差别。实习工作不应该成为你“耍小聪明干大蠢事”的地方。因此，如果你可以得到报酬，那当然要收钱，但不要让薪酬成为考虑要不要去实习、要去做哪份实习工作的重要性因素。

我宁愿为一个亿万富翁免费工作，也不愿为得到一大笔钱而浪费自己的时间为一个白痴工作。

怎样获得实习机会

现在，我们来讲重要的部分：如何实际获得实习机会。

这并太容易。职位不多，竞争激烈。每个人都衣着光鲜、西装革履，渴望获得职位。

你该如何脱颖而出才能申请到实习岗位呢？

如果你在上大学，申请实习岗位显然是你首先要去做的事情。大多数大专院校都有实习项目，你可以注册，他们可以帮助你申请。对我来说，这个问题不需要思考。然而，这可能并不是获得良好实习机会的最好方法。稍后我会有更多的介绍。

如果你没有上大学，而是依靠自学，或者你参加了编程训练营而没有找到工作，那么为了获得实习岗位你就要变得更富有创造力，当然这并不是一件坏事。

如果你搜索关键词“软件开发实习工作机会”，你会找到成千上万个供人们申请的实习岗位，你甚至会发现专门发布实习岗位的网站。去网站上申请吧，看看有哪些你觉得有趣的岗位——这并不算是一个糟糕的主意。但这依然不是最佳方法。

想想看，有多少人都是这样去申请实习岗位的。想想看，有多少无良的、劣质的公司，正试图通过发布实习工作机会获得极其廉价的甚至是免费的劳动力。

想要更好的主意吗？看看这个怎么样：自己找个实习的机会。我不会申请那种已经存在的实习机会，我会自己找个实习的机会。

首先，我会弄清楚我居住的地方有关实习和雇用的所有法律条文，我会从法律和文书工作的角度找出招聘实习生的确切方法。我做好了上述所有研究，这样如果我去找一家没有实习计划的公司，我就能向他们展示提供实习岗位对公司的好处，以及设立一个实习项目有多容易。（我甚至愿意成为他们公司的第一位实习生。）

接下来，我会列出一份公司清单——我觉得在哪些公司可以获得最宝贵的经验，可以为它们做出最大的贡献。我会努力找出本地公司里有哪些是我想为其工作的，或者哪些公司能够为我提供一些良好的经验与学习机会。

然后，我会拿着这份清单，试着找出在哪些公司里有我认识的人，或者我认识的人中有谁认识这些公司的人。

做完这些之后，我会选择最有希望的公司并潜心研究它们。我会了解该公司的历史，它们生产什么产品，谁曾经为它们工作过，它们有哪些工作岗位，以及这些岗位的工作内容是什么。我会在社交媒体上查到在这些公司里工作的人的资料，我会试着联系他们中的一些人，向其解释说：“嘿，我对这个行业很陌生，但我想好好学习一番。我能请你喝杯咖啡聊聊吗？”

最后，我会开始直接联络这些公司（当然最好是通过我认识的人或者我请喝过咖啡的那个人），然后我就开始做自我推销。我会向他们展示我会如何为他们的项目增加立竿见影的价值，我会向给他们提供一些真实的细节信息，这些信息来源于我之前对他们公司的了解，或者与在那里工作的人的交流。我会向他们解释我是多么渴望在这里获得实习的机会，我会向他们展示我愿意拼命工作去做任何事情的决心。我会非常具体地说明我能为他们做些什么，以及如果他们雇用我作为实习生会给公司带来的价值。我甚至会给出一些具体的例子，说明我可以立即开始为他们工作的项目。

如果他们反对，或者说他们没有实习项目，我会说："没问题。我可以告诉你如何设置一个。"然后我会重申一下，如果他们公司立即开始着手实施实习项目对公司的长期价值。

看到了吧，我不喜欢为了争取一个机会而与一群人拼个你死我活。我喜欢为自己创造机会。我可以以一家企业的负责人和企业家的身份坦诚地告诉你：如果有人以这种方式接近我，试图在我的 Simple Programmer 找到一份实习工作，他们成功的机会会很大。

如果你要去参加实习生面试，下面是我最应该强调的几个要点。

- 我强烈渴望尽可能多地学习知识和有所贡献。
- 我是你一生中遇到的最努力的工作人员。
- 我不需要被管理，给我安排到一个项目里，你可以看到我在自动自发地工作。

不要试图炫耀你的技能或者经验，也不要试图用你的所学来打动面试官，专注展示上述这些特质，以及你的基本工作能力，你会给面试官留下更好的印象，千万不要试图说服他们你有 10 年的编程经验（而实际情况其实为 0）。

如何成为优秀的实习生

现在你得到了实习机会，所有的事情正在按部就班地进行。

现在该干什么呢？我知道你想让他们都一一折服，然后为你提供一个全职岗位，但是你该如何展现足够的力量让他们欣然同意呢？让我们从那些在实习生和实习计划中遭受重大挫折的公司说起——为什么有那么多公司认为即使可以获得免费的劳动力，设立实习生计划也是得不偿失？

让我从自身经验说起吧，因为我的公司目前没有实习生计划。

实习生通常是令人厌烦的一群人，因为你需要不断地监督他们工作，不厌其烦地回答他们的问题，告诉他们该做什么。事实上，招聘一个免费的实习生，看起来不花钱，实际上要花掉我更多的钱。为什么呢？因为我不得不花费宝贵的时间告诉实习生该做什么，纠正他们的错误，我实际上是在浪费自己的时间和金钱。

作为实习生，你如何改变这种认知？很简单，把方程式转过来。作为一名实习生，你的任务很简单：竭尽所能节省你老板的时间。这就意味着，你必须做到自我指导，自己发掘自己该做的事情，并在最低限度的监督和反馈下完成高质量的工作。

对你而言这可能不是理想的学习环境，但这是你要创造价值的最佳方式，不要把你自己变成惹人讨厌的人。但这并不意味着你得不到任何指导、什么也学不到，更不意味着你不得不独自创造出自己的项目。

总而言之，你应该明确地意识到，你在这里就是为了让其他人的工作更容易，而不是相反。这种“服务至上”的工作态度不仅会让你在实习期表现优异，还会让你走得更远，成为一名领导者，因为这正是真正的领导者所应具备的素质。领导者的作用恰恰在于能促使其他人的工作更轻松。

很明显，你必定会从实习工作中获益多多。相信我，如果以这样的心态做事，你一定会获益匪浅。

通过观察、预测需求，以及帮助他人完成工作和任务，你学到的东西要比自己埋头工作或者在别人指导下完成工作多得多。而且，实习的意义并不真的是为了获得经验、学习技能（不要误解，其实这两条你也都会逐一达成的）。获得工作岗位才是真正的目的。

我们这就来谈谈如何获得工作岗位。

如何从实习人员转变为正式员工

现在你已经找到实习机会了。你已经向人们充分证明了你的能力，你是一个能让其他人的工作更容易而不需要频繁接受指导和监督的人，你已经令他们折服。现在，是时候成为正式员工了。但是，该怎么做呢？

好消息是，如果你已经做了上述我告诉你的所有事情，这一步应该是水到渠成。事实上，在这种情况下，正式工作的机会应该是唾手可得的，你几乎都不用特别做什么。

如果你加入一个团队之后立即可以对团队有所贡献，让他人的工作变得更容易，并且在不需要频繁指导的情况下就能够产出高质量的工作产品，那么在你的实习期结束的时候，你工作的公司将毫不犹豫地雇用你。

我可不是开玩笑的。我可以负责任地讲，作为一家公司的负责人，如果你能向我证明你的能力，使我得到的比我付给你的薪水更多，我没有理由拒绝你，我绝对会向你保证，我会雇用你。

如果你在做实习生工作期间为你的雇主创造出尽可能多的价值，那么在实习结束后，你就不用做任何事情了，守株待兔就好。他们会追着让你加入，因为他们不想失去你——他们不想损失如此宝贵的资产。

不过，如果出于某种原因，他们没有来敲你的门，这时你发一封礼貌的电子邮件询问一下将是一个好主意。在邮件里，说说你真的很喜欢在这里工作，真的很喜欢他们给你提供的机会，然后礼貌地要求下一步你希望继续保持这种关系。但是，老实说，如果你已经到了要发这封电子邮件的田地，那么你的实习生工作可能做得不太好。

不过，如果你搞砸了，或者如果从一开始你就没有找到实习机会，那也不用担心，还有希望。接下来，我们将讨论入行得到软件开发职位的“艰难之路”——在既没有经验，又没有实习机会，只有满腔热血的情况下，如何获得工作。

第11章

柳暗花明：没有经验要如何找到工作

如果没有任何经验，要找到一份工作是非常困难的。

在第 10 章里，我们讨论了如何通过做实习生来解决这个问题，但是这样的机会并不是天天都能遇上。不过，别灰心。即使你找不到实习机会，也没有工作经验，你仍然可以找到一份工作。下面我将向你展示这一过程。

本章的内容并不是关于如何求职的，而是作为一名有抱负的软件开发者，在自己缺乏经验甚至没有任何工作经验的情况下，如何获得一份工作。

在第 12 章中，我们将详细介绍如何申请和找到一份工作——无论你是否有经验。本章内容关注的是：在开始申请工作之前，你如何使自己富有市场竞争力。

公司在雇用软件开发者时面临的最大风险

首先，让我们谈谈大多数公司在招聘软件开发者时面临的最大风险。

你知道是什么吗？前面已经有好几次，我站在企业主的角度在讲述我的看法（我自己真的是一名企业主），我可以说，在大多数情况下，最大的风险就是雇用一个不知道如何编码的人。

一位不知道如何编码的软件开发者（或者说他真的不擅长编码），实际上会增加负面价值，甚至会让公司付出比支付给他们的薪水更惨重的代价。在这种情况下，还不如当初压根不雇用这个人。

我在惠普公司工作的时候，我的工作之一就是面试“顶级”的 C++程序员，让他们加入我们的团队。这些程序员一旦加入我们的顶级 C++开发团队，他们的工作就是调试最复杂的问题，将其分类之后交由产品开发团队来修复。

经常，我坐在面试台上，看着这些号称有 15 年经验的“专家级 C++语言程序员”的简历，问他们一个关于 C++的简单问题（真的是一个很简单的问题），他们都答不上来。我还会让他们写一些代码，他们会有一百个借口来解释为什么他们现在不能写代码，或者为什么他们写出来的代码连一个简单的问题都解决不了。这些就是伪装的专家级开发者。

记住，这些人都有外表光鲜的简历，都通过了人力资源部的筛选，也通过了电话技术面试，现在就坐在我面前，信口开河地想骗倒我，让我相信他们真的知道怎么写代码。

我为什么要提这个呢？因为在这里我想强调，任何一个优秀的技术面试官都曾见到过这一幕，都曾经被许多蹩脚的程序员欺骗了之后才意识到：面试官的主要工作就是戳穿谎言，告诉他们“你真的不知道如何编写代码”。

向 John 提问：面试官真的打算让你通过面试吗？还是说，他们乐于看到面试者“死”在他们面前？

一位优秀的面试官真的、真的、真的（重要的事情说三遍）希望被面试的人选都能通过面试。他们真的希望你就是那个他们渴望已久的人。

相信我，他们才不希望持续不断地面试一些人又刷掉他们，他们就是在考验你——确定你不是一个身无一技之长的人。

面试官都是身经百战的聪明人，他们当然要确定一下你是否真的懂得写代码。因此，看起来好像他们希望看到人人都“死”在他们面前，其实从内心深处他们希望你能通过面试。

对这一点一定要有所准备，别让他们搞得你手足无措。让自己保持冷静、冷静、再冷静。

任何一个你想为之工作的公司都会竭尽所能对那些不知道如何编写代码的开发者敬而远之。这就是为什么很多公司依然坚持“在白板上写代码”的面试方式，尽管有无数软件开发者都在抱怨这种面试方式。（对那些夸夸其谈的人来说这确实是一道难以逾越的关卡。）

屏蔽这些风险

“既然这样，我该怎么办？”很简单。如果你没有经验，你获得软件开发者工作岗位的主要策略就是去证明你能编码，而且绝不信口雌黄。

在本章中我将要讨论的一切内容都基于这样的想法——你希望尽可能地减少雇主对前一节所述风险的担忧。

至于面试，并不是每一位面试官都像我当面试官时对申请者那样严苛，但我可以告诉你，即使是最笨的面试官也会对那些从简历上根本看不出有编程经验的人的能力产生怀疑。事实上，除非你有办法让他们能对你的编码能力建立起足够的信心以克服严重的心理障碍，否则你可能连面试的机会都无法获得。

因此，你真正需要做的就是向任何一家有意向雇用你的公司明确表明，即使你没有实际工作经验，你也是一个有经验的程序员，有一些外部证据能够证明你知道如何编码。这样才有可能让自己站在机遇的大门口。

在网络空间里崭露头角

首当其冲，你需要在网络空间里崭露头角。当你被列入候选人的时候，面试官首先要做的一件事情就是在网上搜索你的名字。事实上，人力资源部的工作人员在拿到你简历的时候（在给你面试机会之前），可能就已经这么做了。

如果 HR 搜索到的第一个结果是你在春假里站在太平洋海滩上当众便溺的行为，第二个是脸书上你在啤酒聚会上驱赶小鸟的照片，那可就糟糕至极了。如果 HR 搜索之后立刻出现的是你的专业博客，那上面有许许多多你发表过的有关专业软件开发技术的文章，并且一直都有更新，这时你一定会给人留下眼前一亮的第一印象。

每一位软件开发者都应该开设自己的博客。不管你是身经百战还是初出茅庐，你都应该分享你正在学习的内容，在软件开发领域选择一个专业方向然后有所著述。

在这里我不打算具体而又详细地介绍创建博客的细节，但是所有你能想到的有关“我不需要开设博客”的理由，我都已经听过了。无论如何，要我说，不管经验高低，也无论你自认为有没有什么值得说的，只要先开博客就好。

最低限度，开一个博客能够彰显你对软件开发工作的浓厚的兴趣、高涨的热情以及立志献身于此的精神，同时表明你是那种笃爱学习和乐于助人的人。

除博客之外，*其他所有有助于让你的名字能被搜索到的社交媒体，都对你求职有益*。Twitter 账户、Facebook 主页，所有这些社交媒体都有助于彰显你正在积极主动地参与软件开发社区的活动，都大大有助于为你扩大知名度，尽管这时你可能资历尚浅。

我强烈建议你现在就在搜索引擎上搜一搜自己的名字，看看会发现什么。在当今世界，不管你曾经创建过怎样的简历，这才是你真正的简历。

善打组合拳

在网络空间崭露头角是一个良好的开端，但在资历浅薄的时候，你应该需要一些更实质的东西。

把你曾经做过的工作打包组合在一起是一个好主意，它可以向世人展示你知道如何编码，还可以向世人展示你编码的示例。既往工作成果的组合展示将大大降低潜在雇主在聘用缺乏工作经验人士时所要面临的风险。

如果一个潜在的雇主能够看到你编写的代码和你创建过的项目，他们就可以肯定你至少对自己正在做的事情有所了解，而且可能能够为他们编写代码。

如果没有把你既往完成的工作/项目做成一个组合展示给他人，那就没有任何方法来证明你自己会写代码；但是，如果你有这么一个像模像样的你创建的项目的组合，这一切就变得可以信赖了——你看，这是我写的代码。

因此，我强烈建议，你在学习编写代码时或者在学成之后，一定要创建一些小项目，通过从头到尾地完成一个完整应用程序的过程来充分展示你的能力。

你可以使用 GitHub 这样的在线服务将这些项目放到网上。事实上，花点儿时间讨论一下 GitHub 是十分必要的，它可以作为一个在线的项目组合，并且，在某种程度上，它已然成为判断程序员经验与能力的秀场。GitHub 是一个基于源代码控制系统 Git 的在线的开放代码库，可用于许多软件项目，特别是开源项目。在当前情势下，GitHub 的意义远不止如此。

许多开发者在 GitHub 上的自述文件已然成为用人公司的判断依据，它被用来展示这些开发者创建过哪些项目，他们为哪些开源项目提交过代码、提交代码的频率以及代码的受欢迎程度。

当缺乏实际工作经验的时候，充分利用 GitHub 可以作为证明你的能力的有力方法之一。*如果我是一名白纸一张的新人，那我一定要尽我所能让我的 GitHub 自述文件令人印象深刻*。因此，你在 GitHub 上的自述文件可以被视为在线展示你既往的所有软件开发成果的“组合拳”。

即使你不使用 GitHub，你也应该有供自己使用的恰如其分的“组合拳”。另一种创建“组合拳”的好办法就是创建可以被实际使用的移动应用程序，你可以将其部署到移动应用程序商店里。

当前，任何人都可以轻而易举地做到这一点。而且，除了能为自己创建一个“组合拳”，这样做还有许多其他好处。这里且列举两个：你可以借此赚点儿外快；甚至，你可以借此创业。

我心中的目标是：你应该有至少三四种类型的应用程序与项目组合在一起的“工作成就包”。它们的规模不需要有多么庞大，但也不应该太小以至于微不足道。它们可以充分展示你的编程功底，可以让你在自己正努力寻求职位的技术领域内充分展示自己的技术实力（如调用 Web 服务或者利用数据库）。

如果可能，你还应该把自己在单元测试或者自动化测试方面的工作成果包含在自己

“组合拳”之内，借此展现你在编写测试代码方面的能力。

综上所述，你需要充分利用这些“组合拳”里的各个类别的样本项目来充分展现自己出类拔萃的能力。

这也是一个好主意：在你的笔记本电脑加载好一个完成的项目，带着你的笔记本电脑去面试，向面试官当场展示你写的代码，并仔细分析你设计程序的方式以及你创建一个应用程序（你的“组合拳”中的一个项目）的过程。

开诚布公地讲，如果当初没有这种形式的“组合拳”，我今天就不会成为一名软件开发者。我认为这是展示你的专业化能力最好的方法，其中最为关键的是：它作为无可辩驳的证据，证明你清楚自己正在从事的工作。

创建自己的公司

当我说“身为职场白丁，创办自己的公司是获取经验的好方法”时，很多人都会讥笑我。但是，这种方式是完全合理合法的。

许多公司（比你想象当中的数量更多）实质上就只有一个人，或者采用“一名骨干成员+多名兼职员工/外包人员”的模式。因此，绝对没有理由让你不能创建自己的软件开发公司——开发出应用程序，销售该应用程序，并且自称自己就是为这家公司工作的软件开发者。

你可以在构建自己的“组合拳”的同时创建自己的公司，一举两得。

如果现在就开始创业，我会填写一份“有限责任公司（Limited Liability Company，LLC）开办申请”或者一份“商务活动从业（Doing Business As，DBA）申请表格”（这样你甚至都不需要创办一个法人实体）来组建一家小公司，然后我会开发一两个应用程序（这将是我的“组合拳”的一部分）。再然后，我会在某个应用商店里发布这些应用程序，或者以其他方式在网上销售。我还要为我的软件开发公司建立了一个小型网站，让它看起来更加合法。最后，在我的简历上我会列出该公司的名称，宣称我是该公司的软件开发者。

我要向你强调，这么做绝对不是骗人，这么做完全合法。太多人的认知太过于狭隘，没有意识到这是一种完全可行的、完全合理合法的选择。

再声明一次：我不提倡任何形式的撒谎。

如果你构建了一个应用程序并且创办了自己的软件开发公司，没有理由让你不能自称自己就是该公司的软件开发者，并将这些经历统统写在自己的简历上——关于这一点我可不在乎别人怎么说。当然，如果在面试时你被问及该公司的情况，你确实需要诚实地回答，这是你自己的公司，是由你自己创办的。但是，你没有义务自愿提供这些信息。

我也不认为成为自己的软件公司的唯一开发者对人对己会是一种伤害。与其雇用一名终其职业生涯都在为别人工作的人，我还不如延请一位自己创办软件公司、自己开发应用程序并且自己能将其出售的创业者。

诚然，我知道并非所有的雇主都认可这种方式，但是有很多会认可（你可能会惊讶于具体的数目）。事实上，我的公司（Simple Programmer）就是这样起步的。

面试准备

任何找工作的人都应该为面试做好准备，没有经验的人尤其应该如此，因为你面临的是格外严苛的评判，以及更多的令人感到棘手但又不得不去回答的问题。

那就做好你的作业吧。花足够的时间去准备面试，研究一下你可能会被问到哪些问题，请朋友、亲戚或者其他愿意帮助你的人为你做模拟面试。

用摄像机记录下你做模拟面试时的场景。回放视频，观察你的语言和肢体语言。仔细阅读类似《程序员面试金典》这样的经典书籍，确保你能顺利通过任何形式的编程面试。

你必须能够真正证明自己，所以你需要做好额外的准备。当你毫无工作经验的时候，这就是你的明显劣势，所以你必须在面试中加倍努力才能弥补它。

建立人脉

这是另一件任何一位寻求工作的人都应该做的事情。如果你是没有经验的职场白丁，尤其需要做好这一点。

如果你没有经验又想要得到一个机会，最好的办法莫过于让那个能够给予你机会的人了解并且喜欢你，或者他熟悉的某个人愿意为你提供担保。

确保你积极参加社区活动，如参加技术会议、加入开发者组织等。努力与那些不同公司（你可能想在这些公司里找到一份工作）的人建立良好的人脉网络。

再强调一次，这是另一项克服没有经验的缺憾的方法。如果我没有经验，以白丁身份入行，那我就会花更多的精力来建立我的人脉网络。

无偿工作

在这里我将稍微讲一些战术性的问题，因为这主要适用于没有经验的人，我不打算在下一章中讨论，但我又不想把这个技巧排除在外。

对考虑在你没有完全经验的情况下雇用你的公司来说，消除风险的一个真正好的方法就是可以无偿工作，或者为你的工作提供退款担保（这样更好）。我知道这听起来很疯狂，而且我承认，这实现起来有点儿困难。

当你经历的是正常的“简历/面试”求职过程时，你可能不会采取这种方法，但是如果你是通过网络远程工作，或者直接通过非正式的面试过程求职，你可能真的需要考虑一下这个策略。

不过，要想实现这一策略，你必须要有强大的自信心。你提出这样一个想法，一定是你确信自己能成功，所以你非常愿意去冒险，你甚至愿意无偿工作或用退款保证来证明这一点。

你必须能够持之以恒，而且像我说的那样，真正践行“跳出框框思考”的准则。然而，在传统的“投递简历→接受面试”的过程中，这种方法可不太容易奏效。但是，如果你是一名可以打破传统思维桎梏的创新者，并且你对销售技巧驾轻就熟，魅力四射，你就可以做到。

实际上，如果你足够自信能胜任工作任务，你可以不需要免费工作或者提供退款保证的情况下被录用。因为仅仅是提出这样的建议就能够给未来的雇主以足够的信心，让他们相信你的能力，让他们愿意抓住这个机会直接雇用你。

就像我之前所说的那样，这是一场长跑比赛。而我确实听说过多位软件开发者应用这个策略大获全胜的故事。

退一万步讲，在其他方法都不奏效、你很绝望的时候，你还会怕失去什么吗？

主动提出做一个小项目

如果上面这个无偿工作或者提供退款担保的做法你认为太过大胆、太过自大傲慢、太过冒险（或者三者兼而有之），那么这个方法还有一个缩微版本，也能让潜在雇主在没有风险的境况下给予你机会，而你有机会在被正式聘用前证明自己。

为了证明自己的能力，你可以先在一个非常小的项目中作为外包员工或者兼职员工参与其中。

同样，这个办法也需要一些“跳出框框思考”，但如果你正确运用这一策略，尤其运用在一家宣称“现在不招人”的公司身上，你或许还真能收到效果。

事实上，许多公司都会雇用员工作为临时工以先“实地测试”他们一下。

这个策略的另一种变化就是通过做一名收费非常低的自由职业者来获取一些经验。你可以在 Upwork 这样的网站上注册成为一名自由职业者，然后出价、获取工作机会。如果你愿意以很低的报酬来工作，那么即便没有经验你也能找到一份工作。

例如，你的心理价位是以每小时 25 美元的价格做编程工作，那么你就把价格降到每小时 5 美元，这样你就能获得工作机会、获得工作经验。表现出足够的自信。告诉大家，你通常的收费都是时薪 25 美元，而且你可以和那些收费更高的人做得一样出色，但是你正在努力获得一些经验，所以你愿意以更优惠的价格工作。

我也曾经在 Upwork 上找自由职业者完成一些工作，虽然他们明显缺乏经验，但是雇用他们的成本确实很低，而且他们非常渴望获得经验，所以我决定给他们一次机会。因为雇用他们的成本很低，所以我觉得我没有失去什么，而一旦他们是优秀的开发者，那我可算是赚了一大笔。

也可以不通过 Upwork 就能找到兼职工作。我曾经采访过 Marcus Blankenship[①]，他谈到，他刚开始做自由职业者从事 Web 开发工作的时候，他的报价低得离谱，只是为了自己能获取工作经验。

只要你能有效地提出你的报价，并且愿意接受大幅度的缩减，你就可以用较低的薪水来换得经验，从长远来看这样做更有价值。

先做其他工作

我往往不建议采用“先做其他工作”的策略，因为它会让你深陷你不想担任的工作角色中不能自拔，而且，在某些组织中，一旦做了“其他工作”你就很难转变成真正的软件开发者。但有时候，当你缺乏经验而又需要踏入职场大门的时候，这是最好的选择。

在我职业生涯的早期，我几乎没有什么经验，互联网热潮带动起来的招聘大潮也刚刚结束。那时，很难找到一份软件开发的工作。我试着申请了很多不同的工作，我甚至得到了几次面试机会，但是 3 个月后，我没有任何实质性的进展。

最后，我决定打电话给我在惠普公司工作的一个朋友，看看他有没有办法让我回到那里。他回复我，当前并没有合适的软件开发职位，但是他们正好有一个质量保证（Quality Assurance，QA）的职位，而且他还很确定，只要我愿意，他能帮我争取到这个职位。

我知道我并不想做质量保证人员，但是我想：只要我能够为惠普公司工作，那我最终很有可能在那儿找到一份软件开发的工作。所以我接受了质量保证的职位。没过多久，我就帮座位在我附近的一位程序员写程序。过了一段时间，我就被转为软件开发者的角色了，还获得了晋升。

尽管刚开始的职位并不理想，但你可以从公司的另一个职位开始，并以你的方式转岗成为软件开发角色。当然，在这样做的过程中也会遇到一些挑战，如果你以其他角色

---

① Marcus Blankenship 是软件行业知名的博主和独立咨询师，以“帮助优秀的工程师成为伟大的管理者”为己任，著有 *Habits that Ruin Your Technical Team* 一书。——译者注

加入某家公司，那么很难让别人改变对你的看法，想要转为软件开发者也就很难了。但是，尽管如此，如果你缺乏经验，这个方法也是值得一试的。

不管怎么说，这个办法至少能让你一只脚踏入大门。

获得认证

我对证书并不太热衷，但是我认为，当你缺乏实际的工作经验时，证书也变得很有价值了。

获得认证并不能证明你知道什么，也不能保证你能获得工作，但这也是一种可以缓解潜在雇主在招聘缺乏经验的人时可能存在的不确定性风险的方法。

在我的职业生涯中，有一段时间我缺乏.NET 的经验，但我真的想从事.NET 开发工作，因为我喜欢 C#，并且认为它就是未来。问题在于，尽管我在 C++方面有一些经验，但没有人愿意雇用我做 NET 工作——特别是因为我当时还没有大学学位。

那么我是怎么解决这个问题的呢？我获得了我能获得的每一个.NET 的认证证书。我通过 MSCD 认证，然后是 MCAD，为了更保险，我还考取了 MCDBA。[①]我几乎拿到了所有可以从微软公司获得的开发者认证。尽管没有任何实际应用.NET 技术的开发经验，一年之内，我还是得到了.NET 开发职位。

现在，就像我说的，证书可能对你不起作用，但我也不认为它会有不利影响——尤其是在你缺乏经验的时候。

持之以恒

最后，别忘了，“吱吱作响的轮子有油加”，敢于站出来发出最强烈声音的人将会得到他想要的东西，以至于获得成功。

我曾经把这句话放在我的电子邮件签名档的底部：“我是吱吱响的轮子”，提醒大家：我要迫使你给我我想要的东西。

持之以恒是我在生活中总结出里的获得成功最重要的因素，比其他因素都更重要。当缺乏经验的时候，你需要用持之以恒的进取心来弥补。富有进取心的人绝不会接受“不”的答案，是否富有进取心也是人们判断是否应该给予你一个体验机会的考量要素。

许多人害怕持续跟进、害怕打搅别人，他们因而会与机会擦肩而过。打搅别人总比

---

① MSCD，即 Microsoft Certificated Developer（微软认证开发工程师）；MCAD，即 Microsoft Certificated Application Developer（微软认证应用程序开发专家）；MCDBA，即 Microsoft Certificated Database Administrator（微软认证数据库管理员）。以上 3 个认证均在 2009 年 3 月 31 日之后废止。——译者注

被人遗忘要好。此外，如果你能做到持之以恒，而且你尽可能做到不以最令人讨厌的方式持之以恒，你会被看作是一个渴望成功的人。

我一直就是这样。在我试图联系到某个人的时候，为了能够得到一个令我满意的回复，我可能会连续发出 10 封电子邮件跟进。我也曾收到向我求助的邮件，我可能也会一直无视，直到第六封或第七封邮件才会引起我的注意，我意识到，这种具备持之以恒精神的人可能正是值得给他花一些时间的人。

如果你没有经验，你不得不设法获得经验。不要轻言放弃，持之以恒，脚踏实地做好你正在做的事情，成功终将降临在你身上。

第12章

独辟蹊径：找工作时的创新思维

每周我都会收到来自软件开发者的电子邮件，或者看到他们在我 YouTube 频道上的留言，其中一些人应该说是经验相当丰富的，但是似乎总是找不到工作。

为什么他们找不到工作呢？我听过各种各样的借口与理由。

有一些开发者抱怨说，资深开发者牢牢占据着岗位，让年轻开发者鲜有工作机会。言下之意就是，我们这一代开发者已经霸占了所有好工作。与此同时，另一批开发者却抱怨说，没人愿意招聘上了点儿年纪的开发者，每个人都歧视大龄开发者。有些人则抱怨说，找不到工作是因为他们的所属种族、宗教信仰或者政治关系。还有一些人抱怨他们的技能已经过时无用了，没有人愿意雇用一个不具备最时髦、最酷炫技术经验的开发者。

虽然以上论点中有一些可能是真实存在的，例如，职场上歧视现象的确时有发生，但是这些软件开发者之所以找不到工作，归根结底在于他们并不知道如何找工作。

在写作本书的同时，市场上对软件开发者还是有巨大需求的，很多职位都空缺无人，但许多软件开发者都在抱怨无法找到工作。这两件事为什么会同时发生呢？

这实在是一件很吊诡的事情，不是吗？我们的行业有如此多的空缺职位，但开发者时常诉苦道，他们已申请了成百上千个职位，但是全部都被拒之门外。问题的关键在于：*开发者不了解找到一份编程工作的正确方法*。在我看来，这个问题解决起来易如反掌。

在本章中，我将向你介绍我所掌握的有关如何让软件开发者找到工作的最佳技巧与诀窍。

传统的方法，也就是千篇一律的方法

我会先跟你谈一谈我最不喜欢的千篇一律的方法。

我真的不喜欢这些常规的找工作方式，因为它需要耗费大量的时间与精力，且很少产生最好的结果。然而，在我跳到我最喜欢的求职方式之前，我们还是一起来要回顾一下求职的标准方法：创建简历，在线填写求职申请，然后提交简历。大多数软件开发者和大多数专业人士都是依此法进行的。

我之所以从传统的方法开始论述，是因为众多软件开发者以这种错误的方式来找工作的。

我听说过无数的故事——开发者每天在网站上浏览上百个职位，然后给每一个职位都发去一份简历，然而所有的尝试都石沉大海，然后开发者还一直嗔怪为什么他们申请的这些公司一直都不给他们答复。

即使你采用千篇一律的标准做法，你至少也得正确地使用。因此，现在我来展示一下传统方法的正确步骤。

就是一个数字游戏

首先，你必须明白，漫无边际地申请工作，整个过程就跟大多数人是一样的，把求职的过程变成一个纯粹的数字游戏。

就像销售人员的工作内容一样。事实上，你还真得把这整个事情当作一个销售过程来对待。你需要创建一个销售渠道，甚至像许多销售组织一样，使用一个“CRM 系统”（客户关系管理系统）来跟踪你的销售预期。

整个过程大概由以下几个步骤顺序构成：申请职位→得到反馈→电话面试→面对面的面试→获得录用通知书。这个过程中的每一个步骤都只有一小部分人能够顺利通过，然后进入下一步骤。例如，你发出了总共 100 份岗位申请，可能大约只有 30 份在很多天以后给你发出反馈，在这 30 份反馈中大约又只有 7 个会邀请你来做一次电话面试，经过这 7 次电话面试之后其中的可能有两三家会请你去做面对面的面试，最终，你可能会获得其中 1 家的录用通知书。

如果你想获得更多的录用通知书，那你能做的事情主要有两件：

（1）将更多的潜在客户放入销售渠道中（申请更多的岗位）；

（2）提高某一步骤的通过率，从而以更大概率进入下一步骤。

换句话说，你可以发出 1000 份职位申请，然后期盼可以获得 10 份录用通知书；你也可以提升每一道关卡的通过率，从而在同等情况下（仍然只发出 100 份求职申请）可以得到 10 份录用通知书。

如果你想做到更好，就可以双管齐下，上述两件事情可以同时去做。

那么，为什么为数众多的开发者告诉我，他们已经申请了成百上千份工作，但是仍然没有得到任何职位呢？

有一些是因为运气问题，但是更多可能是因为以下两者之一：

（1）他们在说谎，他们高估了他们发出的工作申请的实际数量；

（2）他们能够通过上述流程中每一道关卡的百分比实在是太低了。所以他们很难申请工作。

很可能，两者皆有。

但不要害怕。我将向你展示高效地改善上述两个方面的方法。

简历要漂亮

首先，如果要加入这个数字游戏，你就应该希望有尽可能多的潜在雇主让你能够进入下一个环节的筛选。

要想做到这一点，最好的方法就是简历一定要漂亮。如果你的简历惨不忍睹，简直就是一团垃圾，那么你在第一步就会被过滤掉了，那么你将浪费大量的时间，并且你的整个求职过程将是非常低效的。

诚然，手捧一份糟糕的简历你也可能会找到一份工作，但是，如果你的简历让人不忍卒读，你就得申请更多的岗位，否则你在这场“数字游戏”中将无功而返。

我不知道你的选择，反正我是宁可只申请 50 个职位也不会申请 5000 个职位。因此，你应该做的第一件事就是，竭尽所能把你的简历写得尽善尽美，让人过目不忘。

我百分之百相信，要想达成这个目标，最好的方法就是雇用一位专门从事科技行业简历写作的专职简历写手。我知道有些人在这个话题上不会同意我的观点。诚然，请一位专业的简历写手服务一次可能会花掉你 500 美元或者更多，但是，长远来看，与你能够获得的收益相比较，这只是一笔小钱。

因为下一章整篇内容都是关于怎么写简历的，所以在这里我不打算详细介绍请人代写简历的事情。但是，我想强调，提高简历通过率的最好方法之一，莫过于请一位经验丰富的简历写手为你撰写简历，并且用专业的格式排版。

申请有额度

接下来，我们聊聊数字的问题。我喜欢用定量的“额度”来衡量在某件事上面是否取得持续的进展。例如，为了能够按时完成本书，我需要每天至少需要花 50 分钟写作，完成 1000 字的额度。

因此，当你在积极寻觅工作岗位的时候，你也应该对自己有一个额度的要求，即每天你要申请多少个职位。

额度到底要达到多少，这取决于就业市场的形势，以及有多少个岗位对你开放，但是如果你现在处于失业状态，迫切需要找到工作，那你一天至少应该申请 5 个岗位。当然，试着多努力一下，每天申请 10 个岗位也并不是无稽之谈。估计一下，你申请每一个岗位的时间大约是一小时。什么？一小时点击一下在线招聘网站上的“申请”按钮？不，不是的。之所以需要一小时，是因为你并不只是点点“申请”按钮，你还需要写一封定制版的求职信，再加上修改简历以更有针对性地申请这份工作。

这些事务加在一起，工作量很大吗？是的，确实很大。那这么做会有效果吗？当然有效果！别忘了，我们这么做不只是希望增加求职过程中的潜在岗位数量，还希望在每一次求职过程中增加从一个步骤跃迁到下一个步骤的机会。

因此，如果你只在 Monster 或者其他求职网站上频繁地点击“申请”按钮，你当然可以在短时间内向大量职位发出申请，但是你的求职效率会大大降低。此外，你还得考虑一下就业市场的前景，这主要取决于你所在的地理位置。

如果每个月会发布 50 个新职位，你当然可以在一天内草草完成所有这 50 个岗位的工作申请，但接下来的一两周你要做些什么呢？坐在家里眼巴巴地盼望着你能得到面试的机会？

与其这样，不如每天只申请 5 个工作岗位，但是每一份申请都要精耕细作花上一小时左右的时间，这样会增加申请成功的概率。

操作有章法

在你申请一份工作的时候，你一定要确保让自己的简历和求职信尽可能地与岗位描述相一致，与其他你能收集到的关于该公司的信息相匹配。这样做的想法就是，要让招聘经理或者其他审查求职申请的人一看到你提交的申请，就会为你与岗位的完美匹配程度而感到震惊不已。

当然，这并不意味着你需要在简历上撒谎，或者在求职信里造假。相反，你应该尝试利用自己已有的经验，突出描述你与岗位描述最相关的部分，删除不相关的部分（或者把这部分篇幅降到最低），并且干脆直接使用“岗位说明”中用到的一些词汇或短语。

这里还要小心，不要把岗位描述中的每件事都投其所好地堆砌到你的简历里，因为你这么做很明显就是在刻意奉迎公司的需求。也就是说，你应该尽可能地与之相匹配，但是不要做得太过曲意逢迎。

仔细研究一下岗位描述，了解这个职位需要最重要的技能和特质。调整简历的顺序和重点，使其能够反映这些要点，以便于用最好的方式来展示自己。改变一下对既往工作经历和工作成果部分描述的措辞，使其能够彰显承担新工作时的适应性与匹配程度。

还要对公司做一点研究，这样在撰写求职信的时候，就能够向招聘经理说明你为什么是这个岗位的最佳人选。提到一些只有对公司做过一些研究的人才会知道的事情。在求职信中，你应该清晰明了地把岗位所要求的工作技能与你的经验完美地匹配起来。是的，这是一项工作量繁重的附加工作，需要你付出额外的努力。

是的，你的简历必须要有好几个版本，而且你在申请每一份工作的时候，都需要对这些版本做出进一步调整。如果你真的想脱颖而出找份好工作，这些都是你必须去做的事情。

点击按钮、用同样的简历和求职信申请 500 份工作，当然是举手之劳，但也是怠惰因循的做法。

结果要度量

当你以严肃认真的态度求职的时候，度量申请的结果也就成为顺理成章的步骤。

你应该跟踪自己申请了多少份工作，申请之后又收到了哪些回复（如果有的话），你都使用过哪些版本的简历，以及其他所有可能与你的求职申请相关的内容。所有这些都是为了让你拥有一些可靠的数据，这样你就可以看出哪些活动是有效的，而哪些活动是竹篮打水一场空。

把求职的过程想象为一场广告大战。你必须检测一下各种类型的广告，确定哪种广告能够得到最好的市场回应。

我经常会让我指导的开发者跟踪他们使用原始版本简历的求职效果，然后再跟踪他们使用专业写手代笔的简历之后的求职效果。通常情况下，我们会看到，在使用新版本简历之后，申请职位的回复率提高了 300%甚至更多。

你需要利用这样的数据，以便能够更加有的放矢地调整你的计划。

计划适时调

如果度量数据后面没有跟有切实的行动，那么度量本身将毫无意义。

当你得到有关你的简历当前版本的有效性数据，以及你的求职信或者其他相关内容的数据的时候，你应该使用这些数据来调整你的计划，尝试新的方法。

测试一下简历的最新升级版本。测试一下简历采用不同样式和布局之后的效果。按时间顺序来撰写简历，替代原来的功能格式，或者反之。

许多处于失业状态的软件开发者向我诉苦，他们已经申请了数百个工作岗位却毫无成效。他们是怎么做的呢？他们在申请了 50 个工作岗位还没有得到任何回复的情况下，仍然执着地使用完全相同的简历和求职信申请下 100 份工作。在我看来，这种行为简直不可理喻。你怎么能把一件事情重复了一遍又一遍却期望得到不同的结果呢？这样做无疑属于缘木求鱼。

因此，你需要从你正在做的事情中获得反馈，调整你的计划以期望看到不同的结果。可能的做法是：按照计划执行一周，然后在周末，回去看看所有你能得到的数据，然后决定下周你需要做出哪些调整。

如果你采取上述方法，我几乎可以肯定你最终一定会得到一份工作。问题在于大多数软件开发者都不想采取上述方法求职。他们只想抱怨，发牢骚说没有人愿意雇用他们。

你可别变成这样。

求助找猎头

另一个更传统的策略是直接与一个或多个猎头合作。

我将在接下来的一章中更多地讨论猎头行业的运作方式，但就申请工作而言，猎头可以提供很大的帮助，尤其是当你具备市场营销技能的时候。

如果你能找到一家与几家不同公司都有合作关系的优质猎头公司，他们会帮助你修改简历以使其匹配他们受委托招聘的岗位，而且他们还能经常性地帮你从他们客户那里获得面试机会。

但是，请注意，有一点必须要牢记：对大多数猎头来说，他们从来都不想在他们的客户面前留下“我推荐的候选人表现不佳”的印象。因此，在找猎头帮忙的时候，你需要让他们确信，你不会把面试搞砸，你也不会在自己的技术能力问题上撒谎或者不够格；总之，你不会令他们在客户面前难堪。

尽你最大的努力让猎头对你的信任感尽可能的厚实，记住：猎头比你自己都更希望你能够从他们的客户那里获得一份工作。

试着换位思考一下，站在他们的位置上考虑这个问题：你的表现无论好坏，都是对他们自己工作成果的直观反映，直接影响到他们的商业利益。如果你不能够表现出足够的竞争力，猎头可不愿替你背锅。

独辟蹊径

到目前为止，我们讨论的求职方式都是传统的、千篇一律的求职方式。如果你能够正确执行，这种方式往往也能奏效，但它不是找到工作的最好方式，更不是找到高薪好职位的最好方法。

大多数工作，尤其是好工作，其实根本没有登在广告上。不相信我？来看看《华尔街日报》上的文章。文章中说，多达80%的工作岗位实际上并没有被公开宣传。

因此，你该怎么做才能得到这样一份工作呀？你得跳出框框思考。你必须要冲破僵化思维的束缚——要想找到工作，唯一的方法就是看一看招聘广告，看一看有哪些空缺岗位，然后申请。

是的，正像我之前说的那样，传统方法可以让你找到一份工作，但是也许还有上千种其他方法可以让你找到工作。

不要害怕创造性思维。太多的人认为标准方法和“最佳实践”是唯一的做事方法，但事实并非如此。没有规则，只有指引。确定什么才是完成你所承担的任何任务（包括找工作在内）的最好方式完全取决于你自己。

接下来，我将给大家讲一讲在求职方面独辟蹊径“跳出框框思考”的做法，但是它无法成为一个列举详尽的清单。这种“跳出框框思考”的方法背后的逻辑就是：你做事情的时候不应该是循规蹈矩的，也不应该对别人的做法言听计从。

因此，如果你足够勇敢并且愿意为此倾力付出，那就继续读下去吧。

建立人脉

我已经在前面的内容里提过了，而且在本书接下来的篇章里，我肯定还会再提十几次——构建人脉网络。

获得没有公开宣传的职位的最有效方法就是你认识的朋友中刚好有人知道哪里出现了岗位空缺。如果你在自己的人脉网络里很有声望，那么一旦他们听说你在找工作，他们就一定会跳到你身边，试图把你拉进他们的团队里。

要想让上面的设想变成现实，唯一的方法就是你必须要投入时间与资源来编织一张强大的人脉网络。

要想建立一个强大的人脉网络，我知道的方法主要有两种：一是认识很多人，二是给他们带来很多价值。

大多数人都试图以错误的方式构建人脉网络。他们要等到需要一份工作或者别的什么的时候，才会开始“与人见面”，他们一遇到某人就开始滔滔不绝地谈论自己、谈论自己该如何找到工作。

没人在乎你想要什么。我再说一遍：没人在乎你想要什么。人们只关心自己想要什么。当你试图通过告诉人们你想要的东西来建立人际关系时，你所做的与人们的期望恰恰相反，你是在告诉他们尽量远离你。

相反，你需要做的是在你需要他们的任何东西之前就去结识很多人，在结识他们的同时就找出你能为他们服务的最好方法。你能为他们做些什么？你如何才能帮助到他人、为他们贡献价值？如果你这样做，你将编织好一张强大的人际关系网络，你也将不再需要“寻找”一份工作，我保证。不过，这需要时间。

那么你从哪里开始呢？作为一名软件开发者，我会竭尽所能参加各种会议和软件开发小组。在任何一个地区，你都可以参加每周或每月一次的小组活动。在那里你会遇到开发者、猎头和管理人员，在那里你可以与大量背景相似的人建立起良好的人际关系。作为额外的收获，你还可以在那里开设讲座。如果你向整个团队发表演讲，并且让他们觉得你的演讲很有见地，你就能迅速集聚极高的知名度。

记住，这是一个缓慢的过程，重点是你要先给予别人价值。所以你其实是用“投资”来建立起一张人际关系网络。播种价值，收获声望。

如果你有足够的耐心，积极参与社区的多种活动，你一定会建立起一张强有力的人际关系网络。

定位好目标公司

另一个你可以用来找工作的主要策略就是，把目标对准你想要加入的公司，而不是对准该公司发布的职位。

把目标对准你心仪的公司，你需要做一些调查研究，确定一家或几家公司作为你想为之工作的目标公司，然后你把所有的资源和精力都投入如何加入该公司的过程中。

当我在寻求一份可以远程工作的开发者职位时（那时候允许远程工作的职位还真心不多），我就成功地运用了这个策略。我找到了一家我知道的公司，他们有一支完全远程工作的开发团队。我了解了一些关于该公司的情况。我了解到谁为该公司工作。我开始关注该公司的一些开发者的博客。我在他们的博客上发表评论，然后开始结交这些开发者。

下一次，当他们想要雇用一位开发者的时候，猜猜看该公司的多位开发者会推荐谁去做这份工作呢？再猜猜谁得到了这份工作？运用这种策略有很多方法。这是一个非常普通的策略。

实际上，我将在下面给出一些具体的应用步骤。

- 基本的思路是你要选择的是公司而不是工作，然后你再找到进入公司的正确方法。
- 可以是通过寻找你认识的为该公司工作的人员，也可以是与公司工作人员建立新的联系。
- 也可能是通过向那家公司提供一些有价值的服务来实现为该公司工作的目的。

- 也许是因为你的坚持不懈，也许是因为你不会轻言放弃，这家公司的招聘经理终究会知晓你的名字。

我妻子的一位同事曾经热切地期盼为爱达荷州博伊西的一家公司工作，那家公司名叫Healthwise。两年来，她几乎申请了他们开放的每一个职位。她和该公司许多员工都成了朋友。她坚持不懈地跟进，直到他们最终心软了并雇用了她。今天她依然在那里工作。

构建一些有用的东西

一个特别针对目标公司、吸引他们注意力的好方法就是构建一些对他们有用的东西。

我认识几个工程师，他们之所以能够直接被公司录用，就是因为他们使用该公司开发的软件开发了某种工具，或者他们专门开发了一款能够为公司使用的工具。我还听说，有的设计师之所以被一家公司录用，就是因为他们重新设计了该公司的网站，并免费发送给该公司。

想象一下，如果你为某个流行的软件开发了一项新功能，或者以某种方式对其进行了改进，然后向该软件的开发者展示了你所做的事情。那么接下来会发生什么？

因此，你必须体现出来自己的价值，而不应该只是在炫耀，而且如果你为自己心仪的公司创造了真正的价值（注意：这些都是免费的），他们难道不会想要录用你吗？

某个流行的网站有问题，很多人都会发现，甚至还会告诉公司该如何改进它，但是很少有人真正为此做一些具体的工作，很少有人真正实现了解决方案以改进该网站。

自顶向下的操作

下面这个小技巧来自销售领域：自顶向下的操作。

当大多数开发者向一家公司提供服务并试图在这里找到工作的时候，他们通常都会从底层开始操作。他们可能会联系人力资源部工作人员，或者开发经理，甚至某一位软件开发者，但这些人在做出招聘决定方面几乎没有发言权，尤其是在没有空缺工作岗位的情况下。

不要从底部开始，取而代之的是要从顶部开始。看看你是否能找到某种方法与公司的首席执行官建立某种联系，甚至是公司的CTO或者技术总监。

一种方法就是用公开的电话号码给公司打一个电话，然后直接要求与该名人士通话。别说你正在找工作。相反，你要说你有一个独一无二的机会，你想向他或她展示一下，或者说你有一笔生意想要跟他谈谈。

如果你真的能和这些“顶级管理层人士”中的某一位有说话的机会，那么一定要自信，要有一个良好的开端。不要一上来就向他们求职位。要去谈一谈你能想出来的你能给他们和他们的公司带来有价值的东西。问问他们，是否能让你与继续跟进的人士联系，进一步探讨你能为他们的公司做些什么。

这一切听起来很可笑，是吧？也许是得了失心疯吧？你可能认为这完全行不通，对吧？这就是所谓独辟蹊径的想法。太多人认为他们必须从接触底层人士开始，或者必须从公司前门进入。

你没有理由不让公司的 CEO 或者 CTO 成为对你着迷的观众，让他们把你介绍给公司招聘经理，直截了当地说："我想要这个人。你看看有什么岗位是可以让他来担任的。"

成功的销售人员一直在用这种技巧。你没有理由拒绝它。

善用集客式营销方法[①]

这是我最引以为傲的方法。

我推出了一门关于"软件开发者如何自我营销"的系列课程，主要讲授如何让你利用集客式营销方式来获得工作，而不是自己走出去苦苦寻找工作。

我自己也曾经成功地运用了这种方法。事实上，你之所以能够读到这本书，就是因为我在自己的职业生涯中成功地运用了这一技巧。无数的机会来到我的身边。我收到了数百份工作邀请，在世界各地的活动上发表演讲，并且由于集客式营销的影响，我的生活也发生了巨大的变化。

那么，集客式营销到底是什么呢？很简单。它通过创造内容或者其他类型的有价值的东西，让人们自动找上门来，而不是你去找他们。

身为一名软件开发者，你可以通过开设博客、制作视频教程、写书、写文章、开设播客等许许多多类似的方法来提高你的声望，让你的名字遍布大江南北，让人们聚集在你身边，让机会自动降临。有些人可能会称此为"一举成名"的方法，但你不一定非要为了出名才让这个方法为你所用。在软件开发的世界中，你需要做的就是知道一件很特别的事情。

关键是要挑选一些专门的软件开发领域，并且成为该领域的专家。挑选的领域越专注，你就越容易成为领域内的佼佼者，而成为佼佼者应该就是你的目标。而一旦你树立起在这个专业领域内的声望，工作就会自动来找你。我保证。

与面试官会面

这是另一种通过"后门"让你进入心仪公司的方法，这个方法主旨就是结识"看门人"。

① 集客式营销（Inbound Marketing），有时也被直译为入境营销，是一套完整的全渠道数字营销方法体系，一般由 6 个步骤构成：建立一个成功的营销策略→创建与优化网站→创造更多流量→把流量转换为销售机会→把销售机会变成真正的销售→任何步骤都需要量化的度量。（以上摘编自百度百科）——译者注

与面试官会面是一个很好的方法，可以让你在没有开放的工作岗位的时候为你找到一个机会。使用这种方法，你将与一家你想为其工作的公司的联系人交谈，也许是一位开发经理、一位首席技术官、一位技术总监，也许是其他一些具有某种招聘决策能力的人。

你要告诉这个人，你正在为你正在撰写的一篇文章收集信息，或者你想为你正在制作一个播客内容采访他们，你甚至可以说自己最近刚刚入行这个专业领域，你想向一位经验丰富的前辈取经。这样做的目的是要想出一些办法，让你能够径直走入此人的办公室与他交谈。

大多数人都会欣然接受免费采访的机会，也会欣然同意帮助有抱负的软件开发者更多地了解该领域。采访的内容是否真正发表并不重要。尽管我看不出为什么你不会发表，因为别人给了你免费的有价值的内容，你当然就可以发表了呀。

能做到径直走入办公室与这个人交谈，你就种下了一颗种子。

现在，你在一家期盼为之工作公司里有了一个认识你的人，他知道你是谁，很可能还挺喜欢你，因为人们总是倾向于喜欢那些对他们最喜欢的话题（就是他们自己）感兴趣的人。再过几个星期、几个月，或者当他们公司碰巧发布职位招聘时，你就可以跟进了。你也可以在自己的博客或播客上发表对他们的采访内容，以此作为跟进方式。

事实上，如果你想要应用这一方法，为什么不采访你所在地区所有顶尖科技公司的首席技术官呢？然后，你可以对所有的采访做一个总结，发布在自己的博客上，又可以从这个集客式营销方式中受益。

继续持之以恒

最后，我要说的是在上一章中已经提到过的建议：要持之以恒。

太多的人会半途而废，因为他们不理解也不相信持之以恒的力量。是的，过于执着和过于频繁骚扰别人是有可能自毁前程的。然而，即使是自毁前程，你也要做得更深入，甚至可以说，即使你没有得到期盼的工作机会，你实际上也没有失去什么。

别误会我。我并不是说你要采用咄咄逼人的态度，也不是说靠着气势汹汹就能求职成功。如果你真的想得到生命中最好的机会，你应该做的就是不断跟进，适时调整策略，尽你所能努力前进。

机遇的大门不会永远为你敞开。有时你得拿起铁棍撬开大门。不要放弃，直到你试遍上述所有这些技巧之后——而且还不止一次。

第13章

移樽就教：怎样写简历

本章我们来说说有关简历的那些事儿。

我对简历可以说是爱恨交织。简历对于获得称心如意的工作至关重要，但似乎又是浪费时间。

似乎从来就没有人郑重其事地认真阅读简历，一般都是走马观花看一眼，然后在一瞬间就对你形成了几乎是根深蒂固的看法。这就是简历非常重要而又百无一用的原因。但每一位软件开发者都应该拥有一份光鲜的简历，这样的简历可以让面试不至于像想的那么糟。

但是，我发现大多数软件开发者的简历……怎么说呢？一塌糊涂！对，正在阅读本章的你，你的简历可能就属于一塌糊涂的那种。

我这么说可不是侮辱你。我说的只是事实。你可能擅长编写代码，但对怎样撰写简历的确一窍不通。

必须要强调一点：简历其实就是广告，除此之外一无是处。因此，你必须要把简历看作是一页纸的广告。事实上，如果想要一份优秀的甚至是卓越的简历，你就必须这样看待简历。

一个简单的事实是：在你求职的过程中，大多数情况下，人们只会对你的简历一扫而过，前后也就是 15 秒的时间。15 秒，你的职业生涯轨迹就此发生转折：是给你面试机会，还是直接拒绝；是放到文件柜的顶端，还是扔进废纸堆里。

因此，无论你喜不喜欢，一份优秀的简历就是如此重要。

在本章中，我将帮你创建一份卓越的简历。

不要自己写简历

我一点儿开玩笑的意思都没有。真的，别自己写简历。

我也对这个观点颇有腹诽。但是，我还是要说，除非你是一个专业的简历写手，或者是文案撰稿人，否则你不应该自己写简历。是的，我知道这听起来太过不可思议。

你担心自己变成一个骗子。

- “不能给自己写简历的人，显然也不是一名称职的软件开发者！”
- “我绝对不会雇个简历写手，然后把自己的简历交给他去撰写。我一定会拒他们于千里之外！”

相信我，我做这一行已经很长时间了，所有这些借口我也听得耳朵起了茧子。

在《软技能：代码之外的生存指南》一书中，专门有一章是论述如何准备简历的。在那一章我给出的建议和现在在这里给出的建议一模一样：不要自己写简历。

很多人告诉我说：“我喜欢你写的《软技能：代码之外的生存指南》，但是关于如何准备简历那部分，我实在不能苟同。”相信我，我理解这一反对意见。但现实却是：如果软件开发者持有一份由一位优秀的专业简历写手撰写出来的专业简历，那么他可以获得更多的工作机会和更高的薪水。

我亲眼见过，也有无数的程序员听从我的这项建议，告诉我情势果然有了很大的不同，对我来说，这才是有意义的。原因如下：*写简历是一门艺术*；写作，尤其是有说服力的写作，是一项技能。

就像我之前说过的，简历基本上就是关于你自己的一页纸广告。这与杂志上那些试图向你推销最新的精巧的小玩意儿、小工具或者美容产品的广告，其实并没有什么分别。

身为一名程序员，我不认为你有专业的写作简历的技能。

当我想装修房间的时候，我会请人来做。这并不是因为我不能铺地板或者无法搞清楚如何给浴室铺瓷砖，而是因为，尽管我可能也可以完成这项工作，但我知道，以前做过 1000 次这种工作的人，工作成果比我这个第一次做这件事的人要好得多。（好吧，我承认，其实还因为我很讨厌做这类事情。）

花钱请人铺瓷砖，4 小时就可以完成，我自己动手去做要 20 小时，这不仅不划算，而且铺瓷砖也不是我擅长的技巧。其实不擅长铺瓷砖，我也不在意的。

想想你工作的职场。你公司的 CEO 可能知道如何创建一个网页，可能也会编写 JavaScript 程序、编写产品的程序，但他并没有去做这些事。为什么呢？因为他有你，因为你是专业人士。他知道，他最好把时间花在其他重要的事情上，比如假装工作和打高尔夫球，而不是编程。

自己动手写简历和公司的 CEO 自己动手写代码一样愚蠢。诚然，自己可以去给自己写简历。如果付出大量的努力，也可以拿得出一份优秀的简历。但为什么不聘请专业人士来做这件事呢？

因此，你听或者不听，我对你的建议都是：聘请一位专业的简历写手，但是你要对聘请的人选格外留意。任意一位老派的简历写手都不会给你带来任何好结果。

挑选简历写手

挑选一位优秀的简历写手至关重要。

如果你请来的是一位蹩脚的简历写手，他写出来的简历还不如你自己写的，那么上面我所说的一切都是浮云。

我深切怀疑，很多人之所以反对聘请专业人士来写简历，要么是因为与不专业的简历写手有过不愉快的经历，要么是他遇到的都是一些文科专业毕业的、找不到其他工作而又认为帮人写作简历看起来很有趣的人。所以，你应该对如何挑选一位优秀的简历写手了如指掌，这很重要，不是吗？

在寻找专业的简历写手时，你首先要试试看有没有人向你举荐，看看你认识的人中，是否有人用过专业的简历写手，并且效果还不错。你应该挑选一位专门为软件开发者撰写简历的写手，或者专业从事技术简历写作的人士。

最糟糕的事情莫过于你找了一位不懂技术的简历写手写下这样的句子："通过将 SQL 应用于多态编程代码，我独自完成了该项目的 C++编程工作。"我一看到这样的简历就会"砰"地一声扔进废纸篓，因为它令你看起来像个白痴。

聘请简历写手之前，要索取他们作品的样例。他们应该能够提供给你他们为客户撰写的真实简历，上面写着假名；如果得到允许，他们甚至可以提供实名简历。一定要确保你拿到的是为软件开发者撰写的简历实际样例，这样你就可以看出他们是否真的能为程序员撰写一份优秀的简历。通过审阅他们的作品，你会对你将要得到的简历有一个很好的了解。如果不给你提供样例，那你就不要雇用这个人。

在这里我也不想多谈有关价格的问题。质量应该是你最关心的问题。

一般情况下，请人代写简历需要支付 300～500 美元。不过，我认为，价格再高一点也不是不可接受。应该把这笔钱视为一项投资。拥有一份优秀的简历，可以很容易地让你的起薪提高 10%，甚至更高。拥有一份优秀的简历，可以把你求职的时间从 6 个月缩短到几个星期。

假设原本你每年的薪水是 8 万美元，现在一份优秀的简历能让你找到一份年薪 8.8 万美元的工作，那么 500 美元的投资看起来就不那么昂贵了，对吗？

我通常都对推荐简历写作服务犹豫不决，但是 Simple Programmer 网站上有一个我经常向人推荐的在线服务。

与简历写手协同工作

只是请到一名优秀的简历写手还不够。简历写手只有在输入良好的情况下才能创造出良好的输出。输入部分是否良好取决于你。你要确保为简历写手准备好了以下信息：

- 之前你做过的所有工作的确切日期；
- 你既往做过的每一个岗位及其岗位说明；
- 每项工作所取得的主要成就（多项）；
- 你所有的受教育经历；
- 你所拥有的所有证书或其他荣誉；
- 列出你认为自己最重要或最相关的技能；
- 几个你想要得到的职位，以及每个职位简单的岗位说明；
- 其他任何你认为有关的东西。

把所有这些信息准备妥当也是一项艰巨的任务。

你可能会想，“好吧，如果无论如何我都要自己完成这么多工作，那么雇一个人为我写简历又有什么意义呢？”

聘请一个人来为你撰写简历，并不是为了做大量的内容收集工作，而是要请他以一种短小精悍的、简洁明快而又引人注目的方式呈现出这些内容，这样才能令你脱颖而出。这才是你付钱给简历写手的原因。

你给简历写手提供的信息越翔实，他们写出的简历才能越优秀。你可能还想让你请来的简历写手撰写出一系列适合不同职位的简历，或者是以不同方式呈现的版本，让他完成一封求职信样本，这样当你申请特定的工作时，你可以基于样本做出更改。

这些做法可以让你在申请不同种类的职位时，能够根据不同需求使用高度定制的求职信，而且一个个都制作精美。

最后一条建议：如果你对简历写手的工作成果不满意，不要出于礼貌而忍着不说，一定要直面相告！他的工作牵扯到你的未来和你的职业生涯，如果你想要结果圆满，你必须严格要求。

如果你发现直面相告还是起不到效果，那就毫不犹豫地炒了这个简历写手，重新找一个。

一份优质简历的构成要素

不管你是请简历写手，还是自己动手写简历（真心建议你不要这么做），你应该清楚什么样的简历才是优质的简历。

在给数千名开发者做了生活的指导之后，我已经对人类的心理学有了很好的理解，所以听好了（尽管下面这句话听起来有些惊悚）。写好简历的最重要的事情之一就是——看起来很漂亮。是的，简历一定要看起来很不错。

“什么？这不是虚荣吗？这不是背叛吗？”人们真的仅仅根据外表来判断一个人的职业生涯、一个程序员的价值，甚至一个人的价值吗？难道不应该是根据灵魂来判断吗？是的，只看外表。因此，简历一定要炫，面试一定要穿西装打领带。我可不是在开玩笑，人们判断一本书是否值得一读也是只看封面。

我强烈建议找一位专业人士来撰写你的简历，其中一个原因就是：他们不仅可以让简历看起来很棒，而且还会让简历看上去很炫。老实说，外观是一份简历最重要的事情，因为如果你的简历看起来像垃圾，它一定会被丢在一旁根本没人看。

好了，现在谈一些不那么肤浅的事情。

除光鲜的外表之外，简历还需要能够迅速有效地传递你的全部情况，以及你能给未来雇主带来的怎样价值。

“我觉得一份简历一开始让人看到的东西应该是最客观的实际状况。”这完全是胡说八道。没人在乎你想要什么。没有人关心你希望找到怎样一份工作，没有人关心你的诉求是希望服务于医疗技术领域的一个有效率的团队，然后充分发挥你的技能——C#、ASP、.NET 和 MVC 架构，他们真正关心的是你能提供什么价值，以及你是多么抢手。

简历的目的是为你做一个一页纸的广告，更具体地说，就是给你这位超级受欢迎的、传奇史诗般的软件开发者做一个广告。因此，你的简历应该简洁明了、切中要害、专业高效，突出描述你在职业生涯中所取得的最辉煌的成就。

想做到这一点，有很多种方法。你可以用一种传统的简历格式，如按照时间顺序、分不同职能等；你也可以用更前卫的形式来做；你甚至可以通过视频演示来做到这一点，在视频中，你可以介绍自己，谈论自己的“伟大成就”。（顺便说一句，除了要有一份文字版你简历，我建议你还要录制一份视频简历。这种方式能够很好地展示你的个性，并带来一些额外的好处，例如对你进入面试阶段有很大帮助。）

简历是否优秀并不取决于你能在一页纸上塞下多少内容。恰恰相反，你说得越少，证明你的影响力越大，有人真正会去阅读简历内容的可能性也越大。

因此，你要清楚明晰地描述你的技能和专长是什么，在过去你又是如何运用它们取得了伟大的成就，以及你会如何将这些技能移植到你所申请的职位上。

每一份优秀的简历莫不如此。

自己动手写简历

我真的不建议你自己动手写简历。但是，如果你一定要坚持自己写，那我还是给你一些建议吧。

下面是在当今的职场环境里，作为软件开发者给自己撰写简历时需要考虑的一些最重要的事情。

从领英开始

不管你喜不喜欢，至少在写这本书的时候，领英（LinkedIn）已然成为事实上的求职网站的标准和简历样式的标准。

你需要在领英上创建一份简历，然后满怀期待有位潜在的雇主会看到它，所以准备简历最好从领英开始。在领英上按照标准模板以填空的方式做一份简历。但是，创建一份常规的纸质简历要注意的事项同样适用于领英上的电子版简历。

不要心不在焉、急急忙忙地就填上自己的信息，并且认为这么做无大所谓。此外，不要在领英上伪造日期或信息。我可以向你保证，如果你的纸质简历和领英的个人资料有很大出入，你会被打电话追问。如果必须要解释一下你在领英的个人资料中并没有撒谎，那只是一个理解错误或者文字上的错误，这可无法说服对方给予你面试的机会。

因此，一定要让你在领英上的个人资料完整无误，切实反映真相，也不要忘了征求曾经与你共事过的同事的推荐。这些做法会让你脱颖而出。

以“你能提供的价值”为核心

你在简历上写的每一件事，都应该从“你能提供的价值”的角度来考虑，而不是“你想要的”。

简历不是“圣诞礼物清单”，不是你在工作中想要得到什么的一份清单。简历也不是一个奖杯柜子，你疯狂自恋自己有多么优秀，而且还喋喋不休地吹嘘自己。相反，简历应该展示的是你能为未来的雇主提供的价值。你目前具备的技能和你过去做出的业绩无非是你能提供的价值的基础。

对于要申请的每一份工作，你都要定制简历，以此彰显你可以为此次申请的职位带来的独特价值。

你做过什么，如何做的，成果如何

我不会进入细节的描述中，因为我不是一个专业的简历写手，而且你可以在网上搜索到很多其他资源，告诉你简历的格式以及具体布局的方式。不过，我确实想谈一谈在撰写工作经历时的一个细节，我觉得这个细节至关重要。

这样的描述不可取："使用 Java 和 Spring 框架来帮助开发一个应用程序，用于创建猫形标识。"应该采用下面的格式描述，而且一定要有针对性：

- 你做过什么；
- 你是如何做的；
- 你的成果如何。

例如，可以这样描述："利用 Java 和 Spring 框架设计并编写过一种独特的、创新的猫变形算法，改善了创建猫形标志的应用程序的性能与适应性，提高了500%以上。"

如果是一位优秀的简历写手，那行文会更紧凑，使之更加聚焦："提出了一种基于旅行推销员问题的猫变形算法。重构猫变形模块以实现新算法，使用 Java Spring 框架来提高可维护性。性能提高了508%，修复 bug 的时间减少了34%。"

事实上，最后这个版本是我的朋友 Josh Earl、一位专业的简历写手撰写的。正如他所说："研究一下评估一位招聘经理绩效有哪些衡量标准，然后你的简历里就应该充分表明你会让他的工作看起来绩效良好。"

这就是为什么我从一开始就建议你请一位专业的简历写手的原因。

向 John 提问：我该怎么说呢……我可以在简历上胡诌吗？

千万不要，除非你想要在面试中被一脚踢走。

面试中最让人尴尬的事情之一就是，当面试官问你："嗯，我在你的简历上看到你是 C++方面的专家。你能用 C++写一个简单的程序比如'Hello world'吗？"你满怀忐忑地走到白板前，拿起一个记号笔做几个涂鸦，然后悻悻然把它放回去，说："不，我不能。"

那就太糟糕了，那可真是狼狈不堪！

别误会我。这并不意味着你不能把正在学习的编程语言或者你已经掌握的技能放进简历里，直接把它们写出来就行了。但不要撒谎。

要确保你罗列在简历里的所有内容滴水不漏。

简短

在我的软件开发生涯中，我创建的第一份简历是一篇长达6页的"怪物"。

我详细列出了我做过的每一份工作、我在每一份工作中使用过的每一项技术、我获得的每一张证书，以及过去两年里我的早餐都吃了些什么。哈，早餐这一句当然是开玩笑啦，但我想你已经明白重点了：一份长达 6 页的简历是不会有人看的。即使你把这份简历寄给你妈妈，她也只是假装看了而已。

优秀的简历，就像一份优秀的广告，应该尽可能短小精悍，这样才会有人问津。当然，在求职的过程里，短小精悍才有面试机会。因此，大多数情况下，你的简历应该只有一页。这也意味着你必须要让你的简历简洁明了、切中要害。

听起来似乎有些不合情理，但相信我，短篇幅的简历才是好简历。你也期望当有人拿起你的简历时，能够迅速扫描之后就得到一个非常强烈的感觉：你是什么样的软件开发者、拥有怎样的相关经验和技能。

在简历上列出你拥有每一项技术和技能是非常诱人的想法，尤其当你是一位经验丰富、技能满满的软件研发人员的时候，但你必须要克制住这种冲动。

例如，假设你现在正在申请一个使用 C#语言、ASP.NET MVC 框架的 Web 开发者岗位。如果让你罗列自己所掌握的所有编程语言，你大概会列出一长串清单。

> 编程语言：C、C++、Java、C#、Luo、Python、Perl、JavaScript、Visual Basic、Go、Dart、Objective C、Cobol、Swift。

这样看起来好吗？当然不好。即使你对上述所有编程语言都有所了解，你也不会精通每一门语言，而且大部分语言都跟你申请的职位毫无关联。

真正有用的信号很可能会湮没在噪声中。更有甚者，你还会给人留下这样的印象：你是个骗子，你的简历上塞满了关键字；你是个无所不会但是又无所精通的“万金油”，而不是 C#与 ASP.NET MVC 方面的专家。

如果这一段这样修改一下，会好得多。

> 相关技能：C#，JavaScript，ASP.NET MVC

看上去好像不那么令人印象深刻，但是针对性更强。

在面试中，你还是有机会讲一讲你已经掌握的其他 50 种编程语言的。你也可以在简历上列出一些其他的工作内容，突出体现你过去使用过的几种语言或技术，但你应该让简历更具体、更有针对性。

你可以这样类比这个问题：假设你遇到了严重的税务问题，政府发出了一份传票，调查你的逃税问题。这时你需要聘请一位律师代表你出庭。你是愿意聘请一位专长是“离婚法，税法，海洋哺乳动物保护法，刑法，房地产法，以及代理过 Cow Tipping 游戏[①]的

---

① Cow Tipping 是一款运行在 iPhone/iPad 上的小游戏。——译者注

法律事务”的律师，还是愿意聘请一位专长是“税法、公司法”的律师呢？

前面这位律师的履历看起来可能会令人印象深刻，但是你会信任谁？你会请谁来代表你出庭呢？我知道我会选哪一个：简短有力、切中要害、一语中的的那一个。

你不必列出每一份工作和每一项技能。你甚至只需在简历上写上“相关技能”或“相关经验”即可。

校对

这一点的重要性本应该是不言而喻的。但是，我已经看到过太多太多份简历中包含大量的拼写错误，所以不得不特别在这里提一提这一条。

你应该至少从头到尾、仔仔细细校对你的简历 5 次，然后你还应该请两个人再校对一下你的简历。

简历上如果有录入错误、语法错误或者拼写错误，就是挑明了在说：“我是个白痴，我很粗心，不注重细节。”例如，程序员的拼写是“programmer”而不是“porgrammer”。如果你的简历上有拼写错误或录入错误，有些雇主会把你的简历直接扔进垃圾桶，其他内容看都不看。

听起来可能有些太过苛刻了，但是如果某人对细节缺乏关注、粗枝大叶，你会想请他来做任何重要的工作吗？如果你的律师却连“律师”（lawyer）一词都拼错了，你还会请他出庭代理你的税务官司吗？

多版本

前面讲如何申请职位的时候我已经讲过了，你应该请简历写手为你的简历创建多个版本。这里我们再强调一下，以加深你的印象。

你的简历应该是在一个基础版本上衍生出来的一系列版本，这样你在申请不同职位的时候可以使用不同版本。

大多数软件开发者，特别是刚入行的软件开发者，都愿意在从事不同类型工作的时候使用不同的技术。如果是你，你也应该针对不同类型的工作，创建专门的基础版本的简历，以突出你在不同工作岗位用到的不同的专业技能与技术。

在申请每一份工作的时候，你还要根据岗位类型在不同的基础版本上定制不同版本的简历。拥有几种基础版本的简历可以帮你节省时间，并且在求职方式上保持一致。

卓尔不群

最后，我们将通过讨论一个经常被忽视的有关简历的问题来结束本章：独特性。

简历的作用就是令你脱颖而出。当你申请一个岗位的时候，同时可能还有 100 名其他软件开发者也在申请这一岗位，所以你一定要找到一些可以令你尽可能显得卓尔不群、独一无二的方法。

这并不意味着你必须做一些狂悖的事情，但是做一些稍微不合常规的事情，或者做一些能让你的简历在某种程度上脱颖而出的事情，都是好主意。如果你想让那些看你简历的人记住你，那就该让自己看起来独特和特别。做到这一点的一个好方法就是在简历的格式上有所创意。

在我的职业生涯中，我曾经在简历上的"技能"部分用了一个小技巧：我用从 1 到 5 五颗星来标明我在某一种技术或语言上的技能有多高。从那以后，我看到很多开发者都使用了这种策略。但是我在这么做的时候，它是一个相当独特的样式，我收到了大量来自招聘人员和面试官的评论，他们都记得我就是那个对自己的技能进行 5 颗星评级的人。

*有些雇主或面试官欣赏独一无二的特质，而另一些人则憎恨标新立异，*所以"独特性"也是一把双刃剑。但是，我宁愿在少量几个地方因为卓尔不群而被无情拒绝，也不愿意因为泯然众人而到处被人遗忘。

这个观点被称作极化，如果使用得当，它的作用不同凡响。

我经常教导软件开发者，一定要给他们的简历做一个短视频版本，或者至少包含一个简短的视频介绍，这就是一种与众不同的方式。

不要害怕有创造力。正像我说的，虽然有些人会不喜欢，但是大多数人还是会喜欢的。你会从他们的心底里脱颖而出。不过，有一点要注意：*不要让你的创造力影响到简历的可读性，让人感到难以交流。*

如果每个人都开始在他们的网站上放上 Flash 入门页面，看起来会怎样？

如果你没有在网页上放 Flash，其实也没有什么关系。但是在这个科技时代里，每个人都认为 Flash 动画会让网站看起来很酷炫，还会强化导航功能。不管怎样，虽然这是一个很有创意的主意，但却是一个坏主意，因为这种设计大大削弱了人们对网页内容的关注度，还降低了网站的易用性。

因此，要富有创造力，要独一无二，但是要把这种创造力用来突出你在简历中要重点传递的信息，而不是分散人们的注意力。

第14章

锦囊妙计：面试过程

对软件开发者来说，没有什么比面试更让人害怕的了，尤其是在白板上写代码的面试。但是，如果准备充分、心态平稳，面试实际上也可以成为你向往的机会，以及展现能力和技能的最佳场所。

我知道上面的论述可能令你难以置信，尤其是在以往的面试经历令你不堪回首的时候。我在自己的软件开发生涯中也经历过一些可怕的面试，我从这些经历中学到了很多。

我可以告诉你：毫无疑问，正确恰当的准备工作会使一切不堪回首的往事发生根本的改变。记得我第一次去微软公司面试的时候，那时的我年轻气盛，认为自己无所不知。微软公司让我去他们位于雷德蒙德[①]的园区，要进行一整天的面试。

从一开始事情就变得一团糟。一到旅馆我就打开行李，我突然发现自己忘了带裤子。于是我找到了一家百货商店，在那里我买到了第二天要穿的裤子，但我却不知道，我的麻烦才刚刚开始。我不知道微软公司的面试是什么样子，我也完全没有准备。

第二天早上，一位司机来接我，带我去微软园区，在那里我的联络人向我解释了面试流程是怎样的。在一整天里我要被面试六七次。整个面试过程要么持续一整天，要么就只有半天。在前四次面试之后（包括午餐面试），如果我看起来不够优秀，他们会把我提前送回酒店收拾行李离开；否则，还会有三四次面试等着我。

对你来说压力够大了吧？

---

① 雷德蒙德（Redmond）是位于美国华盛顿州的城市，处在大西雅图地区的东部边缘。微软公司总部位于雷德蒙德市。——译者注

第一位面试官让我在白板上编写 Win32 函数。我完全没有准备。我开始支支吾吾，汗如雨下。我在黑板上潦草地写了一些难以辨认的东西。很明显我不知道自己在做什么。面试官试图帮助我，但没有结果。我只得开始找借口。拖延了一段时间，我没有写出任何符合预期的代码。我只好以撒谎来掩盖自己的不足。

第二场面试的结果丝毫没有改善。又是要在白板上写代码，只不过更为复杂，然后迎接我的又是尴尬的失败。如果你要摆出一副骄傲的架势，那么至少你得知道自己在做什么。我的自负很快就消散殆尽了。

午餐时的面试是一场仁慈的杀戮。我们聊了聊微软和生活。我觉得自己像一匹年迈跛脚的老马，被带到牧场前给了我几块糖……然后“砰！”的一声，一切都结束了。

在我还没来得及意识到这一切之前，我就被送上了一辆小巴士，回到了我的旅馆。

我当然没有得到录用通知书。然而，我确实从中学到了不少东西。在以后的职业生涯中，在应对面试方面我可以说是轻松自如了。

本章的内容就是要让你不要犯我曾经犯过的错误。

不同类型的面试

我希望以一个自己的尴尬故事来作为本章的开篇。这个故事有些残暴，所以现在我应该让你放松一下，接下来我要同你分享的是：作为一名软件开发者，你可能会遇到所有类型的面试。这也是你应该了解的关于面试的最重要事情之一。

我试着在这里列出我认为最常见的面试类型及其变体。衷心希望你能避免我在比尔·盖茨的酷刑室里所经历过的那种尴尬场面。

在本节中，我将讨论各种类型的面试，但我们不会深入讨论细节，因为除非你已经身在面试现场，或者敲定了面试日程安排，否则你可能并不知道将来要面对的是何种类型的面试。

别害怕。在我们讨论完面试类型之后，我们会一一讨论如何为不同类型的面试做好准备，我保证。

电话面试

在被认真考虑是否给予你工作机会之前，雇主对你做一次电话面试是很正常的。

大多数大公司在招聘开发者时，都会确保用电话面试的方式过滤出他们想要参加面试的所有潜在人选，然后再安排真正的面试，以此来节省成本。

电话面试通常问的都是技术性问题，但也可能包含一些非技术问题。你可能会被电话面试两次，一次是技术面试，另一次是非技术面试。以我那次面试微软的经历为例，我就是被电话面试了两次。

就像我说的，**电话面试的目的不是决定是否给予你工作机会，而是决定要不要把你淘汰出局**。因此，如果你想要通过电话面试，就要展示你技术上的能力，而且还要辨明你不是某种类型的精神病患。

通常，电话面试由一些基础的技术问题、资格问题和一些有关性格测试的问题组成。只要你能胜任这份工作，**这些面试都不会很难**。

事实上，电话面试有时就是由某位非技术人员使用一套标准问卷来向你提出问题，并且记录你的答案。因此，电话面试中只要专心回答问题就好，不必在意电话那头有什么反馈。针对问题回答出尽可能多的细节，这样你就很难被电话面试排除在外。

在线技术面试

这是一种全新的面试方式，在近几年里才开始出现在现实的招聘流程中。但我相信，今后我们会看到越来越多的面试是以这种方式完成的。

这种面试方式很像电话面试，但不是通过电话来完成，而是通过视频聊天工具进行的。**面试中，你会被要求解决一些编程问题，甚至与面试官一起进行结对编程，这样他们就可以在远程快速评估出你的技术能力**。许多远程工作团队都采用这种面试方式，因为这种面试方式与开发者远程工作的条件非常相似。

在这种面试中很难蒙混过关。当你和面试官分享屏幕、实况直播你的编程过程时，面试官对你是否真正知晓如何编写代码可谓是洞若观火。

远程技术面试的另一种形式就是，给你一个编程任务或者一个编程能力评估测试的链接，在那里有一个受控的编程环境，要求你在规定的时间内完成一些编程问题。

针对这两种类型面试的准备工作与面对面的编码面试的准备工作都非常类似，稍后我们将深入讨论面对面的编码面试。

你需要确保你在自己所选择的编程语言上能够漂亮地解决算法类型的问题，并且确保你对数据结构有很好的理解。

标准技术面试

到目前为止，这种面试是最常见的面试类型。

在我的职业生涯中，我所经历的大部分面试都是这种一小时左右的面对面的标准技术面试：面试官向我询问一系列关于我将要在工作中大量应用的技术的问题。这些问题都不会很深入。

我怀疑这种浮于表面的面试之所以如此大行其道，是因为大多数担当面试官的软件开发者并不真正知晓如何面试某个人。于是他们只能从谷歌上搜索到一系列常见的面试问题，这些问题涉及他们正在使用的主要技术或编程语言，然后简单粗暴地把这些问题拿来直接提问求职者。

显然，你也可以做相同的工作来为这种面试做好充分的准备。搜索你求职的技术领域内常见的编程问题，然后背熟答案。

企业文化适应性面试

这种面试通常由经理进行，在小公司中通常由CEO或者公司创始人进行。这种面试的目的是看你是否能够适应团队的氛围。

在这种面试中，你可能会被带出去吃午饭，被询问一些有关你自己和你过去经历的常规问题。面试官通常是在寻找一些迹象，表明你有某种对团队有害的性格缺陷。例如，因为你断言自己做事方式无可挑剔、自己的知识非常渊博，而在你以前的工作中每个人似乎都是愚昧无知，所以你在过去的工作中似乎总是陷入冲突，那么这一切就是一个很明显的标志，表明你会给团队带来麻烦。

此外，在午餐面试中，如果你很紧张、心慌意乱，不能和面试官愉快相处，不能与面试官进行一次轻松得体的交流，那么这也可能标志着你的适应能力不是很好。

想知道面试官在适应性面试中到底想要寻找什么是非常困难的，所以尽可能地做好你自己，避免任何反社会的行为。

小组面试

实话实说，对大多数人来讲，小组面试可能是最难应对的面试之一，尤其是在小组面试与编码面试组合在一起的时候。

在小组面试的时候，你会被几个人组成的小组同时面试。小组成员可以轮流向你发问，或者要求你澄清别人以前提过的问题。你要应对的是技术类型的问题和个人性格类型的问题的混合体，每个人都会对你的每一个答案记下大量笔记。

最常见的情况是，小组面试通常安排在半天或者一整天的面试的最后进行，所以一定要准备充分。

编程面试

这是另一种让人觉得可怕的难缠的面试，也许是最可怕的。

在编码面试中，你将被要求通过编写代码来解决一些算法问题。通常，你会被要求在白板上编写代码，而不是使用任何集成开发环境。大多数没有为这类面试做好针对性准备的软件开发者，都会在这一要求下败下阵来。在白板上写代码会让人感到非常局促不安，特别是当你没有足够的自信心解决被提问的问题的时候。

因为像微软、谷歌和苹果这样的大公司经常会采用这种面试方式，所以如果想在这些公司中的一家找到工作，你最好做好应对编程面试的准备。最好的方法就是为这类面试展开专门的学习。这些挑战需要一种与你的习惯性思维不同的思维方式和解决问题的方法。

要深入了解我是如何处理这些问题的，请从 Simple Programmer 下载我特别准备的“面试预科速成班教材”（Interview Prep Crash Course）。在这个课程中你将看到，我是如何将一个问题分解为白板上的“伪代码”的，然后在转移到 IDE 环境下来实现最终的解决方案。

另外，千万别忘了练习，练习，再练习——重要的事情说三遍。

全天或半天面试

这种面试通常会包含几轮技术面试、一轮企业文化适应性的面试，甚至在最后还有一场小组面试。

通常，大公司会选择这种全天或半天面试的形式，但我也曾被资金雄厚的小型初创型公司以这种方式面试过。之所以如此，是因为协调多名面试官每人都要花上一小时来面试每一位求职者，成本是非常高的。

这种面试会让人精疲力竭。我已经告诉过你我在微软公司被全天面试的经历，其实我还有过两次在惠普公司的全天面试经历，每一次均以小组面试结束，这两次面试中我的表现都要比在微软公司的面试中的表现要好多了。

我真的不喜欢这些面试。因为在全天面试中，哪怕只有一个面试官不喜欢你，你的整个面试过程可能都会被毁掉，即使一张不信任票也往往会让你出局。在这样的面试中，你会在一整天里从一个面试官那里转到另一个面试官，还有一次午餐面试，最后被管理层或者一个小组面试一次。

我们会想当然地认为，既然一家公司舍得耗费巨资让你飞越全国，然后还要把你安排在酒店里，再花上一整天时间面试你，那你肯定已经被内定好了，所谓面试只不过是一种形式而已，你一定能够得到这份工作。但我向你保证事实并非如此。相信我，因为我经历过。

面试中你需要知道的

好吧，现在我们已经讨论过各种不同类型的面试，现在让我们来谈谈，关于面试我们到底需要知道些什么——无论是技术面试还是非技术性面试。

在这里我只能泛泛而谈。因为很明显特定的工作岗位需要特定的技术，所以岗位决定了你需要掌握多少知识，以及你将被问到的问题类型。

但我认为，如果你对自己需要了解的内容有一个大致的了解，一定会让你受益匪浅。而且，一旦你知道了这些，就去亲身践行吧。

怎么解决编程问题

尽管并非所有的面试都需要你解决算法类型的编码问题，但是难度最高的面试（通常也是最重要的面试）会有这个环节。

你应该花些时间掌握解决编码面试所需的技能，让自己善于解决编码问题，让自己对数据结构方面的知识牢靠掌握。

是的，掌握这项技能有点儿难，但是回报却是巨大的。

大多数程序员都无法从容应对编程面试，也不知道如何解决常见的编程问题。为此，我再次推荐 Gayle Laakmann McDowell 的名著《程序员面试金典》。更多内容也可以在第 3 章中找到。（行文至此，你可能会认为我和 Gayle 是非常熟的好朋友。实际上我从来没有见过她。她也没有回复过我的任何一封电子邮件。只不过她的著作恰好就是为数不多的几本书中的一本，专门教授在编程面试中可能遇到的所有类型的问题。）

我还写过一篇有关如何破解编程面试的博客，你可能也会觉得它挺有用的。如果你更喜欢通过视频学习，我在 Pluralsight 上也有专门的课程“面试的准备工作”（Preparing for a Job Interview），那个教程会手把手地教你如何通过分解的方式解决算法类型的问题。我真心觉得它很有趣。

一旦我能攻克编程类型的面试，我就会在其他任何面试中变现得非常自信，因为我知道我连面试官向我提出的最难的挑战都能应对自如。（哦，还可以去看看 FizzBuzz。别对它视而不见——你过会儿会感谢我的这项提醒。）

有关技术专长的常见技术问题

这一条的重要性也是不言而喻的。当我坐在面试会议室的一端，而另一端坐着一位.NET 开发者，他肯定无法回答 CLR 是什么；如果是一位 C++开发者，那他肯定会把多态性当作一种宗教来崇拜。因此，面试官总归有足够的时间搞清楚求职者的技术专长。

你需要对自己的技术专长范畴内的问题了如指掌。因此，说真的，任何人都能搜索到的类似“Java 面试问题”之类的内容，如果它属于你的编程语言或者技术专长范畴，你必须要对答如流。

你应该知晓谷歌上在你的技术专长范围内排名前三的面试问题中每一个问题的答案。如果你不知道，那完全是你的错，因为这件事本身是很容易的。

是的，面试官可能会时不时地给你下绊儿，但你至少应该对最常见的问题一清二楚。如果你正在申请的职位需要使用面向对象编程语言，那你最好要对封装、继承、多态、数据抽象、接口和抽象基类等概念如数家珍。

我知道，我自己在每一次技术面试中都会向求职者询问以上每一个概念，而且在我被面试的经历中，有 50%的概率我也被问到了这些问题。

你通常可以通过大量的书籍、博客文章和其他资源，找到你在面试中可能被问到的任何编程语言或技术问题列表，所以在这里我就不列出它们了。

同时，我在 Pluralsight 上也开设有课程“面试的准备工作”（Preparing for a Job Interview），这个课程中也讨论了一些常见的技术问题。

性格与心理问题

你还应该准备好回答所有常见的性格和心理测试问题，即大多数求职者默认都会被问到的问题。

你应该对回答下列问题有所准备：

- 你最大的优势是什么？
- 你最大的弱点是什么？
- 5 年后你认为自己会变成什么样子？
- 当你在工作中遇到了挑战或者冲突的时候，你该如何应对？
- 你为什么想在这里工作/想要这份工作？
- 你能告诉我一些关于你自己的事吗？
- 你为什么要辞去目前的工作？

我不打算在这里详细讨论如何回答这些问题。你可以在网上找到很多关于如何回答这类问题的建议。

简而言之，回答这些问题时你要尽可能真诚，不能透露太多负面的细节，你要尽可能保证一切内容都是正能量。勇于承担责任，积极进取成长，不会因为任何事而责怪别人。

确保你至少已经思考并且练习了所有这些问题或者其他类似问题的答案，特别是在“为什么你要离开现在的工作岗位”这样的问题上。

向 John 提问：关于“你最大的弱点是什么”这样的问题，我该怎么回答呢?

嗯，是的。这是一个棘手的问题。

可以遵循这样的逻辑来回答这个问题。几乎任何属性都可以从积极与消极的角度来看待——一项优点同时也是一项弱点。例如，崇尚完美主义，积极的一面是极度关注细节；消极的一面是为了让事情臻于完美，有时会忽略大局。

利用这一策略，你可以用类似下面的方式来回答这个问题：“嗯，我倾向于追求完美主义，这很好，因为对细节的极度关注意味着我不会犯太多粗心大意的错误，我会创作出高质量的工作产品。但有时我也会为了让事情臻于完美而过分执着。”

明白这个套路了吗？先说优点，再说弱点。强调优点，然后轻轻带出弱点。

把优秀的品质稍稍转到消极一面，这样听起来你并不是说你没有弱点，但同时你也没有暴露自己主要的性格缺陷。

有些人认为回答这个问题最好的方法就是直截了当地诚实回答，自我揭露自己非常糟糕的一面。

不要这么做。当然，我并不是鼓励撒谎——永远不要撒谎——但也没有必要直接告诉面试官，你在高中时跟踪过你的女朋友，或者你有懒惰的倾向。

总是要把你最好的一面展现给观众。因此，回答这个问题的时候，展示一下你是如何把弱点转化为优势的能力。

面试技巧

好了，现在让我们来探讨一些实际的技巧，帮助你在实际面试中能够竭尽所能尽善尽美。

在开始探讨这些技巧之前，我想谈谈最重要的技巧之一，在《软技能：代码之外的生存指南》中有整整一章在讨论这项重要技巧。这项技巧就是，你不能等到面试的时候才给面试官留下深刻的印象。要想让你自己顺利通过面试，你能做的最好的事情就是在进入面试之前就已经让面试官喜欢上你了。技术技能纵然重要，但大多数面试官最后挑选的还都是他们喜欢的人。

那么，怎样才能在面试之前就让面试官喜欢上你呢？你想问这中间有什么魔法？很简单。依旧是依靠“跳出框框思考”。

在第 12 章中，我谈到了传统的找工作的方法，如通过投放简历找到工作；也描述了一些更为有效的方法。如果你使用了这些“跳出框框思考”方法中的一种，很有可能你是通过一封推荐信来到面试现场的，而不是通过一份冷冰冰的求职申请与简历。在这种情况下，面试官可能已经知道你是谁了，甚至一定对你留有好印象。

如果你开了博客或者 YouTube 频道，面试官也可能提前知道了你是谁。

最后，我和许多软件开发者谈过，如果已经知道谁会是他们的面试官，那么应该与面试官提前接触一下（不妨称其为“预面试”），提前做一下自我介绍。（这样做的效果出奇地好。）

关键是，如果你能在面试前与面试官建立良好的关系，想方设法让面试官在你踏入面试室的大门之前就已经喜欢上你，那么你得到录用通知书的机会就会大增。

在我的职业生涯中，我遇到过这样的情况，我能够做到“在面试之前已经让面试官喜欢上我”，以至于面试本身流于形式，我只是和面试官开心地聊了一小时。（无论何时何地，最棒的面试莫过于此。）

如果你不能获得这种优势，以下技巧适用于任何面试的情况。

衣着得体

虽然我自己对这件事有所保留，但我确信你还是应该尽量打扮一下再去参加面试。

我知道很多软件开发公司都允许员工穿人字拖和大裤衩上班，他们甚至会告诉你面试时也可以如此着装，但千万不要这么做。

面试时，你应该穿比雇主公司的着装标准高出两个级别的衣服。如果你是位男士，基本上我会建议你穿一套漂亮的西装去面试；如果你是位女士，我推荐你穿一套正装裙服或者高级西装。如果你现在是一个强力部门的成员，你肯定想穿着你的制服去面试（令人无法抗拒）。

不过，我不建议你穿着出席晚宴的燕尾服去面试，那样的杀伤力太大了（除非你是去应聘秘密情报部门的职位）。

是的，面试官可能会说“你不需要穿西装”或者“你的着装太过正式了”，但是不要相信他们说的话。即使面试官觉得你穿得太正式了，整洁干练而又职业化的着装也会给人留下难以撼动的第一印象。

我看不出如果面试官认为你是非常职业化的人对你会有什么坏处。让其他应聘者穿上 T 恤衫和牛仔裤好了，但你一定要尽量装扮得体，从而有意无意地制造出这样一种认知：你才是更专业、更优秀的候选人。

你不必一定接受我的建议，但无论你穿什么，至少要比潜在雇主的办公室着装标准高出一个层级。无论你觉得自己是怎样的坏小子，也不要穿着大裤衩去面试。

关于面试着装的具体建议，你可以去 Simple Programmer 看看“软件开发者应该穿什么”（What software developers should wear）里的指导和建议的衣柜清单。

准时出现

提前 10 分钟准时到场。不是提前 15 分钟，也不是提前 20 分钟，更不是迟到 10 分钟，当然也不是踩着点儿到场。

如果你开车去面试，那么你要计划提前 30 分钟到那里；如果你按预期提前 30 分钟到了，那就坐在车里等 20 分钟。这就是所谓的“余量”。

如果你一向很难做到准时到场，那么一定要提前 30 分钟到达，然后在早到的 20 分钟里做做回复电子邮件、阅读一本书或者其他类似工作。（在大楼外面别让别人看到你。好像我不应该说得这么具体，但我已经说了。）

这样，即使有什么预料之外的事情发生（而且事实总是如此）你也依然能准时。

不要撒谎

面试的时候说谎或者捏造事实是很诱人的，但千万不要这么做。

你不需要自告奋勇地把自己的每一条负面信息都招供出来，但是如果真被问到，那一定要直言相告。别想着把它隐藏起来。特别是在回答技术问题的时候。

如果你不知道答案，你只能诚实回答你不知道，但是你有兴趣学习它，回到家之后去找出答案。不要对你不知道的问题胡扯，以为这样就可以蒙混过关。这样做的后果是显而易见的，面试官对自己提出的问题肯定是了如指掌的，而你的支支吾吾、东拉西扯只会让你显得不自信、自以为是和愚蠢。

我面试过许多软件开发者，所以我知道，胡说八道永远不会给人留下好印象。

不能对面试官提出的每一个问题都对答如流是可以接受的。这样反而会给面试官留下更好的印象——你为人诚实谦逊，坦然相告自己在某一领域内缺乏技能，并且你渴望弥补这个缺陷，而不是用欺骗或者糊弄的方法。

在面试中，至少有一个问题你是答不上来的，这样对你有好处。

不必过分防备

面试时你的压力很大，在这种情况下你可能很容易觉察到自己正在被评判——的确，事实确实如此。在这种情况下，你还可能会觉得自己陷入人身攻击之中——然而，事实并非如此。

因此，在被问到关于工作经验或者技能的问题时，你会很容易陷入防备心理。当你不知道面试官提问的问题的答案的时候，你很容易陷入一种防御性的反应中，你会感到尴尬，或者会产生“他们就是想让我看起来像个白痴”的想法。

一定要不惜一切代价抵制住这种想法。没有什么比一个畏缩逡巡而又心存戒备的人更缺乏自信的了，他不能处理任何对自己有负面影响的事情，进而又被认为对答案一无所知。

如果你觉得自己在面试中陷入人身攻击了，那就随它去吧。拥有坚韧的决心表明你对自己能力的自信是如此之高——你可以承认你的弱点，你不害怕被人看上去很愚蠢或不称职。

回答问题时要详尽阐述

面试就像演员去试镜。你想要得到尽可能多的时间来充分展示自己的魅力。因此，不要用一个词、一句话来回答面试官提出的问题，这样你会搞砸。

回答问题时尽量要详尽阐述。

我是什么意思呢？不要只从表层回答问题，尤其是针对技术性问题。要增加更多的细节。例如，在回答“谈谈你是如何使用这项技术或概念的”这个问题时，要给出你的想法，尤其是有争议的想法。这样，你会被视为深度理解掌握了这一知识，而不只是死记硬背了一堆你并非真正理解的概念和定义。这样，你才会有机会展示自己的个性，展示你平常是如何解释和分享自己想法的。

虽然不必过分向面试官讲述你的整个人生故事，但是要详细阐述所有重要的问题。

这种方法的一项巨大优点就是：即使你从技术上的理解是错误的，你也会因为对问题合理有效的分析思考过程而获得赞誉，特别是在你能够大声说出自己想法的时候。

真正自信（而不是假装自信）

什么都可以假装，可是自信假装不出来，所以不要尝试假装自信。相反，要以事实上的自信满满来迎接面试。假装的自信令你内心不安，或者盲目自大。真正的自信来自你对你是谁、你在哪里以及自己是否状态良好有着清醒的认知。

怎么才能真正有信心呢？当然是准备充分了。你为面试做的准备越充分，参加面试就会越有信心，前期的准备工作之所以要从难从严也是为此。

正如古希腊抒情诗人 Archilochus[①]曾经说过的那样：“我们不需要达到自己的期望水平，我们只需要发挥出训练水平即可。”

一定要传递出这一条重要信息

“我是善于自我激励的人。我清楚自己该做什么，而且我一定会去做。”

你对面试官说的每一件事都应该展示出这一项重要特质。

我自己就是个开公司的人，我可以告诉你，这项特质正是我在挑选雇员的时候苦苦追寻的，我认为它比任何其他东西都要重要。我想要聘请的人是我可以指望做事情的人，只需要我的最低限度的指导就可以做事情的人。我希望他能够洞悉自己该做什么，然后真正着手去做。

这样的人才是最高效的人才。这些人并不需要你的管束，因为他们能自我管理。

因此，请尽可能想尽一切办法展示你就是具备这项特质的人。一定要具体而又详尽地展现出这一点。

练习，练习，再练习

除非你是渗透入“母体”里的强硬分子[②]，否则只要你想掌握任何技能，你就需要刻苦练习。

因此，快去做做面试练习吧。对着镜子，对着你的宠物，做模拟面试练习。让你的朋友和家人面试你。出去接受真正的面试，只是为了练习。把自己的练习过程录制下来，观看回放，这样你就可以看到自己的不足。亲身实践任何你需要的练习。

练习在白板上解决编程问题。

练习，练习，再练习。

练习，我怎么强调都不为过。

① Archilochus（公元前 680 年—公元前 645 年），一般音译为阿尔奇洛克斯，古希腊抒情诗人，生活在帕罗斯岛的“古风时期”，是已知最早的古希腊作家。——译者注

② 此处原文为“Unless you’ve got a hardline into the Matrix”。这里作者引用著名科幻系列电影《黑客帝国》（*Matrix*）中的情节作为强调——在该系列电影中，人类社会是由一个被称作“母体”（Matrix）的计算机人工智能系统控制，所有人都生活在由“母体”营造出的虚拟世界里，所有的技能，如功夫、射击甚至飞檐走壁，都可以通过下载程序快速掌握（然而这些技能只在虚拟世界里有效）。——译者注

第15章

唇枪舌剑：关于薪酬谈判

这可能是你在本书中读到的最重要的章节之一，我不开玩笑，我说的是真的。

利用本章的建议，你可以在职场上多赚数十万美元甚至上百万美元。原因有两重：第一，如果你的谈判策略正确，你可以大幅度提高你的起薪，这比你从日后加薪中得到的要多得多；第二，加薪的幅度基本上都是在你当前工资的基础上计算一个百分比。

这就是在开启一份全新工作时，需要尽可能获得足够的谈判优势以得到一份称心如意的薪水的原因。

遗憾的是，大多数开发者严重低估了自己的能力，或者根本不进行谈判，或者立即欣然同意并接受给他们开出的薪酬包。我完全理解这种心态，尤其是当你想赶快找份工作的时候，但是做好长远打算还是很重要的。

在本章中，我会和你探讨，获得录用通知书之后所有有关薪酬谈判的考虑事项和实施要点，以及来源于我的亲身经历的一些最佳实践。

在我们开始正文之前，还有一件事情要说明一下：本章内容对你未来的财务状况非常重要，所以我把本章所有内容打包在一起，“软件开发者薪酬谈判检查表”（Software Developer’s Negotiation Checklist），你可以从 Simple Programmer 网站免费下载。把这个检查表打印出来，在去谈判薪水或者申请加薪的时候拿在手里，这么做你会很开心的。

了解你的薪资范围

首当其冲，你应该了解你的薪资范围、技术领域和职位名称，以及你要申请的职位的地理位置。让我们把这一块的内容掰开了揉碎了仔细品味一下。

你应该知道在你想要去应聘的公司里某个岗位的薪资范围是多少。类似 Glassdo 这样的网站会为你提供此类信息。

你也可以四处打听一下。例如，你认识某个在这家公司工作的人，不要直截了当地问："你拿多少钱？"相反，你要这么问："据你所知，从 X 美元到 Y 美元的范围在贵公司是一个合理的工资预期吗？如果不是，你认为多少是合理的？"

无论他们给你的答案是多少，你都要在此基础上至少增加 10%，因为没有人愿意帮别人获得比自己高的薪酬，所以一般都会刻意压低。

你不会拿到完全准确的数字。但是，在做任何类型的薪资谈判或者评估之前，你至少应该对这家公司惯常付给同等职位员工的薪资范围有一个比较清晰的了解。

事实上，大公司甚至可能具备一个反映实际情况的官方工资表，这张表可以帮助你了解情况。例如，当我在惠普公司工作时，我的经理就有一份官方工资表，上面写有不同等级的工资范围，他会拿给我看。

有时候，你要做的就是询问。但是，你不应该使用这张表作为你的唯一参考依据。你应该做更广泛的调查研究，以了解身处不同级别、拥有不同年限经验、掌握不同技术技能的软件开发者的平均薪资水平。四处打听询问，搜索一下这些数据，找到这些数据应该不难。

是的，我知道这是额外的工作，但这也是真正老道的经验之谈。不管任何时候，只要是针对金钱问题展开严肃的谈判，你都应该对事实真相洞若观火。

不管我是买一辆新车还是二手车，我肯定会在凯利蓝皮书[①]上看它的价格，另外我还肯定会征询其他经销商或者卖家对相同或者类似车辆的标价，如果我能找到，我甚至会去看看经销商的发票。

很多软件开发者都问过我，应聘的过程中，在被问及他们的薪酬要求的时候，他们应该出价多少才合适（重要提示：永远不要先出价）。如果他们事先花些工夫做过研究，他们早就知道了。

相信我，这项研究的回报十分丰厚，所以努力去做吧。

拿到录用通知书

好吧，让我们稍微超前一点——因为薪酬谈判可能发生在收到录用通知书之前，也

① 此处原文为"Kelley Blue Book"。凯利蓝皮书是一家位于美国的专业汽车评价公司，其出版的杂志也被称为《凯利蓝皮书》，官方网站多被称为汽车评价网。该网站依托凯利蓝皮书的标杆性地位，对二手车评估有一套专门的 KBB 估值模型，已经成为美国人乃至全世界人们买卖二手车时必须参考的杂志/网站之一。（以上摘编自百度百科）——译者注

可能发生在这之后。我们来讨论一下什么时候可以期待拿到录用通知书，以及拿到录用通知书之后你该做些什么。

大多数公司都会提前告诉你，他们是否会给你发录用通知书，不过没有提前通知，电子邮件或者邮差直接登门的情况也时有发生，给你带来惊喜。

进行薪酬谈判到底是应该在拿到录用通知书之前还是在拿到录用通知书之后，哪个时间点更有益，这一点值得商榷。

如果是在收到录用通知书之前就去讨价还价，会有失去先机的风险。但是，如果你在拿到录用通知书之后才开始薪酬谈判，那么你要面临的风险就是会得到一个极低的薪酬，让你在谈判时无法发挥优势。

权衡利弊，大多数情况下我还是喜欢在拿到录用通知书之后进行谈判，因为那个时候招聘经理已经决定雇用你了，这对你而言将是谈判中的一个优势。

当你得到一份录用通知书的时候，最重要的是你一定要记住，录用通知书只是工作邀约，它并不意味着你绝对拥有这个工作岗位（尽管机会很大），也不意味着你在任何方面能得到任何保障。

邀约可以被轻易地取消掉，尽管这种情况很少发生。

你应该仔细阅读录用通知书，并且注意所有需要回复的截止日期。（就是那些可以谈判的部分。）仔细阅读这些内容：报到日期、年薪与月薪、职位名称、休假及健康保险等福利，以及其他所有对你很重要的细节。因为所有这些内容都是可以商量的，所以仔细考量每一件事情是非常重要的。

你可能会迫不及待立即就接受工作邀约，特别是在你已经找工作好一阵子的时候。不要这样。讨价还价总是值得的，至少在某种程度上确实如此。

在开始下面的内容之前，让我们再来讨论另一个更重要的问题：收到录用通知书的时间窗。我被面试过许多次，有些面试过后好几个星期我才会收到工作邀约或者拒绝信。

正确的做法是：如果你通过了面试，那么你会在面试后短短几天内很快收到录用通知书，虽然并不总是这样。跟进询问一下是一个好主意，特别是如果你能巧妙地指出你正在考虑另外一个选择。

许多程序员都害怕跟进询问，但我不明白这是为什么。你认为一个想雇用你帮他做事的人会因为你给他们发了一封电子邮件询问他什么时候会做出决定，或者你以其他某种方式跟进询问了一下，就会决定不雇用你吗？

更大的机会是，积极进取、不达目的誓不罢休的态度会让招聘经理对你的评价从“可能”转变为“一定”，所以一定要跟进。

工资并不意味着一切。

我们已经稍微聊到了这一点，但是让我们来深入地讨论一下构成录用通知书的所有因素。太多的软件开发者在考虑是否接受职位邀约的时候，只看一个数字——工资。这种方法不仅会消弭薪酬谈判中可利用的许多因素，还会削弱你的有利位置，另外还可能导致你让自己主动掉价，因为你接受了一份看似报价很高但事实上却并非如此的职位。

让我们来考虑几种场景，好吗？想象一下，你的手边有两份录用通知书。一份是年薪 9 万美元，而另一份则是 8 万美元。

9 万美元的那份，我们称之为“录用通知书 A”，来自一家小公司。他们将在 3 年后给你该公司 0.05%的股权。公司 CEO 表示，因为他们是一家小公司，所以通常的工作时间约为每周 60 小时。

关于假期的规定是“丰厚的”，可以与病假结合使用，所以休假政策就是“只要你有需求，就可以休假”。提供医疗保险，但只报销 80%的部分，另外，你每月必须支付 200 美元的税前工资用于缴纳医疗保险。公司加入了 401K 退休计划[①]，但是没有公司配比部分，完全依赖个人缴费。你的职位是“高级软件开发者”。

8 万美元的那份，我们称之为“录用通知书 B”，来自一家名列财富 500 强的大公司。你不会获得公司的任何股权，但是如果公司业绩良好，你可以获得股票期权作为红利。

这家公司看起来有良好的文化。许多开发者都在家工作。通常，在每周五的半天时间里，他们有很多团队活动。所以你会发现，很多人每周工作时间甚至不足 40 小时。维持工作与生活之间的平衡是公司人力资源政策的宗旨。

休假的时间明确为“两周”，而且在服务几年之后，假期将有所增加。你还会得到每年 5 天的带薪病假。提供全额的医疗保险，你无须支付任何额外费用，报销金额高达 100%。公司加入了 401K 退休计划，并且有 2%的雇主配比部分。还有其他一些小福利，例如公司拥有价格低廉的自助餐厅和儿童保育设施，以及健身房会员资格等。你的职位将是 II 级软件工程师。

我们可以花上整整一天的时间来讨论这两份录用通知书之间的差异，但我想从财务角度，以最重要和最直观的方式来比较两者。

我们要谈的是小时薪酬。一旦讨论“小时薪酬”，你会发现，工资数额往往会掩盖真相。

为了能够计算出实际的小时薪酬数额，我们需要考虑以下几个重要因素：

- 可以预期的每周工作时间；

① 在前面第 8 章中提到过，401K 是适用于私人营利性公司、由雇员和雇主共同缴费建立起来的完全基金，是美国最为普遍的就业人员退休计划。——译者注

- 可以预期的所有收入，包括奖金；
- 休假时间；
- 你将拥有的所有福利（特别是医疗保险）。

这样，计算构成可能会变得相当复杂，但是我们可以尽量保持简单，因为我们只是在寻找大的差异。因此，如果计算得出一份工作的“小时薪酬”是 35 美元/小时而另一份是 36 美元/小时，这种细微的差别就不值得考虑了。

让我们把 A 和 B 两份录用通知书都拿出来，分别计算一下各自的“小时薪酬”。

录用通知书 A

- 每周的工作时间通常达到 55 小时（是否会有加班费存疑）。
- 直接工资数额：90 000 美元/年。
- 奖金：0（股权部分不值一提）。
- 假期：5 天（如果一家公司没有明确的假期规定，同时每周的工作时间又高达 50～60 小时，那你真正能够享受的假期基本上少得可怜）。
- 医疗保险：700 美元/月。
- 计算过程如下：

90 000 美元 + 0 + (700 美元×12) = 98 400 美元

98 400 美元/(每周工作 55 小时×(52 周–1 周的假期))

= 98 400 美元/年总计工作时间 2805 小时 = 35 美元/小时

录用通知书 B

- 每周的工作时间通常为 40 小时。
- 直接工资数额：80 000 美元/年。
- 奖金：2 400 美元（按照平均数额即 3%计算）。
- 假期：10 天。
- 医疗保险：1 500 美元/月。
- 401K 计划的企业匹配部分：$400/月。
- 其他福利折算 200 美元/月。
- 计算过程如下：

80 000 美元 + 2 400 美元 + (1 500 美元 + 400 美元 + 200 美元) ×12 = 107 600 美元

107 600 美元/年总计工作时间 2000 小时 = 54 美元/小时

当然，千万别以为我是在鼓吹大公司一定比初创型小公司待遇更优厚。实际情况可能恰恰相反。这里我只是举个例子而已。

你看到，一份工资较低的工作，每小时的实际薪酬是 54 美元，而另一份工资高出 10 000 美元的工作，每小时的实际薪酬只有 35 美元。

这个差距可就太大了！

即使我的计算中有一些错误，你也可以很容易地看到，仅看工资数额是多么富有欺骗性，而且这很可能导致你会做出完全错误的选择。

记住，当你得到一份录用通知书的时候，一定、一定、一定要用这种方式来计算整体薪酬。当然，这还不只是钱的问题。你做一份工作可能比做另一份工作更快乐，那么肯定也要考虑到这一点。

但就薪酬谈判而言，我们还是要确保仅从财务角度出发进行公平的比较。

我们在接下来的一节中将讨论如何谈判薪酬，但是在考虑怎样提要求的时候，想想上面的例子，这种信息会带来多么巨大的差异呀。

了解了“小时薪酬”的计算方法之后，你可能会向发现，要向初创型公司 A 提出每年 120000 美元的工资要求才能与大公 B 司的每年 8 万美元的工资相当。如果没有“小时薪酬”的计算方法，你可能会认为那家初创公司 A 的待遇更高。

讨价还价

前面我们已经做好了充分铺垫，现在我们来探讨一下如何讨价还价。如果没有我们上面提到的背景知识，我相信你会发现你的谈判过程不会那么有效。

首先，让我们谈谈为什么薪酬谈判如此重要。很多次我都从软件开发者那里听到，他们不想就薪酬展开谈判。他们不愿冒着丢掉工作的风险，所以他们一拿到录用通知书就欣然接受了。通常，这些“佛系”的开发者总是试图让我相信，关于薪酬，谈不谈判其实都没什么区别。

恕我直言，这个观点我不赞同。一个很重要的原因就是：当你刚开始工作时，你对自己薪酬的议价能力远高于在工作中再去申请加薪的时候。如果你能把你的起薪总体提高 10%（通常这是很容易做到的），这就相当于你在未来 2～3 年每年都获得了 2%～3% 幅度的加薪。而在实际情况中，获得这种加薪幅度的可能性通常为 0%。但看这 2%～3%，确实不足挂齿，但如果考虑一下“复利计算”的力量（这可是被爱因斯坦称作“世界第八奇迹”），这个数值就变得非常可观了。下面就让我们来看看复利的力量。

为了叙述简便，在下面这个例子中我们只假设对具体的工资数额进行谈判，但实际上，通过上面一节的例子你已经了解到，薪酬谈判的内容应该覆盖整个薪酬包的所有组成要素。

假设你接受了一份年薪 80 000 美元的工作，而事实上如果进行有效谈判这份工作的年薪其实可以谈到 90 000 美元。假设每年的加薪幅度为 3%，让我们来看一下 10 年后会发生什么事情。

第一年	$80 000	$90 000
第二年	$82 400.00	$92 700
第三年	$84 872.00	$95 481.00
第四年	$87 418.16	$98 345.43
第五年	$90 040.70	$101 295.79
第六年	$92 741.93	$104 334.67
第七年	$95 524.18	$107 464.71
第八年	$98 389.91	$110 688.65
第九年	$101 341.61	$114 009.31
第十年	$104 381.85	$117 429.59
总和	**$917 110.00**	**$1 031 749.00**

两下相比，就是 114 639 美元的差额。这笔钱也许不会让你发家致富，但也不可小视。

这里仅仅假设你在同一份工作上工作了 10 年，每年加薪幅度为 3%。但是，如果你换了工作、再次谈判薪酬的时候，或者你在谈判加薪幅度的时候，又会发生什么情况呢？如果你把你通过谈判“多余”拿到的钱拿出来投资，又会发生什么呢？

如果你想知道这个差别在整个职业生涯中会是什么样，我也帮你计算一下——假设职业生涯为 30 年，那么差额将达到 475 754.16 美元！

定位

在进行任何谈判时，首先要考虑的问题就是谈判双方的相对定位。这也是我花那么多时间一再教导软件开发者一定要打造个人品牌以便更好地推销自己的主要原因之一。

进入谈判时你的地位越高，你就越能争取到好的谈判结果。拥有更多优势的总是那些最有能力转身离开一笔交易的人，记住这一点。

进入薪酬谈判时，下列情况下你将会拥有最为优势的地位：让这家公司专门找你；这家公司之所以要聘请你，要的就是你独特的才华、能力或者声望——而且你已经有了一份非常好的高薪职位，甚至手握好几份工作邀约。

对了，你还有足够的积蓄可以在未来 3 个月甚至更长的时间里衣食无忧。这看起来像是痴人说梦吗？当然不是。当我还在做全职编码工作的时候，在我自己出去找工作之前，我已经可以把自己置于这个位置上，这种感觉很棒。

让我们来看看事情的另一面。

最糟糕的情况就是：你在没有任何人引荐的情况下申请了这份工作。你甚至都不太符合这份工作的岗位要求，例如他们要找一个拥有大学学位的人，而你却没有。面试过程不是很顺利，你是第三顺位的人选。只是因为前两位候选人拒绝了录用通知，所以他们才找到了你。你已经失业了。你即将被赶出自己的公寓，而且还有一大沓账单等待你去支付。

你看，与第二种情况相比，第一种情况下你在谈判时的地位是不是优势明显呢？因此，*在开始谈判之前，你要竭尽所能让自己尽可能接近第一个情况*。

你永远也不想把自己置于我所说的“被碾压”的位置。在那种情况下，你的选择余地极为有限，你必须被迫做出一些让步，因为你受许多条件的限制，如你的财务状况、你面临的最后期限或者其他糟糕的情况。

那么，你能做些什么来提升自己的谈判优势呢？

首先，你要确保不要把自己置于孤注一掷的境地。因此，*在找到另一份工作之前不要辞职*——哪怕你现在的老板是个混蛋。

任何时候都要试着存下足够几个月生活开销的费用。任何人都可以做到这一点，这将使你避免在生活上出现捉襟见肘的境遇。（在这件事上请相信我。）

如果可能，*申请职位时一定要设法获得推荐*。（有关这方面的更多信息，参见第 12 章。）

一定要为面试做好充分的准备，这样你才能展现出自己最好的一面。如果你在面试中得到“卓异”的评价，一定会比“勉强通过”在谈判时占据更有利的位置。

看看自己是否能够*同时获得多份录用通知书*。

确保你对求职市场有所了解，对正在与之谈判的公司有所了解，对我们在上面谈到的薪酬信息有所了解。“知识就是力量”。在任何谈判中，掌握信息较多的一方总归要比缺乏信息的一方处于更有利的位置。

建立良好的声望。*你的名气越大，你在谈判中的优势就越明显*。这也是我之所以提倡每个软件开发者都要定期更新博客并学习一些基础的营销技能和品牌管理技巧的主要原因之一。

在你开始任何谈判之前，应用上述所有原则，评估一下你自己的定位以及你要与之谈判的公司的定位。

谁先出价谁输

还记得我刚刚说过的，信息在谈判定位中重要性吗？你与公司之间最大的信息不对称就是关于薪资方面的信息。

在任何谈判中，谁先出价谁输（或者至少是处于明显劣势的地位）。

在任何情况下，你都不应该透露你目前的工资信息，并且你永远不要说出你期望的工资水平，直到你拿到录用通知书为止。

是的，我知道，这件事情说说容易做起来却很难。是的，我知道公司都会直截了当地询问你当前的薪资水平和你对正在申请的职位的薪资期望。下面我来介绍解决这个问题的几种方法。

当你被问及目前的薪资水平时，首先你可以说：按照你现在为之服务的公司的规定，这属于机密信息，你觉得向外人提供这些信息是不对的。

你也可以简单地回答，你不愿意讲出来自己当前的薪资水平。如果被追问为什么不愿意讲，你可以说，关于薪资你得通盘介绍包含所有有形的福利和无形的待遇在内的薪酬待遇包的所有细节，所以你不想只轻描淡写谈谈工资问题。

你还可以采取一种更为直截了当的方法，单刀直入地回答：你觉得讨论你当前的薪资水平会让自己在薪酬谈判中处于明显不利的地位，因为如果你的工资大大低于公司预算，那么你的工资将会低于你的价值；如果你的工资大大高于公司预算，那么你有可能会得不到你期望的录用通知书。

当你被要求提出对当前职位的期望薪资水平时，你也可以使用完全相同的策略。

另外，你也可以说你会接受任何合理的待遇，或者你想知道整个薪酬待遇包的整体方案，而不是随随便便地报一个数字。（这实际上是一个非常明智的回答。具体请看上一节举例说明的两份录用通知书应用“小时薪酬”算法计算得出的巨大差异。）

下面这段话是我在博客上写下的关于薪酬谈判这个话题的一个例子：“假设你申请了一个职位，你对这份工作的期望工资是 7 万美元。当你得到这份工作的录用通知时，你被问到的第一个问题就是：你对工资的要求是什么。你可以直接回答 7 万美元左右。当然你也可以表现得更聪明一些，在 7 万～8 万美元的范围内报出一个数字。人力资源经理马上会给到你 7.5 万美元的工资。你非常高兴，欣然接受，握手致谢。这里产生了一个大问题：人力资源经理原本的预算是 8 万～10 万美元。就因为你先出价了，所以你给自己造成了高达每年 2.5 万美元的损失。”

不要害怕还价

在收到一份录用通知书的时候，几乎在所有的情况下，你都应该还价。

这就是典型的所谓“套利行情”，因为市场的下行空间几乎没有了，而上行空间却还很大。我的意思是说，你几乎不必冒什么风险就可以获利一大笔。很少有人会只因为你提出了还价，就撤销对你发出的录用通知书。在大多数情况下，最坏的情形无非就是他们会说一声“不”。

因此，**大部分情况下你都应该立刻还价。**

你要给出怎样的还价，这在很大程度上取决于当时的情势和背景。

在进入谈判之前，你应该有一个明确的目标，也就是你想要从这次谈判中得到什么，以及你能够接受的最低数额是多少。明确了这些，你该给出怎样的还价数额就非常容易了。

根据我的经验，在谈判中，**做出最大让步的一方往往就是输家。**在我的职业生涯中，在唯一一场我不得不认真对待的官司中，我就一项仲裁解决方案而与对方展开谈判。

最初，我受到的损失约为 1 万美元，但我的律师给出来的初步和解协议要求对方支付 5 万美元的赔偿费用。第一轮谈判结束时，对方完全不同意我方提出的 5 万美元要求，一分钱都不想付。

我的想法是立即把要价降到 2.5 万美元左右，这样他至少会考虑支付一些补偿。令我吃惊的是，法官和我的律师一致认为，这个案子中最合适的赔偿数额应该是 4.5 万美元左右。

接下来发生的事情就像魔术一般。我们立刻看到对方的出价涨到了 9000 美元。这一次，我又想提出 1.5 万美元的折中价格。法官和我的律师一致认为，3.9 万美元是我方可以接受的赔偿金额。

接下来就是一轮又一轮地讨价还价，对方一点一点地抬价，我方一点一点地落价，来往许多回合之后，双方最后达成的和解协议是 1.6 万美元（还记得吗，最初我的目标只有 1 万美元）。

从这次谈判中，我学到的是：你在落价的时候一定要非常谨慎，并且一定要迫使对方提价。我还学到，找个人来做你的代理人，通过代理人的力量，比你自己去谈判拥有更大优势。

所以不要害怕还价，并且在还价的时候，你一定要清楚自己的目标，你提出的还价数额一定要远远高于你的目标，然后再慢慢下降。甚至，不要害怕多轮次地提出还价。

不过，轮次要有限度。我的建议是，薪酬谈判的时候，还价轮次不要高于两到三次，因为如果超出这个轮次，你的潜在雇主可能会质疑你对这份工作的真正渴望的程度。你应该至少做出一轮还价，而且在大多数情况下，还可以再做一轮。

一切都是可以谈判的

当你对薪酬进行谈判的时候，不要仅就工资展开谈判。

还记得前面我们如何把薪酬待遇的所有内容分解出来计算“小时薪酬”的例子吗？我们是怎样发现职位 A 和职位 B 之间“小时薪酬”差距的呢？尽管表面上看 B 录用通知

书比 A 录用通知书的工资低了 1 万美元，但是实际结果却是 B 比 A 高出许多。

因此，*如果你只谈薪水，那么你在谈判桌上的筹码会大打折扣*。重要的是，一定要记住，一笔交易的不同方面对不同的参与者有着不同的价值。

诚然，工资数额对你未来雇主而言可能真的很重要，因为他们有一个固定的预算范围，因为公司在人力资源方面也有确定的政策令他们无法逾越，但是他们可能会在假期、医疗福利或者其他福利待遇方面更加灵活，这些福利可能会影响整个谈判进程，甚至比工资本身的影响更大。

重要的是，你不仅要考虑整体薪酬方案中每一个组成部分的细节，而且如果你想要最大限度地利用好自己的优势，你就应该针对尽可能多的议题展开谈判。

甚至工作时间也都是可以谈的。你非常有可能跟一家初创型公司谈好，你的每周工作时间最多就是 40 小时，尽管公司大多数同仁的每周工作时间高达 50～60 小时。这也不是完全不可思议的。提前就这些问题展开谈判是非常有价值的，特别是如果你想充分利用好自己的业余时间的话。

关键是一定要针对薪酬包中的所有细节展开谈判。你将有更多的准备工作要提前做好，这样你就可以大大增加你的整体薪酬幅度，远超过你只谈判工资数额而得到的涨幅。

不要屈服于时间压力

最好的谈判策略之一，就是把时间压力丢给对方——无论是人为设置的还是真实存在的时间节点。当你面临时间压力时，你会感到焦头烂额，所以你有很大可能做出错误的决定。

你有没有注意到，二手车的销售人员和分时度假的销售人员就经常喜欢使用这种策略，给你带来巨大的压力。

确保你拥有足够的时间可以从容考虑你的决策与选择。要想做到从容应对，最好的方法之一就是仔细考虑各种细节，或者直截了当地告诉对方你需要更多的时间考虑一下。即使你收到的录用通知书里写明“从收到本通知之日起 3 日内给予回复”，这也并不一定意味着你必须在那个时间内做出决定。

如果你需要更多的时间去考虑，或者你此时正在等待其他公司的回复——你只要说明：你还需要几天的时间来考虑这份工作邀约。

如果你正在申请的公司不愿为此与你“合作”，那么你可以尝试在最后期限前提出一个数额相当高的还价。这通常会给你带来更充裕的等待时间，因为他们不得不准备第二份录用通知书，这就等于给了你更多的时间去考虑。

你一定要确保自己的决定不是在某个时间限制内仓促做出的。在多数情况下，与其在匆匆忙忙间做出决定，还不如直接放弃。

面临多重选择

如果你足够幸运，同时申请了几份工作时还收到了录用通知书。这种情况下你可能会发现压力重重，因为你不知道该做什么。

有多种选择总是好的，但是如果你的这些选择互相之间是矛盾的，你该怎么做呢？首先，如果你的做法正确的话，你确实应该同时拥有多个工作机会。这样你就可以同时获得一份以上的录用通知。同时申请多个工作机会、安排多场面试，可以最大限度地发挥这种方式的潜力。

在房地产行业中，一些精明的经纪人会通过广告宣传房子的开盘日期来“预售”一套房子。当开盘日期来临时，他们会同时得到多个报价，然后往往会引发一场价格大战。

因此，同时坐拥多个报价是有价值的，但你必须小心谨慎地运用这种策略。

我认为，最好的方法就是让潜在雇主们知道你确实正在同时考虑多个工作邀约，但是你没有必要直接挑明这一点，或者向每一个潜在雇主都透露这个信息。

我的意思是，你应该诚实地向对方说明，你正在考虑其他公司的邀约，因为你要为自己的未来负责，为自己找到最好的机会，为雇主做出最大的贡献。这是完全合情合理的，这么讲会给潜在雇主带来一定的压力，要求他们给予你尽可能好的待遇，并提升你在他们眼中的价值，因为你就是所谓“紧俏商品”。

尽管如此，你也不能趾高气扬地对某个潜在雇主说，“好吧，那家公司和那家公司给我开出的薪水是 X 美元，还有 Y 天的假期，所以你们至少也得给我涨到 Z 美元。另外，他们公司还有自助餐厅。你们有吗？”这种沟通方式明显就是让对方毅然决然撤回已经发出的录用通知书，而且还会令他们直接回怼你一句：“我们没有，谢谢。”

没人喜欢别人对自己施加压力。坦诚相告你手上有不止一份工作录取通知书是一回事，但是借此来胁迫别人是另外一回事。

如果某个潜在的雇主问你另一份工作邀约的报价，以及你的考量因素都有什么，透露一点信息也无妨，但你必须非常小心谨慎，要以一种听起来不像是趾高气扬的温和的方式告知对方。

仔细斟酌之后再回答，充分考虑当时的情况与场景。

从根本上讲，同时拥有多份工作邀约的真正价值并不是利用这一份来胁迫另一份，而是让你拥有选择的权利。

当你拥有选择的权力的时候，你在谈判中就站在最有立的位置：你有转身离开的能力。当你手握两三份录用通知书的时候，你可以自信满满地跟每一个雇主展开从容不迫的谈判，就算放弃一两份，你也不用担心。

小心谨慎地运用好这份优势吧，可别学混蛋一般的行为举止而把到手的一副好牌搞砸了。

第16章

山高水长：要离职该怎么做

有关离职的最好方法本应是显而易见的，但是许多软件开发者把离职这件事情都搞砸了，以至于让我觉得单就有关离职的内容写上一章也算是物有所值。

以错误的方式离职会给你的职业生涯带来灾难性的后果，并且可能会给你的声望带来永久性的损害，特别是当你住在一座小镇上的时候。

离职的过程往往牵扯到很多情绪因素。愤怒、沮丧甚至内疚，这些极端情绪往往会激发一个原本老成持重的人在离职的时刻做出丧失理智、意气用事的举动来。

在我的软件开发职业生涯中，为了寻求新的机会，我也曾多次离职，我也曾屡屡犯错。

在本章中，我将跟你探讨应该选择在什么时机离职以及如何离职，给你提供一些关于离职的通用性建议。

离职的时机

让我们先来谈谈离职的时机。

很多软件开发者都在抱怨自己工作得不开心，自己很长时间都没有得到成长，但他们还依旧待在那里。

导致这种状态产生的原因有很多。有些程序员担心自己无法找到另一份工作，还有一些人习惯于这种温水煮青蛙般的感觉，不想冒着风险进入一个全新的工作环境，另外还有一些已经意识到自己应该离开这份看不到希望的工作，但却怀有抱残守缺的想法，希冀他们当前所处的不利环境最终会得到改变。

也许，一个开发者之所以经年累月待在同一个工作岗位上，最常见的原因莫过于他们还没有意识到自己可以拥抱其他机会。

怎样才能确认自己是否已经身处“温水”之中？怎样才能让自己意识到现在该是离职的时候了？最好的指标之一是缺乏成长的机会。身为软件开发者（并且作为一个普通人），如果你正在从事的工作没有给你带来新的挑战，而且你没有看到任何成长的机会，那么这可能就是一个很好的标志，预示着你是时候该离开了。

然而，如果你已经身处舒适区，害怕改变，害怕未知世界，那就很容易陷入墨守成规的思维定式中。但是，生活中的所有成长都是在打破自己的舒适区之后才能够得以显现的。

世界上有大量的工作机会可以给你提供宽广深厚的成长空间，但也有另外一些工作岗位对你而言已经毫无挑战，已经令你看不到任何成长的机会。一旦你发觉自己正处于一个没有前途的岗位上，你就该立即着手准备离职。

我见过太多太多的软件开发者 10 年甚至 15 年如一日待在同一个岗位、做着同样一份工作。

没成长，毋宁死。成长才是硬道理。

另一个能够预示你该提出辞职的标志（也许也是最好的一个），就是当你发现当前的工作环境已经乌烟瘴气的时候。

每天，我都会收到来自程序员的邮件，告诉我发生在他们身上的恐怖故事：他们的老板如何每天对着他们恶言相加，他们的同事又是如何频繁地在代码评审里对着他们横挑鼻子竖挑眼。

人生苦短，没有时间与卑劣的人上演宫斗戏码。让你的人生远离这些是是非非吧。当你身处在这样乌烟瘴气的工作环境中时，不要试图能够改变它。迅速离开它吧。

当你有能力改变自己处境的时候，就不要再去扮演受害者的角色了。如果在职场上经常受到心理虐待，那么任何人都不应该在这样的工作环境中继续忍辱负重。

然而，并非所有促使你离开当前工作的原因都是消极的或者是基于情绪上的原因。有时候，之所以选择离职仅仅就是因为有更好的机会出现了，而你需要把握住这个机会。在我的职业生涯中，有很多次我之所以选择离职就是因为我有更好的机会。公事公办。对我们而言最明智的做法莫过于做出最有利于自己职业生涯的抉择。

如果对此你有保留意见，你感到必须忠诚于你目前的工作单位，那么我要告诉你：请记住，没有人会因此而对你另眼看待。虽然这并不意味着你不应该放弃每一个比你现在的工作岗位更好的机会，但是当真正的好机会降临的时候，你要好好抓住。

怎样离职

我们已经讨论了离职的时机，那么接下来让我们来谈谈如何离职。

看起来好像是不言而喻的，对吧？其实，离职的过程也没那么简单。当你离职的时候，有很多很复杂的情绪需要你去正确面对，特别是当你已经在这个岗位上工作了若干年并且在工作中结识了很多朋友的时候。

通常，在做出离职的抉择时，你需要尽可能地把个人情感因素排除在外。你要确保不要为自己辩解，你需要确保让自己的决定有据可依。

正如英国前首相本杰明·迪斯雷利[①]那句闻名于世的箴言：“永不抱怨、永不解释。”我认为，这条建议尤其适合于离职的时候。

别担心“团队”

老实说，这也许是在离职过程中最难以面对的部分。放弃“团队”会让你背负上巨大的负罪感。

如果你是一个诚实可靠的人，而且你一直与团队并肩作战、为着同样的目标而努力奋斗，然而你突然选择离开，独自奔向自己的“好机会”，你会感觉别人会对你失望透顶。你必须能克服这种感觉，你必须要意识到，没有你，生活还能继续下去；你必须还要承认，你对团队并没有你想象中的那么重要和关键。

当软件开发者在对要不要离职犹豫不决的时候，我从他们那里听到的最常见的说法莫过于“缺了我，这个项目就会崩溃”，又或者“我不会放弃团队”。

曾经，我也是这么认为的，这两种想法我都有过。但你必须意识到，这样的想法实在是有些自以为是。我们总以为自己对团队十分重要，自己是不可或缺的关键人物。然而，事实上，没有人是不可替代的。

你选择离职，不是因为你要放弃团队，而是在做一项有关自己职业生涯发展的抉择。

以我为例，当我从上一份工作辞职的时候，事实上在我决定要辞职之后我还在原来的岗位上待了很长一段时间，因为我觉得我的离开会让同事们感到失望。我一度非常拒绝走向自己的下一站，因为我不想让我当前的老板失望，我也不想离开“我的团队”。

但你必须要做出对你而言最好的选择。他们会理解你的，他们也会忘记你的。

---

① 本杰明·迪斯雷利（Benjamin Disraeli）（1804—1881），两度出任英国首相（1868，1874—1880）。——译者注

提前两周通知公司即可

通常，有一个错误与前面提到的“放弃团队的罪恶感”息息相关，那就是提前太长时间通知雇主“我要辞职”。

我的建议是提前两周通知公司，足矣。

当我离开我的上一份工作时，我提前两周通知我的公司，然后我被要求再多待两周（一共四周）。老实说，我本应该拒绝的。但是，因为我已经为离开团队感到内疚了，所以我屈服了，一口答应。结果，我浪费了这额外的两周时间，这段时间我本可以用在我的新事业上，去度过一段富有成效的时光，而我却没有从这两周时间里获得任何好处。最后，我不得不身处困境，而且还让自己无比尴尬，我冒着可能会破坏我未来计划的风险才结束了这段不堪回首的时光。

如果你在提出辞职后停留的时间超过两周，你很快就会失去人们对你的好感，而且你也可能因为推迟离开而危及你的新机会。在你在提出辞职之后还要在当前的岗位上多待两周是非常糟糕的事情。在这段时间里，你要去就职的那家新公司会发生了很多事情，说不定会导致他们取消对你的工作邀约。你可能突然会从手握两份工作而变成一无所有。这一切都是因为你试图做正确的事情。

因此，辞职前当然要提前通知雇主，转身就走当然不专业，但只要按照标准提前两周即可①。

如果你现在的老板想要留你工作两周以上的时间，那你大可以制订一份每周为他工作几小时的兼职咨询顾问工作计划提交给他。这样你既可以开始自己的新工作，又不会把自己置于两头不落好的风险之中。如果你现在的老板不愿意在两周之后开始向你支付作为兼职顾问的薪水，那就说明他们并不像想象中的那样需要你。

别上当，别待得太久。再说一遍，你必须做对你而言最好的事。

向 John 提问：我并不住在美国。在我居住的地方，法律要求我们提前 X 周甚或几个月通知雇主。

我不太喜欢卖身契以及奴隶制，但我想你提出来的问题的本质无外于此。我强烈反对有人可以依照法律强迫你为他们工作。

再说，这看起来也很愚蠢。我的意思是说，假设你应该提前三个月通知你的雇主你想辞职。你就这样甘心坐上三个月冷板凳只拿薪水啥也不干吗？公司真的以为能让你在这段时间里认真踏实地为他们工作吗？我觉得这样很愚蠢。

① 按照我国要求，一般要提前一个月通知用人单位。——译者注

但是，既然我还不是世界的王者，我也不能决定这些事情。

不管怎么说，如果你居住地的法律或者习俗是你必须以前超过两个星期通知雇主，那就按照规定去做吧。

关键的并不是时间是两周还是更长，而是你不要卑躬屈膝地接受雇主的要求，在提出辞职后还要工作很长时间，你只要适可而止就好，遵照当地普遍的/适当的/习惯的时间要求即可。

不要用辞职相要挟

如果你要辞职，辞职就好。*千万不要用辞职来做威胁*。如果你用辞职作为威胁，很多坏事都会发生在你身上。这真的是一个坏主意。

假设你在说，如果某些事情没有改变，那么你就会辞职；或者你没有得到加薪就会辞职。之所以如此是因为你可能以为，以辞职作为要挟手段、作为最后通牒是得到你想要的东西的最好方法。但事实并非如此，相信我。

一旦你威胁要离职，你的老板就会开始寻找你的替代者。没有人喜欢被威逼的感觉。一旦你被认为是一个喜欢靠威胁来得到自己想要的东西的人，你就会被贴上办事没谱、不负责任的标签。

如果你对工作环境有意见，你可以开诚布公地提出意见并要求改变；如果你的意见无济于事，那么你有两个选择：要么忍耐，要么辞职。

许多软件开发者认为自己价值连城、不可或缺，于是自信满满地走进老板的办公室威胁要辞职，然后他们就会立刻发现自己不得不去收拾自己惹下的烂摊子。

我记得我在惠普公司工作时曾发生过的一件事情。那时，我非常渴望加入.NET开发团队，因为这是我的专长，而且我当时经常出席那个团队的架构会议，出出主意帮帮忙，但是出于政治上原因，我被禁止加入那个团队。

当时我很不高兴。我设法让大家都知道，我真的很想转岗到那个团队去，而且我可以为.NET团队中做出更大的贡献。然而，什么都没有发生。我受够了，我下定决心要离职。我并没有以辞职为要挟，我只是找了一份新工作。然后，我提前两周通知公司，全面着手做好离职的准备。

在最后一刻，当我几乎已经把手放在门把手上就要离开公司大楼的那一刹那，公司的一位高层经理把我叫进了他的办公室。他说，既然我没有以辞职为威胁，只是简单地选择了离开，那么他当下就会给我一个更高的薪水和.NET团队的职位，让我留在惠普。他明确表示，曾经有许多开发者曾试图通过发出威胁来获得他们想要的东西，然而公司有严格的政策，在这种条件下绝不可以与员工谈判。

不要事先走漏风声

提前流露出离职的想法，简直是愚不可及的做法，然而我却屡屡看到这样的行为。很有可能，发生此事还是因为负罪感，或者是某人试图以直率的和自认为正确的方法做事。

曾经，我的一个好朋友计划在两个月内辞去他当时的工作，转而从事自由职业。他认为他应该提前向老板透露他的计划，这样就能给他们以尽可能充裕的时间做好准备，不至于让公司感到措手不及。

我告诉他不要这样做，只要按照惯例提前两周通知老板即可。他却坚持，他和老板在工作上关系良好，他得给老板提个醒。他以为不会有什么坏事发生。

你猜猜看，后来发生了什么？他提前两个月通知了老板，然后老板就说："不，没关系，你现在就可以走了。"他感到措手不及。他连两周的缓冲时间都没有得到。

但是，老板的决策是有道理的。当你知道一名员工在两个月后就要离开时，让他们继续留在这里闲逛对你而言是一个沉重的负担。你不能委派他们做任何重大项目，你不知道他们是否会更早辞职，你也不知道他们是会尽职工作，还是只想混日子拿一份薪水。

因此，尽管想一想觉得很是诱人，但是绝不要事先通知老板你要离职。不要告诉你的老板你打算只在公司再待两个月或一年，或者不管是多长时间。一定要为自己保守秘密，直到你离开前两周，那时再昭告天下你要辞职的消息。

退一步讲，万一你自己改变了心意呢？两个月的时间内会有很多意想不到的事情发生。

世界出乎意料的小

世界很小，小到你难以置信。在数千公里外的酒店的走廊里，我遇到了高中时认识的人。在国外我跟一些擦肩而过的人随意搭讪，谁能想到他们碰巧是我家乡的朋友的朋友。

我之所以告诉你们这些，是因为接下来我要讲的两件事都与"世界很小"的认知有关。而且，也正因为世界是如此之小，以至于你能以极快的速度毁掉自己的声望。

我目睹过一些软件开发者，就因为他们在离职时的所作所为，把他们自己逼入绝境，除非换个地域，否则很难再找到工作。

你总是想拿着最好的条件离职，不管你是自愿的还是非自愿的，抑或是你必须离开那里。

培养好接班人

要想拿着优越的条件离开现在的岗位，你能做的最好的事情之一莫过于卓有成效地培养好你的接班人。

不想这么做的想法是很诱人的，尤其当你是被解雇的时候——我是说，当你被炒鱿鱼的时候。这时候你必须要与自己的自尊心作坚决的斗争。你的自尊心会欺骗你，没有人能像你一样那么出色地完成工作；你的自尊心还会蛊惑你，如果你培训出优秀的接班人，就再也没有人会想念你了。但是，你要深刻认识到自己的声望与名誉的重要性，尤其是就长期而言。

与人们普遍的看法相反，对你而言，如果你离职之后事事都犹在正轨，那才是大大有益的。

许多软件开发者天真地以为，如果在他们离开之后公司遭受了巨大创伤一蹶不振，那就意味着他们是有价值的人。

事实恰恰相反。*一位优秀的领导者在他履新之时就着手开始培养自己的接班人。*一位优秀的领导者知道，通过团队建设、公司流程建设等基础设施的建立与完善，企业可以在他们不在场的情况下保持业务的正常运营，这才能彰显他们的价值。

相反，一个自大自负的混蛋才会因为缺乏自信而处处表现出不安全感，因为缺乏自信才会认为自己是一个组织的关键节点，一旦缺少了他们这个组织就会踏上崩溃之路。

因此，当你离职的时候，不管你是否是自愿离职的，*都一定要确保在这两周的时间里尽你所长，做到最好，培养你的接班人。*用文档记录下一切你能做的工作。把所有的知识从你的头脑中转移出来交给公司，这样他们就可以在没有你的情况下运作得尽善尽美。

这不但是唯一正确的做法，而且可能未来会有某一天，当某人与某人在机场偶遇的时候，当你的名字突然出现在他们交谈之中的时候，此时你就会得到回报。你明白我的意思了吗？

离职面谈的时候别说任何坏话

我对有些人在离职时的一种做法非常不理解。

你马上就要走出公司大门了。哪怕你的老板是个暴虐之君，哪怕你的同事像无家可归的人一样肮脏恶心，这些都不再重要了，因为你已经踏上自由之路了。为什么你要在离职面谈中说一些不中听的批评的话或者其他可能导致自己受到伤害的话呢？

千万别这么做！你不可能从中得到任何好处，相反很多坏事可能就此发生。你必须要明白，现在不是为你即将离开的职场解决任何问题的时机，收起你的同情心吧。不仅是因为一切的一切都太晚了，还因为一切的一切都已不再重要，因为你行将离开。

因此，离职面谈的时候，当你被问到“公司还是什么地方值得改进”“公司还有哪些问题”“你为什么要离开”“你在这段工作时间里最不喜欢什么”等诸如此类问题的时候，记着只要给出一些令人愉快的回答即可。千万不要说出你的真实想法！千万别犯傻。我恳求你。这么做没有什么好果子吃。你不会真的以为，因为你在离职的时刻提出了改善组织的真知灼见，他们会给你颁发一枚奖章、外加上一张 1 万美元的支票吧？不会。什么都不会发生。

的确，在很多时候，设立离职面谈的初衷都是为了善意地改善公司工作环境，但公司文化方面的问题绝不是通过倾听前员工在临离开之前的抱怨来解决的。不要卷入一场对你没有任何好处的游戏之中，那只会有很大的机会令你自毁前程、惹祸上身，并进而导致对你自身的戕害。

好了，我现在要结束本章了，我不想再为此费尽口舌了[①]。我想你肯定已经明白我的意思了。

① 此处原文为“beating a dead horse”，英文俚语，意为多此一举、白费口舌。——译者注

第17章

半路出家：如何转行成为软件开发者

我所认识的最优秀的软件开发者当中，有一些在他们的职业生涯刚开始的时候并没有对软件开发显示出任何兴趣。

你对此可能难以置信，但有时拥有不同的专业背景（甚至是与软件完全不搭界的行业）是立足软件开发领域的一个巨大优势。

虽然对此我做过一些思考，但是我仍然不太清楚为什么会出现这种情况。我不止一次地看到，一个半路出家的软件开发者，尽管只有短短几年软件开发的相关经验，却可以凭借他在其他领域积累的丰厚经验，最终一举超过单纯拥有更多软件开发经验的同行。

如果你已经在其他与软件开发无关的领域工作了一段时间，并且目前正在考虑转行成为一名软件开发者，本章可以为你提供一些鼓励，以及一些如何实现转行的最佳实践。

中途转行的优势

我在本节要说的大部分内容都是我自己的臆测，因为我自己的职业生涯就是从软件开发起步的，虽然后来我转变成为现在的角色，但是我的确不是从某个无关的领域开始的。但是，就像我之前说的，我遇到过许许多多颇具成就的软件开发者，他们是从其他无关的领域转行来做软件开发的，所以我至少对造就他们成功的因素大致了解。

对于那些从其他领域半路出家转来做软件开发的人士，我观察到他们拥有一个巨大的优势，通常他们具备优秀的人际交往技能和软技能，而这两点在软件开发领域从业者中都是极为罕见的。

软件开发者缺乏人际交往技能和其他软技能，这已不是什么秘密。而且，我发现这些技能的作用价值连城，这也不是什么秘密。因此，我还专门写了一本书《软技能：代码之外的生存指南》，并且围绕着“教授软件开发者软技能”这个想法建立了一个完整的企业。

我发现，一个人在其他行业领域内发展出来的软技能能够很好地应用在软件开发领域，拥有这些技能的人在转行进入软件开发领域的时候一般都能顺利通过学习曲线。如果你工作在一个对软技能及人际交往技能高度重视的领域内，拥有这些技能能够给你带来独特的优势。

我还发现，成功的心态往往是普遍适用的，如果一个人身处某一行业中能够取得成功，那么他们在任何行业中都会获得成功。如果你现在身处某一行业，当你开始转型进入另一个行业的时候，哪怕是进入一个距离非常遥远的新领域，你会发现情况往往就是这样。

最后，我要说的是很可能半路出家转入软件开发行业的人士所拥有的最大优势就是：具备创新思维，不受软件开发者和高技术人员奉为圭臬的思维定式的羁绊。

时下，软件开发者越来越倾向于“货物崇拜编程[①]”模式，即程序员开发软件的模式并不是基于他们的工作本身，而是因为其他开发者也在这么做，而这些开发者的做法往往被认为是“最佳实践”。

从其他行业转行来的软件开发者，拥有独特的外部视角，能够突破编程世界里已经普遍存在的先入为主的概念和想法，进行更有创造力的思考。

本来，没有任何职业经验的软件开发新人也可能拥有相同的潜质，但是他们往往会因为缺乏经验而对自己的想法丧失信心，很容易陷入对行业大牛的迷恋与崇拜之中。

再次声明：我并不知道是什么样的神奇公式能够让从不同行业转行来的人士在软件开发领域如此成功。但是我想，上述几点应该都是可能的影响因素。

不利因素

我不想把从其他领域转行到软件开发领域的过程描述得过于简单，听起来仿佛田园牧歌一般。

转型的过程相当艰难，而且本身就自带一些不利的因素。更有甚者，人们会先入为主地认为你不会成为一名出色的程序员，就因为你曾经是一名护士。

① 货物崇拜编程（Cargo Cult Programming）是一种计算机程序设计风格，其特征为不明就里地仪式性地使用代码或程序架构。这个名词有时也指没经验的程序员从某处复制代码到另一处，却不太清楚该代码是如何工作的。货物崇拜是一种常见于与世隔绝的土著之中的宗教形式，当货物崇拜者看见外来的先进科技物品，便会将之当作神祇般崇拜。——译者注

软件开发工作的高复杂度和所需要的大知识量是阻碍许多人转行成为程序员的难以逾越的障碍。在很多领域，经过大学里的学习，或者经过几个月的职业教育，你就能胜任这项工作。我并不是说软件开发是唯一困难的行当，我也不是说任何人都可以不经过培训就可以从事另一项职业，但是软件开发的确要比一般的职业要难许多。

没错，这种说法可能会激怒一些人，但却是完全正确的。事实上，如果你很难接受我的这句话，那么你就可能很难迈出转行的第一步，因为你可能并没有做好心理准备去学习所有你需要学习的东西。

因此，在进入这一领域的时候，如果你认为你能像学习如何从事其他工作一样地学习软件开发，那么对你而言这肯定会是一个不利因素。你必须完成大量的学习工作，必须有的放矢地完成实践工作，这样你才能成为编程这个行当里的行家里手。当然，这也是我为什么要写这么厚的一本书的原因之一。

另一个主要的不利因素显然是时间问题。我上面列出的优势可以在一定程度上克服这一点，这些优点可以让你加速通过学习曲线，但是如果你想弥补由于缺乏直接经验而造成的知识空白，那么你仍然需要埋头苦学迎头赶上。

如果你从事这个行业只有三年时间，那么即使你跟一个 10 年左右经验的软件开发者一样优秀，你在经验上也无法与他比肩，因为你并没有和他一样遇到过那么多问题。因此，在大多数情况下，经验上的缺乏会导致一些事情变得愈加困难。

怎样实现转行

好了，现在你已经知道了转行的过程中你可能面临的困境，接下来让我们来谈谈如何克服这些困难，如何尽可能成功地实现转行。

很多人已经做到这一点了。我曾经收到来自 50 多岁才入行的软件开发者的电子邮件。所以我相信成功实现转行当然也是可能的。

下面就是如何实现转行的一些建议。

从当前从事的工作入手实现转行

半路出家进入软件开发领域很难。

在前面的章节里我已经花费了大量笔墨讨论如何得到你的第一份工作，因为这肯定不容易。

没有人想雇用一个毫无编程经验的软件开发者。那么，如果你的简历上写着你在过去 20 年里一直从事会计工作，那么你该如何得到软件开发的工作呢？

有一种方法，就是从你当前从事的工作入手，着手开始转行的工作。许多我认识的从别的行业转行到软件开发领域的程序员，都是从自己手头工作的点点滴滴入手开始学习编程的——编写程序来帮助自己有效完成工作，或者开发某种工具来帮助每个人有效完成工作。

如果你有志于成为一名软件开发者，那么你应该仔细观察一下你当前的工作环境，看看是否可以找到能够发挥你新近掌握的编程技能的地方。这是一个转行成为软件开发者的好方法，因为如果你从工作中开始编程实践，哪怕只是完成了一些很小的项目，你也可以把它写在自己的简历上。

你可能还会发现，你甚至都可以在当前工作的公司内部为自己创造一个软件开发的角色，如把一些工作自动化或者构建某种工具，只要这些工具有价值了，你现在的老板就会付钱给你，让你继续做你中意的软件开发工作。

通过在当前工作岗位上完成一些这样的小项目，或许在未来的某个时间点，你可以请求把这些工作转变为你自己的全职工作。如果你能做到这一点，你甚至都不需要离开现在的工作岗位而去申请另一份编程工作。

一旦开始从事正式的编程工作，那么在其他地方找到另一份编程工作当然就不在话下了。

寻找一种可以有效利用现有背景知识的方法

我观察到的另一种成功实现转行的策略就是：有效利用你现有的行业背景知识，为一家在该行业内开发软件的软件公司提供宝贵的领域专业知识。

例如，假设你是一位具备 20 年的护士，现在希望转行进入软件开发领域。当然，你可以现在着手开始学习编程，然后开始漫无目的的软件开发岗位求职之旅。还有一个更好的主意，你可以把主要精力放在从事医疗行业软件开发的公司或者需要软件开发者的医疗保健公司。通过有的放矢地申请这类工作，你将具备独特的优势，而这恰恰正是其他缺乏专业知识的申请人所不具备的。

在软件开发的行当中，拥有领域业务知识可是一项具有极大价值的优势，因为了解某个特定行业内软件的业务目标与工作机制可以防止出现许多错误。

对软件开发公司来说，找到具有 10 年软件开发经验的开发者可能会很容易，但是找到拥有 10 年或者更久领域内业务经验的人可是宝贝。

我刚刚和一位遗传学背景的开发者谈过话，他最近在甲骨文公司找到了一份工作，因为他以前的专业领域是基因与生物化学，而甲骨文公司正在找人开发一款应用于癌症治疗中心的软件产品，其中就包含了基因研究的内容。

试着利用你现有的看似与软件开发无关的行业内业务经验，找出方法让它变成稀世之宝。

基本上任何人都能做到这一点，因为软件几乎存在于每一个主要行业。

愿意从底层开始

最后，我想说的是，如果你正在转行从事软件开发工作，你需要可以从底层开始做起的决心和意愿。别担心，你之前的工作经验将会确保你不会在底层工作岗位待得太久。

原本从事着一份高薪体面的工作，而且你还资历雄厚、声名显赫，现在让你转而从事低收入的工作，这是很困难的。但是，如果你想实现转行，你必须要心甘情愿这么做，至少在短期内是这样的。

与其他行业软件相比较，软件开发领域高手如林，精英遍地。所以你有多少经验、多大名气其实并不重要，尽管声名显赫也能起到重要的作用。

我建议你还是做好准备脚踏实地从底层做起，你要充分意识到你既往的大部分技能都必须被舍弃，并且对此你还必须要欣然接受。如果你想成功实现转行，这是必备的功课，它将帮助你避免挫折。

不过，正像我反复强调的那样，如果你在另一个行业里已经身经百战、高歌猛进，那么你原先的许多软技能都将有效加速你在软件开发领域内的职业发展进程。你只需要在刚开始的时候多一些耐心而已。

第18章

遇水叠桥：如何从质量保证或者其他技术角色转型为软件开发者

之所以决定用一整章篇幅来讨论这个话题，是因为这是我最经常被问到的问题之一。同时，从质量保证（Quality Assurance，QA）[①]或者其他技术角色转型为软件开发者也是极端困难的。

我自己曾经顺利完成过这样的转型，而且，我还不得不经历过两回。

我第一次转型发生在我的职业生涯刚刚开始的时候。我是自学成才成为程序员的。后来，我在社区学院完成了一年制计算机科学专业课程，但是我找不到程序员的工作。所以我先从做测试人员起步，成为惠普公司的合同制员工。

起初，我的工作内容很简单。我要做的就是完成一大堆的打印测试，将测试打印输出结果与期望的运行结果相比较，寻找它们之间的差异，以此来检查最新版本的打印机固件中是否存在已知的问题或者新引入的 bug。这工作着实很无聊。我们的任务就是发现并且标注出差异，并确认它们是否是严重的问题。

我对此不满意。我想知道到底是什么原因导致了这些差异，于是我开始深入挖掘一探究竟。我申请了访问打印指令的权限，我们执行每一轮测试的时候发送到打印机的正是这些指令。

---

① 通常，在国内的软件企业中，存在着职责定义完全不同的两种 QA：一种是承担组织内研发与管理流程的定义、维护、监督与改进等任务的 QA；另一种是承担测试任务，特别是黑盒测试的 QA（白盒测试的职责通常由开发人员自行承担）。综合本章内容判断，作者这里指的是后一种 QA。因此，本章译文中一律取“测试人员”来对应原文中的 QA，以免引起歧义。——译者注

打印指令要么是用 PCL 编写的，要么是用 PostScript 编写的，这在当时都是主流的应用于打印机的编程语言。我利用自己所有可以利用的业余时间来学习 PCL 和 PostScript。我成了这两门语言的专家。然后，当我再看到错误时，我就会仔细研究测试过程，凭借我对打印机语言的理解来修改错误，以此来检验自己学到的知识：为什么用特定语言编写的打印机指令会导致问题。

很快，我在提交的缺陷报告里附上详细的打印机指令代码片段，明确指出是哪些打印机指令代码可能不正确从而导致缺陷发生。马上，我提交的缺陷报告引起了软件开发团队的浓厚兴趣，他们时常请我去向他们展示一下我的做法。然后，我被请去编写打印机测试程序，我因而转岗成为一名正式的程序员，真正获得了程序员的头衔。

在这之后，在我的职业生涯中，我还有一次类似的经历，当时我无法找到软件开发的工作岗位，于是我又回到惠普公司，这一次我扮演起质量保证团队测试领导者的角色。

那时，我的座位挨着一位年轻的软件开发者，他对 C++语言掌握得不是很好。我们时常闲聊他在工作中遇到的一些问题，我会走进他的小隔间里给他一些建议，帮助他完成任务。我并非想得到任何赞扬，我就是想着怎么帮他做好。

短短几周后，他告诉他的老板，我对 C++颇为精通，而且像我这样一个对软件开发如此精通的人去编写测试用例，实在是荒谬到无以复加的浪费。于是，在一个大型项目的大限来临之际，软件开发团队要求借调我去帮助他们赶上项目的进度。从此我就开始跟开发团队并肩作战，他们再也不想把我还给测试团队了。于是，我的角色再次转为软件开发者。

将面临的最大障碍

也许，当你从测试或者其他技术角色转型去做软件开发的时候，你将面临的最大障碍将是人们对你的看法。你在一家公司里承担了某个角色的工作，人们会把你总是看作成这个角色的成员，全然不顾你的技能和你的成长。

尤其是在软件开发领域，软件开发者和测试人员之间通常存在着一道明显的鸿沟。由于存在这种偏见，因此，作为软件开发者进入一家新公司往往要比在同一家公司里从测试或其他职位转型为软件开发者更为容易。

这可是一个令人沮丧的消息，尤其是当你当前的能力已经超越了从前的角色的时候。你必须有耐心，并且意识到，尽管改变观念需要些时间，但是观念总归会改变的。

你能在组织里介入更多的软件开发工作中，你能承担起更多的编程任务，组织中就会有更多的人以你的新角色来看待你。

不过，有时候，万般无奈之下你可能不得不加入另一家公司，从而摆脱对你的根深蒂固的偏见。

接下来就让我们来谈一些实现从非开发者的技术角色转型为软件开发者的策略，这些策略来自其他软件开发者和我自己的既往成功经验。

把目标公之于众

我给你的第一条建议就是走自己的路，别管那些偏见，让你想要转型的目标尽可能地广为人知。让你的同事们都知道你渴望加入开发团队。直面你的老板，开诚布公地告诉他，你想要转型成为软件开发者，为此你愿意做任何事情，不达目的，誓不罢休。在你向你的老板公开你的目标的时候，一定要记着告诉他你当前在测试领域积累的经验对你未来转入程序员角色之后会给公司带来的好处。告诉他如果你能转入开发岗位，公司会从中得到什么好处。

知道你想要转入软件开发岗位的想法的人越多，逐渐消除对你目前角色的偏见的人就越多。所以不要担心公开谈论你的目标。

但是，语言总归是很廉价的。如果你反复声明你梦想着有朝一日能够成为软件开发者，但你却没有任何学习编程的实质行动，那么在别人的眼中你就是一个只会仰望星空而不会脚踏实地的空想家。

语言一定要用实际的行动来支撑。当你和你的老板进行这样的谈话时，看看你是否已经列出了一份清单，所有可以帮助你从目前的角色转变成为软件开发者的课程都已经罗列其上。如果你能罗列出所有你需要学习的内容，以及计划好学习过程的里程碑，那么在你准备就绪的时候就能为你的转岗梦想提供更有说服力的理由。

我恰恰就是应用了这个技巧，不仅实现了转换角色的梦想，而且还得到了升职。我只是简单地问问，为了能够得到升职，我需要做到什么，需要提高什么技能，然后我就去做了所有这些要求的事情，然后再提出升职申请。

这个策略并不是万无一失的，你的请求仍然有可能被无情拒绝。但是，如果你已经列出了清单，列明了所有你需要做的事情，更重要的是你完全达到了清单上的所有要求，要找到一个反对你晋升的理由是很困难的。

寻求机会

如果你真的梦想进入软件开发领域，那就不要期待着有人会主动给你加冕“开发”的头衔，也不要期待有人会主动给你分配开发的任务。恰恰相反，即使在你目前的角色中也要努力寻求机会去做一些编程工作。

向你的老板申请一到两份简单的任务。问一问有哪个 bug 需要你去修复。坚持不断地询问。

最初，你可能会被拒绝好几次。因为人们觉得给你分配了开发的任务还得找个人给你解释和说明，这太麻烦了，得不偿失。但是，如果你能做一个吱吱作响的轮子，你不停地询问，不停地询问，一直在问，最终机遇很有可能就会降临，哪怕人们就是为了让你闭嘴。

自己创造机会

但是，有时候即使你不停地询问，你依然无法得到从事软件开发工作的机会。在实际工作中，这种可能性很大。就像我说的那样，这可能是因为向你解释一项任务需要花费更多的时间，而在实际工作中大多数项目的进度总是滞后的。

坦白地说，也可能是你的老板或同事不相信你有足够的技术能力来从事软件开发工作，因为他们认为你只不过是一个测试人员、Linux 管理员、技术支持人员或者其他什么人，反正就不是开发者。

这时候你得去为自己创造机会。你可能需要自己去找寻那些你可以做出贡献的领域，并且不会妨碍到任何人，也不会为了问问题而占用他人的时间。这些机会往往就是那些我称之为“脏活累活”的任务，都是些没人愿意去做的事情。

这种编程工作相当于清扫厕所。也许是去调试一个没人能搞清楚的惹人讨厌的 bug，也许是为 API 函数编写文档，或者开发一个工具以使其他人的工作变得更轻松。

选择去做这种无聊的工作是有些勉为其难。但是，如果你想找到没有人会与你竞争的一个项目，那往往就只剩下这样的“脏活累活”了。

做好准备，撸起袖子一头扎进去吧。

利用自己的时间

有些老板可能会给你分配一些小规模的编程任务，你可以把它视为日常工作的一部分。有些老板可能会同意你花一些时间去做我上面提到的“脏活累活”。

但是，情况并不总是如此随人心愿。事实上，在实际工作环境中，大多数情况下在你开始从事软件开发工作任务的时候，你可能会受到惩罚，因为人们会觉得你是不务正业。

在这种情况下，如果你真的想在软件开发方面获得机会，你就必须多付出一些，利用你自己的业余时间来推进你的转型历程。即使你在工作时间里被赋予完成一些软件开发任务的工作，你也应该付出一些额外的、不计报酬的时间用于完成另外一些软件开发任务。这样做将有利于加速你的转型历程。为了完成额外的项目，你愿意早早上班，或者下班后留下来加班。

如果你很难说服别人让你从事与软件开发相关的工作任务，那么如果你自愿牺牲自己的时间去做这类工作，你可能会获得更大的成功。大多数公司都难以拒绝员工这种自动自发的工作。

遇水叠桥

从测试角色转型成为软件开发者，有一个很好的方法就是找到一个可以将你置于这两个角色之间的“桥梁”工作。

对许多测试人员来说，自动化测试工作恰恰就是一座再好不过的桥梁。如果你能够开始承担测试自动化任务，那么你将有机会编写自动化测试脚本以代替手动测试。说服你的老板让你做自动化测试工作，通常要比说服他让你成为一个初级开发者要容易得多。

这是一种双赢的结果：与你而言，可以获得宝贵的、真实场景下的编程经验；与公司而言，可以享受自动化测试带来的好处，整体上提高组织的效率。

此外，对许多组织来说，自动化测试人员还是一个难以替代的特殊角色。要找到一名自动化测试专家通常并不那么容易。

一旦你具备了“自动化测试工程师”或者“测试团队软件开发者”的头衔，在任何一家公司转入常规的软件开发角色都是非常容易的，因为到时你已经拥有了编写代码的实际经验。

实际上，你可能还会发现，编写自动化测试脚本比单纯的测试工作和常规的软件开发工作更有趣、更有价值。你的薪水甚至可能比入门级程序员更高。

顺便说一下，我喜欢设计开发自动化测试框架。这是我最喜欢的技术领域之一，我觉得这个领域非常有价值，非常具有挑战性。

从许多其他技术工作中都可以有效发掘出类似的转型成为软件开发者的“桥梁”机会。例如，Linux 管理员可以选择成为工具开发者，也可以轻松获得开发者的位置，在那里他们可以使用 Linux 管理技能，编写脚本以自动完成某些任务，开发自动化工具造福所有人；技术支持人员可以转入为开发者提供技术支持的角色，甚至成为更高阶的技术支持人员。这些技术人员可以深入代码中以解决客户的问题，或者收集相关信息提供给开发者。

努力发掘可以将现有技能和经验有效运用在开发工作当中的途径，努力创建属于自己的“桥梁”工作。

换一家公司

我在本章中谈到的大部分内容，其实都是基于一种假设：你所在的公司允许测试人员或者其他技术角色转型为本公司的软件开发者。然而在现实中，这种假设往往并不成立。如果你的公司属于这种情况，那么你就应该试试从一家公司的测试人员转型成为另一家公司的开发者。

事实上，在这种情况下，我在本章中给你的大多数建议仍然适用，只不过你的职务名称不会在你跳槽之前发生改变。我的意思是，即使你不能转型成为本公司的软件开发者，你也应该尝试着在你目前的工作岗位上锻炼自己以获得开发经验，这样你就可以在向另一家公司申请软件开发职位时把这段经历写在简历中。

即使你利用自己的业余时间开发了一些帮助你完成工作的工具，你也可以把它作为真正的开发工作经历写在自己的简历上，借此将极大地帮助你获得自己的第一份开发工作。

努力发掘“桥梁”工作在这里也是非常适用的，特别是在你在自己的职衔上添上“开发者”或者“工程师”三个字的时候。

我的最后一条建议

不要灰心。

从另一个技术角色转型为软件开发者通常非常困难，原因就是我之前提到过的偏见：人们倾向于将你看作“只是一名测试人员”或者“只是一名服务器管理员”等。但是，如果你愿意做额外的工作，并且能够像 Carl Newport 在他的同名书中所说的那样，“他们不能忽视你”，你最终会成功的。

坚持不懈地学习，持续不断地提高自己的技能，孜孜以求寻找各种机会、创造各种机会，你终究会梦想成真。

耐心和毅力是关键！

第19章

掎摭利病：合同制员工与领薪制正式雇员之间的比较

软件开发行业有两种基本的就业类型：你可以选择成为某种类型的合同制员工（contractor），也可以选择成为一名正式雇员（employee）。

在我的职业生涯中，这两种角色我都曾经担当过，每一种类型都有各自的优点和缺点。事实上，在一些公司中，围绕着合同制员工和正式雇员之间的差异，存在着一整套完整的文化。

当我在惠普工作的时候，一开始我是一名合同制员工，后来才成为正式雇员，围绕着这两种不同类型的人衍生出格格不入的所谓"戴蓝色工卡员工"和"戴橙色工卡员工"的概念。戴橙色工卡的是合同制员工，他们的工资通常较低，没有其他福利待遇，通常被当成是二等公民对待，有时甚至被告知他们不能使用惠普的员工通道，不能参与公司的任何活动。戴蓝色工卡的是惠普的正式员工，他们的蓝色工卡代表着他们拥有精英地位。他们是正式雇员，有权享受戴橙色工卡员工无法得到的所有福利待遇。

要想戴上蓝色工卡是很困难的。每一个戴橙色工卡的员工都梦想能戴上蓝色工卡，但是很少有人能够如愿以偿。这就是公司的一种文化。

我还曾到过另外一些地方，在那里这种等级体系颠覆了所有的层级。

我曾经参与过一个政府项目，在那里合同制员工的工资是政府正式雇员的两到三倍，合同制员工被认为是"精英"。在那里，没人想成为正式的政府雇员，恰恰相反，每个人都梦想成为合同制员工。我记得，在那里他们向我们这些合同制员工中的很多人都发出了工作邀约，答应提供政府内工作岗位，但是我们中大多数人都拒绝了，原因很简单：我们为什么要为了工作稳定一点而接受大幅度地减薪呢？

正如你所看到的，到底要在合同制员工与正式雇员之间做出何种选择，并不仅仅是钱的问题。这里面有很多实际情况要考量。

在本章中，我将就如何做出这个决定给予你一些指导：合同制员工都有哪些类型（实际情况不止一个），接受每种性质的岗位时都要考虑哪些因素。

合同制员工的类型

让我们先来谈谈合同制员工的类型。

在接下来的讨论中，我会将“合同制员工”定义为各种不是领取固定薪酬的工作岗位。注意，有一些有偿咨询或者合同制工作岗位，尽管也声称会向你支付固定薪酬，但是只有当公司按小时向客户收费之后，你才会得到足额薪水。这种类型的工作我也划入“合同制员工”范畴之内。不要接受这种类型工作，他们是给傻瓜准备的。

向 John 提问：为什么这些工作是为“傻瓜”准备的？

简单地说，因为你承担了所有的负面风险，却没有得到任何好处，你只不过是得到了一种貌似“工作很有保障”的错觉。

许多咨询公司从外部招聘企业级架构师或者解决方案架构师岗位，这些职位听起来好像都是正规的带薪岗位，看起来也像。但实际上，它们只是咨询顾问的角色，因为咨询公司会根据客户向公司支付的每小时咨询费来支付你的薪水。

这些岗位中，通常（50%～100%）都有长期出差的要求，而且看起来薪水很高。

听起来不错对吧？实际上呢？

问题是，你并没有真正被给予正规的领薪职位，也没有任何工作保障。你只是一家咨询公司花名册上的员工而已。咨询公司之所以给予你员工的身份，无非是为了能把你卖出去承担某一个项目的工作。一旦他们没有项目可以把你卖出去赚钱，你就将会被解雇，或者坐在冷板凳上没有报酬。

你承担了所有的风险，并且承受了作为一名咨询顾问的所有负面属性，但你却没有得到你应该得到的高时薪。此外，你无时无刻一直都在出差，还得按照要求提交时间表，每周至少完成 40 小时为公司赚钱的工作，或者更多。

当我提到“合同制员工”的时候，我指的就是某种按照小时工作领取时薪的岗位。

在深入了解一个“合同制员工”岗位的所有细节之前，我们需要知晓合同制员工的各种类型。

由代理机构派遣的合同制员工

第一类，由代理机构派遣的合同制员工，在美国称为 W2 Contractor。这种类型的员工为一家机构工作，这家机构会把他们派遣到客户现场工作，机构向客户收取费用。员工并不直接为客户工作。

作为这种类型的合同制员工，你通常需要填写一份时间表，表明你为客户工作的时间。然后，你将作为所在机构的合同制员工，以小时为单位得到报酬。

这种合同关系中的某些内容可能极具掠夺性。我的意思是，对一个机构来说，在他们雇用并且派遣软件开发者为他们的某个客户工作的时候，客户向机构支付的费用要比机构实际支付给软件开发者的工资高出 200%～400%，这种情况并不少见。

我以前就做过这种类型的合同工，我了解到有些这种类型的软件开发者，每小时的工资是 25 美元，而代理公司却因为他们的工作向客户收取每小时 100 美元以上的费用。

但是，在疯狂开始抗议之前，你要明白，由于这种类型的雇用的性质，有些“克扣”是必要的，也是合理的。作为这种类型的合同制员工，在技术上你就是该机构的雇员，而机构需要支付一定量的其他费用以保证你的工作。在美国，机构负责支付就业税、工资税，还可能要为你提供一些福利，如假期、病假以及其他一些成本。多收些费用应该是你可以理解的。

当然，我总是建议这类型的合同制员工需要知晓他们的标价，以此作为与机构谈判的筹码。

独立承包商

我对独立承包商的定义是，主要为某一个客户工作的承包商。他们甚至可以通过代理为客户工作，但他们有自己独立运作的业务。在美国，我们有时把这叫作“公司对公司”收费（或者 1099 型就业）。

基本上，如果你是一个独立的承包商，你将拥有一家企业或者法律实体，然后根据你的业务内容，你与客户或者代理商就某一特定内容的工作签订了合同。

独立承包商与上面的那种由机构派遣的合同制员工之间最大的区别在于你并不在机构的薪资范围内。相反，你要为自己的开销负责。所以基本上你就是一个自雇型的工作人员。

因此，你应该期望得到更高额度的小时工资，因为你有责任为自己支付自营营业税、工资税以及其他相关福利保障。

自由职业者

最后，我们要谈论的是自由职业者。

我把自由职业者定义为：为多个客户工作的独立的承包商，或者承担多种类型的工作，而不是主要为单个客户工作。这种工作性质实际上也是要经营自己的业务，因为你必须去处理所有与业务运营有关的开销，包括寻找客户、签订合同、开具发票以及其他相关的一切。

我认为，自由职业者就是一个受雇于某一个特定项目或者特定工作的承包商，而独立承包商或者代理机构则是通过卖人头而获利。

如果你想得到尽可能高的收入，自由职业者可能是最困难的选择，但是如果你知道如何推销自己，你可以做得很好。

不过，请记住，这些只是我的定义，我只是在解释不同类型的合同制工作岗位之间的区别。当然，还有其他方法来对合同制工作进行分类，而且各个类型还有些变异，各种类型之间还可以混合，所以不要把我上面的论述当作真理。

领薪制的工作

如果你不是一个合同制员工，那么你要么是一个领薪制度的正式员工，要么已经失业了。

在我的定义中，领薪水的工作就是指你不是一个合同制员工，你直接为给你付报酬的公司工作，他们发给你的也并非按小时计算的报酬。

当然，在软件开发领域有一些“直聘”类型的工作岗位，在那种情况下从技术上讲你确实是一名正式雇员，但是却按照小时工作计算报酬。但是这种工作相当罕见。

通常，如果你是一名正式雇员，你会得到一份薪水。

领薪水的工作通常意味着你工作的时间并不会与你能得到的报酬直接挂钩。这可能是好事，也可能是坏事，这取决于你的“纯工作时间”。（要获得更多关于这方面的细节参见第 15 章。）

金钱

现在让我们开始比较“合同制”与“领薪制”之间的优劣对比，首先讨论最重要的一项内容：金钱。

在大多数情况下，在同等工作岗位上，作为一个合同制员工你将得到更多钱。不相信我？现在我们假设有一家公司想请你去做事情。如果你作为正式的领薪制雇员，这份工作的年薪是 8 万美元。如果你作为合同制员工，这份工作的报酬是每小时 60 美元。现在，如果你计算一下，60 美元/小时×40 小时/每周×52 周/每年 = 124 800 美元。

似乎合同制员工的收入要比直接领受 8 万美元一年的工作多得多，但是，如果你还记得第 15 章关于薪酬和谈判的内容，你应该还记得还有很多其他因素与“钱”一道构成了薪酬总包，它们有可能会极大地改变计算结果。

详细分析合同制岗位的所谓“小时工资”

让我们还是以上述这个简单案例为例，看一看为什么作为一个合同制员工，你的薪酬要比作为领薪制员工的工资高出许多。

我们将从每年 52 周中的两周假期与另外一周节假日开始。（合同制岗位，特别是独立承包商，通常没有带薪休假。）因此，首先要减掉相当于三周假期的部分，124 800 美元 − 3 × 40 × 60 美元 = 117 600 美元。

然后，我们还要减去医疗保险。让我们将这部分估算为每月 1 000 美元，这可能是公司给正式员工支付健康保险的典型做法。因此，117 600 美元 − 12 000 美元 = 105 600 美元。

然后，我们还要考虑正式员工通常会享受的其他福利，如 401K 计划的公司配比部分、奖金（如果有的话）、健身房会员等。我们保守一些把这部分福利估算为每月 300 美元。因此，105 600 美元 − 3 600 美元 = 102 000 美元。

再然后，如果你是一个独立的承包商，你必须为自己支付自营营业税。如果你是一名公司的领薪制正式雇员，公司必须支付一半，约为 7.5%。我们可以采用以下两种方法之一。我们以 80 000 美元的薪水作为基数，算出 7.5%的公司税额，然后假设这部分可以直接付给合同制员工；或者，我们以合同制员工的小时报酬作为基数，去掉 7.5%的缴税部分，看看你的纯收入。

我将采取第二种方法，因为我想向你们展示的是一份领薪制工作与一份合同制工作之间的比较，而不是一家公司如何需要支付给一名合同制员工更高的报酬。这理由说得通吧？因此，我们计算得出缴税额度为 117 600 美元 × 7.5% = 8 820 美元。

我用 117 600 美元作为缴税基数，是因为我假设你可能也会休假（尽管没有带薪假期），但是如果你每周工作 40 小时连续一年工作 52 周，这又是另外一回事。最终我们得到计算结果为 102 000 美元 − 8 820 美元 = 93 180 美元。

现在看出来两者之间没有那么大的差距了吧？看似 4.5 万美元的差距很容易就被拉低到 1.5 万美元左右。

因此，从雇主的角度看，雇用一名年薪 8 万美元的领薪制正式员工，公司每年的总成本应该是 10 万至 12 万美元。

为什么合同制员工可以得到更多的报酬

我认识许多软件开发者，他们直接将领薪制的薪水与合同制的小时报酬相提并论，只需将合同制的时薪简单地乘上每周 40 小时、每年 52 周，然后就宣布他们永远也不想成为领薪制的雇员，因为他们觉得作为合同制员工获得的报酬要高得多。

虽然，在通常情况下，合同制员工会得到更高的报酬，但是你马上就可以看到，这些所谓的“高”报酬中的很大一部分是一种错觉。此外，由于灵活性，公司也往往愿意为合同制员工支付更高的费用。

雇用领薪制雇员的成本更多的是固定成本，而合同制员工在不再需要他们服务的时候，很容易被裁撤。

这里尤其值得一提的是，因为以下几个额外的因素，自由职业者通常需要更高的小时报酬才能接近同等水平的工资。因为他们必须要联系许多客户才能维持业务，所以自由职业者的开销更大，这是相关成本。他们还需要花费大量的时间来管理账簿，寻求新的业务机会。此外，他们也可能无法轻松自在地每周工作 40 小时。

总体来说，我通常认为，自由职业者账面上的小时报酬应当相当于领薪制员工每小时工资的 2 倍才能维持相同的收入水平。

例如，相对于年薪 80 000 美元工资的工作，自由职业者的小时报酬需要达到这样的水平才能与之相当：

80 000÷52÷40 = 38 美元/小时，38 美元/小时× 2 = 76 美元/小时

在你决定成为一个自由职业者之前，你需要先想想这个公式。（你可以在《软技能：代码之外的生存指南》中的“职业”篇看到更详细的讨论。）

其他福利待遇的价值

现在，我知道你可能在想：“我不需要这些福利，John。我只想要现金！”重要的是，你不仅要考虑福利待遇的面值，更要考虑它们的价值。

在一些人的脑海里，不做领薪制雇员而作合同制员工，是一种获益颇丰的选择，因为他们根本不关心或不愿使用公司提供给正式雇员的福利待遇。

以上面的例子为例，如果你决定不关心假期、节假日，你想要每周工作 40 小时、一年持续不间断地工作 52 周以获得最大的收入，你可以把我刚才为假期和节假日减掉的 7200 美元那部分重新加进来。（但你要小心。你自己可能不打算去度假或者请假，但是意外总会发生。你生病了，你亲戚去世或者病入膏肓，你的狗需要做肾移植，这些都迫使

你不得不停下手边的工作。）

如果你愿意，并且也被允许加班，你也可以把你作为合同制员工的每周平均工作时间估算为45～50小时，这将再次提高你的整体薪酬水平。

曾经我有一份合同，每周的工作时长最高达到50小时，这是被自动允许的。每周我都要把工作时长累积到最高，所以这份合同对我来说就变得更加有利可图了。

另外，也许你的配偶有份领薪制工作，他/她的那份健康保险已经将你包含在内了，或者你就是不想拥有健康保险。在这种情况下，健康保险这项福利可能对你而言也毫无价值。

如果你像我一样，从来没有参加 401K 计划，而是把你的钱放在房地产投资上，你也可能不用关心 401K 计划的企业配比部分。

另外，至少在美国，如果你的公司结构合理，而且你赚的钱足够与你付出的劳动相匹配，那么你就可以成为自己公司的雇员，给你自己支付比公司收入更低的工资，以此来大大降低自营营业税支出。

那么，讨论这些到底是为什么呢？

至少在金钱问题上，在合同制员工和领薪制雇员之间做出选择是非常有意义的。这将取决于你会看中哪些福利待遇，你将工作多长时间、你可以工作多少小时，甚至与你的配偶是否有份领薪制雇员工作。

至少现在你应该建立一份思考框架，你可以用它来现实地评估一下到底是做一份领薪制雇员工作还是合同制员工工作。并不像除以52再除以40那么简单，对吧？

工作环境

我已经在本章的开头提到了工作环境中的一些问题，那就让我们再深入一点，好吗？

在大多数工作环境中，就像在所有社会和文化系统当中一样，阶层和阶级的区别也是在与时俱进的发展过程之中。

在有些公司里，在合同制员工和领薪制雇员之间存在巨大的鸿沟，但是在有些公司里，差别又不是那么明显。不过，别被表象愚弄了，差别总是存在的。

不同类型的员工在薪酬待遇方面存在的一些差异是与劳动法有关的，也就是说，以法律的形式规定了合同制员工与正式员工之间的职位差别。

有些公司为了避免围绕合同制员工待遇而产生的诉讼风险，在区分这两种职位时会非常谨慎，但这也并不能保证可以创造出最佳的工作环境，特别是在你是合同制员工的时候。而在另一些公司，正式雇员的遴选程序远比合同制员工的遴选程序更为严格和苛刻。

在这种情况下，如果正式雇员的数量少于合同制员工的数量，弥漫在正式雇员中的浓厚的精英主义心态便会油然而生。

通常来讲，我发现，公司的规模越大，这种情况就越真实，美国政府除外。很奇怪，美国政府的情况有点儿颠倒。我之所以告诉你这一点，是因为如果你在一家大公司接受合同制员工的岗位，你会觉得自己有点儿像个局外人。我不想让你到时才会感到惊讶。

虽然作为一个合同制员工没有任何问题，但是，同样重要的是，你一定要意识到自己可能不会被接纳到公司文化氛围中。同样，并非所有的公司都是这样的。我发现在小公司里，合同制员工和正式雇员之间并没有太大的区别。

不过，作为一名合同制员工，对你而言有一个很好的安慰奖：你可能会因此而得到更高的报酬，当其他人都在不计酬劳地辛苦加班的时候，你会觉得把 50 小时的工作内容放在你的工时表上（并会为此得到加班酬劳）的感觉很舒服。

其他考虑因素

除金钱和职场工作环境之外，还有一些其他因素要考虑，它们可以帮你决定是要从事某种形式的合同制工作岗位还是领薪制工作岗位。

如果你愿意的话，你喜欢成为一个团体或组织的一员，就像原始部落里的一名成员吗？如果是这样的话，你应该考虑到，作为一名合同制员工，你会感到自己“被抛弃”了。如果你的长期愿望是与一个团队一起成长，成为一个正在努力奋斗以实现大千世界中某项使命的公司的一部分，那么作为合同制员工，你可能会觉得自己更像是一名雇用兵。

我自己也有过这种经历。事实上，在我的职业生涯中，有一次，我在一个回报非常可观的政府项目中担当一项合同制岗位，每小时付给我 100 美元，但后来我把自己转变成了收入较少的领薪制正式职位，只是因为我想拥有一份团队的归属感，我厌倦了只为钱工作的生活。

此外，合同制岗位通常不会让你简历上的内容更丰富。

一般来说，作为合同制员工，被雇主雇用来做事是比较容易的。但是，作为微软公司的正式员工和在微软公司承担合同制岗位工作截然不同，至少在招聘经理看来是这样的，他们往往只对作为正式员工的工作经历感兴趣。

但是，这并不意味着作为合同制员工的工作经历必然会对你有所伤害。例如，你可以把简历上的措辞改写成强调你在哪里工作以及你都做了些什么，而不是你的工作方式。

最后，除非你愿意每一两年就换一次合同，否则向上流动可能会很困难。我认识几个已经为惠普公司工作了 15 年以上的合同制员工，与他们开始工作时的薪金水平相比较，他们的工资涨幅可以说是聊胜于无。是的，他们一直享受着这样一份舒适安逸的工作，但如果你在某个地方待上 15 年左右的时间，你可能应该成为一名领薪制正式员工，并且已经走在公司内部的职业发展通道上。

大多数软件开发者都不知道作为合同制员工与领薪制雇员之间的区别。因此，恭喜你，你已经属于先知先觉的人群中的一员了。

接下来，我们将讨论招聘行业的运作方式，对大多数软件开发者来说，这是另一个神秘的世界。你可能会对此而感到大吃一惊。

第20章

去梯之言：招聘行业运作的秘密

我依然记得我第一次与招聘人员一起并肩工作的场景。但是，我并不知道招聘行业是如何运作的。

我手捧刚刚新鲜出炉的我写好的简历，寄给招聘人员，说："给我找份工作吧。"未曾想到，一切进展得都不太顺利。于是我日复一日地打电话给招聘人员，询问他们在给我找工作方面是否取得了任何进展。我有一种错觉，以为"我的招聘者"就是为我工作的。

直到过了一段时间，经过很多轮的谈判和面试安排，我才意识到，至少在大部分情况下，招聘人员并不是为你工作的，他们是为那些有空缺职位的公司工作的，这些公司雇用招聘人员填补自己的空缺岗位。（有一个例外，我稍后再谈。）

我知道，这些事情在你看来的确是显而易见的。但是，那时的我对此却懵懂无知，我一心只想找份工作。

在我作为软件开发者工作的这些年月里，我指导了许多其他开发者找到很棒的工作岗位，我自己也从中了解到关于招聘行业的各种工作机制。

这其实是一个水很深的行当。不过，尽管它很复杂，了解该行业的工作方式还是很重要的，这样你就可以在这片波涛汹涌的水域中平安航行，获得自己心仪的软件开发职位。反过来，如果你对这个波谲云诡的行业一无所知，你就很容易被利用、被引诱甚或是被操纵。

在本章中，我将与大家分享我从这个行业了解到的状况，并就如何有效地运用这些知识来找到一份好工作给你一些建议，避免让你遭受不公平的待遇。

在进入正式讨论之前，让我先来提几点注意事项：首先，我并不是一名专业的招聘人员，所以我的大部分信息都来自我自己听到的和观察到的；其次，招聘行业盘根错节，纷繁复杂。

我相信论述这个主题的书不只一本。在这里我将以简化概括的方式给你来一个快速扫描。因此，我这里所讨论的绝不是对整个招聘行业的全景描述。不过，我认为你会发现本章中的内容非常有用，并且出乎你的意料。

招聘人员和招聘机构的类型（及其获利模式）

招聘机构有很多不同的名字：猎头、职业介绍所、员工派遣，那些让人厌烦的家伙总是会接二连三地从领英向你发出职位介绍，但你其实距离那些职位的要求遥不可及。

但是，实际上，招聘人员不尽相同，招聘机构各式各样，而且也不是所有的机构/人员都按照统一的方式来收取费用。

了解每一种招聘人员的运作模式，了解不同招聘机构的获利模式，可以帮助你理解如何与他们合作，甚至还能知晓哪些机构/人员一定要敬而远之。

接下来，就让我们详细分析一下每一种主要的招聘机构的运作方式以及它们的盈利模式，以及这些信息对你意味着什么。

小型招聘机构和独立运作的招聘人员

这种类型的招聘人员通常就是那些最惹人讨厌的招聘人员。这些招聘人员中，有一些纯粹就是为自己工作的，而另一些人从事的就是某种以佣金为主要报酬方式的工作，实际上是由规模较大的公司以一种分散的方式外包出去的。

因为这些招聘人员或者小型招聘机构并没有很大的知名度与声望，所以他们必须主动出击，征召任何潜在的候选人来填补某一个岗位的空缺。

你可能会问，他们为什么这么咄咄逼人？嗯，这全都是因为他们获取报酬的方式。你得明白，大多数这种类型的招聘人员都是根据候选人工资的一个百分比来获取佣金的。

在我告诉你具体的百分比之前，你先猜一猜，看看你是否对此有所了解——答案可能会令你大吃一惊。你猜到了吗？一般来说，招聘人员可以获得他们所推荐的候选人年薪的 20%～35%作为佣金。你可以想象，在软件开发行业，尤其是高层级的职位，这可是一大笔钱。

现在你明白了吧？为什么招聘人员的气势总是如此咄咄逼人，不顾一切地在你的领英收件箱里塞满各式各样的信息了吧？

独立运作的招聘人员往往是这其中最激进的一群人，因为他们并不需要与自己工作的机构分享佣金，或者他们自己可以得到这笔佣金的绝大部分。

让我们利用一些实际的数字，让你可以快速了解为什么招聘人员推荐某个候选人的动机如此强大。

假设某个公司正在招聘高级软件工程师职位，年薪约为 10 万美元。一个独立招聘人员如果能够成功推荐别人获得这份工作，那么他可以获得 25%的佣金，也就是 100 000 美元×25% = 25 000 美元。这个数目可不小。

就像我说的，并非所有的招聘人员都是完全独立的，所以他们不会得到足额的 25 000 美元。但是有些人确实可以拿到全额佣金。而那些为小规模招聘机构工作的人，他们更像是承包商，他们将获得这笔佣金的绝大部分。

然而，这还不是他们唯一的运作方式。*招聘人员也可以为企业招聘合同制工作人员。*（有关合同制工作人员的更多信息，参见第 19 章。）对于这些职位，招聘人员会安排一个候选人应聘，如果成功，他们将从该候选人的薪资报价差额中获取报酬。例如，假设一家公司正在寻找一个合同制工作人员，并且愿意为他支付每小时 75 美元的报酬。招聘人员可能会以每小时 50 美元的价格为这份工作找到应聘人员，尽管公司为此而支付的薪酬是每小时 75 美元。在这种情况下，他们的收入就是这之间的差额每小时 25 美元。

我相信你也看出来了，这种模式相当有赚头。

大型招聘机构

大型招聘机构的运作方式类似于小型招聘机构和独立招聘人员，二者之间的差别细微。最大的区别是如何拿到佣金以及如何分配佣金。

大型招聘机构往往会与大公司建立起良好的合作关系。因此，与人脉稀薄的小型招聘机构相比，它们在找到职位方面将更为有效，至少从求职者的角度来看是这样的。

通常情况下，大型机构与大型公司的合作关系非常密切，以至于他们几乎从公司那里接管了招聘流程，如果他们认为你很适合一份工作，那么你已经几乎可以得到这份工作了。（这主要适用于合同制工作岗位。）在这种情况下，获得职位的唯一办法可能就是通过这家机构。

你可以预见到，机构的规模越大，为机构工作的招聘人员收取的佣金也会越少。一般情况下，招聘人员可以获得招聘佣金的 50%～60%，其余的部分则归招聘机构所有。

对大型招聘机构而言，也可能会专门分出来一个客户经理专门处理某个大公司的招聘事宜。

嵌入式代理机构

许多公司利用我所说的“嵌入式代理机构”或者驻场外包工作人员来解决岗位空缺问题。

这种情况的一般运作方式是：一家大型机构与一家大型公司签订了一份合同，然后派驻现场工作人员来填补岗位空缺，有时甚至由机构自行管理整个项目。在这种情况下，招聘机构和咨询公司之间的界限相当模糊，特别是在他们由自己的项目经理或者驻场经理来管理现场的合同制员工的时候。

当我为惠普公司工作的时候，当时在惠普就有由数家"嵌入式机构"招聘和管理的数百名合同制员工在现场工作。我第一次被录用到其中一份合同制工作的时候，招聘机构几乎完成了所有的面试工作，只是在派遣我去惠普公司现场工作之前，才简单地由一位真正的惠普公司的经理面试了我。

这种在公司现场嵌入来自外部机构工作人员的做法，可能已经违反了雇用法或者共同雇用法，至少在美国是这样的。在大公司中，已经出现了很多起关于共同雇用的诉讼，因为在这种情况下，法律的界限相当模糊。

向 John 提问：什么是共同雇用？我怎么知道我是不是被共同雇用了？我需要起诉吗？

因为我不是律师，所以我不想陷入如此琐碎的话题的讨论之中。这是一个相当复杂的话题，基本的要点大致上是这样子的：当一家公司借由一家人事代理机构引进一些技术上归属于该代理机构的合同制员工时，公司将有很大的风险被法院认定为合同制员工的主要雇主，负责为其提供相关福利待遇保障。

针对这一现象，还有一个"20 项因素"的"普通法"测试标准，用以确定是否应将合同制员工视为公司的（而非代理机构的）"普通法认可的雇员"。

早在 2000 年，微软公司就受到了相关诉讼的惩罚。在这起诉讼中，他们不得不给一些长期在微软现场工作的合同制员工给付价值 9 700 万美元的福利待遇，因为法院裁定，他们应被视为微软的"普通法认可的雇员"。

就像我刚才所说那样，这是一个相当复杂的问题。但是对公司（雇主）而言，如果他们利用那些代理机构把受雇于代理机构的合同制员工带到公司现场工作，这可能是一个极其糟糕的消息。就我个人而言如果身受"共同雇用"的利用，我是不会担心的，我也不会因此而起诉雇主。

我的意思是，尽管在微软公司工作的合同制员工在法律上因为"共同雇用问题"而获得了微软公司给付的福利待遇，但是起诉雇主几乎是一种愚不可及的举动。起诉你的雇主或者共同雇主，可不是你想要在自己的简历上记上一笔的经历。

在我看来，如果你接受了这份工作、接受了相关条件，那就是你个人的选择。我完全赞同：不应该被任何人利用，应该通过谈判给自己争取到最好的薪酬待遇，但是，一旦你同意以一定时薪在另一家雇主的现场工作，这就变成了你自己的选择，正像我之前说过的那样。

只有当某人做了你不同意的事情或者未经你的许可变更交易内容的时候，你才是被人利用了。

在某些共同雇用的情况下，这种情况会发生吗？当然有可能。但是，对此我并不担心。

内部招聘人员

许多中到大型公司都有自己的内部招聘人员，他们会走出公司为某个岗位找寻找候选人，然后把他们带入面试流程。微软公司和谷歌公司的内部招聘人员多次联系过我，他们的全部工作就是寻找人才，为公司带来新的人才。

通常情况下，这些内部招聘人员并不是为了某一特定的职位而招人，而是为了把他们认为能够为公司带来高昂价值的特定人员招进公司，因此他们可能手握多个岗位空缺，希望你能与之相匹配。

与代理机构的招聘人员不同，内部招聘人员通常拿的是固定的薪资，可能再外加一部分业绩奖金或提成。

了解这一点很重要，因为他们在为你寻找职位的动机上远远没有机构的招聘人员那么咄咄逼人。而且，如果你到岗后工作不够出色，他们必须要为此而承担后果。

求职经纪人

这可能是最为罕见的招聘人员，你不太可能遇到他们。

话虽如此，我却看到越来越多的人士以这种方式来应聘求职。这种类型的招聘人员的确是在为你工作，或者，更准确地说，他们就是你的全权代表，你的实际经纪人，就像图书经纪人一样，他们是人才经纪人。在大多数情况下，你要支付给他们一笔固定的费用，或者你工资的一部分。

你必须是一名像摇滚明星一样级别的开发者，才会有人愿意出面作为你的经纪人，你自己才能充分享受到使用“人才经纪人”的优势。

再强调一次：这种方式极为罕见。但是，如果你认为自己的技能价值连城，并且你希望有人能在嗣后的谈判中帮你满载而归，那么这种方式并不是一种糟糕的做法。

对你而言这些意味着什么

到目前为止你可能会认为我在前面告诉你的都是一些有趣的信息，但是你可能更想知道：如何把这些信息运用在自己的求职过程中。

了解不同类型招聘人员的工作动机以及他们的工作方式，将有助于你确定如何更加有效地与各种类型的招聘人员打交道。明确了招聘人员从填补一份岗位空缺中获得多少好处，特别是独立运作的招聘人员的获利方式，将会对你如何与他们打交道产生影响。

你首先应该意识到，很多招聘人员都会联系尽可能多的潜在求职者，以便找到最合适的人选来填补正在招聘的岗位空缺。

记住，尽管招聘人员发给你的领英电子邮件写得天花乱坠，让你觉得自己是一位人见人爱的白马王子，但是在大多数情况下，你并不是。他们只是在一个固定的模板上复制/粘贴上你的名字。当然，对内部招聘人员来说，情况并非如此。内部招聘人员的积极性要低得多，因此他们更有可能直接根据你的技能和才干来寻找你。

如果你主动联系了一家招聘中介机构，你应该记住，他们并不想给你找一份工作，他们更感兴趣的是尽可能多地去填补空缺的岗位。因此，你要尽可能强势地展示自己的优势，因为他们最终会决定向你推介怎样的工作岗位。你得表现出自己是一个被人争抢着要录用的人士，可以轻而易举地应付面试。

你还应该意识到，招聘人员很可能会竭尽所能让你尽快通过所有招聘流程。这意味着，你可能并不是这份工作最适合的人员，他们可能只会告诉你关于这份工作、这家公司所有正面的事情，以使你欣然前往就职。他们甚至可能会对你或者你的雇主撒谎。这全都是因为这条线上利益丰厚。

我并不是说所有的招聘人员都是居心叵测、肆无忌惮，但是你一定要自己小心，充分意识到招聘行业充满刀光剑影。

首次提交

如果你正在求职，你必须要知道招聘人员会把你推荐给哪些职位，以及这个步骤将如何影响你。

在许多情况下，只有第一个提交候选人简历的机构才被认定是推荐人，才有资格拿到佣金。例如，想象一下下面的场景：一家公司里某个岗位出现了空缺，于是公司在自己的网站发布招聘广告。同时，公司还雇用了两家招聘机构来为这个空缺岗位寻找合适的人选。

你在与一家招聘机构（假定为 X 机构）沟通之后，决定把你的简历发给他们，然后他们就会把你的简历发给公司。不久，你在该公司的网站上搜索并直接发现了这份招聘广告，你很可能并不知道这正是机构 X 帮你申请的同一份工作，所以你又在网站上提交了简历。最后，另一家招聘机构（假设为 Y 机构）的招聘人员打电话给你，说有份工作你很适合，而且他们碰巧直接认识那家公司的招聘经理，让你进去很容易。

但几天之后，这家公司的招聘经理和 Y 机构都会告诉你，他们真心希望能够给你以帮助，但是由于 X 机构已经抢先一步提交了你的简历，所以你必须通过 X 机构来申请这个职位。如果代理 X 没有很好地跟进后续事宜，或者他们为了急于得到高额回扣而不能为你争取到优越的待遇，你可能就此陷入困局。

因此，在授权招聘机构提交你的求职申请之前，一定要搞清楚他们将何时为你提交

申请，一定要搞清楚这家机构都在为哪些公司工作。

协商薪水

无论是作为一名全职的领薪制员工，还是作为一名合同制员工，在你谈判薪酬的时候都应该考虑招聘人员/机构是如何为他们自己获利的。

假设你正在申请某家公司的职位，而该公司也正在利用招聘机构填补这个岗位空缺。你了解到，为了填补这份岗位空缺，他们愿意支付给招聘人员/机构 10 000 到 20 000 美元。如果你直接申请并且得到这份工作机会，你可以要求自己拿到 10 000 到 20 000 美元的奖金，而且他们很有可能会答应这项要求，因为他们已经做好这部分预算了。

当然，你也应该知道，如果你被招聘到一个合同制员工岗位，你的整个薪酬包应该以怎样的结构组成。你不仅要知晓整个薪资包结构，还应该就此展开谈判，这样你才可以得到你本应得到的薪资待遇。

向 John 提问：这听起来有点儿可笑。我是说，我怎么才能要求公司把原本打算付给招聘机构的 10 000～20 000 美元中介费付给我呢？而且，真的会有人会告诉我为了招聘我填补岗位空缺他们的预算是多少？

我知道对此持你会持怀疑态度，但你一定会惊讶于人们会给予你多大的信息量，其实你只要随便问问你就能得到许多。

下面是我个人经历中的一个小故事，它就恰好诠释了这两种情况。

很久以前，我被录用为合同制员工，受雇于一家为州政府机关工作的代理机构。彼时，我的一位朋友已经签了合同，是他推荐了我。同时，参与这个项目的另一位合同制员工也提到，他过去曾和我一起工作过，并且读过我的博客。所以这个项目的项目经理请他带我去聊聊。

在当时，他无法直接聘用我，因为按照合同，政府机构只能通过三家员工派遣公司中的一家来雇用合同制员工。这三家公司同时都在为这个项目提供合同制员工职位。仅经过一轮非正式的面试，我就被告知，只要挑选这三家公司中的一家作为我的人事代理机构，这家机构把我推荐到这个岗位上，我基本上就能得到录用通知书。

我得承认，这是一份很好的工作。但是，我又想到，我应该了解一下政府机构要向人事代理机构支付多少费用，这样我就能在谈判薪酬的时候处于更有利的位置，并且确保我没有被人利用。

猜猜看，我是怎么做的？我只是问了一下这个岗位的项目经理，为了我他们要向那家人事代理公司支付中介费用是多少。猜猜看他做了什么？他向我和盘托出一张电子表格，上面详细展示了他们与每一家代理机构谈判过的每一份工作岗位的薪酬结构，以及目前所有的空缺职位。原来，我将要去入职的岗位标价是每小时 95 美元。

掌握了这些信息，我走遍了那三家代理机构，我都告诉每一家，我马上就会被录用到那个职位，并且询问：他们能给我本人最高出价是多少。一家机构的报价是“每小时 30 美元”，另一家机构的回复是“每小时 50 美元”，第三家机构的回复“每小时 55 美元”。

我决定，既然这是我把送上门的生意直接交给他们做，这简直就是直接送钱到他们的口袋里，所以我应该把自己能够接受的底线设置为：机构能够拿到的中介费不超过 20%。于是，我告诉每一家机构，如果他们想要我去填补这个岗位空缺，他们基于我的薪酬必须为 75 美元每小时，因为他们的客户（州政府）支付给他们的是每小时 95 美元。

有两家机构嘲笑我说，我的要求简直荒谬到不值一哂。他们告诉我，他们“不是这样工作的”，他们“从不讨价还价”，甚至于我了解到的薪资结构方面的信息都是“荒唐可笑”的。但是，我一再坚持自己的立场，告诉他们我还有其他选择，而且这是我给他们带来的生意，是我和州政府（也就是这些机构的客户）沟通的结果，我不会让别人从我身上赚到超过 20%的中介费用。

只有第三家员工公司想要继续谈判。他们把价格涨到了每小时 65 美元，我还是以一句“谢谢”礼貌拒绝。几个小时之后，我接到了一个电话，是第三家公司的老板从高尔夫球场亲自打来的。他对我的胆识印象深刻，没想到我居然有“胆量”与他们讨价还价，而且还真能搞到我的报价，所以他愿意满足我的所有要求，因为正如他所说的：“我在这笔交易中没有什么可损失的。”

今天回头再看这件事，我并不会说自己每次都会像这个故事中这么幸运，每次都会成功，但是，我想强调的是：我问了一些貌似难以得到答案的问题，提出了貌似荒诞不经的要求，但是却得到了我想要的。如果我不尝试，我就只能得到每小时 50 美元的报酬，而不是 75 美元，这个差别可是相当巨大的。

你必须要明白，在很多情况下，和你谈判的人，其实在游戏中并没有什么真正管用的底牌可打。当那位项目经理告诉我他们要给人事代理机构制度的费用总额的时候，他会担心什么？其实这件事情并不会影响他的底线。

无论我作为合同制工作人员得到的报酬有多少，他都不得不把这部分项目预算（每小时 95 美元）一分不少地花在我身上。（事实上，暗地里他还是支持我的，鼓励我去跟机构谈判，还想了解谈判结果如何，对此我又是做得如何优秀。）

甚至，对一些招聘机构而言，招聘人员也只是做好手头工作而已，或者他们满不在乎，或者他们太过自大，以至于泄露了他们本应该尽力保全的机密信息。

不管怎么说，关键是你一定要去询问，否则你永远不会知道真相。

为你想要了解的真相而战斗到底，你才有可能得到它。在大多数情况下，最糟糕的情况也不过就是有人说一句“无可奉告”而已。

是聘用招聘人员还是自己搞定一切

在结束本章之前我们需要讨论的最后一个话题非常重要：在求职的时候你是否应该聘用一位招聘人员？

通常情况下，在你申请某个职位的时候，你既可以直接提出申请，也可以通过招聘人员提出申请。也就是说，你可以与招聘人员主动联系，让他们帮你寻找一份工作，而不是靠自己单枪匹马搞定一切。

哪种方式更好一些呢？这取决于几个因素。两种方式都有一些明显的优点和缺点。

首先，你必须要考虑到，有一些岗位是独家委托某个招聘人员或者招聘机构才能去申请的。要想申请这些岗位，你没有别的选择。

此外，可能一些大型人事代理机构已经与某些用人单位建立了良好的合作关系，已经在事实上成为用人单位的指定代理。在这种情况下，如果人事代理机构认为推荐你有利可图，他们就会充分利用自己与用人单位已经建立起来的信任关系，让你很快得到工作岗位。这对于进入大公司工作尤为有效，因为如果走常规的招聘流程可能会有极大的区别。

在谈判薪酬的时候，招聘人员/招聘机构通常也比你自己做得更好，而且通常情况下能把你的薪酬谈得越高，他们的收益也就越大。事实上，在谈判的时候，借助代理机构的力量是非常有效的。通常，如果你能让别人代表你去谈判，你可以得到更高的报价。

缺点是，如果你被一家公司直接雇用，你所得到的薪酬比你能得到的要少，因为公司必须付给招聘人员/招聘机构中介费用。特别是对合同制工作岗位，如果你直接代表自己去谈判薪酬，你很可能会得到更高的小时工资。

如果你认为自己是一个优秀的谈判专家（见第 15 章），你最好直接申请一份工作，而不是通过招聘机构/招聘人员。相反，如果你不是一个优秀的谈判专家，你可能会发现，即使招聘人员/招聘机构会从用人单位为你准备的预算中拿走一部分，你所获得的薪资仍然优于自己谈判所得。

最后，你需要考虑：一个优秀的招聘人员/招聘机构可能会有助于展示出你的最佳状态。非常有可能，他们会帮你修改简历，还可能把你包装成最优秀的候选人，甚至会利用他们获得的一些内部消息帮你顺利通过面试。

总之，我想说，是否聘用招聘机构、招聘人员取决于工作岗位本身，以及你对招聘机构的价值多寡。在求职过程中，一家声望良好、与客户关系良好的招聘机构可能是一笔巨大的财富，但是如果一家招聘机构只会传递一堆简历，总是试图无所事事还要拿佣金，那么他们对你而言就是百无一用。

第三篇

关于软件开发你需要知道些什么

“有些事情，是已知的已知，这些都是我们已经知道的自己所知之事。有些事情，是已知的未知，也就是说，这些都是我们已经知道的自己未知之事。但是还有些事情，是未知的未知，也就是说，我们并不知道的自己不知道之事。”

——唐纳德·亨利·拉姆斯菲尔德[①]

想成为一名高效的软件开发者，你必须知道的事情太多了，时常会令人感到震惊，尤其是对新入行的程序员而言。

编程语言、源代码控制、测试、持续集成、Web 开发、HTML、CSS、设计模式、数据库、调试、方法论、Scrum、敏捷……这一串长长的列表我还可以继续延伸。

要学的东西太多了，以至于如果我想尝试教会你所有这些东西，那么本书一定将成为一套十卷本的大部头（而且会一经出版立刻过时）。

① 唐纳德·亨利·拉姆斯菲尔德（Donald Henry Rumsfeld）1932 年 7 月 9 日出生于美国芝加哥，美国前国防部部长（1975—1977，2001—2005）。他是当代美国最具影响力的政治家和军事战略家之一。——译者注

那么，我们该怎么做呢？你怎样才能学会所有你应该学习的有关软件开发的知识呢？其实，你可以聚焦于尽可能消除“未知的未知”部分。

本篇内容正是关于这个主题的。本篇的目标就是要告诉你，如果想成为一名高效的软件开发者你需要了解的一切内容，不过每块内容我都只是点到为止，不会深入探讨。

如果你是刚入行的软件开发者，本篇的大部分内容对你而言都是全新的。如果你从事编程工作已经有一段时间了，那么本篇内容可以帮你意识到自己知识体系里的空白部分。如果你是一位身经百战的资深人士，本篇内容可能会帮你识别你的弱项。

我的想法是给你一个基本的框架性描述，让你能了解身为一名软件开发者所要知道的所有内容，以便当有人说到“持续集成”或者“Scrum”的时候，你不会感到意外；以便你日后可以填补自己知识体系的空白，把它们从“已知的未知”转化为“已知的已知”，正如上面引用的拉姆斯菲尔德所说的那样。

另外，我还建议你从 Simple Programmer 网站上下载“软件开发者技能评估”工具。这个工具可以看作是一台可视化的“平面显示器”，它可以帮助你识别你还没意识到的自己知识体系上的弱项。

我们将在本篇中涵盖大量的信息，但我们只会浮光掠影般地做一下全景式扫描，所以你大可不必感到不知所措。

记住，本篇的目标并不是一定要学会所有的东西，而是只提供一些基本的信息，并真正尽可能消除你自身知识体系上的“未知的未知”部分。

现在，就让我们一起出发吧。

第21章

走马观花：编程语言概述

通常，新入行的开发者认为，知道大量的编程语言是很重要的，然而事实并非如此。

虽然我认为大可不必成为每一门编程语言的专家，但是我依然坚信，对主流的编程语言要有所了解，并且知晓它们之间的差异还是非常必要的，这样你就可以清楚地知道每种语言工具可以用来做哪项工作。

在本章中，我将介绍我认为你应该熟悉并且可能会用到的主流编程语言。当然，这只是基于我个人的认知，肯定会有一些疏漏。

我知道很多人会不同意我的观点，但我对编程语言的看法来自我使用它们的经验。我相信，即使你不完全同意我对编程语言的选择和对它们的描述，你也会发现大多数有经验的开发者至少会同意我在这里所说的 75%的内容。正如你可能已经了解的，在软件开发领域，75%意味着人们的信心指数已经很高了。

此外，你还会注意到，本章的讨论中没有把类似 COBOL、Ada、Fortran 等编程语言列入其中，这是因为即便有人还在坚持它们也是主流的编程语言，但是今天你是不会经常看到它们了，所以我认为不值得在这里讨论它们。

如果你想要一份完整的编程语言列表，你可以上维基百科上浏览。

C

C 语言最初是由贝尔实验室的 Dennis Ritchie 于 1969—1973 年间创建的，C 语言是当今仍在被使用的古老编程语言中的一种。尽管它已经被人们使用了很长时间，但今天它依然深受欢迎，可以说是全世界使用范围最为广泛的编程语言。如今的许多其他的主流编程语言都起源于 C。

事实上，如果你学会了用 C 语言编写程序，你可能会发现学习其他语言（如 C++、C#、Java、JavaScript 以及其他语言）将变得非常容易。

因为 C 语言功能非常强大，所以它也是一种学起来颇为棘手的语言。C 语言工作在非常底层的位置，它允许开发者直接访问计算机的内存，操纵计算机的许多底层部件。你会发现 C 被广泛应用在操作系统、底层硬件、嵌入式系统等方面，甚至还有很多老款游戏。

C 语言通常被认为是面向系统的编程语言。

C++

C++是一种经常与 C 混用的编程语言，这主要是因为许多 C++程序员没有掌握 C++语言中“面向对象”的概念，所以只能写出所谓“具备 C++语言一些特性的 C 代码”。如果你正维护某些用 C++编写的古老的系统，你可能会看到大量这种类型的代码。

从技术上讲，C++是 C 的超集，这意味着 C 程序可以在 C++编译器编译成功（尽管会有一些例外情况）。

C++是由贝尔实验室的 Bjarne Stroustrup 创建的，用以扩展 C 语言，以便融入 Simula[①]中的一些功能强大的面向对象特性，如对象、类、虚拟函数和许多其他特性。

今天，C++仍然被广泛应用，特别是在游戏开发中，而且它还被一直持续更新着，现在被称为“现代 C++”。

但是，C++是一种非常复杂的语言。我不建议初学者从 C++这种高复杂度的语言开始学习。它就像手榴弹一样威力强大，但就像人们说的那样，一不留神也会炸断你的双脚。

C#

C#一直是我最喜欢的编程语言之一，因为它功能强大、使用简便。我觉得 C#是一种设计优雅的语言。即使在今天，它的发展和演进速度似乎也相当迅速。

C#最初是微软专门为.NET 运行时（.NET Runtime）开发的旗舰语言。它是由 Anders Hejlsberg 创建的，他还深度参与了 Delphi 和 Turbo Pascal 语言的创建工作。

---

① 这里应该指的是发布于 1967 年 5 月 20 日的 Simula 67 语言，它是公认的最早的面向对象程序设计语言，引入了所有后来面向对象程序设计语言所遵循的基础概念——对象、类和继承。Simula 67 语言由挪威科学家 Ole-Johan Dahl 和 Kristen Nygaard 创建。——译者注

最初，C#与 Java 非常类似。事实上，它被称为“Java 的副本”。这种说法我并不反对。事实上，我之所以开始学习 C#就是因为我了解 Java。在我看来，它们几乎是一模一样的，只是有几个细微的差别。

不过，近年来 C#和 Java 的区别越来越大。不过，我还是要再说一遍，如果你学会了这两种语言的一种，那么你其实已经学会了另一种语言的 90%。

C#是一种面向对象的语言，表达方式类似于 C++，但是要比 C++简单得多，而且现在还具备许多函数式特性。

Java

Java 和 C#非常类似，但是它的年代更为久远。因此，从技术上讲，应该说“C#和 Java 非常类似”。

Java 是 Sun 微系统公司的 James Gosling 在 1995 年创建的。Java 的理念就是“一次编程，到处运行”，即 Java 运行在虚拟机上，而虚拟机可以运行在任何计算平台上，这样使用 Java 编写的程序就能够轻地实现跨平台运行。

Java 也是面向对象的语言，主要语法基于 C 和 C++，但是与 C#一样，Java 也非常简洁，不允许直接对内存进行操作，也不允许其他可能带来麻烦的对底层构造的操作。

如今，Java 版权归 Oracle 公司所有，并且依然在发展壮大中。不过，它现在由一个委员会负责管理，委员会的成员倾向于放慢 Java 更新的速度。

Python

Python 是我希望有一天能够深入研究的语言之一。这是一种非常优雅且简洁的语言，它的核心目标之一就是提高语言的可读性。

Python 是在 1989 年由 Van Rossum 创建的，他在 Python 社区里被称为“仁慈的终身独裁者”。

Python 可以以面向对象的方式编写，也可以以过程式甚至函数式的方式编写，它是一种解释型语言，这意味着实际上它不被编译。

与 C、Java 和 C#相比，Python 代码通常要简洁得多，因为可以用更少的代码行来表示更多的语义。

据我所知，如今 Python 非常流行，并且越来越深受欢迎。它也是谷歌使用的主要编程语言之一，并且非常适合初学者学习和掌握。

Ruby

Ruby 也是一种非常有趣的语言。

Ruby 实际上是由 Yukihiro“Matz”Matsumoto 于 1993 年前后在日本创建的。（我很荣幸，Matz 是《软技能：代码之外的生存指南》日文版的审稿人。）

Ruby 的思路是创建一种面向对象的脚本化语言。然而，直到最近几年，Ruby 才真正开始流行起来，成为一种主流的编程语言。

Ruby on Rails（RoR）是 Ruby 得以成功推广的重要催化剂之一，RoR 是由 David Heinemeier Hansson（也被尊称为 DHH）于 2003 年创建的。

从那时候起，Ruby 的流行程度才有所上升。今天，它仍然是一种非常流行的编程语言，因为用它编程，轻松简单、乐趣无穷。事实上，这也是 Matz 设计 Ruby 语言时追求的主要目标。

你会发现许多编程训练营都将 Ruby 作为主要的编程语言，因为 Ruby 是一种对初学者非常友好的语言。

JavaScript

这里还要提到另一种非常有趣的编程语言，它就像打不死的小强一样，一直身处主流编程语言之列。

JavaScript 始于 1995 年，最初是由布兰登·艾奇（Brendan Eich）在短短 10 天之内创建出来的。因此，可以想象，这么短时间内创造出来的语言一定问题多多。JavaScript 看起来有点儿像 C#，也跟 Java 和 C++类似，但是它的行为跟它们却大相径庭。

JavaScript 最初被用作用于开发 Web 的一种简单的脚本化语言，但我确信，你已经发现了，如今它已经成为 Web 领域的主要开发语言，而且大有超越 Web 领域之势。

新版本的 JavaScript，或者更准确地说，ECMAScript，已经修复了 JavaScript 的许多缺陷，使其更加适合大规模。

因为它的应用范围如此广泛，所以今天几乎每一个 Web 开发者都必须要对这种语言有一定程度的了解。

向 John 提问：为什么 JavaScript 设计得不是很好还能成为一门流行的 Web 开发语言呢?

这其实是一个很好的问题。

我想要说的是，JavaScript 之所以能够大行其道，其实与语言设计得好坏无关，也与它是否适合 Web 开发无关，真正的原因在于是它的方便性，以及它生逢其时。

在刚开始有 Web 应用的时候，几乎每一种浏览器都内嵌了 JavaScript，它主要被用于完成一些简单的操作，比如显示弹出窗口或者对话框，并不像今天这样。而且，JavaScript 并不需要编译，因为它是一种解释型语言。

这就意味着，这种语言可以嵌入浏览器内运行，每次只需要执行一个命令而不必预先编译好。对 Web 环境而言，这相当方便，因为 JavaScript 可以与 Web 页面一起交付，并在浏览器内执行。

随后，其他技术，比如 Flash 以及其他一些脚本语言，也出现了。有些人会认为它们更加优秀，但我认为 JavaScript 最终还是赢家，因为你会发现它无处不在，所以 Web 开发者至少需要了解 JavaScript 的基础知识。

Perl

尽管 Perl 已经不再像以前那么风光无限，但它仍然是一种被广泛使用的语言，特别是在 Unix 脚本化空间中。

实际上，Perl 最初就是作为 Unix 脚本化语言由 Larry Wall 在 1987 年创建的。

当基于 Web 的应用开始出现的时候，Perl 因其灵活性和能够解析字符串的超强能力而广受欢迎，这使得它非常适合编写 CGI 脚本。（如果你不知道 CGI 是什么，那也不用担心，而且你应该觉得自己很幸运。）

我一直有点儿讨厌 Perl，因为我发现它是一种难以阅读的丑陋语言。但是，尽管我对这种语言心有腹诽，然而我还是不得不承认，Perl 被设计得如此精准，所以它被誉为“像瑞士军刀一样可以精准分割的脚本语言”还是名副其实的。

Perl 非常灵活，功能非常强大。只不过，如果我或者其他人用 Perl 写好一段程序，两天后自己都会看不懂。

PHP

这是一种让人爱恨交织的语言，包括我自己。

PHP 并非一种设计优雅的语言。事实上，在我看来它还有点儿“脏”，但它和 JavaScript 一起，支撑了今天绝大多数的 Web 应用开发。

脸书最初就是用 PHP 写的，广为流行的博客软件 WordPress 也是用 PHP 写的。许多广受欢迎的网站至少在起步的时候都是用 PHP 写的，甚至很多网站至今仍然是用 PHP 写的。

PHP最初是由Rasmus Lerdorf于1994年创建的，实际上在2014年之前它并没有任何严格形式的书面规范。（是的，你没看错。）

PHP的设计者从来就没有打算让它成为一门编程语言。它只是一组动态工具，用来帮助构建简单的网页，但所谓“虎兕出于匣”，一旦PHP被设计出来，它的发展就不会只顺从设计者当初的设想了。

尽管PHP存在这样或者那样的缺点，但是易于学习和使用——尽管PHP里面也有许多盘根错节的小道会让使用者迷失其中。

PHP并不是我喜欢的语言，但许多初学者都是从修改已有的PHP代码开始的，这样可以磨炼自己的韧劲。

Objective-C

这是另外一种在短短几年内就从默默无闻登上了大雅之堂的语言。

Objective-C最初是由Brad Cox和Tom Love在20世纪80年代初创建的。基本的设计思路是把Smalltalk里面向对象的特性添加到C语言里。

后来，Objective-C被广大程序员遗忘了，几乎都已经消逝了。然而，苹果公司又把它重新捡了起来，决定在Mac OS X操作系统上使用它。

尽管如此，它还是没有广泛流行，因为只有Mac开发者才会真正使用这种语言。一直到Apple推出了iPhone和iOS，它们吸引了数以百万计的新程序员来跟这门语法奇特的语言开始死磕。

我就是这些程序员中的一员，我必须要学会Objective-C，以便于把我的第一个Android应用程序移植到iOS上。我不得不承认，我不太喜欢这种语言。它的学习曲线弧度很高，想做最简单的事情也得经过相当长时间的学习。

幸运的是，iOS开发者今天不必非得学Objective-C了，因为有一门稍微友好一些的语言出现了，那就是Swift。

Swift

这门编程语言是苹果新一代iOS上应用的旗舰语言。

我承认，在撰写本章的时候，我还没有摆弄过Swift。不过，如果我现在再开发iOS应用，我肯定会学学这门语言。

Swift是一种被特意设计出来与苹果的Cocoa和Cocoa Touch框架(用于iOS和OS X开发的框架)一起工作的程序设计语言。它也被特意设计成易于与大量现存的Objective-C代码集成在一起。

Swift 支持 Objective-C 的许多流行的特性，使 Objective-C 不但变得更加动态、更加灵活，而且还比 Objective-C 简洁易用许多。

如果今天你要投入 iOS 开发，我建议你考虑跳过 Objective-C 直接学 Swift。

Go

Go 语言是谷歌公司创建的一种相对较新的编程语言。

我非常喜欢它，因为它很简洁也很强大。（我创建了一个关于 Go 语言的课程，你可以在 Simple Programmer 网站上找到它。）

Go 语言是由 Robert Griesemer、Rob Pike 和 Ken Thompson 于 2007 年创建的，与 C 语言非常类似，但是与 C 语言相比也有很大程度的补充和简化。

与 C 不同的是，Go 具有垃圾回收的功能，所以你不必操心内存管理。它还内置了一些并发编程的特性，使其具有极强的性能，并发特性随之也成为该语言的招牌特性。

当你开始使用它来编程的时候，你一定可以感受到它的语法的简洁程度，你也一定会认为它是一种设计得很优秀的语言。

和 C 语言一样，Go 语言主要也是一种面向系统的编程语言，但它也正在被扩展到更多的应用领域，包括 Web。

Erlang

Erlang 是一种功能强大、非常有趣的编程语言，具有分布式和并发的特点。它还支持代码的热交换，你可以更改应用程序中的代码而不停止运行它。

它最初是由爱立信的 Joe Armstrong、Robbert Virding 和 Mike Williams 于 1986 年创建的，在 1998 年被开源。该语言最初是为帮助改善电信应用程序的开发而创建的，因此才会具备“代码热交换”特性，因为你肯定不能忍受电信级应用程序中止运行。

Erlang 很容易被认为是当今编程世界里最为健壮的编程语言（和编程环境）。

Haskell

从本质上讲，Haskell 是一门非常学术性的编程语言。

Haskell 是一种纯函数式编程语言，它最初是作为一种开放标准设计的，应用于在 1987 年间存在的少数几种函数式语言。它的设计理念是将当时已有的几种函数式语言整合成一种函数式语言，用于函数式编程语言的设计研究。

不管你信不信，Haskell 1.0 是在 1990 年由一个委员会设计的。近年来，Haskell 越来越广受欢迎，并不仅限于学术界。

由于 Haskell 是一种纯函数式语言，具备强大的静态类型系统，因此学习和使用这门语言非常困难。但它同时也是一种非常强大的编程语言，可以产生高度可预测的代码，没有任何副作用。

忽略细节

再强调一次，我想重申一下关于上述所有编程语言的一些东西。

显然，如果你最喜欢的编程语言不在此列，原因可能是下面两者之一：一是我对年代很敏感；二是我的认知充满偏见。

我把有关上述编程语言的细节也一带而过了，因为我不想卷入静态语言与动态语言的纷争，也不想陷入面向对象语言和过程式语言与函数式语言的大战。如果你想深入探讨这个话题，我建议你在我的博客上阅读“类型与编程语言”（Types and Programming Languages）。

事实上，在如今的编程环境中，许多编程语言并不能按照固有的分类方式来打标签的——是静态还是动态的，是面向对象的还是函数式的，因为许多语言混合了多种特性。

相反，你只需要对当前都有哪些主流编程语言有一个概念，对每一门编程语言建立起一个快速的印象。这样，如果你对其中某一门语言感兴趣，可以再去深入探索。

向 John 提问：但是你没有列出我最喜欢的编程语言啊！Rust 呢？Cobol 呢？还有 Scala 和 Lisp！我需要了解它们，我需要了解什么是解释型语言，什么是脚本，什么是编译器……

别急，别急，深吸一口气，数到 10，现在呼气。

现在我来向你解释一下。

你的诉求我都听到了。我在前面已经解释过了，我对前面要介绍那些语言其实是有偏见的，我可能并没有把你最喜欢的语言包括在内。不过，这一切都是善意的。本章的目的并不是告诉你编程世界里可能会存在的每一门编程语言，而是向你概括介绍其中一些主流的编程语言。是的，只是一些。

而事实是，你也并不需要了解每一门语言。

我知道 Baskin-Robbins[①]有 31 种口味，但这并不意味着，你在做出决定要买哪种口味之前需要拿着一只粉红色的小汤匙尝遍每一种口味。

---

① Baskin-Robbins（美国 31 冰淇淋）是 Burt Baskin 和 Irvine Robbins 二人创立的冰激凌全球连锁店，成立于 1945 年，因其主打概念“每月 31 天，每天一个口味”而著称于世。——译者注

因此，别担心。如果你看到前面的讨论中缺少了某种语言，也没有关系。如果你对哪门语言真的感兴趣，那你不妨自己查一下它。

至于我的观点，我不过是想让你浅尝辄止，对那些风靡软件开发界的编程语言建立起初步的认知。至于解释型语言、编译器、静态类型和动态类型等这些佶屈聱牙的概念，没错，理解这些概念的确很重要，但是要想把它们解释清楚可不是短短一章的篇幅能够做到的。

本书这一篇的重点是让你知道你需要知道的东西，这样你就可以在心目中勾勒出一幅蓝图，以便今后可以更深入地研究这些东西。

因此，不要误会我，我之所以没有谈论编程语言的工作机理，并不是因为我认为它不重要。这些东西绝对重要，只不过关于编程语言设计理论的著作随手一抓一大把，这些书才是深入涵盖所有概念和理论的典籍。

好吧，我们就此结束对编程语言走马观花式的简要介绍。接下来让我们讨论一下软件开发工作的不同类型，以及软件开发者的不同类型。

第22章

知难而进：什么是Web开发

首先，我得开诚布公地告诉你：我并不是Web开发的超级粉丝。不过，也别误会我。我做过很多Web开发的工作。只是，与开发桌面应用和移动应用相比较，Web开发实在是……该怎么形容呢……实在是让人有点儿牵牛下井的感觉。

一般来说，你在做桌面开发或者移动开发的时候，你对运行环境长什么样子了如指掌。例如，如果你正在构建一个Windows应用，你可以使用.NET；如果你正在为macOS构建一个应用，你可以使用Objective-C。但无论哪种情况，你都知道你的应用需要支持何种操作系统的哪一个版本，你也明确知晓可以使用哪种语言的哪些特性。

但是，当你进入Web开发领域的时候，情况就发生变化了。你对运行时环境没法有太多的控制，因为在Web浏览器的世界里至少有5个主要的成员，即Microsoft Internet Explorer、Microsoft Edge、Google Chrome、Apple Safari和Firefox，还有其他许多“小众”浏览器，如Opera，以及移动设备浏览器、“网络”电视、视频游戏控制台等。

因此，你瞧，Web开发中有很多种情况都要考虑到，有很多种风险因素都会导致错误。对此你已经手忙脚乱、无所适从了，对吧？

单这还不算完，人们使用的所有这些浏览器都还各自有林林总总的无数个版本。Web开发非常棘手的原因就是，每一种不同的浏览器都有不同的版本，每一个浏览器的每一个版本都可以支持不同的特性和行为。

然而，无论你喜欢还是憎恨，身为一个软件开发者，你必须要对Web开发有所了解，至少是在基础知识的层面上。

事实上，今天，大多数软件开发者都是Web开发者。这就是现实，Web开发已经全面占领了软件开发世界，它是开发平台中的龙头老大。

桌面开发曾经占据霸主地位，但是，如今越来越多的应用已经转移到 Web 开发上，或者至少是基于 Web 的技术平台，而且这种趋势还在愈演愈烈。

尽管移动开发的发展势头迅猛，但是 Web 开发仍然至关重要，因为随着手机和平板电脑等移动终端功能日趋强大，通过构建运行于浏览器上的 Web 应用去创建出跨平台应用程序也将变得越来越容易。

这意味着，不管你是否打算成为一名 Web 开发者，你都需要熟悉 Web 开发、Web 的工作机理以及 Web 开发涉及的主要技术。

在本章中，我们将介绍其中的一些基础常识。

简短的概述

多年来，Web 开发本身及其实现方式都发生了天翻地覆的变化，但是有一件事至今仍然没有改变：Web 开发就是要创建可以在 Web 浏览器中运行的应用程序。

这其中，一些应用程序的逻辑会驻留在 Web 服务器上，然后通过渲染 HTML、CSS 和 JavaScript 等方式来创建应用程序；另外一些应用程序只使用服务器来创建它们的初始状态，应用程序在运行的时候会下载逻辑，然后使用服务器来检索和存储数据。

不管 Web 开发是通过上述哪种方式完成的，基本的技术套路都是相同的：HTML、JavaScript 和 CSS，以及我不得不重点强调的——强大的耐心！你需要测试所有的 Web 浏览器，而所有这些浏览器都是你必须支持的。

今天，Web 开发者需要使用各种主流编程语言来创建 Web 应用程序。这是因为，Web 应用程序的用户界面实际上只是 HTML 和 CSS 形式的纯文本，可以由任何能够生成文本和响应 HTTP 请求的编程语言生成。（注意，任何一门编程语言都可以。）

另一种纯文本文件格式 JavaScript 如今也被用来通过 DOM（Document Object Model，文档对象模型）来操纵 Web 浏览器中的 HTML。DOM 是浏览器中网页的表现方式，它可以用于直接更改在浏览器中显示的用户界面，并且无须直接创建新的 HTML 或 CSS 代码。

Web 的工作机理

如果你对 Web 的工作机理连基本的了解都没有，就很难理解什么是 Web 开发。虽然这些年来很多事情随着情势发展都发生了变化，但是 Web 的基本功能与其底层技术基本保持不变。

你可以把本章内容看作是对 Web 工作机理的一个简明扼要的讲解，是关于 Web 工作机理的科普文章。

首先，让我们来聊聊 Web 浏览器。Web 浏览器能够解析 HTML 和 CSS 代码，并将其渲染为可见的格式，我们称之为 Web 页面（网页）。Web 浏览器还能够执行 JavaScript 脚本，完成各种各样的功能，包括修改网页的底层结构。Web 浏览器必须向 Web 服务器发送请求才能获得要渲染的网页。这是通过著名的超文本传输协议（Hypertext Transfer Protocol，HTTP）来完成的。

当对特定资源的请求，即统一资源标识符（Uniform Resource Identifier，URL），被发送到 Web 服务器时，该 Web 服务器将会查找请求的内容，如果请求的内容存在，就向浏览器发回响应。最后，浏览器解析并渲染该响应的内容，这就是最终用户在 Web 浏览器中看到的。

当然，这些还只是表面的内容，但是基本思想就是 Web 浏览器发出请求，Web 服务器通过返回 HTML、CSS 和 JavaScript 进行响应。

如果你想做 Web 开发，为什么知道这些是至关重要的呢？因为正如你所能想象到的，开发 Web 应用程序的思路必须与开发普通桌面应用程序的思路略有不同。

在桌面应用程序的开发过程中，当切换到应用程序的其他页面或者其他部分时，你可以在内存中保存各种状态，并且能够访问这些状态数据。在开发 Web 应用程序的时候，你必须要考虑到，底层 HTTP 其实是无状态的。因此，Web 应用程序必须对应用程序中发生的每一步操作不断地向服务器发出请求。（我这里表述得非常笼统，但是实际情况基本就是这样的。）

这也就意味着，你必须以某种方法来管理处在请求之间的应用程序的状态，并且需要跟踪同时使用 Web 应用程序的各个用户。

虽然有一些框架和模式可以让这一工作更容易，但是一定要理解 Web 开发与其他类型的开发存在很大的不同，特别是 HTTP 的无状态性和客户端-服务器之间的持续交互性。

听起来像是一个复杂的编程过程，而且应用程序运行时的管理也是非常困难的，我们很容易会想到一系列问题：如何实现这一目标？现代 Web 技术从何而来？为什么我们要使用我们正在使用的这些技术？

Web 简史

Web 开发起源于一个与当前的应用领域截然不同的地方。

早期的 Web 开发者要花大量时间创建静态 HTML 页面，甚至所有的导航都是依靠超链接来完成的。

早期的 Web 开发者并没有创建真正的“应用程序”，他们创建的都是一组静态网页，其中包含一些信息和图片，所有这些都是用超链接相互连接在一起。

这一切真的很无聊，而且一点也不酷炫。其实，当时也没有真正的 Web 开发者，只有网站管理员，我就是其中之一。我 16 岁的时候，曾作为暑期工为美国空军工作。回想起那些日子，真是一言难尽……当然，那段时光其实很短暂。

需要有一种方法使网页的交互性更强。

早期 Web 开发者之间的谈话可能会是这样的："如果有人把他的名字输入一个文本框，点击一个按钮就能弹出来一句话：'嗨，John，你可真有才。'这是不是很酷呀？"（注意：我重复一遍，这可不是我制作的第一个交互式 Web 页面。我只是以这个为例而已。）

能够有条件、有选择地呈现出某些内容而不是其他内容，进而能够开始跟踪状态，这就很酷了。

如今的网页不仅可以说"嗨，John，你真有才。"，还可以在我加载下一页面的时候记住我是 John（以及我是多么有才），从而给我渲染一个完全与众不同的网页，专供像我这样有才的网站管理员使用。

最早用来创建 Web 应用程序的是一种称为通用网关接口（Common Gateway Interface，CGI）的技术。这些应用程序可以使用浏览器发送到服务器的数据（如查询字符串）有条件地生成 HTML。但这并不容易，因为 Web 开发者必须自己解析从浏览器获得的所有请求，并生成独立的响应，从而确保正确实现 HTTP，进而生成有效的 HTML。

当 Web 开发框架开始出现之后，这一切就变得轻松了。你可能听说过 ColdFusion 或者 ASP 这样的技术。这些都是一些早期的 Web 框架，它们使动态生成 CGI 和 HTML 变得更容易。

当下，Web 开发者可以使用特殊的标签、标记以及逻辑生成符合条件的 HTML。Web 开发的事情变得容易了，简直容易多了。这种技术就像一种模板语言，第一次允许大量开发者（对不起，应该称呼他们为"站长"）创建出真正的 Web 应用程序。

但遗憾的是，还需要有另一种方法使网页更具交互性。

最终，随着浏览器技术的发展和计算机的运算速度的加快，以及对更复杂的应用程序的需求的不断增长，Web 开发者开始使用 JavaScript 来扩展许多 Web 应用程序的功能。

大约在同一时间，Web 开发者开始使用 CSS（Cascading Style Sheets，级联样式表）来简化 Web 应用程序样式的创建和修改。HTML 负责定义内容，CSS 负责内容的布局和样式。

但是，Web 开发者和用户从来都不会安于现状，永远不会对动态生成的样式风格的网页感到满意，所以他们不得不孜孜以求他们需要另一种方法使网页的交互性更强大、更酷炫。你尽可以把这个过程想象成为 Web 开发技术的"军备竞赛"。

要想渲染服务器上的所有内容，速度肯定很慢，并且响应性也不强，因此 Ajax（异步 JavaScript 和 XML，即 Asynchronous JavaScript and XML）等技术应运而生，这些技术允许网页动态更新而无须刷新页面。

最终，整个 Web 应用程序都成为动态构建的，根本不需要任何页面刷新动作。这种类型的 Web 应用程序被称为单页应用程序（Single Page Applications，SPA）。

我们很想知道，随着网络技术的不断发展和不断演进，接下来又会发生什么。但是，看起来 Web 应用将会义无反顾地演变得越来越像过去的桌面应用程序，而 Web 浏览器则会演变成越来越像一个实际的操作系统。

事实上，这已经成为现实，谷歌已经创建了一个基于 Web 的被称为 Chrome OS 的操作系统，这个操作系统基本上就是 Web 浏览器 Chrome 升级而成。

以上就是 Web 的简要历史，当然这里只是介绍了一些皮毛。

主流的 Web 开发技术

现在你已经掌握了 Web 的工作机理，也对 Web 开发技术如何随着时间的推移而发展壮大的历程有所了解，接下来让我们谈谈你可能会遇到的几种最常见的 Web 开发技术。

HTML

这是 Web 开发的关键基石。HTML（Hypertext Markup Language，超文本标记语言）是 Web 的基本组成部分，所有的 Web 开发归根结底都是基于它的。

只使用 HTML 你就能构建整个 Web 应用程序，尽管它能完成的工作并不多（我大概只会将其称为网页）。HTML 用于创建网页的内容和结构。

HTML 由一系列标签组成，这些标签定义了网页的部件和组件。例如，你可以使用<img>标签在页面上嵌入图像，可以使用<h1>标签来创建标题，还可以定义一个<article>标签来告诉浏览器页面的主要内容位于哪里。常用的标签有几十个，不常用的标记还有更多，都被用于组织内容和构造文档。

Web 浏览器将解析 HTML 并与 CSS 和 JavaScript 一起使用它来渲染页面。

CSS

在 CSS（Cascading Style Sheets，级联样式表）诞生之前，HTML 既用于指定网页的内容和结构，也用于规定应该如何显示和样式化。

这就出现一个问题：如果要改变 Web 应用程序的样式，例如，为了使所有按钮都变成不同的颜色，或者需要更改字体大小，HTML 必须在应用程序的许多地方进行更改。

CSS 就是为了解决这个问题而发明的，它将网页的内容与样式清晰地分离开来（尽管这两者有时是会重叠的)。CSS 可以链接到网页中，用以定义网页的样式。

整个 Web 应用程序可以链接到一组 CSS 页面上，这组页面设置整个 Web 应用程序的样式。如果想改变按钮的颜色，你只需修改一个 CSS 文件，整个 Web 应用程序的按钮都会随之改变。这项技术的用处可大了。

如果你擅长使用 CSS，可以做很多事情来改变网页的呈现方式，像素的出现或消失，改变像素的位置，调整大小，改变字体，以及其他所有你能想象到的东西。

但是 CSS 并不是没有局限性和问题的。写出易于维护、组织良好的 CSS 是一项极富挑战性的工作，写出能够让其他开发者易于理解的 CSS 更是如此。

与编程语言不同，CSS 并不支持变量、函数或其他形式的封装。这就意味着你需要在任何必要的地方重复你的颜色规范，而不是使用变量来定义。这还意味着你不得不重复一些元素，如边框的大小和间距，因为你不能用函数来配置这些元素。

未来，新版本的 CSS 会采纳上述很多这样的想法，但这需要很长时间才能够得以实现。

向 John 提问：CSS 预处理器又是什么呢？我的朋友一直在谈论它们，但我不太明白它们是什么。

这并非是你必须要了解的内容，不过……值得注意的是，现在许多 Web 开发人员都使用 CSS 预处理器。

你问 CSS 预处理器是什么？它有点儿像 CSS 的魔法棒，因为它会让你更易于以更加轻松的方式编写 CSS，而不是重复设置。

当你编写一个大型 Web 应用程序时，维护该应用程序的所有 CSS 可能是很大负担，而且大部分 CSS 都是重复的，因为你必须在许多地方定义相同的东西。这时，CSS 会变得异常复杂。

但是 CSS 预处理器允许你以更接近编写常规代码的方式来编写 CSS，执行各种整洁的操作，如赋值变量、执行循环，甚至复用你已经定义的大部分 CSS。

总体来说，CSS 预处理器使你的 CSS 代码更易于维护，减少了重复，可以为你节省大量时间。

JavaScript

当 JavaScript 刚出现的时候，它是一个很新奇的东西，人们用它来在网页上做一些非常基础的事情，但如今 JavaScript 已经演变成 Web 开发中的重要角色。

JavaScript 是一种功能齐全的动态语言，它可以直接在 Web 浏览器中执行。它使网页更具交互性，允许对网页及其内容进行编程操作。它可以直接与网页的 DOM 交互，以便添加、删除和更改内容。它可以添加、删除和更改 CSS，以更改页面上内容的显示格式。它还可以直接在浏览器内运行一个完整的应用程序的逻辑和处理过程，以创建业务应用程序、游戏、视觉效果、动画等。（事实上，曾经流行的对系统资源占用很大的游戏 Doom 已经被移植到了 Web 浏览器上，并用 JavaScript 实现了。是不是大吃一惊？不过这是真的。）

通过使用 JavaScript 来操纵 DOM 和 CSS，可以通过编程方式更改整个网页的结构和样式。所有这些都发生在浏览器中（除非你使用的是 Node.js 这样的技术），它在服务器上运行 JavaScript 来实际解析请求并发回响应。

但是，在浏览器中运行一个完整的应用程序也有一些局限性，其中最大的局限性莫过于你必须要得到浏览器的支持。如果浏览器不支持 JavaScript 工作所需的特性，则可能需要将创建和操纵 HTML 的程序驻留在 Web 服务器上。（心疼你三分钟。）

以上就是我们通常所说的浏览器中的“服务器端渲染”与“客户端渲染”。不过，“服务器端渲染”和“客户端渲染”之间的差异可能会让人感到非常困惑。

服务器端渲染

在最简单的 Web 开发模型中，所有 Web 页面都在服务器上完成渲染，然后与该页面相关的所有 HTML、CSS 和 JavaScript 被一股脑儿地发送到 Web 浏览器，在浏览器中完成解析并显示给用户。

服务器端渲染意味着页面完全由服务器上的逻辑负责构建。因此，通过服务器端渲染，应用程序的逻辑几乎完全驻留在服务器上。正如我们在“Web 简史”一节中所说的，这是早期大多数网络应用程序的工作方式。

尽管在使用了各种 JavaScript 框架之后，服务器端渲染技术甚至也可以用于客户端渲染，但今天，ASP.NET 或 PHP 等技术仍然主要使用这种服务器端渲染方式。

客户端渲染

随着浏览器和浏览器中的 JavaScript 引擎的能力日益强大，已经出现了一种被称为客户端渲染的强大趋势。

客户端渲染意味着网页的内容是通过 JavaScript 在浏览器中构造的，而不是在服务器上。

向 John 提问：这也许是个很愚蠢的问题，但你一直在谈论 JavaScript。除了 JavaScript，我还有其他选择吗？

首先，没有愚蠢的问题，只有好奇的笨蛋。

但是，在这种情况下，你的问题是百分之百完全有效。事实上，我已经多次问过自己同样的问题，或者稍加改变，变成感叹为什么当 JavaScript 语言的某些艰深晦涩的特性使我的应用程序出现 bug。

最坦诚的答案就是：是的，是有很多其他选择，但非常不幸，它们都不具备现实意义上的可用性。

实际上，除了 JavaScript，你还可以使用其他语言进行编程，但实际上，大多数所谓“JavaScript 的替代品”在浏览器中运行之前都会被编译回 JavaScript。

实际上，这类语言有很多，如 CoffeeScript、TypeScript、Babel、Elm、Dart，甚至还有 ClojureScript 这样的函数式语言。其中一些语言实际上是被设计成在某些浏览器直接运行的，如 Dart，但是它们中的大多数都很乐意在 Web 浏览器中运行之前被编译，转换成 JavaScript。

我们不打算在这里讨论细节，但是如果你对 JavaScript 的替代者感兴趣，那么肯定会找到很多。

只是，你要知道，最终，无论你选择用什么编程语言来编写你的 Web 应用程序的客户端逻辑，它都很有可能被编译回 JavaScript。

使用客户端渲染，你大体上可以这样认为：Web 服务器将应用程序交付给浏览器，浏览器在内部执行该应用程序以渲染页面、创建导航，并从服务器请求任何附加数据。

在幕后，JavaScript 被用来创建和操纵 DOM 元素，甚至生成 Web 页面（在这种情况下它们被称为 Web 应用程序）中的 HTML 或 CSS。

正如你所想象的，对最终用户来说，使用客户端渲染实现的页面看起来更加行云流水，因为客户端无须向服务器发送请求来渲染新页面。客户端向服务器发出的唯一请求的是附加数据，然后动态地“插入”网页中。

这就是某些客户端渲染的应用程序称为 SPA（Single Page Application）的原因。通常客户端只有一个页面，而该页面的内容被动态更新。

这两种技术甚至可以在一个 Web 应用程序中被组合使用，用户界面的某些部分以客户端渲染呈现出来，而其他页面则使用服务器端渲染方现。

不过，当你在浏览器中创建内容时，仍然需要在服务器上以 HTTP API 的形式驻留部分逻辑和进程。

API

今天，作为一名 Web 开发者，你需要了解 API（Application Programming Interface）。

在 API 被用于 Web 开发中时，它只是一些命令的规范，一个程序可以发送这些规范让另一个程序做一些事情，或者返回一些数据。通常，SPA 都使用 API 来回发送数据。API 的这项特性在客户端渲染的应用程序中尤其有用，因为它们需要以某种方式来发送和接收数据，与应用程序的“大脑”保持通信，而后者通常运行在服务器上。

通过服务器端渲染，渲染是在 HTML 被发送到浏览器之前在服务器上进行的，因此应用程序在服务器上执行的时候，只能获取它所需要的任何数据。通过客户端渲染，应用程序在浏览器内执行，因此需要一种与服务器进行通信的显式方式。这就是 API 出现的原因。

在本章中，我们不会深入研究这些内容，但是你要注意，今天 Web 开发中的很大一部分工作内容都涉及与 API 的交互和针对 API 编程，这就是众所周知的 Web API。

非常基础的内容

现在你对 Web 开发技术已经有所了解了。这些都是有关 Web 开发非常基础的内容，当我说“非常基础”的时候，我的意思的确是“非常基础”。我们甚至没有讨论 HTTP 为什么是无状态的，我们也没有讨论缓存、数据库和可伸缩性、解析与页面渲染，以及现存的许许多多 JavaScript 框架。

如果你决心成为一名 Web 开发者，这些是你需要知道的所有知识，我希望本章能够给你提供一个“万丈高楼平地起”的起点。

接下来，我们将进入我个人最喜欢的开发领域——移动开发。

（我要特别感谢我的好朋友 Derick Bailey，他帮我修改了本章的内容，填补了我对时下和从前的 Web 开发技术认知上的空白。Derick 是 Web 开发方面的专家，他在 Watch Me Code 网站上讲授错综复杂的 JavaScript，所以我请他修改本章的内容。当然，本章中所有的幽默笑料的所有权仍然归我所有。）

第23章

蓬勃发展：移动开发

移动开发一直都是软件开发领域中最有趣的领域之一。

为什么？因为移动开发为“只有一个人”的开发团队提供了一个非常独特的机会，让他可以在相对较短的时间内建立一个实际的、可用的、有意义的应用程序。移动开发也代表着创业的机会，这是大多数程序员梦寐以求的。

虽然不能说每一个雄心勃勃的软件开发者都无法凭一己之力自己构建出Web应用程序或桌面应用程序，但是，必须要说，移动开发更容易达成梦想，因为移动应用程序规模较小且用途聚焦。

甚至在游戏开发的世界里，那些古老的甚至可以追溯到3D图形和庞大的代码库出现之前就已经存在的那些简陋的游戏，也可以被再次做成移动应用程序。

8位机和16位机时代的那些复古风格的游戏，一旦被移植到手机或者平板电脑上，也可以赢得粉丝，甚至是广受欢迎，而在其他平台上它们几乎从来都没有如此风光过。

必须要说，对那些喜欢单打独斗的软件开发者而言，基于移动设备的应用开发不只是一个构建自己的项目的机遇，它可以说就是软件开发的未来，因为移动设备正在成为我们生活中越来越大的一部分。

至少在我写本书的时候，每一个开发者都完全有可能成为一名移动应用程序的开发者，不管是独立工作还是为他人工作。

在本章中，我们将看一看移动开发是什么，概略介绍一些主流的移动平台，并且讨论一下现有的支撑移动开发的技术，这样你就可以对移动开发是否适合你有一个好的判断。

什么是移动开发

让我们从搞清楚移动开发的确切含义开始，关于这一点有些人的理解真是有些似是而非。

移动开发并不只是构建在手机上运行的应用程序，尽管这一类占了很大一部分。移动开发是在任何一种移动设备进行任何形式的开发。这个定义有点儿夸张，但请先把我的定义囫囵吞枣般吞下去。

我的意思是说，移动开发包含了开发在手机、平板电脑、智能手表以及其他各种可穿戴设备上运行的应用程序，这些设备上原本已经运行着某种类型的移动操作系统。

这也并不意味着一定是纯移动应用程序，因为即使是 Web 开发者，当前也必须要兼顾到如何从移动设备上使用和访问他们的 Web 应用程序。

稍后我们会在本章中讨论到，移动应用程序甚至完全是作为 Web 应用程序开发的，只是专门应用于移动设备上。这是因为，随着移动设备的功能变得越来越强大，浏览器在未来必然将取代操作系统，发挥更大的主导作用。

主流移动开发平台

在整个计算机发展历史上，实际上有相当多不同的移动应用程序开发平台，但是长久以来，移动开发并没有引起人们的注意，也没有出现占据主导地位的平台。

随着 2007 年 iPhone 的推出，这一切都发生了变化。我还记得我第一次开始做移动开发的时候，恰巧就是 Palm Pilot 刚刚问世的时候。

我的第一批创业项目之一，也可能是我自己构建的第一个应用程序，拥有非凡魔力：用 C 语言编写的在 Palm OS 运行的收集计数器数据的应用程序。

从那时起，许多实验性质的移动应用蓬勃发展了好一段时间，然后都悄然消逝。Windows CE 看上去很有希望打破这一宿命，但它们还是没做到；黑莓（Blackberry）看上去就要成为这一世界的主宰了，有段时间好像的确如此。

但是，直到今天，至少在写本书的时候，这一领域只剩下两个主要的竞争者，当然还有其他一些小的平台。

iOS

iOS 可以说是主流移动开发平台上的“大佬”，部分原因是：正是它彻底改变了移动设备和移动软件的观念，最终将移动开发带入了当今这个时代。

iOS 是由苹果公司开发的，毫无疑问，它只运行在苹果的产品上。在撰写本书时，iOS 运行在 iPhone、iPod、iPad、Apple Watch 和 Apple TV 上，但我预计将来会有更多运行 iOS 的设备。

iOS 的核心与 Unix 非常类似，它基于 Darwin（BSD）和 M。它与 macOS 共享一些重要的框架，它的用户界面基于苹果的 Cocoa UI，Cocoa UI 同时也用于 macOS 的应用程序，但已经针对触摸设备进行了优化和重新设计，被称为 Cocoa Touch。

苹果公司为 iOS 开发者提供了数个用来开发 iOS 应用程序的原生工具和库，尽管你不一定非要使用苹果公司的开发工具来构建应用程序，但是你必须有一个运行 macOS 的 Mac 才能构建应用程序。

iOS 应用程序通常是使用 Objective-C 编程语言或者现在更为流行的平台开发语言 Swift 构建的。

Android

如果你不在 iOS 上开发移动应用程序，那么你的另一个选择就是 Android，或者两者兼而有之。

Android 是这一领域的另一个主导者。

Android 系统的发布比 iOS 晚一点点，它发布于 2008 年 9 月，比 iOS 晚了一年，但它仍然成功地在移动应用市场占据了相当大的份额。从技术上讲，Android 是在市场中占有份额最大、最主要的移动操作系统，达到 80%左右，而 iOS 仅占 18%。这个数字有点儿欺骗性，因为 Android 是一个支离破碎的市场，由不同制造商生产的、运行着不同版本的 Android 操作系统的许多不同设备组成。

Android 系统由谷歌公司支持，是全开放的。苹果公司支持的 iOS 系统则不开放。任何人都可以构建一个使用 Android 系统的设备，它被设计成可以在各种各样不同的硬件平台和设备上运行，具有非常不同的形式和功能。iOS 则被设计用来运行在特定的苹果设备上，而且只能在苹果设备上运行。

Android 是基于 Linux 内核的，Android 的源代码是由谷歌公司作为开源项目发布的。与苹果公司一样，谷歌也提供了一些用于 Android 开发的原生工具，但你也不必一定要使用它们。

Android 操作系统应用程序的原生开发平台使用的是 Java。

其他

在移动操作系统市场上，除 Android 和 iOS 之外，其他系统所占市场份额很小，不到整个市场的 2%。

在剩下的几家公司中，Windows 和 Blackberry（黑莓）可能是最大的，但依然是无足轻重的。这两个移动平台完全消失可能只是时间问题。由于它们所占的市场份额小到可以忽略不计，所以我甚至不会谈论它们，因为我不会鼓励你把时间浪费在任何垂死挣扎的平台上。

但是，我要说，开发跨平台移动应用程序还是要考虑到其他操作系统的，我们稍后会讨论这一点，那将使你有机会开发跨平台的移动应用程序。为这些边缘平台做开发，几乎没有额外的成本。

但我绝不会考虑专门为整体份额不到 2%的平台中的任何一个平台开发应用程序。也就是说，如果你要开发一个移动应用程序，并且有志于成为一名移动应用程序开发者，你的选择就是 iOS 或者 Android。

移动开发是如何完成的

在 iOS 和 Android 刚问世时，如果你想学习如何为这两个平台开发移动应用程序，你就需要学会如何使用 iOS 或者 Android 提供的原生工具。

如果你选择 iOS，那么原生工具就是 XCode 和 Objective-C；如果你选择 Android，那么原生工具就是在 Eclipse、NetBeans 或者 Java 上的 Android SDK 插件。

但事物总是处在不断变化之中的。今天，选择就更多了。围绕着移动应用程序有无数框架、工具、平台等一整套生态系统。几乎每一门编程语言都以这种或那种方式支持移动开发，移动应用程序甚至可以被构建成只在移动浏览器中运行。

尽管可用的选项有许多，我们还是可以将它们分成几个大类。

原生开发

显然，我们可以天然地使用移动操作系统供应商为我们提供的工具来开发移动应用程序。

正如我前面提到的，对 iOS 来说，最初的工具包括是 XCode 和 Objective-C，但随后苹果公司发明了一种名叫 Swift 的新语言，它现在是开发 iOS 应用程序的首选语言。

在 Android 的世界里，除谷歌公司自己推出的 Android Development Studio IDE 之外，其他的都没有什么变化。Java 仍然是首选的开发语言。（当然，如果你足够勇敢的话，C/C++也是官方支持的。）

当我创建我的第一个 Android 应用程序和第一个 iOS 应用程序的时候，我使用的都是原生的工具，但今天我不会再这样做了。

原生的移动开发的最大问题就是，不管是开发 iOS 应用程序还是 Android 应用程序，你必须针对 iOS 和 Android 完全重写应用程序的代码。（如果你想支持 Windows Phone 或其他小众的平台，你也必须在该平台上进行同样的操作。）这并不是什么大问题，但应用程序通常需要得到平台的支持，因此，尝试在两个或更多完全不同的平台上支持不同版本的应用程序，无疑有点儿像是在痴人说梦。

此外，Android 开发和 iOS 开发几乎完全不同。工具不同，语言不同，框架不同，甚至开发模式都不同。如果你想要为某个应用程序创建一个 iOS 版本和一个 Android 版本，你必须准备好要学会这两个截然不同的而又都在不断演变的平台。

但是，原生开发确实也有一些优势。最大的优势就是速度，尽管一些跨平台框架（如 Xamarin）的运行速度可以与原生开发出的应用相当，因为它们可以编译成原生代码。（关于这个问题我们一会儿再谈。）除这些可以编译成原生代码的框架之外，原生开发生成的代码几乎比任何其他解决方案都要快。

另外，如果你使用原生开发的模式，你还将拥有更好的调试工具，因为你不必使用高出几个层次的抽象操作。你也可以利用平台的一些原生特性，获得更接近硬件级别的特性。（再强调一次，尽管如此，一些更好的跨平台产品也可以做到这一点。）

总体来说，我认为知道如何进行原生移动开发是有用的，但是，如果要向多个平台交付移动应用程序，我不认为它是最佳的解决方案。

跨平台框架与工具

下一个选项是选择使用那些设计为允许你构建跨平台移动应用程序的框架或工具。这些解决方案中有很多可以根据你的需要选择。

在这些解决方案中，有一些框架实际上也是生成原生代码并封装成真正的原生的库，因此它们只是对原生语言和工具的抽象，所以仍然需要你了解和使用原生的库和框架；另外一些解决方案可以构建出混合应用程序，包含有一些原生组件、一些基于 Web 或 HTML 的组件，并且依赖于内置的移动浏览器来创建应用程序中的大多数用户界面与功能。

如今，可供选择的跨平台解决方案越来越多，因此选择起来可能很困难。选择跨平台的框架解决方案时，主要的考虑事项包含如下几个：

- 你应该使用什么样的编程语言；
- 你是想采用原生开发，还是混合开发方式；
- 你希望自己的代码支持多少个平台？

- 你是否可以代码复用。

1. 编程语言

你希望使用哪种编程语言来编写你正在构建的移动应用程序？

大多数跨平台解决方案都只支持一种编程语言。

你可能不希望同时陷入即要学习全新框架，又要学习移动开发，还要学习新编程语言的泥潭之中，因此你可能想要选择一个支持你已经熟悉的语言的跨平台解决方案。

2. 原生还是混合

如前所述，有好几种跨平台解决方案，它们最终将代码编译成移动操作系统的原生格式，然后直接连接到原生库和 API 上。我最喜欢的就是 Xamarin，它允许用 C#编写应用程序，但是原生构建的应用程序的所有优点和特性你都可以继续享用。

还有许多其他选择。另外一些跨平台解决方案，如 Cordova，采用的是一种混合方法，其中应用程序并非原生的应用程序，但它看起来像原生的应用程序。

在通常情况下，原生模式创建的应用程序运行速度会更快，看起来更像是移动平台直接运行应用程序，但是一些跨平台混合解决方案正变得如此接近原生模式，以至于很难分辨出两者之间真正的区别。

3. 平台支持

另一个主要考虑因素就是平台支持。

几乎所有的跨平台解决方案都支持 iOS 和 Android，但有一些跨平台解决方案也支持 macOS 或者 Windows 等桌面操作系统，还有一些支持较小的手机操作系统，甚至包括 Raspberry Pi。

如果你的客户正在使用 Blackberry，那你就需要支持 Blackberry，于是你要使用的跨平台解决方案就必须支持它。不过，如果除了 iOS 和 Android 系统，你对支持的平台没有特殊的需求，那我就不担心除这两个“大佬”之外的跨平台支持了。

开发移动游戏就是另一回事了。如果你正在做游戏开发，你可能想要选择一个可以支持尽可能多的平台的工具。像 Unity 3D 这样的工具允许你创建可以在你能想到的每一个平台上运行的游戏，就算是同时开发出 Web 版本也不在话下。

4. 代码复用

最后，你应该考虑代码复用。

即使一个框架是跨平台的，那也并不意味着你可以为应用程序只编写一个版本的代码就能让它在所有被支持的平台上运行。

通常，支持原生开发的跨平台解决方案代码的可复用性都较差，因为它们与原生框架及其库、用户界面元素和范型的绑定更为紧密。

因此，你可能需要在下面两者之间做出取舍：一是更为原生化的操作系统，拥有已经被打上深深烙印的界面外观、用户体验和设计模式；二是共享更多的代码。

然而，近来，像 Xamarin 这样的跨平台解决方案已经推出了新版本，以便于让你能够将上述两种选择的优点兼而得之。例如，Xamarin 使用了一个名为 Xamarin Forms 的通用 UI 库，它允许你通过在原生 UI 和底层操作系统的框架之上创建另一个抽象层，在平台之间实现更大比例的代码复用。

不管怎样，代码复用取决于你正在构建的应用程序的类型，以及你希望在多大程度上让你创建的应用程序与你针对的平台上完全原生构建的应用程序相互融合。

移动 Web 应用

开发移动应用程序的最后一个选择是构建一个完全基于 Web 的应用程序。

多年来，随着移动浏览器功能的日益强大，以及自适应 Web 技术的逐步改进，这一选择正变得越来越可行。选择这种开发模式，你可以像在 Web 上构建任何其他 Web 应用程序一样构建一个 Web 应用程序，但是它又被有针对性地设计成可以在移动设备上运行。

许多移动操作系统浏览器甚至有 hook 程序，支持从 Web 浏览器内部调用原生功能，因此你可以执行诸如获取位置数据、访问设备上的摄像头之类的操作。甚至有很多框架可以帮你创建移动 Web 应用程序，这些应用程序在特定的移动操作系统上运行时看起来就像原生应用程序一样。

老实说，未来是属于移动 Web 应用的，只是现阶段还没有实现而已。

移动开发的注意事项

我个人认为，对进入软件开发行业而言，移动开发是极好的选择，因为它的进入门槛很低，而且它是一个必将持续增长的软件开发领域。

几乎所有人都可以成为移动应用的开发者，甚至可以发布自己的移动应用程序，也许还能因此而赚到钱。此外，开发移动应用程序，团队的规模不需要非常大。也就是说，哪怕是只有一名开发者的团队也可以在相对较短的时间内创建出重要的移动应用程序，这可以作为一条优质的渠道以便于在未来获得工作机会，甚或是合同。

我经常鼓励那些把进入软件开发行业视作畏途的初学者去构建一些移动应用程序，并将它们部署到一个移动应用商店中。这样做可以帮助你获得领先于他人的优势，证明你实际上可以编写代码并生成完整的可工作的应用程序。

此外，正如我前面提到的，移动开发在未来几年内一定会持续增长，因此移动应用开发者的未来一定是一片大好。

第24章

幕后英雄：后端开发

软件应用程序就像是冰山。用户能看到的，只是应用程序的一部分。在大多数情况下，应用程序的绝大部分从未被用户看到。这就是令人难以捉摸的神秘的“后端”。

在第 22 章中，我们主要讨论了 Web 开发，因为它涉及与最终用户的直接交互，我们可以称之为“前端 Web 开发”。

大多数令人印象深刻的应用程序的大部分代码其实都是非用户界面方面的代码。对于复杂的系统，各种各样的逻辑运行在它们的后台，这才能保证系统正常运行。数据需要存储和检索，业务逻辑与业务规则需要遵循，结果需要计算……所有这些都发生在幕后。

后端开发者就是那些把上述这一切变成现实的开发者。

后端开发的确切定义

为使本章描述清楚，我将把“后端开发”定义为所有不涉及编写生成用户界面代码的开发工作。这可能包括后端 Web 开发，也可能包括编写 API、创建库、使用没有用户界面的系统组件，甚至包括某些类型的科学试验工作。

实际上，尽管前端开发始终映耀在光环之中，但是世界上现存的大多数代码，也可以说是其中最有用的代码，都是最终用户从未见过的后端代码。

简单地说，后端开发就是编写无法直接被用户看到的代码。

后端开发者都做些什么

后端开发者所做的事情可能会有很大的差异，这取决于他们正在处理的应用程序的规模与它们的应用范围。

在我的职业生涯中，我在许多工作中都是后端开发者——处理应用程序中的业务逻辑，将数据输入前端并从前端检索数据。

在 Web 开发领域，大多数后端开发者都在关注如何构建隐藏在他们正在开发的应用程序背后的实际逻辑。

通常，前端开发者会构建用户界面，而后端开发者要编写代码使前端用户界面正常工作。例如，前端开发者可能会在应用程序中创建一个屏幕，其中有一个按钮，点击它可以获取客户的数据。后端开发者需要编写能让该按钮正常工作的代码，方法是从数据库中提取目标客户的数据并将其传递回前端，最终显示在前端。

后端开发者也可能大量参与系统的架构工作，决定如何组织系统的逻辑，以便它能够正常运行并易于维护。他可能参与构建框架或系统的架构，以便于让编程工作更加轻松。

后端开发者往往比前端开发者要花费更多的时间来实现算法，并且解决问题。我一直喜欢后端开发工作，因为我感觉它更像是一项挑战。这并不是说前端开发者从来没有解决过难度较大的问题，但是前端开发工作更多的是要创建用户界面并把它们连接起来，而不是实现让应用程序正常工作的实际业务逻辑。

后端开发中的主要技术与技能

前端开发者需要了解一组用于创建用户界面的工具，而后端开发者需要掌握一组截然不同的工具和技能，这些工具和技能是有效完成后端开发工作的前提与保障。

后端开发者所需要具备的一项重要技能与 SQL 和数据库有关。大多数后端系统都要连接到某种用来存储应用程序数据的数据库上。通常，后端开发者的工作就是写入、读取和处理来自数据库或其他数据源的数据，因此掌握 SQL 之类的技能非常重要。

至少对 Web 开发的后端开发者而言，掌握他们正在应用的技术栈的服务器端编程语言也是必备技能。例如，前端 Web 开发者可能只专注于 HTML、CSS 和 JavaScript 就足够了，但是后端开发者可能需要更多地了解 PHP Web 框架、Ruby on Rails、ASP.NET MVC 或者各种用于构建应用程序的服务器端 Web 开发框架。

最后，我要说的是，后端开发者需要更多地了解应用程序架构，因为在大多数情况下，构建应用程序的架构和内部设计都是后端开发者的任务。

一名优秀的后端开发者将对如何利用各种框架和库一清二楚，要对如何将它们集成到应用程序中烂熟于脑，还要对如何以一种保障系统更易于维护的方式组织代码和业务逻辑了如指掌。

如果你喜欢设计应用程序的基础设施，对实现算法和逻辑以及数据处理乐此不疲，那你可能会喜欢做一名幕后英雄——后端开发者。

全栈开发者怎么样

本来，我想用一整章的篇幅来讨论“全栈开发者”，但是既然我们已经讨论了 Web 开发和后端开发，那么在这里讨论“全栈开发”就是自然而然的事情了。全栈开发指的是需要开发者可以同时完成前端开发和后端开发。

实际上，全栈开发包括开发系统的所有组件与层，也就是软件开发栈。它甚至可能涉及服务器硬件和体系结构，了解什么是 DevOps[1]。

今天，越来越多的软件开发职位都是在寻找能够进行全栈开发的开发者，因为对软件开发者来说，与让一个开发者只做前端工作而让另一个开发者只做后端工作相比，能够处理整个技术栈是很有价值的。

还有另外一些原因，那就是越来越多的应用程序已经模糊了前端开发和后端开发之间的界限。许多流行的 JavaScript 框架，如 Angular，允许在系统的用户界面部分创建出以前被公认为属于业务逻辑的很大一部分内容。

而且，随着越来越多的团队采用敏捷方法，单个程序员被要求从事远超过他们的专业领域的工作，因为开发任务通常分配给一个团队，而不是某个个人。

尽管我认为能够成为一个全栈开发者是有益的，而且你绝对应该储备足够的知识来理解软件的每一层都在发生什么，但我不认为“专门”成为一名全栈开发者是最好的主意，因为全栈根本就不是一个需要专门化的过程。

基本上，你应该致力于获取最常见的技术栈的广泛知识，但你还是应该选择一到两个领域作为自己的主要专长，深入钻研。

所有软件开发者都应该知道如何创建用户界面，也应该了解自己正在使用的框架的基础知识，以及如何在应用程序中存储和检索数据库中的数据，甚至还需要了解基础设施是如何支撑软件系统的，但不应该试图成为所有这些领域的专家，因为这些领域中的

---

① DevOps 是 development 和 operation 两个英文单词的组合。它是一组过程、方法与系统的统称，用于促进开发（应用程序/软件工程）、技术运维和质量保证（QA）部门之间的沟通、协作与整合。它的出现是由于软件行业日益清晰地认识到：为了按时交付软件产品和服务，开发和运维必须紧密合作。（以上摘编自百度百科）——译者注

每一个都涉及非常广阔的范围，并且还在不断增长。

最好的做法就是对技术栈中的每一件事都有所了解，然后在几个领域内拥有专门的知识。此时，你仍然可以称自己为“全栈工程师”，而且实际上这样你才会给团队带来更大帮助。

总结

因此，正如你所看到的，关于后端开发没有太多可说的。这并不是因为后端开发过于简单，不需要太多的开发知识与技能，而是因为这个概念非常简单直白。

后端开发者在后台编写代码，写出来的代码也只在后台运行。而且你要注意，在软件开发的世界里，实际上大部分代码都是后端代码。

我可以向你保证，在后台工作的代码才能使软件系统的一切功能按部就班地运行，就其规模而言也要比创建用户界面的代码量更大。

因此，尽管所有的荣耀和声望貌似都归于前端开发者，其实后端开发者才是软件行业的真正幕后英雄。

第25章

游戏人生：游戏开发者的职业生涯

从我第一次接触计算机，我就憧憬着有朝一日能够成为一名电子游戏开发者。

在我还是一个孩子的时候，甚至在成年之后的部分时光，我在玩电子游戏上花了大量时间。

说起来很有趣，我最美好的童年回忆全部都是与电子游戏有关的，尤其是 NES 和超级 NES[①]。我不能忘怀那些雪乐山公司[②]开发的惊险刺激的游戏，如《宇宙传奇》和《国王秘史》。啊，那些无忧无虑的日子啊……

我可以说，成为一名电子游戏开发者的愿望是我成为程序员的主要动力，至少在我职业生涯早期是这样的。

如果你也想成为一名程序员，因为你也想在日后制作出属于自己的电子游戏，或者你已经是一位程序员，并且你对电子游戏开发领域有一些兴趣，那么本章非常适合于你。如果两者都不是，那你大可以跳过本章。但是，如果你对电子游戏开发的广阔世界颇有兴趣，想一窥究竟，那么就请继续阅读。

此外，我收到了很多关于这个话题的问题，要求答疑，尽管作为软件开发者你不一定需要知道电子游戏开发，但我还是决定把这一内容包含在本书中。

---

① NES（Nintendo Entertainment System 的缩写）是任天堂在 20 世纪 80 年代至 90 年代发售的一款家庭主机，俗称“红白机”，NES 也是此类游戏机在日本以外地区的发行版本的缩写。该游戏平台上比较著名的游戏有《超级玛丽》等。NES 的后续机型就是 1990 年推出的 Super NES。——译者注

② 雪乐山公司（Sierra Entertainment）是一家专门制作和发行电子游戏的公司，成立于 1979 年。该公司以开发了《国王密使》系列、《英雄传奇》系列、《宇宙传奇》系列以及《警察故事》系列等冒险游戏而著称。——译者注

一项忠告

我认为，如果我不在开篇向你提出“为什么你不应该成为一名电子游戏开发者”的警告，那么任何严肃对待成为专业游戏开发者这一想法的讨论都是不负责任的。因此，首先请让我试着劝你放弃成为一名电子游戏开发者这个疯狂的想法。

电子游戏开发并不适合内心柔弱的人。这是一项困难重重甚至有些遥不可及的工作，而且回报也不像你想象中那么丰厚。

我不得不承认，我在这个话题上的经验是有限的，因为我自己也从来没有成为专业的电子游戏开发者，但是我创建过属于自己的游戏，给别人教过关于电子游戏开发的课程，并且认识了许多专业的游戏开发者，所以我至少对自己即将谈论的话题有一些想法。

首先，你应该意识到，电子游戏开发竞争非常激烈。试想，谁不想成为电子游戏开发者？如果你要编程，为何不开发一款电子游戏呢？我想至少有 70%的专业程序员曾经幻想过在他们职业生涯中的某一时刻成为电子游戏开发者——我现在就在幻想。

因此，如果你决定走上这条路，你应该对即将面对的激烈竞争做好充分准备。不仅竞争激烈，而且工作时间还非常长，特别是想做出来出类拔萃的游戏。

制作和发布电子游戏需要大量的工作，而且需要在某一个主题上疯狂投入资金。因此，游戏开发者经常被要求超长时间加班工作。如果你真的想进军电子游戏行业，我认为你得做好每周工作不少于 60 小时的准备。

最后，这一行里大部分人的工资都很低，绝对不像是大多数人期望的那样。

的确，功成名就之后拥有“独立电子游戏开发者”的头衔确实可以赚大钱，或者作为一名经验丰富的电子游戏开发者，为独立工作室开发出所谓的“爆款”游戏，也可以赚得盆满钵满。但这些人毕竟很少，就像是统计数据中的“异常点”。如果你进一步考虑到无休止的加班，那么工资确实并不高。

如果你真的想作为一名软件开发者发财致富，那还是去华尔街工作吧。

如果你确实喜欢电子游戏，而你又看不出自己该做什么，并且你真的不在乎成本和金钱，也许，仅仅只是也许，你确实适合去做电子游戏开发的工作。

选择正规教育

尽管我说过你可以在没有学位的情况下成为一名软件开发者（而且我坚信你确实可以），然而如果你从事电子游戏开发的工作，我还是建议你要先获得学位，或者至少通过某种职业培训项目。

为什么呢？因为电子游戏的开发难度非常之大，真的很大。有大量的知识需要学习，其中又有很多与艺术相关。你肯定马上会感觉到头昏脑涨，你甚至都不知道哪些东西你不知道，而哪些东西又是至关重要。

你当然可以自学电子游戏开发，我自己也曾经尝试过，但是你真的打算自学如何制作电子游戏的图形，如何设计故事情节、关卡与 3D 建模，如何使用最新的图形引擎，以及所有其他许多许多的专业领域吗？这些都是当今开发一款复杂的电子游戏所必需的技术技能。

我的意思不是说你不能自学所有的这些，我的意思是说，想成为一名电子游戏开发者，你需要了解所有这些基础知识，而且，你需要遵循一定的学习路径，并且在此过程中得到一些指导。

如果你正在创建一款独立发布的小游戏，你也许可以跳过所有这些内容，但是如果你想在一家大型游戏开发工作室找到一份工作，那你应该接受更为完整的体系化教育。

即使到了我现在这个年纪，我依然梦想着能重回学校去学习电子游戏开发。我觉得这一定是有趣。

幸运的是，目前有相当多的学校开设有专门的电子游戏开发专业。很久以来，我一直梦想着进入迪吉彭理工学院或者福赛大学[①]，因为这两所实际上是教电子游戏开发的主要学校。今天，有相当多的学校提供电子游戏开发课程，或者干脆专门从事电子游戏开发教学。

必备技能

现在我已经把你从对电子游戏开发的无限憧憬中拖出来了，我已经告诉你这一行是多么难，薪水是多么低，而且你还需要在收费昂贵的教游戏开发的学校里学四年。现在，是时候再给你当头棒喝一下了——为了能够做好电子游戏开发，你还需要牢固掌握 C++。

我只是开个玩笑。事实是，如果你想成为一名电子游戏程序员，你要了解的技能还真不少，而且这些技能还都是其他类型的程序员不需要掌握的。

让我们先从 C/C++开始。刚才我说你需要牢固掌握 C++，我只是在开玩笑。因为很多游戏是用各种编程语言编写的，所以对 C++一无所知也可以开发游戏。

但是，许多大型游戏工作室，尤其是那些发布大规模处理密集型游戏的游戏工作室，仍然依赖 C++作为游戏开发的主要语言之一。这种状况在未来可能会有所改变，甚至在你阅读本书的时候就已经开始转变了，但是我对此深表怀疑。

为什么呢？因为电子游戏总是处于最前沿的技术，总是把当前对硬件的要求推向极致。这意味着，即使不用 C++，那也要使用其他一些接近底层硬件的语言编程，以便获

① 迪吉彭理工学院位于美国华盛顿州的雷德蒙德市，与微软公司总部毗邻。在以往的普林斯顿游戏设计专业院校排名里，迪吉彭理工学院一直处于前位。福赛大学坐落在美国佛罗里达州中部的温特帕克市，是一所旨在培养娱乐和媒体行业人才的私立大学。——译者注

得游戏所运行的硬件平台的最高性能。（或许量子计算机能解决这个问题。）

对电子游戏开发者来说，另一个非常重要的技能是具备使用电子游戏引擎的经验。

在写本书的时候，Unity 3D 是最流行的电子游戏引擎之一，所以具备使用这个游戏引擎的技能是一个好主意。还有稍微复杂一些的 Unreal 引擎（Unreal Engine）①，以及其他一些你可能需要去熟悉的引擎。

今天大多数复杂的游戏都使用某种游戏引擎，而不是完全由自己编写，所以至少具备一个游戏引擎的一整套技能和经验是非常关键的。

最后，我要说，作为游戏开发者，数学也是一项极其重要的技能。老实说，大多数程序员都可以进行基本的数学计算，没有任何障碍。但电子游戏开发者必须了解如何进行矩阵转换和其他各种复杂的计算，尤其是在开发 3D 游戏的时候。尽管游戏引擎可以为你处理其中的一些问题，但你仍然需要了解都发生了什么。

当然，作为一名游戏开发者，你还需要一系列其他技能，但是在这里我想列出的是我认为其他类型的程序员并不需要额外关注的最重要的三项技能。

为大型游戏工作室工作

对电子游戏开发者来说，有两条主要的职业发展通道：你可以为一家大型工作室工作工作，也可以成为独立的电子游戏开发者。

为大型工作室工作是我在本章中真正聚焦的问题，因为大多数真正想要以开发电子游戏谋生的开发者至少会在职业生涯的某个阶段选择的是这条路。

这个选项对大多数电子游戏开发者来说都是有现实意义的，因为它可以保证他们的收入，并且开发者也能够借此成为一名真正的电子游戏程序员，专注于电子游戏开发的编程方面，而不必了解所有与完成发布一款电子游戏有关的其他事情。

但并不一定意味着这是最好的选择。显而易见的，这个选项也会有很大的局限性。

首先，你可能无法开发游戏里最酷的那部分内容，而这恰恰是你最想干的事情。相反，你可能不得不做游戏里某一个简单的部分，而这对你来说是相当无聊的。例如，你可能会被分配去编写冲突检测算法的代码，以确定利剑何时与敌人接触，这可能要涉及一组复杂的向量数学运算。

其次，你可能会工作很长时间才恍然大悟，原来开发一款电子游戏并不像玩电子游戏那么惬意，也不像构思电子游戏创意那么酷炫，而真的就和其他工作一模一样。

即便如此，你仍然有机会参与到一些非常重要的事情中来。在大型工作室工作，意

① Unreal 引擎是一款由 Epic Ganes 开发的游戏引擎，占有全球商用游戏引擎 80%左右的市场份额。——译者注

味着你可以开发一款大型游戏，而这是你永远无法靠一己之力完成的工作。你也可能有机会与一群身经百战的大神级游戏程序员一起工作，可以向他们学到很多。

成为独立游戏开发者

如果你不为一个大型电子游戏工作室工作，你的另一个选择是成为一名独立的游戏开发者，或者为一家小型独立游戏公司工作。

我敢打赌，这个选择听起来很有趣，但是它的风险巨大。电子游戏开发的难度很大，竞争也异常激烈。开发出一款"爆款"电子游戏很难，更遑论能够让电子游戏实现盈利。大量的时间和金钱可能都花在了一款甚至都没有正式发布或者即使发布了也是黯然收场的游戏上。

我曾经查看过我自认为相当成功的独立游戏开发者的收入报告，我不得不说他们的失望被强烈地低估了。当然，也有例外。也许你能够创造出下一款《我的世界》[1]，但是千万不要守株待兔。相反，我建议：只有你完全掌控开发游戏的所有技能，并且愿意做出任何牺牲的时候，再去追寻你的独立游戏开发者之梦。

老实说，如果我真的想成为专业的游戏开发者，这才是我会选择的路。我喜欢自由自在、有创造性地控制游戏的想法。我喜欢学习如何为自己的游戏创建图形，喜欢可以直接与艺术家共事。我喜欢自己设计游戏的关卡和游戏的玩法，而不只是编程。

你也可以，但是你必须权衡一下成本，看看对你而言这是否是值得的。

向 John 提问：虚拟现实技术怎么样？

事实上，我已经开始投入对虚拟现实（VR）技术的学习之中了。

我最近得到了一个 Oculus Rift[2]头盔，我惊讶地发现，自从我第一次接触"虚拟男孩"[3]至今，虚拟现实已经发展到了如此高超的程度。

令人惊讶的是，虚拟现实技术虽然是游戏开发的新兴领域之一，但也是可以让独立游戏开发者或者小规模游戏工作室有机会大显身手的地方，看起来它似乎与当年的"淘金热"有些类似，因为让 3D 游戏升级成为虚拟现实游戏所需的大部分工作实际上是相当容易完成的。

我有机会和一些虚拟现实游戏开发者交流，他们使用的工具基本上和你在普通 3D 游戏开发中使用的工具一样，如 Unity 3D，只不过它是以 VR 的形式呈现的。

---

① 《我的世界》（*Minecraft*）是一款风靡全球的高自由度沙盒游戏，由瑞典 Mojang AB 和 4J Studios 开发，于 2009 年 5 月 13 日发行。2014 年 11 月 6 日，该游戏被微软收购。2016 年网易取得了该游戏在中国的代理权。——译者注

② Oculus Rift 是一款为电子游戏设计的头戴式显示器。这是一款虚拟现实设备。这款设备很可能会改变未来人们玩游戏的方式。——译者注

③ "虚拟男孩"（Virtual Boy）是由任天堂的横井军平设计的，于 1995 年推向市场，是游戏界对虚拟现实的第一次尝试。——译者注

关键是要创造一个良好的虚拟现实游戏体验和利用独特的控制选项来控制虚拟现实游戏。

我要说的是，虚拟现实绝对是一个值得研究的领域，特别是因为创建虚拟现实游戏所需的技能也将推广到许多非游戏类商业应用中。

我已经看到许多学习平台和模拟培训使用了虚拟现实技术。

资源和建议

最后，我想在结束本章之前给你提供一些建议，并提供一些资源。这样，如果你有兴趣学习更多关于游戏开发的知识，你就可以利用我的这些建议和资源。

眼下，我自己已不是一名专业的游戏开发者，所以在这里你要对我的建议不可尽信。但是我曾经学会了如何开发游戏，并且已经教了一些这方面的课程，而且我所有有关游戏开发的技能都是自学的。

基于此，我强烈建议，如果你梦想成为一名游戏开发者，那么你要先创建出大量的游戏。你可以从创建一些非常简单的游戏开始，然后尝试创建更为复杂的游戏。不要视图发布你自己原创的游戏，而要试着复制现有的游戏，然后逐渐增大难度。

例如，我在自学游戏开发时做的第一个游戏是乒乓球。然后，我试着制作了一款简单的太空射击游戏。这不仅是一种用来拓展你的游戏编程技能的很好的方式，可以帮你学习如何制作游戏而不必依赖于聪明的想法、不会陷入游戏情节设计的泥潭之中，而且它还能帮你创建一系列游戏组合，在你想要申请游戏开发的职位时让你可以展示给别人。

很多梦想成为游戏开发者的程序员都跟我交流过，他们都说自己不知道从何做起。我的回答总是一个："那就开始做游戏吧。"

至于资源，我所知道的最好的一个资源是一个名为 Gamastrua 的网站。这个网站应该是互联网上搜索游戏开发信息的最佳网站，网站上还有一些有关游戏开发的新闻，以及从游戏开发者那里听到的真实的故事。Gamastrua 还有一系列姐妹站点，主题更集中，资源收集也更方便。

如果你有兴趣查看我在游戏开发方面的课程，你可以加入我为 Pluralsight 创建的系列课程：

- 用 Quintus 开始 HTML 5 游戏开发；
- 使用 Java 为 Android 和 PC 构建第一个游戏；
- XNA 2D 游戏编程简介；
- 使用 MonoGame 开发跨平台游戏。

祝你好运，玩得开心。希望有朝一日能让我加入你的游戏工作室。

第26章

事无巨细：数据库管理员与 DevOps

开发一款可以工作的软件可不只是编写代码。大多数重要的软件应用程序都需要某种类型的数据存储结构，它们必须要被构建、测试和部署到某个地方。

你知道吗？我们需要懂如何处理这些的人去处理这些事情。这就是 DBA（数据库管理员）和 DevOps 角色的职责所在。

你可能正在纳闷，为什么你需要知道这些——“我就不能安安静静地写代码吗？”是的，有时候你只需要写代码，但是越来越多的开发团队正在成为跨学科的团队，软件开发者被要求承担各式各样不同的角色，或者至少可以承担不同类型的任务。

软件开发，特别是在敏捷环境下的软件开发，更多的是依赖团队集体的力量，我们定义了大量所谓“最佳过程”和“应该做的事情”，这是我们多年来学到的如何交付更优秀软件的方法。（至少我们自己是这么认为的。）

无论如何，作为一名软件开发者，你可能会被要求同时担负多个不同的职责，特别是当你就职于没有专门的 DBA 或者运维团队的初创型公司或者小型公司的时候。总有一天你会被要求去安装一个数据库，或者去配置一个数据库以支持某一个应用程序，这并非绝无可能。同样，你也可能会被要求去确定获取正在运行的应用程序代码的过程、去帮忙构建和测试应用程序代码并将其部署到生产服务器。或者，你也可能被要求去和那些自称为 DBA 或 DevOps 的人一起工作并且成为伙伴。

不管怎样，不管什么原因，你都应该了解一下你的技术弟兄。

我们稍后还会谈到测试人员，这本身就值得用一整章来讨论。

数据库管理员

首先，让我们先讨论一下 DBA。

DBA，即数据库管理员，究竟是什么样的角色？这个角色担当的职责可能因组织而异，但在通常情况下，它的职责必定涉及对开发者感情上的伤害——对他们直面相告“你们的代码糟透了”“你用了太多的数据库连接”；当开发者询问是否能做涉及数据库的操作时，毅然决然地回答：“不，绝对不行。”

在大多数情况下，DBA 负责建立、维护、保护、优化和监控数据库，有时还可能负责建立数据库模式（schema）或者编写存储过程。

有些 DBA 从本质上讲偏向于运维的工作，所以实际上他们并不需要做太多的有关创建数据库表和编写任何类型的数据库代码方面的工作。另外一些 DBA 除了要完成数据库运维的工作，更像是一名数据库程序员。

数据库需要呵护与照料

并不是每个开发团队都会有专职的 DBA。

事实上，许多组织都会由开发者（也许就是你）来履行 DBA 的许多职责，因此了解数据库的运行方式、了解如何安装和维护数据库的一些基本知识是非常有用的。

对许多软件应用程序来说，数据库是业务的一个重要部分，因此，不管是由专职的 DBA 来完成数据库的维护和管理的职责，还是由开发者兼任 DBA 的职责，总之一定要有人来完成这项工作。

随着时间的推移，数据库的规模会逐步增大，可能会占用大量的资源，因此选择合适的硬件来运行数据库以及确定何时升级该硬件，都是至关重要的。

数据库还包含一些非常重要的数据，因此必须定期备份这些数据，还需要有人制订一个灾难备份计划，以便在必要时能够恢复数据库，或者保障在数据库发生故障时系统能够继续正常运行。

千万别忘了要保障数据库的性能。随着时间的推移，如果没有人对数据库进行良好的设计或者调优，数据库就会变得缓慢而低效，因此必须特别注意定期分析数据库，严格遵循数据的存放和索引方式，保障数据库的高速运行。

我可以继续罗列很多与数据库相关的工作，但我想你已经明白我的重点了。数据库可不省心，数据库需要细心呵护。

我需要成为数据库管理员吗

不，你不需要。但我强烈建议你花点儿时间学习如下技能：

- 安装和建立数据库；
- 创建数据库备份，以及恢复备份；
- 创建表和模式；
- 创建存储过程；
- 索引表与索引的工作方式；
- 编写一些基本 SQL 代码来执行基本的操作，如查询、插入、更新等；
- 把多张数据表连接起来。

就像我说的，你不必成为上述所有这些工作的专家，但是不管你是要自己做这些工作还是你需要与 DBA 一起协同工作，了解基础知识对你作为软件开发者的工作是非常有帮助的。

向 John 提问：等等，你刚才说的什么？我还不知道模式是什么，我也不知道存储过程，我对怎么连接数据表还一无所知，这怎么办？

没事的，别担心。这些都是与数据库有关的东西。

就像我说的，你现在并不需要了解所有这些工作。但我知道你很好奇，所以尽管本书的这一节是关于你需要知道的内容的，而不是要教你如何去做，但我还是会讲得更详细一些。

模式（schema）——你可以把它看作数据库的蓝图，它定义了数据库要划分为哪些表，以及数据库存储数据的格式；它还定义了数据库的所有其他内容。可以这样讲：正是因为有了数据库模式，我们才能够构建数据库的完整的空白副本。

存储过程——你可以把存储过程看作是数据库上的函数或方法，或者就是过程，因为存储过程的本质就是如此。

存储过程无外乎就是一堆 SQL 代码，它们通常直接存储在数据库上，可以调用这些代码来做一些事情。因此，存储过程就是把数据库上的一些常见操作组织起来的逻辑方法。就像在应用程序中组织代码一样。把多张数据表连接起来。顾名思义，它就是以某种方式把数据库中的表组合起来，以便从一个或多个表中获取数据以合成为断面、联合或者其他的数据组合。这是非常常见的数据库操作。

下面是一个例子：假设你有一个名为“customers”的表，它将所有客户数据存储在数据库中，而另一个名为“orders”的表存储了所有的订单数据。假设你想要获得特定客户的所有订单。你可以将 customers 和 orders 表连接起来，并通过执行将 customers 和 orders 表连接起来的查询，将客户的数据与该客户的所有的订单一起提取。

显然，数据库还有更多的内容，当然也值得去学习，也会让你更好地了解我所指的内容。

DevOps：一个全新的角色

在 IT 领域里，有一个全新的角色横空出世，这可不是经常发生的事情，所以 DevOps 这个新角色的定义可以说是既独特又有些松散。

DevOps 到底是什么？它是一个开发和运维的聚合，或曰混搭。在我看来，我认为承担 DevOps 角色的人员就像动作片《百战天龙》里的大神麦吉弗（MacGyver）[①]一样，无所不能。

如果你问不同的人 DevOps 到底是什么，会得到很多不同的答案，但在大多数情况下，他们都会同意，DevOps 就是做任何需要做的事情，以便让代码在生产环境中构建、测试、部署和运行。

但是，要真正理解和欣赏 DevOps，你必须了解下面的内容。

运维：过去我们是怎么做的

你瞧，在 DevOps 出现之前，过往的软件从业人员一般被区分为开发人员和运维人员（有时也称他们为 IT 人员）。

开发人员编写了代码，然后将其丢给质量保证人员（QA）。质量保证人员一脸鄙夷地说“糟透了”，然后再丢回给开发人员。直到一方或者双方都厌倦了，并且最终放弃，代码会这样被反复推搡好几轮，然后他们会一起将代码丢给另一间屋子里的运维团队。运维团队立刻会抱怨“代码的效率太低了”“严重破坏服务器性能啊”“开发者太不了解安全性要求了”，然后将其丢回给开发人员。

开发人员会一面诅咒那些一心想给他们带来麻烦的人，一面做一些小的改变，然后再把它丢回给运维团队。最后，运维团队会将代码部署到服务器上。在代码部署到服务器上的那一瞬间，一切立刻都会崩溃，然后每个人都开始责怪别人。

好吧，也许我在这里有点儿戏剧化了，但重点是：在软件开发的世界里，我们曾经就是这样彼此被割裂的团队。过去，甚或是现在，在很多组织里开发人员与运维人员的职责依然是泾渭分明的：开发人员负责编写代码，而运维人员则会部署代码。这种老死不相往来的态势的确造成了大量问题，但是在敏捷软件开发出现之前，这些问题还没达到无法承受的地步。

现在，麻烦了，一个敏捷团队可能每周就发布一两次、有时三次，而不是每六个月发布一次。开发团队每天都要多次构建代码，并且运行自动化测试脚本以检查

① 《百战天龙》里的麦吉弗是为美国政府的一个绝密部门工作的特工，拯救他人无所不能。——译者注

代码的质量。再也不像从前那样，编写代码、构建代码与部署代码的职责截然分明。现在，出现了一整套操作和过程，以尽可能敏捷地将代码从开发环境转移到生产环境。

什么是 DevOps

好吧，既然你知道了故事的背景，那么到底什么才是 DevOps 呢？这是一个从开发到生产的跨领域过程，在代码出现时可以迅速处理代码。

再也不像从前那样，部署代码的过程是由两三个彼此互不了解甚至充满敌意的角色来分段完成，DevOps 要在整个过程中的每一步都拥有完全的自主权。

在某些组织中，有特定的 DevOps 角色，可能是一名程序员，他了解如何构建和部署代码，包括创建构建环境、在系统上部署代码，以便尽可能地将上述过程自动化。在另外一些组织中，虽然开发人员、测试人员和运维人员仍然是分开的，但是他们都通过相互理解、合作和共同负责的方式来协同工作，以履行 DevOps 的角色。

DevOps 的重要之处在于，它给如何交付软件到生产环境的思维模式带来了根本性转变。

这对你意味着什么

从技术上讲，作为一名软件开发者，你就是 DevOps 的一部分。恭喜你，从此插上了 DevOps 的翅膀！

今天，软件开发者需要知道的不只是如何编写代码。你再也不能把自己的代码丢给别人然后自己溜之大吉，让它成为别人的问题，特别是当你在一家小公司或者初创型公司工作的时候。

你需要了解用于将代码从开发环境转移到生产环境的过程与工具，理想情况下，还需要了解如何设置和使用这些工具。显然，你还应该知道如何使用 IDE 在本地构建自己的代码，再也没有人会为你做同样的事情了。另外，你还应该知道如何使用源代码控制来签入代码并将代码与系统中的其他代码集成在一起，了解持续集成的基本知识以及构建服务器的工作方式。（别担心，我们将在接下来的章节中讨论这些内容。）你应该知晓测试的基本原理和基本类型，以及如何让各种类型的自动化测试与构建和部署代码的环境相适应。你应该知道如何打包应用程序并准备好分发与部署。你应该了解系统的部署过程，了解如何将代码从构建服务器自动转移到暂存服务器和生产环境服务器上，以及如何在各种服务器上管理配置项。最后，你应该了解如何监视现有应用程序运行状态，以及如何检测出系统运行时的性能问题与其他问题。

是的，我也意识到了，DevOps 的到来给我们带来了大量需要学习的东西，但你并不需要对所有这些都有深入的了解，而且你也大可不必一股脑全部学会它们。

比这更重要的是，你应该知道这些工具和过程是什么，以及如何使用它们，这样如果你需要自己实现这个工具链的一部分，或者帮助他人实现，你就知道该怎样去做了。这样想吧——假设你是棒球队的投手。虽然你并不需要知道球队中每一个位置的所有情况，但是，如果你了解其他位置的角色与职责，你就可以因地制宜地制订出行之有效的战术。

你并不希望加入一支软件开发团队，在签入代码后之后完全忘记了曾经发生了什么。许多软件开发团队也并不想雇用这样的开发者。

不过，就像我说的，别担心。在接下来的几章中，我将让你了解这些主题的概貌。

第27章

高屋建瓴：软件开发方法论

注意，本章可是要讨论软件开发方法论的！你准备好了吗？你做好要被搞晕的准备了吗？你做好来一场没完没了的辩论大赛的准备了吗？耗费巨资延请一位咨询顾问，让他对你指手画脚，告诉你这里错了那里不对，最后说你的团队达到了更高的水准，因为每个人都通过了“认证”？

一提起“软件开发方法论”，很多人的心中都会出现的画面莫过于此。

欢迎来到软件开发方法论的奇幻世界。这里没有蛋糕，但欢迎你莅临我们每天召开的站立会议，顺便再吃上一个甜甜圈。

在软件开发社区中，也许再也没有哪一个主题比“选择怎样的软件开发方法以及怎样实施”更能够引起争议了。

软件开发方法定义了我们用来构建软件的过程。有些方法相当轻量级，除了一套要恪守的原则，没有告诉你太多细节。但另外一些方法，如极限编程，是非常具有规则性的，会详细告诉你应该如何运营你的团队、如何构建你的软件。

在本章中，我们将从概览长期存在的甚至有点儿过时的开发模式——瀑布式过程开始，这种方法至今仍然在许多组织中实际应用。然后，我们将一头扎进引领当今软件开发的最大潮流，一个没有被明确定义但每个人都声称在实施却从来没有人能够正确运用的方法——敏捷开发。最后，我将介绍我认为目前正在应用的三种主流的敏捷开发方法的基础知识。

我必须要警告你，我不会试图涵盖所有现存的以及曾经存在过的软件开发方法。相反，我将再次行使我身为作者的特权，告诉你我认为你需要知道的。

传统的瀑布式

当我最初学习软件开发时，传统的瀑布式过程就是默认的过程。软件就应该按照这样的过程被构建出来。

我们没叫它瀑布，我们也不敢取笑它，我们只是简单地接受它作为开发软件的方法，我们竭尽所能亦步亦趋地遵循它。（注意，这并不意味着当时并没有其他的软件开发方法。实际上软件开发方法有很多，只是在当时它们并没有广为人知，或者没有被广泛采纳，而且其中许多方法只不过就是以更为正规的方式来实现瀑布式方法。）

顾名思义，瀑布式开发就是一步一步地构建软件，每一步都把软件开发过程带入下一个步骤，直到所有的东西都顺流而下、按部就班地完成。

构成瀑布式开发方法的就是软件开发生命周期（Software Development Lifecycle，SDLC）。每一种软件开发方法都有各自的 SDLC 作为自己的表达方式。在瀑布式开发中，SDLC 是顺序的。事实上，你可以说瀑布式开发就是一步一步地遵循 SDLC 行事，仅此而已。

你讨厌 SDLC 吗

我对 SDLC 真的很厌恶。

它是什么呢？它是一个从需求分析到软件设计，再到实现、测试、部署，最后到维护这样的一个顺序执行的软件开发过程。每一个阶段你都在前进，你只能前进，永远不会后退。各个阶段之间可能会有一些重叠。

让我们简单地聊聊每个阶段都要干什么，以便你能对 SDLC 心生厌恶之情。

需求分析

在这个阶段，你将收集软件的所有需求。也就是，软件应该干什么，应该具备什么特性，应该是什么样子的，它的行为应该是怎样的？……统统在这个阶段完成收集工作。

你可以通过与客户或利益相关人交谈，或者只是自己动手来收集这些信息，但是在构建之前你需要知道你要构建什么。（如果你还没有入行，那么当你进入软件开发世界之后，你很快就会发现事实并非如此。）

软件设计

现在，你已经知道了你要构建的软件的需求，那么是时候去弄清楚你该如何构建它了。

在这个阶段，你在接受了需求之后会将它们转换成系统的架构设计、底层算法和 UML 图（如果你愿意），确定将如何构建系统，并且让系统的各个部分协同工作。

软件是否需要详细设计，这有待讨论，但某种程度上的设计总是必要的。

在传统的瀑布式方法中，通常会有大量的所谓前期设计工作，这意味着软件的大部分细节在这个阶段都将被规划出来，直至非常底层的设计工作。

如果你一往无前、从不后退，并且你有一个固定的进度计划，那么预先设计好一切细节似乎是颇为明智的选择。问题是，在现实中需求是会变化的，有太多不可预见而又无法避免的意外状况。

实施

好了，编码的时刻终于到来了。

在软件开发的过程中，这一阶段就是用来编写代码的。在这里，你要将设计转换为实际可以运行的代码。

我真的想象不出对这个阶段还有更多可说的。

测试

现在你拥有了一段编写得很漂亮的代码，设计精美、完美无缺，像一千个太阳般光芒夺目。然后，一些头发油腻的测试人员出现了，告诉你你的代码如何如何偏离了需求，你的代码实际上并没有运行起来——一千个太阳全部毁灭了。

这就是测试阶段。

在测试阶段开始之前，测试人员已经创建好测试计划、编写好测试用例了，实际上，自从他们第一次看到你兴高采烈地坐在自己的小隔间里、喜笑开颜地编写代码的那一刻开始，他们就为这即将到来的测试阶段摩拳擦掌了——在他们心目中，没有人可以那么得意忘形。

于是在这个阶段，测试人员运行测试，发现 bug，在经历了多轮争吵辩论和斗智斗勇之后，你尽自己所能修复一批 bug，直到所有人都感觉精疲力竭，从而一致认为“我们该进入下一阶段了”。

部署

现在得看看这个宝贝是否可以正常工作。

如果之前的开发过程是分散开发的多个组件，那么部署阶段则需要先将它们捆绑在一起，你可以称本阶段为“集成”阶段。不管怎么称呼，这阶段必须要部署该代码，不能任其自生自灭。

这就意味着需要将代码部署到服务器上，然后躁动不安地不停拨动按钮，嘴里还要念叨着：“我们还活着。”这还可能意味着制作黄金标准的光盘，发货给所有的客户。今天，这也可能意味着你要将应用程序上传到应用商店。

无论是哪种方式，你现在就要把软件以及你所有的希望和梦想交到了客户的手上。

祝你好运。我衷心希望你真的修复了那些 bug……

维护

你以为你把软件投入生产环境并把它交付给了客户就万事大吉，可以转去做下一件大事了吗？才不会那么轻松呢。大多数项目的维护阶段都要比其他任何阶段更长。

软件即使交付了，你仍然需要支持它。在维护阶段，你需要修复客户发现的错误，添加新功能，并且保障软件的一切功能都顺利运行。只要软件仍在使用，它就需要获得支持，此阶段就将一直持续。

综上所述，这就是完整的 SDLC：得到需求、设计软件、构建软件，测试软件、部署软件、维护软件直到公司倒闭，或者新崛起的青年才俊决定从头开始重写它。

敏捷

在软件开发方面，敏捷确实极大地改变了游戏规则。

在敏捷出现之前，大多数软件开发项目都在使用某种类型的瀑布式开发过程，不管开发者们自己是否承认。我的意思是说，开发者们都是按顺序构建他们的软件的，从 SDLC 的一个阶段前进到另一个阶段。

虽然有一些开发项目在敏捷运动开启之前使用过一些迭代方法，甚至将 SDLC 分解成更小的周期，但是直到敏捷出现之后才正式实现了这个想法。

那么敏捷到底是什么呢？即使在敏捷横空出世数年之后，我们仍然不知道敏捷到底是什么。敏捷的定义有些模糊。你必须在了解了敏捷诞生的历史之后才能理解为什么是这样。

敏捷宣言

一切都得从美国犹他州 Snowbird 滑雪度假村的小木屋开始讲起。

当时的情况基本上就是，一群使用不同开发方法的开发者与业界领袖在那里开了一个会，尝试着针对软件开发产业该如何发展达成一些共识。最初，这个团队有 17 名成员，他们讨论了在当时影响软件开发的一些问题，然后他们一起形成了下面这个所谓的“敏捷宣言”：

> 我们一直在实践中探寻更好的软件开发方法，身体力行的同时也帮助他人。由此我们建立了如下价值观：
>
> 个体和互动高于流程和工具
> 工作的软件高于详尽的文档
> 客户合作高于合同谈判
> 响应变化高于遵循计划
>
> 也就是说，固然右列各项有其价值，但我们更重视左列各项的价值。

敏捷宣言遵循的十二条原则，定义如下。

（1）我们最重要的目标是通过持续不断地及早交付有价值的软件使客户满意。

（2）欣然面对需求变化，即使在开发后期也一样。善于掌控变化，帮助客户获得竞争优势。

（3）频繁地交付可工作的软件，相隔几星期或一两个月，倾向于采取较短的周期。

（4）业务人员和开发人员必须相互合作，项目中的每一天都不例外。

（5）激发个体的斗志，以他们为核心搭建项目。提供他们所需的环境和支持，相信他们能够达成目标。

（6）不论团队内外，传递信息效果最好效率也最高的方式是面对面的交谈。

（7）可工作的软件是进度的首要度量标准。

（8）敏捷过程倡导可持续开发。发起人、开发者和用户要能够共同维持其步调稳定延续。

（9）对技术精益求精，对设计不断完善，将提高敏捷能力。

（10）以简洁为本，极力减少不必要工作量。

（11）最好的架构、需求和设计出自于自组织的团队。

（12）团队定期地反思如何能提高成效，并依此调整团队的行为。

我认为这些原则精准地阐释了敏捷的真正意义，甚至超过了宣言本身。

敏捷并非真正的方法论

因此，正如你所看到的，敏捷并不是一种真正的方法论，而是在更抽象的层次上定义了软件开发应该如何完成，就像其他可以被认为属于“敏捷方法”的方法的超集。

敏捷点燃了“软件应该逐步开发、增量交付”的理念，敏捷拥抱需求变更，而且认可在软件开发过程中发生变更的想法。敏捷还重新定义了软件开发团队中不同成员之间的关系，敏捷重视面对面的交流，强调自组织的团队借此来取代繁重的文档处理和一切繁文缛节。

就像我说的，在当时，虽然一些开发组织已经在做一些敏捷倡导的事情，遵循敏捷十二条原则的一条或多条以优化软件开发方法，但是在大多数情况下，整个世界仍然在运用传统的瀑布式方法来开发软件。

瀑布式方法的问题

在深入讨论当前流行的几种敏捷方法之前，让我们先简单聊聊瀑布式方法为什么在纸面上听起来不错，而在现实中却不太奏效。

瀑布式开发面临的最大的一个问题就是需求变更，或者说，直到项目后期才知道需求有变化。

如果你尝试着循序渐进地开发软件，并且努力在项目前期获得所有的需求，那么只要突然间这些需求发生了变化，或者又提出了新的需求，对你来说就不是什么好兆头。此时你可能已经完成了整个系统的架构设计，正在编写代码老实现所有需求，而需求的变更将迫使你必须改变一些设计和实现的内容，这时你要么放弃已经做好的东西退回去，要么必须坚持己见、毅然拒绝需求变更的请求。其结果是将导致项目失败，或者你构建了错误的东西、惹恼了客户。

作为一名软件开发者，如果哪一条需求都没有变过，那简直就是喜出望外的事情。如果我们能够收集所有的需求，然后据此设计解决方案，最终实现它们，那就太完美了。

但生活并非如此。实际上，敏捷就是要承认这个事实并且接受这个事实，构建与这个约束条件和谐相处的软件开发过程，而不是尽量规避它。

这就是敏捷。

Scrum

现在，让我们谈谈一些主流的敏捷开发方法。

在这里，我并不打算涵盖所有这些方法。老实说，大多数声称遵循这些方法的团队事实上并没有真正遵循这些方法。他们只是在名义上遵循这些方法，但实际上却并非如此。我认为，大多数团队所做的其实都是“类敏捷”的开发方法。

那么，Scrum 又源自哪里呢？Scrum 本身是由 Ken Schwaber 和 Jeff Sutherland 在 20 世纪 90 年代初同时创建的。在 1995 年，他们合著了一篇联合论文，合并了他俩各自的方法，定义了 Scrum 方法。

Scrum 是一种形式化、规则化的方法，它定义了软件开发团队中的具体角色、开发软件的工作流，以及在开发每一次迭代（也被称为 sprint）中应该召开怎样特定的会议。

1. Scrum 中的角色

Scrum 方法中有三个主要角色。

首先，**产品负责人**（Product Owner，PO）充当客户的代言人，他将最终决定工作任务的优先次序，并与业务人员、客户以及其他利益相关人进行沟通。

其次，**开发团队**不仅编写代码，而且要执行分析、设计、测试以及所有与交付软件相关的其他任务。

最后，**Scrum 专家**（Scrum Master，SM）充当团队的教练，帮助消除任何阻碍团队发展的障碍，与产品负责人沟通，推进 Scrum 过程。

2. Scrum 是如何运转的

Scrum 背后的基本思想就是，软件开发被分解成若干个更小的迭代称作 Sprint，每一个 Sprint 由一组锁定在那个时间框架内必须完成的工作组成。然后，在每个 Sprint 结束时，其结果增量地交付给客户。

需要为软件开发的所有功能都被合并到一个所谓的产品待办事项清单中。（基本上它与系统的需求类似。）

产品待办事项是按优先级别排列的，在每一个 Sprint 周期内，都会从产品待办事项清单中提取一组待办事项从而创建该 Sprint 的待办事项清单，以定义在该 Sprint 过程中工作任务，每一个 Sprint 通常持续一两个星期。

在每个 Sprint 开始时，将举行计划会议，把产品待办事项中的一部分工作拉到当前的 Sprint 中，团队估算出完成这些任务所需的工作量。

从技术上讲，团队应该致力于在 Sprint 过程中完成列举在 Sprint 待办事项中的所有工作，但我发现在实践中很少会出现这样的情况。（承诺是困难的。）

每天都会有一个叫作 Scrum 的快速站立式会议，每个人在会上都要给出非常快速的报告。Scrum 会议的理念是让每个人都了解进展状况，排除可能会延缓进度的任何障碍。

Scrum 会议每天在同一时间同一地点举行，每一名团队成员需要回答三个问题。

（1）昨天你做了什么，有帮助团队达成 Sprint 目标吗？

（2）你今天会做哪些帮助团队达成 Sprint 目标的工作？

（3）是否有任何障碍阻碍你或团队达成 Sprint 目标？

我发现，通过第二个问题来寻求个人承诺是非常奏效的。因此，我会把它改成“我今天承诺要做什么工作以帮助团队达成 Sprint 目标？”以我的经验，这一点微妙的修改可以促成很大的改变。

在 Sprint 期间，团队合作完成 Sprint 中的所有待办事项，并且使用燃尽图跟踪团队完成待办事项的进度和速度。

燃尽图跟踪剩余的时间、故事点、困难点，以及任何被用于跟踪本 Sprint 中剩余的工作的表征方法。当 Sprint 结束时，在 Sprint 期间完成的功能被展示给利益相关人，实施评审的工作。

最后，要召开一个回顾性会议，团队需要反思已经完成的这个 Sprint，并为如何改进下一个 Sprint 发表一些想法。

3. Scrum 的问题

当 Scrum 被正确执行时，我发现它是一种极其有效和有价值的软件开发方法。

遗憾的是，我发现，在现实中，Scrum 往往并没有被严格地遵循，而且，为了弥补过错，人们也会做出许多让步，甚至给一些人带来了可乘之机。

我曾经撰写了一篇总结 Scrum 一般为什么会失败的文章，这里就不赘述了，但我觉得在这里要重点讨论一些之前我已经提到的东西——我认为 Scrum 团队之所以取得应有的成功，最大的原因就是承诺。

我曾经在数个 Scrum 团队里担当过 Scrum Master 的角色，我指导了很多组织实施 Scrum 方法。我发现，导致 Scrum 不能成功实施的最大杀手就是缺乏承诺，包括团队层面的承诺以及个人层面的承诺。

如果一切都能按照计划按部就班地顺利执行，那么把待办事项拉进 Sprint 里就是举手之劳，获取承诺也很容易。但要真正做到这一点实际上难度很大。

没有承诺的概念，问责制的标准就会下降，Sprint 就失去了其本质意义被拉入 Sprint 的工作任务都是纸上画饼，完全不可信。这就像你创建了一个“每天必做事务清单”，每天你都竭尽所能去完成这些事情，然而大多数情况下你都没能完成这个清单。随着时间的推移，这个清单本身将变得毫无意义，你都开始怀疑为什么你要列出这样一份清单。

做出能在 99%的时间里都完成的承诺非常有效，因为你可以信任自己，反过来，你自己也确实能够被信任。

我可以在这个问题上再多说上几句，但我想你已经明白我的重点了。

看板

至少在工作流和组织结构层面上，Scrum 是一种相当正式和规范的方法。看板

（Kanban）却不一样。看板与 Scrum 类似，但它是一种定义很松散的方法，它更多的是基于原则而不是基于指导的方法。

看板起源于丰田（Toyota）的生产体系和精益制造。起初，看板是为了在制造业企业内部限制生产工作而创立的，看板会提高效率、降低库存。当应用于软件开发上时，看板方法就主要集中在看板（Kanban Board）上。

看板是一块简单的板子，包含数个列，每一列代表贯穿开发过程的数个工作阶段。看板的基本理念是要把项目中所有正在做的工作可视化，并且对每一次将要完成的工作量总有所限制（称为 WIP，Work in Progress，正在处理中的工作），以确定瓶颈、消弭瓶颈。

和 Scrum 一样，看板也是基于自组织团队的思想，而自组织团队的理念是可以跨学科应用的。

看板很容易用于现有的系统和过程之中，透过公开、可见的看板将工作流程正规化与可视化。看板非常关注通过循环反馈来持续改进的想法。对软件开发团队而言，这种方法并没有明确定义使用看板的方式，所以看板方法的过程因团队而异。

通常，你可能会看到团队有一些需要完成的待办事项以及工作清单，并且这些工作将被优先处理。然后，团队中的某个人会挑出新的工作，并将其添加到看板上等待完成。随着工作从一个阶段进入另一个阶段，新添加的工作将会全面展开。

也许，工作是从分析和设计开始的，然后再过渡到开发，然后在进展到测试和最后的部署，不过可能有各种中间步骤，或者其他表述方式，以及其他组织工作的方式。

我一直是看板的忠实粉丝。事实上，我在自己的大部分工作中都使用了看板的变体，包括撰写本书。但我一直觉得看板这个过程应该可以更加结构化一些。不久前，我撰写了自己的看板方法正式版本，我称其为 Kanbanand（发表在 Simple Programmer 网站上）。Kanbanand 的目标是在看板的工作流和实施过程之中创建更多指示性内容，以使其更加结构化。

极限编程

我们在本章中将要讨论的最后一种敏捷方法，也是我最喜欢的方法之一，因为它的规则性更强，它将软件开发的严谨性与专业精神推向了新的高度。

极限编程（eXtreme Programming，XP）最初是由 Kent Beck 在 1996 年前后创建的，在 1999 年他出版了自己的第一本专著《解析极限编程》（*Extreme Programming Explained*），详细描述了这个过程。

极限编程采纳了当时的许多最佳实践，如单元测试、测试驱动开发、面向对象编程以及“关注优质客户”，并将它们提升到了被一些人称为“极限”的水平。“极限编程”

因此而得名。

由于它“追求极限”和“严格缜密”的天性，XP 从来都没有引起广泛关注，虽然有些团队直到今天仍然在应用它。（迄今为止，Scrum 的应用范围更广，至少是 Scrum 的变体，我喜欢称其为 Scrumbut。）

向 John 提问：你刚才说到 Scrumbut，那是什么？听起来很有趣，那是一种美味古怪的糕点吗？

是应该聊聊 Scrumbut 这个概念了。

当一个团队说“我们正在实施 Scrum”的时候，通常会有长时间的停顿与迟疑，然后他们再加上一个“但是”(but)，然后再给出一串长长的例外列表，说明他们的哪些做法没有遵循 Scrum 过程，这就是我所说的 Scrumbut。

然后，他们一般还会给出各种各样的冠冕堂皇的借口，说明他们为什么要按照自己的方式行事而不是亦步亦趋地追随那个该死的过程。

作为一名咨询师或者软件开发者，如果你试图指导团队实施 Scrum 或者遵循 Scrum 过程，那你就是自讨苦吃，会让你身陷地狱的。

我对 Scrumbut 最大的质疑就是，Scrumbut 巧妙地躲避了 Scrum 过程中令人痛苦的步骤，然而正是这种痛苦才促使它变得更为有效。

这就像你想在炉子上煮东西一样。你打开炉子，它很烫，把你的手都烫伤了，因为你没有用隔热垫抓住锅的把手。所以你说，“你知道吗，我喜欢用炉子做饭，但它太烫手了，这一点我很不喜欢。以后能不能让我们在炉子上做饭的时候不要使用任何加热的方式。”

如果换个说法“哇，那个锅的把手太烫手了，下次也许我们应该戴上手套或者用个隔热垫。”，你会有更大的进步。

但遗憾的是，大多数试图实施 Scrum 的软件开发团队选择的做法都是关掉了煤气，然后再去经年累月地探究为什么他们的食物没煮熟。

这就是我所说的 Scrumbut。对此我已经司空见惯。

XP 和其他敏捷方法一样，拥抱变化，并利用较短的开发周期或迭代来应对变更，使软件本身能够得到持续演进。

XP 项目的开发过程紧密围绕着一组高度聚焦的规则。XP 实践者规划他们将要做的工作，然后为将要完成的工作设置各个要点，这一点同 Scrum 一样。

当工作实际完成时，测试就开始了。验收测试定义了工作项必须通过的完成标准，以便于确认工作项是否真正完成。在编写任何代码之前，都要先创建单元测试用例，这些测试用例定义了在各种情况下代码应该做什么事情，从而驱动代码的实际开发工作。

XP 在很大程度上依赖于结对编程的思想，即两个开发者坐在一起，共同完成所有正在创建的代码。XP 的目标就是以尽可能简单的方式去设计和实现功能，尽量考虑当前的需求，而不是未来的需求。它的核心思想就是，即使是在更复杂的情况下，代码也可以适时演化，不必试图过早地优化代码或者提供额外的灵活性，因为这种做法通常是以增加复杂度为代价的。

集中代码的所有权，实施严格的编码标准，这些概念对于 XP 的实践也至关重要。XP 的要求十分严格而又细致，它甚至要求开发者不得在项目中加班。

可以想象，XP 招致了大量的批评，所以如果一个团队不是所有成员都致力于遵循 XP 的原则与实践，那么 XP 就很难实施。

对局外人来说，XP 看起来更像是编程狂热症。但我不得不说，我个人很喜欢 XP，我发现，如果正确实施的话它确实极为有效。

不过，我一直很难说服经理和开发团队完全采纳这个过程，难于登天。

其他方法论和非方法论

老实说，大多数你为之服务的软件开发团队要么宣称其遵循某种方法但并没有真正遵循，要么假装根本不需要遵循任何正规的方法。以前我对此很不高兴。

过去，我常常站在自己的肥皂盒上，不断鼓吹遵循 Scrum 的价值，以及真正实践 XP 的好处。我还喜欢问别人："你用什么方法来开发软件？"我得到的答案往往都是"我们没有使用任何方法"，然后我就无言以对了。

于是我开始意识到，一个特定的方法并不像拥有某种可重复的和可衡量的过程那样重要，因为方法可以不断改进、不断调整。

如果你的团队正在实施 Scrum 并且致力于改进实施 Scrum 的方法，这是很棒的。但是，如果你的团队从 Scrum 中汲取一些东西，从看板和 XP 方法又汲取另一些东西，把它们组合在一起形成自己的过程并且奏效了，这同样也是很棒的——只要有某种过程，关键是已定义并且可重复的过程。

因此，在你学习软件开发方法论的时候，我敦促你考虑以下几点：首先，可重复的过程比特定的方法更重要；其次，某种方法在本章中没有列出，并不意味着它不是软件团队可以使用的有效方法。

虽然本书很长，但是本章却很短。因此，我无法试图在本章中涵盖现存的每一种软件开发方法。现在的方法实在是太多了。我只能试图让你对我觉得今天的大多数软件开发过程都在利用的或者借鉴的软件开发方法论有一个大致的了解。

第28章

层层设防：测试和质量保证基础

在软件开发行业里，我的第一份正式工作就是担当测试人员。

我当时为惠普公司做测试工作，我的工作就是查看一堆纸，这些纸是由一台新打印机打印出来的，我要将它们与旧打印机打印出来的“主”打印输出进行比较。实际上，我并不用亲自对页面进行比对；相反，我就是执行测试任务，其他人会比较打印结果，我会查看他们标记出来的差异。

对于每一个差异，我都会根据测试结果来评估和确定测试结果是失误还是真正的缺陷。如果是后者，我会为开发者编写一份缺陷报告，有时还会去修复缺陷。

这之后，在我的职业生涯中我扮演了另一个不同的角色——作为一台多功能打印机的测试团队负责人。我决定应该测试什么，如何测试，然后我会制订出一个测试计划，运行测试来验证打印机是否在正常工作。

正是因为这些经历使我了解到，大多数开发者对测试是如何进行的一头雾水，对那些真正想要在职业生涯中脱颖而出的开发者来说，这种理解和认知其实是非常重要的。

作为软件开发者，我的职业生涯中取得的各项成就，很大程度上都应该归功于我拥有测试方面的背景。测试方面的背景让我对自己正在编写的代码有了一些不同的看法，并且意识到作为一名软件开发者，我的工作不仅仅是实现功能和修复错误，还要保证我编写的软件能够正确地按照预期工作。

这似乎是一个不言而喻的想法，但如果对测试的基本知识不甚了解，那么你可能不会对“正确地按照预期工作”的实际含义拥有正确的理解。

测试背后的基本思想

通常，新程序员并不理解测试，他们认为测试是不必要的。

从表面上看，它似乎是有点儿多余。我们真的需要测试这段代码吗？我在我的机器上运行我的代码，它工作得很好，所以我们把它交付出去吧。

测试的核心实际上是降低风险。测试软件的目的不是为了发现错误，或者让软件更加优秀。测试是通过主动发现和消除问题来降低软件的风险，这些问题对将来使用软件的客户会产生很大的影响。客户可能会受到软件错误和非预期功能的出现频率以及问题的严重程度等因素的影响。

假如你开发的会计软件有问题，一旦输入超过 1 000 美元的数值，就会僵在那里一两秒钟之后才会有反应，虽然这个问题不会导致太大的影响，但是如果出现频率很高，客户会感到很烦。另外，如果你在会计软件中有一个错误，所有数据每保存 1 000 次就会产生一次数据损坏，这将产生巨大的影响，但频率很低。

我之所以用这种方式来定义软件测试是因为，你永远无法找出一个软件中的所有 bug 或缺陷，也永远无法完全测试针对一个软件所有可能的输入项，这也正是任何一位测试人员都会告诉你的。（任何一款不平凡的应用程序皆如此。）

因此，就像一些人心仪的“软件测试”定义中说的那样，测试的理念并非是要找出每一个可能出现的错误或者可能出错的东西，甚至都不是按照规格说明书来验证软件的，因为两者都是不可能的。（如果你在作为软件开发者的经历中看到了有哪一个应用程序拥有一份完整的规格说明书，请一定要告诉我。）

相反，软件测试的重点和主要思想是降低客户在使用软件时受到负面影响的风险。通常情况下，要做到这一点，首先要确定软件中有哪些方面可能产生最大的影响（即风险），然后决定要运行的一组测试，以验证软件在这些方面是否完成了预期的功能。

当实际运行效果偏离了所预期的功能时，通常需要记录缺陷，并根据严重程度对这些缺陷进行排序。有些缺陷需要被修复，而另外一些缺陷如果影响度足够低，只需要把它们记录下来，并且可以继续留在系统中。

常见的测试类型

软件测试和质量保证的天地非常广阔。

就像软件开发领域有许多概念和方法论来指导如何创建软件一样，测试领域也有许多方法来思考如何进行测试，而且这个领域也一直处在变化当中。

甚至“测试”这个名称的含义也在不断变化。在我职业生涯的早期，把正在做测试工作的人称呼为“测试人员”被认为是一种轻微的侮辱，他们更喜欢被称呼为质量保证（QA）专家。但就在一两年前，当我去参加一个测试会议的时候，我又犯了一个错误，我称呼某人为质量保证人员，他们纠正我说，“测试人员”应该是首选的术语。反正你总是不对。

不管怎么说，让我们谈谈不同类型的测试，这样你就可以大致了解当一些人抛出这些术语的时候他们实际上在谈论什么。在软件开发的世界里，你会经常听到这些术语。

当然这绝不是一份详尽无遗的清单。

黑盒测试

最常见的测试形式之一，实际上也可以用来描述整个测试类别的一种方式，就是“黑盒测试”。

黑盒测试就是简单地把软件本身看成是一个黑匣子进而开始的测试。

当你做黑盒测试的时候，你只用关心输入和输出，不必关心实际输出是如何产生的。你也不需要了解代码，更不需要知道代码是如何工作的，只需要对软件输入一组给定的输入值，然后相应地应该产生一组给定的输出值。

大多数测试都是以这种方式进行的，因为基本上它不偏不倚，要么成功要么失败。

白盒测试

白盒测试的情况与黑盒测试恰巧完全相反。当你做白盒测试的时候，你至少需要对软件内部的情况有所了解。

通常情况下，单元测试被认为是典型的白盒测试，但我有不同看法。单元测试根本就不是测试，我们将在接下来的一章里细致地讨论这个问题。相反，真正的白盒测试就是当你对系统的一些内部结构有所了解并且可以访问实际的源代码时，你可以使用实际的源代码来设计你的测试、执行你的测试。

例如，假设你在查看某个会计软件中的一段执行复杂计算的代码，你看到有一段代码对超过一定数量的值进行了一组计算，而另一段代码对其他值进行了完全不同的另一组计算，这时你就需要创建针对这两个场景的两组不同的测试。

如果只做黑盒测试，你就无法知道存在这两种情况。因此，除非你运气好，否则你的测试过程不太可能同时覆盖这两个场景。

验收测试

验收测试有许多不同的名称。有时它被称为用户验收测试，有时又叫作系统测试。

验收测试的基本思路就是：你需要执行一组测试以检验客户的实际需求或期望，以及其他针对系统整体运行效果的测试。

我的意思是，你不能只孤立地测试软件的某一部分。验收测试需要测试系统的整体功能，也需要测试系统的可用性。

验收测试的思想就是：验收测试需要根据用户的预期来检验系统的实际运行状况。

自动化测试

这是另一种应用广泛的测试类型，它的形式多种多样，定义也是林林总总，不过我将“自动化测试”定义为自动执行测试并且验证结果的任何类型的测试。

因此，你可以通过运行脚本来自动测试 Web 应用程序，这些脚本会自动打开一个网页、输入一些数据，按下一些按钮，然后自动检查页面上的一些结果。你还可以通过编写脚本来自动测试 API，这些脚本会自动使用各种数据调用 API，然后自动检查返回的结果。

越来越多的测试过程正在转向自动化测试，因为一遍又一遍地手动运行测试用例可能既单调乏味又容易出错，代价还很高昂，特别是在敏捷环境中，可能需要每两周左右就运行一组相同的测试，以验证是否有什么被破坏。

回归测试

这就引出了回归测试。回归测试基本上就是为了验证系统是否仍然按照以前的方式工作而进行的测试。

回归测试的目的就是要确保软件在功能上不会倒退。这对于敏捷开发方法非常重要，因为在敏捷开发过程中，软件是增量开发的，于是产生了一个潜在的风险：不断添加新功能可能会破坏现有的功能。更多细节我们会在未来的章节中讨论。

大多数自动化测试都是回归测试。事实上，你可以说所有自动化测试都是回归测试，因为自动化测试的整个目的就是可以多次重复运行测试用例。

功能测试

功能测试是测试界使用的另一个定义宽泛的术语，用于指代测试系统实际功能的测试活动。这看起来似乎是显而易见的。

你可能会纳闷：“如果你不是在测试系统的功能，那你还会测试什么呢？”但是，事实证明，你还可以测试许多与功能无关的东西，如性能、可用性、容错性、安全性、可扩展性。我还可以继续列下去，真的。

因此，功能测试只是测试的一种，在这种测试中，你真正关心的就是系统是否在从功能的角度做它应该做的事情。如果我输入这个数据并且点击这个按钮，我得到了预期的输出吗？

我不在乎要花多长时间，我不在乎屏幕是否闪烁着鲜红色告警、计算机是否开始冒烟，我只关心：我得到了我想要的结果吗？

探索性测试

我喜欢取笑探索性测试，称之为“懒人的测试”。当我这么做的时候，这会真的让测试人员很生气。但是，探索性测试的想法确实有一定的合理性，也许我的指摘有点过于苛刻和批判主义。

如果我的理解没错的话，探索性测试的思想是你将得到一些指导性方针和基础的测试计划，说明要测试应用程序的哪些区域，以及测试它们的方法。然后，你在没有实际测试用例的情况下持续探索应用程序，寻找可能的错误或意外的行为。

通常情况下，探索性测试的各个步骤都被记录下来，这样如果发现了错误，就可以通过追溯探索性测试人员所采取的步骤来重现问题。

虽然我通常并不是这类测试的拥护者，但我必须承认它的优点，因为探索性测试常常可以发现任何理性测试用例都无法发现的 bug。

其他形式的测试

无须讳言，我们只触及了测试的所有不同类型和分类的表面。

还有许多其他形式的测试，包括：

- 负载测试——应用程序在负载很重的情况下的性能；
- 性能测试——应用程序基于特定场景的性能；
- 恢复测试——从错误条件或硬件问题中恢复；
- 安全测试——系统的安全性；
- 压力测试；
- 可用性测试。

这个清单还可以继续扩展。

我只想在这里介绍一些基础知识，也就是作为一名软件开发者你在日常的对话中可以听到和看到的基础知识。

向 John 提问：我有点糊涂了。黑盒测试听起来很像功能测试。它们之间有什么关系呢？同样的问题还有回归测试和自动化测试。难道所有的自动化测试本质上都是回归测试吗？

好吧，我小声告诉你一个小秘密。这会惹恼质量保证人员的，我是说测试人员。

实际上，许多测试术语从根本上说含义是相同的。有时，我觉得整个测试行业都在争先恐后地发明一堆术语，这样可以给实质上很简单的事物增加一大摞的复杂度。别误会我的意思，测试是很重要的，它需要技巧才能做到。但是它并不那么复杂，真的。

我们来具体聊一聊一些细节。

基本上，功能测试可以是白盒测试也可以是黑盒测试，但通常都是黑盒测试。黑盒测试和白盒测试指的都是功能测试或者其他测试完成的方式。实际上两者都是功能测试的一种。两者之间的区别就是：你需要查看代码来决定要测试什么，还是将整个系统当作一个神秘的黑盒。

黑盒测试只是一个更高层次的概念或想法，它可以测试整个应用程序，而不需要查看内部结来了解功能是如何实现的。

如果你想要有效地进行功能测试，你可能会以黑盒的方式进行测试，尽管你可以想象得出，查看代码可能会让你注意到一些你可能会忽略但仍需要测试的边缘情况、特殊情况。

再来说说回归测试和自动化测试，当我们同时讨论这一组概念的时候，前者指的是更高层次的概念，而后者是实现的方式。

回归测试是一个概念。它的思想是，当某些东西发生故障，或者在发生故障之前，你应该创建一些测试，以确保系统的功能不会倒退。自动化测试很好地实现了这个目的，因为它将回归测试的过程自动化了。因此，几乎所有的自动化测试都是回归测试，但是你也可以使用手动运行方式的回归测试来确保软件在功能上不会倒退。

如果你决心成为一名测试人员，想要通过测试职位的面试，你应该知道上述所有这些东西，并且能够解释为什么探索性测试实际上是一种有效的测试方法，以及用户测试和验收测试为什么是不同的概念。

但是，如果你只是一名软件开发者，老实说，只有了解概念和词汇表，并了解测试背后的真正想法（即降低风险），才是最重要的。

因此，不要担心所有的定义，把注意力集中在本章讨论的大理念上。这才是最重要的。

测试过程

对于应该如何组织测试、测试应该遵循怎样的过程，不同的组织有迥然不同的想法。

你会看到各种测试组织制定了大量的正式规范，这些规范涵盖了“测试过程”。

因此，再强调一次，就像我所说的关于测试的大量内容一样，这里的论述并非定例，也不是完美建模的完美测试过程，而是让你了解测试过程的一般情况以及它所包含的内容。

我喜欢以务实的态度对待生活，测试亦是如此。测试通常从开发某种类型的测试计划开始的。所有事项将如何测试？我们的测试策略是什么？我们要做什么样的测试？我们要测试哪些特性？进度表又是怎样？这些都是测试计划中通常回答的问题，或者，如果测试计划不是一份正式的文档，那么它就是项目计划的测试部分。

接下来，通常要根据系统的需求或功能在更高层次上设计测试用例。

在这个阶段，测试人员可能会列出将要运行的通用测试用例、测试的条件类型以及完成这些测试所需的内容。之后，通常会创建和执行测试。有时，这只是一个步骤。有时测试是先在测试管理软件中编写好，然后再执行。

测试执行的结果会被记录和评估，任何 bug 或缺陷通常都会被记录到某种类型的 bug 跟踪系统中。bug 被排好优先级并发送给开发者去修复。修复 bug 之后又要重新测试，这个循环一直持续到软件满足可交付代码的质量标准。

基本过程就是这样——计划如何测试、设计测试、编写测试用例、执行测试、发现错误、修复错误、发布软件。

敏捷团队如何开展测试工作

在敏捷团队中，标准的测试过程往往会遇到一些问题，因为每隔几周就会对新特性进行编码和实现。许多团队要么严格遵循标准测试过程，要么将其完全抛到脑后而不是将其应用到软件开发的敏捷生命周期中。这两种方法都是错误的。

相反，重点确实必须转变为预先开发测试用例和测试场景（甚至要在编写任何代码之前），并将测试过程收缩到更小的迭代上，就像我们以敏捷的方式开发软件时所做的那样。这就意味着我们必须把软件应用切分成更小的部分，并且要建立一个更为紧凑的反馈回路。

团队不需要花费大量的时间为项目创建测试计划和复杂的测试用例，而是必须在功能特性级别上运行测试过程。每个功能特性都应被视为一个小项目，并且应该应用测试过程的一个微型版本来执行测试，这个微型版本的测试过程甚至在编写任何代码之前就开始了。

实际上，在理想情况下，测试用例是在代码编写之前创建的，或者至少是在测试设计之前，那么代码和测试用例的开发可以同时进行。

敏捷测试的另一个主要考量是自动化。

由于新软件的发布时间非常短，回归测试就变得越来越重要，因此自动化测试也随之变得愈加重要。在我设想的敏捷测试的完美世界中，自动化测试脚本需要在代码可以实现功能特性之前就创建好的，这才是真正的“测试驱动的开发”。可惜，这种情况在现实中很少能够看到。

测试与开发者

那么，你呢？你这位软件开发者在所有这些测试中将扮演怎样的角色？你已经承担了测试过程中的某个角色？是的，绝对是这样。

软件开发团队的一大缺陷就是没有让开发者充分参与到测试工作中以保证自己代码的质量，或者没有以足够强烈的主人翁态度参与其中。

作为一名软件开发者，你应该比任何人都更关心质量。你不能抱有“反正测试人员会在代码中找出 bug”的心态。相反，在对代码进行测试之前，你绝对应该将查找和修复 bug 视为己任。原因很简单。软件开发过程中 bug 发现得越晚，修复成本越高。

这样想吧。如果你对自己的代码进行了彻底的测试，并在代码中发现了一个 bug，那么在你签入代码并将其交给测试人员之前，你可以快速修复该错误，可能只需要额外花费一小时的时间。

如果对待相同的 bug 你没有花时间自己找出并修复它，那么这个过程可能会这样进行：

- 测试人员运行一个测试用例，此次测试将在代码中找到错误；
- 测试人员重新运行测试用例，以确保它确实是一个错误；
- 测试人员在 bug 跟踪软件中记录这个缺陷；
- 开发经理确认这个 bug 严重度足够高，需要你去修复它，于是将修复 bug 的任务分配给你；
- 你试图重现这个缺陷，但似乎在你的机器上就是找不到它；
- 测试人员重现了这个 bug，并且将更详细的步骤录入 bug 报告中；
- 你终于能够在自己的机器上重现这个 bug，并修复了这个 bug；
- 你更新了 bug 报告，将当前状态置为“已修复”；
- 测试人员检查 bug 确实被修复了，并将缺陷标记为已解决。

这个过程浪费了每个人大把的时间。

我不是说你是一个懒人，但是……或许你应该在签入代码之前能多花 10 分钟来测试一下自己的代码。当然，你不可能抓住所有的 bug，但如果你能捕捉到 10%的 bug 而不是一味地完全依赖测试人员发现 bug，你会节省相当多的时间，你不这样认为吗？

好的，到现在为止我希望你对测试的概念、测试的目的、测试的类型以及你在整个测试过程中将要承担的角色已经有了一个很好的了解。

第29章

源头把关：测试驱动开发与单元测试

我对测试驱动开发和单元测试爱恨交织。我一直就是这些“最佳实践”的热心支持者，但我对它们的功效也一直持怀疑态度。

软件开发中的一大问题就是：当开发者（有时也包括管理者在内）想要虔诚地应用“最佳实践”时，出发点只因为“人们都说它们是最佳实践”，而不理解其中的真实原因或实际用途。

我还记得曾经在一个软件项目中，我被告知我们将要修改的软件已经执行过大量的单元测试，单元测试用例高达 3000 个。

通常这是个好兆头。这可能意味着，项目中的开发者也实施了其他最佳实践，并且我会在代码库中看到结构分明、意味隽永的架构。

因此，一开始听到这个消息时我很兴奋，因为这意味着作为这支开发团队的导师/教练，我的工作将会是轻而易举。因为既然团队已经如此细致地做过了单元测试，我要做的就是让新团队来维护它们，并开始编写他们自己的代码。

我打开了 IDE 并将项目加载到其中。

这真是一个大项目啊。我看到一个文件夹，上面写着“单元测试”。太棒了。让我进去看一看，看看会发现什么。我只看几分钟，就感到大吃一惊——所有的测试都被执行过，而且所有的测试都是绿色的。也就是说，所有测试用例的执行结果都是“通过”。

对此我感到不可思议。3000 个单元测试用例，全部都是“通过”？到底发生了什么？根据我的经验，在大多数时候当我第一次被拉到一个开发团队帮助指导他们的时候，如果他们做过单元测试工作，一定会有执行结果为“失败”的测试用例。

我决定做一次随机抽查。乍一看，我抽查看到的测试程序是合情合理的。

虽然这不是我见过的最优秀的、最具说服力的测试用例，但我仍然能够看出来它要做什么。但接下来我注意到了一些不同寻常之处。我没有看到断言。（断言语句是在测试过程中用于实际测试的语句。断言语句断言某些语句的运行结果为真或假，或者设置某些条件满足或者不满足。如果连一条断言语句都没有，那么测试结果确实就不可能为“失败”。）换句话说，所谓的“3000 个测试用例”实际上没有被真正测试过。

测试是分步骤进行的，测试步骤依次运行，所以在测试结束的时候应该可以检查出一些错误。然而我抽查的那段测试程序实际上什么东西也没有检查，空转了一圈。所谓的“测试”实际上没测试任何东西。

我又打开了另一个测试。这个更糟糕。这个倒是有断言语句，在一些断点上确实测出了一些错误，然而全都被人为注释掉了。这可是通过测试的好方法，只需把测试结果为“失败”的那部分代码注释掉即可。

我抽查了一个又一个测试。无一例外，它们都没有测试任何东西。所谓 3000 个测试用例实际上一文不值。

编写单元测试用例与真正理解单元测试、真正理解测试驱动开发之间存在着天壤之别。

单元测试应该是什么

单元测试的基本思想是编写测试程序，检查已有代码中的最小“单元”。

典型情况下，编写单元测试程序的编程语言与应用本身的源代码相同，甚至直接就在源代码的基础上改写以便于直接利用源代码。

你可以将单元测试程序直接视为测试其他代码的代码。

我在这里使用“测试”这个术语时，我是相当随意的，其实对它们进行单元测试没有测试任何东西。我的意思是，当你运行单元测试程序的时候，你一般不会发现有些代码没有正常工作。

在你编写单元测试程序的时候，你就会发现这些错误。

向 John 提问：你刚才说过，这 3000 个单元测试是不好的，因为它们没有断言或者断言被注释掉了。如果在编写代码的时候我只关心自己是否了解需求，谁还会在意单元测试呢？又或者，单元测试应该变成回归测试吗？

看来你注意到了。你的观察很敏锐。是的，单元测试确实也需要做回归测试。

编写单元测试的主要目的，除了明确澄清代码应该做什么、并且在代码没有这样做的时候把错误找出来，还需要确保代码可以做执行它应该做的事情。

从本质上说，如果单元测试变成回归测试，可以确保在代码中引入的新变更不会破坏原有的功能。

可以把单元测试想象成你在幼树上看到的那些小支架，它们的作用就是确保小树长得笔直高大。你栽种了的一棵笔直的小树，并不意味着随着时间的推移它不会长弯。你的代码也是一样的。

单元测试最初可以告诉你，你的代码就像一棵笔直挺拔、长势喜人的小树，然后它可以帮助你的代码一直保持这种良好状态，即使一些菜鸟级开发者给脆弱的代码带来了一场暴风骤雨。

稍后我们再谈这个。

是的，代码可以在以后再去更改，测试可能也会失败，因此在这个意义上，单元测试也是一种回归测试。但是，在通常情况下，单元测试并不像其他常规测试那样，你需要执行一些测试步骤，然后查看软件的行为是否正确。

身为开发者，当你在编写单元测试程序的时候，你就会发现代码是否忠实履行了它的功能，因为你要在单元测试通过之前不断地修改代码。

为什么要编写单元测试程序又不用确保单元测试一定会通过呢？

你应该这样看待单元测试：单元测试更多的时候是在非常底层的级别上对特定的某一个代码单元指定了完整的需求。因此，一个单元测试其实就是一份完整的规格说明书。

单元测试指定了在某些条件下，对于特定的输入集，我应该可以从这个代码单元获得怎样的输出。

真正的单元测试，测试的是代码里的最小内聚单元，就大多数编程语言（至少是面向对象语言）而言，一个单元就是一个类。

有时被称作“单元测试”的又是什么

单元测试经常会与集成测试相混淆。

有些所谓的“单元测试”会测试多个类。或者测试更大的代码单元。许多开发者会争辩说，这些仍然是单元测试，因为他们仍然编写了测试程序来执行底层的白盒测试。你不用和这些人争论。在你的脑海中，只需知道这些其实都是不折不扣的集成测试，而真正的单元测试则是独立地测试代码的最小单元。

另一件经常被称为单元测试但实际上完全不是单元测试的所谓测试就是编写没有断言的单元测试程序。换句话说，这种所谓的“单元测试”实际上并没有测试任何东西。

任何测试，包括单元测试在内，都应该使用断言来执行某种程度的检查，然后才能确定测试结果到底是通过还是失败。

测试结果总是“通过”的测试百无一用。测试结果总是“失败”的测试一无是处。

单元测试的价值

为什么我对单元测试如此执着？将单元测试称为“真正的测试”，而不是“对最小单元的独立测试”，这有什么坏处？如果我的一些测试程序里没有断言会怎样？至少它们都是可以执行的代码呀。

让我试着解释一下。

执行单元测试有两个主要的好处或缘由。

第一个好处就是可以改进代码的设计。还记得我说过单元测试实际上并不是真正的测试吗？当你编写正确的单元测试程序的时候，你会强迫自己把代码隔离成最小的代码单元，这样有助于发现代码设计上的一些问题。

你可能会发现隔离类、让它脱离所有的依赖关系非常困难，这可能会让你意识到你的代码耦合得太紧密了。你可能会发现，你试图测试的基本功能分散在多个单元中，这可能会让你意识到代码的内聚不强。你可能会发现，当你坐下来编写一个单元测试程序的时候，突然意识到你对代码预期的功能还不甚了解（相信我，这种情况时有发生），所以你不能为它编写单元测试程序。当然，你可能还会在执行代码时发现一个实际的 bug，因为单元测试将迫使你去考虑一些之前可能没有考虑到的边缘情况，或者促使你去测试多个输入的情况。

通过编写单元测试并严格坚持让它们独立测试最小的代码单元，你会发现代码和这些单元的设计存在着各种各样的问题。

在软件开发生命周期中，单元测试更多的是一种评估活动，而不是一种测试活动。

单元测试的第二个主要目的是创建一组自动化的回归测试，它可以作为软件底层行为的规范。

这是什么意思？当你更改错误的时候，你不希望破坏正确的东西。依照这样的逻辑，单元测试就是一种回归测试。但是单元测试的目的还不只是构建回归测试。在实际情况中，很少有用单元测试的方式来实施回归测试的，因为更改你要测试的代码单元几乎总是涉及更改单元测试本身。

回归测试作为黑盒测试活动在较高层级上执行将会更为有效，因为在该个层级上，代码的内部结构可能会被更改，而外部行为则会保持不变。单元测试测试的是代码的内部结构，因此当结构发生变化时，单元测试不会“失败”。它们变得无效，必须要被更改、丢弃或者重新编写。

现在，我敢说，你已经比大多数拥有 10 年软件开发经验丰富的人士更了解单元测试的真正目的。

什么是测试驱动开发

还记得我们谈论软件开发方法论的那一章吗？瀑布式方法常常没有实际的作用，因为我们从来都无法预先得到完整的规格说明书。

测试驱动开发（TDD）的思想就是，在编写任何代码之前你要预先编写测试用例，将它作为代码应该做什么的规格说明。这是软件开发中一个非常强大的概念，但经常被滥用。

TDD 通常意味着使用单元测试来驱动正在编写的生产代码的创建工作，但它可以在任何级别上应用。然而，为了本章的目的，我们将坚持最常见的应用过程——单元测试。

TDD 颠覆了一些东西，它不是让你先写代码然后再编写单元测试来测试代码（虽然我们都知道实际情况往往都是单元测试根本没有被真正执行），它是让你先编写单元测试，然后再编写合理足够的代码来使测试通过。这样，单元测试就“驱动”了代码的开发过程。这个过程可以不断重复。你可以编写另一个测试用例，它定义了另一段代码应该完成的其他功能。你也可以更改或者添加代码来使测试通过。最后，你要重构代码，或曰清理代码，让代码更加简洁。

这个过程通常被称为“红色，绿色，重构”过程，因为最初的单元测试一定会失败（标注为红色），然后编写代码使其通过（标注为绿色），最后再重构代码。

测试驱动开发的目的是什么

正如单元测试本身就是一个经常被误用的最佳实践一样，TDD 也是如此。

把你正在做的事称为 TDD 很容易，没有真正理解为什么要这么做且没有理解它所带来的价值（如果有的话）而遵循实践也很容易。

TDD 的最大价值在于通过测试生成优秀的规格说明书。TDD 的本质就是在编写代码之前先编写没有二义性的、可以被自动检查的规格说明书。

为什么用测试用例的方式生成的规格说明书如此伟大？因为它们不说谎。它们不会告诉你：代码应该以这种方式工作，然后在你花了两周时间干掉了无数瓶“激浪”汽水之后，突然又告诉你代码应该以另一种方式工作：“这完全是错误的，这不是我先前说的那样。”

测试用例一经编写，要么通过，要么失败。测试以明确无误的方式规格化地定义了在某种情况下程序应该发生的事情。因此，从这个意义上可以说，TDD 的目的就是确保我们在实现代码之前充分理解我们要做的工作是什么，进而确保我们“正确地”实现了它。

如果你坐下来实施 TDD，但却不知道应该测试什么，这就意味着你需要问更多的问题。

TDD 还有一个价值就是保持代码整洁与简洁。

维护代码的成本很高。我经常开玩笑说，最好的程序员是编写最少代码的人，甚至是找到删除代码方法的人，因为这个程序员找到了减少错误和降低应用程序维护成本的可靠方法。

使用 TDD，你可以绝对保障你没有编写任何不必要的代码，因为你的目的就是编写代码以保证测试通过。

在软件开发中有一个叫作 YAGNI（You Ain't Going to Need It①）的原则。TDD 成功地保障了 YAGNI 原则。

测试驱动开发的典型工作流

从纯学术的角度理解 TDD 可能有点儿困难，所以让我们探讨一个实施 TDD 的实例可能会是什么样子的。

你在办公桌前坐下来，按照你自己的思路快速勾勒出某一个功能的高层设计，例如，让用户登录到应用程序上，如果他们忘记了密码就让他们修改密码。

你决定先通过创建一个类来实现登录功能，该类将处理执行登录过程的所有逻辑。打开你最喜欢的编辑器并创建一个单元测试，名为"空登录即没有用户实际登录"。你可以编写单元测试代码来创建 Login 类的实例（注意这时你还没有创建"Login"这个类）。然后，编写测试代码来调用 Login 类上的一个方法，该方法将传入一个空的用户名和密码。最后，编写断言，断言设置为用户确实没有登录。

你尝试运行测试，这时它甚至还没有编译呢，因为你并没有创建"Login"这个类。于是你创建了 Login 类，并且创建了该类上的两个方法，一个用于登录，另一个用于检查用户状态以查看用户是否已经登录。你将这个类和方法中的功能完全保留为空。这时你可以运行测试代码了，因为这一次它会编译，但是很快就失败了。现在，你需要返回并且要实现足够多的功能，以便使测试通过。

在这种情况下，这意味着需要返回"用户没有登录"的信息。你再一次运行测试，现在它通过了。现在跳入下一轮测试。

这一次，你决定编写一个名为"用户使用有效用户名和密码登录"的测试用例。编写一个单元测试程序，创建 Login 类的实例，并尝试使用用户名和密码登录。在单元测试中，你将编写一个断言，设置 Login 类返回"用户已登录"信息。运行这个新测试用

① 如果需求中没有提到，那么代码中也不能出现。——译者注

例，当然它会失败，因为你的 Login 类总是返回“用户没有登录”的信息。于是你再一次回到 Login 类并实现一些代码来检查用户是否已登录。

在这种情况下，你必须弄清楚如何保持这个单元测试是与其他程序隔离的。在当前这种情况下，保证隔离的最简单方法莫过于用硬代码写出来你在测试中将要使用的用户名和密码，如果匹配，则返回用户已登录的内容。

因为你对代码做了些改变，所以你要运行这两个测试，保证二者都可以通过。现在，看一下你创建的代码，看看是否有一种方法可以重构它，使其更加简洁。

接下来，你可以创建更多的测试，编写足够的代码以使这些测试通过，然后对你编写的代码进行重构，直到没有更多的测试用例可以用于检查你试图实现的功能。

以上还只是皮毛

现在，你对单元测试和测试驱动开发已经有所了解了。这些都是 TDD 和单元测试的基本常识，但它们也只是皮毛而已。

当你真正尝试隔离代码单元时，TDD 会变得更复杂，因为代码都是联系在一起的。很少存在有完全孤立的类。相反，类和类之间一般都存在依赖关系，而这些依赖关系彼此之间还存在依赖关系……

为了处理这种情况，经验丰富的 TDD 实践者会使用模拟（mock），这可以帮助你通过设置预设值来模拟依赖项的功能，从而隔离单个类。

由于本章是关于 TDD 和单元测试的基本概述，所以不会详细介绍模拟和其他 TDD 技术，但请注意，我在本章中介绍的是一个稍做简化了的视图。

我的想法是给你提供 TDD 和单元测试背后的基本概念和原则，希望你现在已经对这些概念和原则有所了解。

向 John 提问：为那些一开始并不存在的代码创建单元测试程序有意义吗？

也许是吧。

这可是个价值百万美元的问题。

你确实得问问自己为什么要这么做。你这么做是因为它会让你感到所有的代码都是友善的、温暖的、模糊的并且有一堆单元测试用例与之相配吗？又或者，你这么做是因为你认为创建这些单元测试程序将有助于你更好地理解代码，从而保障代码在你随后引入的一系列变更的时候仍能保证其健壮性吗？你这么做是出于保证质量的目的对吗？

不要只是因为别人说“这是一个最佳实践”或者“所有代码都应该有单元测试”而创建单元测试。

至少要保证务实精神，找到真正的理由去创建单元测试程。是的，我知道这样的说法可能会挑战你的强迫症和完成主义倾向。毕竟，我之所以写下这一段“向 John 提问”，是因为我的一位编辑对本章发表了评论、恰好问到了这个问题，我觉得我必须要解答每个编辑提出的每一个问题。

有一天我们一定会一起走向“强迫症康复治疗院”的，我保证。

向 John 提问：编写单元测试而不执行 TDD 是否有意义？它们一定是手拉手出现的关系吗？

现在看起来你貌似要激怒我，但这行不通。我不会上当的。

但是，我要说的是：如果你已经阅读了本章，并且同意我所描述的有关单元测试的目的，那么如果你在编写完代码之后再去编写单元测试，那你就必须得问问自己：这样做有意义吗？单元测试的真实目的是不是已经消失殆尽了？

是的，在某些情况下，编写完代码之后再去编写单元测试仍然有效，例如作为回归测试手段的时候，但这真的是一种有效利用你的时间的做法吗？

使用 TDD 方法，虽然花费了一些时间和精力，但是这不是更明智地利用你的时间的方法吗？

我不想让你觉得是我强迫你结对实施 TDD 与单元测试的，因为你必须亲自回答上述这些问题。

我看到过合理运用 TDD 和单元测试的实例，我也看到过没有合理运用这两种方法的实例，我还看到过没有真正发挥 TDD 作用但是创建单元测试用例确实有意义的实例。

不要因为“你应该去做”而去做事情，永远要保持务实精神。明白了吗？那太好了。

第30章

清清爽爽：源代码控制

我对源代码控制一直是爱恨交织的。

在我刚刚入行软件开发时，我很快就被教育到——你喜欢，或者不喜欢它，源代码控制都在那里，一直都是程序员工作内容的非常重要的部分。

当时我正在惠普公司做一个小项目，项目里只有我和另外一个开发者合作。我们正在开发一个针对惠普打印机的自动化测试程序，叫作“AntEater”。

这是一个清新美好的早晨，我正在怡然自得地编码，然后我决定要去获取一下代码的最新更新版本。我正在为自己正在构建的一个新特性编写几个文件，我的队友 Brian 刚刚签入了一些变更。

我不想使用过时的代码，于是我在我的机器删除了以前所有的版本。我编译了这个应用程序，我要运行它以确保一切都很正常。应用程序启动了，但我的计算机上发生了一些奇怪的事情。硬盘的灯一直在闪烁。我能听到机械驱动的嗡嗡声。它在做些什么，但到底是什么呢？几分钟内，我的屏幕上弹出了一个出错对话框，后面跟着可怕的象征死亡的蓝屏。我的电脑自动重启，我收到了“非系统磁盘错误”的信息。通常这意味着硬盘坏了。

我联系了 IT 人员。他们看了一下我的系统以便于确认有什么地方真的不对劲。可能硬盘被破坏了。他们重新安装了我的机器，第二天我重装了 Windows 系统。那一整天，我都重新安装和配置我的开发环境。最后，我恢复了一切，然后我下载了应用程序的最新源代码，以及我在自己的分支上所做的所有更改，然后启动了应用程序。

我的硬盘又开始闪烁。我急忙尝试退出，但为时已晚。几秒钟后，我又收到了那条熟悉的让我重启的消息，那条悲哀的“非系统磁盘错误”。

怎么回事？到底是怎么回事？我当时感到很恼火。

突然我想到了原因。我走到 Brain 的办公桌前，看看他所做的代码变更。他修改了 C++头文件中一个变量的赋值，他把这个变量初始化为“C:\temp”。他这样做是为了让他编写的功能能够正常工作，这项功能可以在临时文件中扫描应用程序，并在启动时删除它们。

我在同一个 C++头文件中也做了一项更改，但是在 Brain 修改代码的时候我还没有来得及把我的更改合并入源代码文件中。因此，在我把我的更改合并入源代码文件，也就是覆盖了他修改过的代码之后，我没有得到将变量设置为“C:\temp”的最新头文件，但我确实得到了通过“tempFileLocation”扫描的代码，并删除了其中的所有内容。

因为我的变量没有初始化，所以它默认为“C:\”——我的计算机的根目录。因此，在我启动这个应用程序时，它都会递归地删除我计算机上的所有文件。

源代码控制就是如此有趣。

什么是源代码控制

源代码控制，有时也被称为版本控制，是指跟踪软件项目里不同版本的文件和源代码的一种方法。它的目的是能够协调多个开发者的工作，使他们能够同时处理相同的文件集合。

源代码控制和源代码控制系统的版本和实现有很多，但是它们的目标都是一致的：帮助你以最好的方式管理好你的软件开发项目的源代码。

为什么源代码控制如此重要

当我刚入行成为软件开发者的时候，当时有很多团队还没有使用源代码控制。

我曾经在多个项目中工作过，这些项目居然把价值数百万美元的系统的源代码就存放在共享的网络文件夹或者软盘上，四散传播。

天知道还有多少公司依赖这种形式的源代码控制，一旦有人错误地删除了磁盘或共享文件夹的内容，公司就得破产。

源代码控制如此重要的主要原因之一是因为它可以缓解这个问题。使用源代码控制系统的团队“丢失”代码的可能性要小很多。

源代码控制提供了一个空间，可以让你签入代码并保证代码的安全，这样代码就不会被随意删除，并且它允许你跟踪更改源代码，以便于在你一不小心删除代码的某些部分或者犯了一个巨大错误的时候，可以返回并修复它。

你是否曾在你的计算机上保存过多份带有不同日期的文档，以便于必要时能够返回到早期的版本？这就是源代码控制可以对应用程序中的所有代码进行的操作。

但是，源代码控制不仅仅是确保你不会丢失源代码。为了避免源代码丢失，你还可以定期备份。源代码控制还可以帮助你协调工作在代码库中同一组文件的多个开发者。如果没有源代码控制帮助管理多个开发者同时进行的不同更改，开发者就会很容易覆盖别人的更改，或者被迫等候其他人编辑完文件之后才能编辑它。

一个优秀的源代码控制系统甚至允许你同时处理同一份文件的多个版本，然后将所有变更合并在一起。

源代码控制还解决了在软件应用程序代码库上多个版本上工作的问题。假设你已经向客户发布了一个应用程序，然后发现有一些需要修复的 bug，但同时你正在为应用程序的下一个版本开发一些新特性，而这些新特性还没有完全准备好。

如果你拥有多个版本的代码，这不是很好吗？例如，一个版本可以是当前发布的版本，你可以进行 bug 修复，而另一个版本可能是你开发新特性的地方。如果你也可以将 bug 修复应用于包含新特性的代码版本，这不是很好吗？源代码控制使你能够做到这一点。

源代码控制的强大功效正是源出于此。

源代码控制基础知识

关于源代码控制的知识还是相当多的。当然，你不会仅仅通过阅读本章就成为专家，但是你可以从中学习基础知识。

在接下来的一节中，我将为你简要介绍有关源代码控制的基本知识，以及一些最常见的源代码控制技术，以便你能够了解在一般情况下源代码控制是如何运作的。

代码库

几乎所有源代码控制系统的关键概念之一都是代码库的理念，它基本上就是存储所有代码的地方。

当你编写源代码的时候，你会从代码库中获取代码，处理代码并且签入你的更改。其他开发者可能也是如此。代码库就是把代码聚集在一起的地方，这样代码在技术上是“存在”的。

不同的源代码控制系统对代码库的定义有所不同，甚至可能还有本地代码库的概念，但对任何代码库而言，本质上都必须有一个中央代码库作为代码的记录系统。

签出代码

当你想获得你可以修改的代码的本地版本时，你需要从代码库中签出代码。

早期的源代码控制系统会让你实际签出代码并且锁定文件，这样就只有你自己可以编辑它们。

今天，大多数源代码控制系统都是通过让你拉取代码的本地副本到你自己的机器上或者本地代码库的方法让你"签出"代码的。这时签出的代码实际上是你自己的本地副本，你对其所做的所有更改仅在自己的计算机上或在本地代码库中完成。只有当你"签入"或将你的代码合并到中央代码库时，其他开发者才会看到你的更改。

通常，在使用源代码控制时，你将从代码库中签出一个本地副本，实现新特性或者对代码进行其他更改，然后在完成这些工作之后，签回该代码并处理由多个开发者在同一代码部分工作而可能产生的任何冲突。

历史版本

源代码控制系统有一个历史版本的概念，它指的是在源代码控制系统里保存文件的所有早期版本。

举例来说，如果我们有一个名为 foo.bar 的文件，我首先创建了这个文件，随后你做了一些修改，然后在某个时间点我又做了一次修改，这时源代码控制代码库中将包含三个不同版本的 foo.bar 文件：

- 我创建的第一个版本；
- 你修改之后的版本；
- 我再次修改之后的版本。

为什么保留全部三个版本如此重要呢？有以下几个原因。

首先，假设我把 foo.bar 搞砸了，你想退回到我做出更改之前的那个版本。因为文件处在源代码控制之中，所以你可以轻松地退回到以前的版本，或者签出修订之前的版本，这样就可以无视我更改后的版本曾经存在过。

你也可以查看修订历史，比较文件随时间的变化，通过查看每个历史版本都发生过什么变化，以及是谁做出的变化，来判断文件是如何演变的。

代码分支

源代码控制中最容易被误解的领域之一就是分支，或者更确切地说，如何正确地使用分支。

其实，这个概念相当简单。大多数源代码控制系统都允许你创建基于现有代码库的分支，以便于可以创建新的代码库，该代码库可以独立于其父代码库而独立演进。你可以把你的代码想象成一棵大树。你的大树有主干，然后在某个时间点可能会从这个主干上分出来多个分支。

在现实中这是怎样的情形呢？

假设你正在某一个软件的一个版本上工作，你已经准备好把这个版本发送给客户，所以你将它命名为版本 1，但是……你仍然想继续工作，增加一些新特性升级到版本 2。问题在于，即使你是一名了不起的程序员，你也明白，在发送给客户的版本 1 中肯定会有一些待修复的 bug。但是，当你在版本 1 上做 bug 修复工作时，你不希望同时向客户提供版本 2 里的新特性。（你计划在升级到版本 2 时要向他们收费的。）

那么，你该怎么做呢？

很简单，建一个代码分支。一旦准备好发布版本 1，不用发送整个主干上的内容，你应该创建了一个新的分支。你可以将此分支称为“版本 1”，这就是你当前要发布的内容。然后，你就可以在版本 1 分支上进行 bug 修复的工作了，实现新特性可以在主干上完成。

这里只剩下一个问题……如果你也想把修复了这些 bug 之后的版本也合并到主干上，该怎么做呢？

合并版本

看，我把本书的内容设置得多么完美。

解决你的问题的方法就是合并版本。

你可能会问，合并版本是什么呢？其实就是听上去的那个样子。你将逐行地把所有的更改合并到一起。

以上一节讨论的情景为例，我们将使用源代码控制系统里的“合并版本”功能将版本 1 分支里的更改合并到主干上。合并版本让我们在从主干上拉出分支之后，能够对版本 1 分支做出各种更改，并将所有这些更改都直接合并到主干中。

合并版本只能向一个方向进行，因此我们可以将版本 1 分支中的所有更改都合并到主干上，但是我们在主干中所添加的所有新功能都不会进入版本 1 分支。这也是我们所期望的。

一切安好，整个世界平静安详，直到我们真正开始尝试合并版本的时候，我们才会发现自己已经深陷于……

版本冲突

在开发者试图将几个简单的更改通过原本以为轻而易举、直截了当的操作合并回主干的过程中，经常会让人说些粗话。

大多数版本冲突都发生在周五下午 5 点，这时的你只想赶快合并好版本，然后迅速逃离办公室。你点击了“合并版本”功能，迅速穿上外套，给朋友发短信，告诉他们你要在哪里和他们在一起放松地喝一杯、一起来一顿轻松愉快的晚餐，这时你扫了一眼你的屏幕，看到

“CONFLICT (content): Merge conflict in simplefile.java
Automatic merge failed; fix conflicts and then commit the result.”

或者其他类似的垃圾。

当你盯着那一堆“<<<”和“>>>”符号，试图弄明白这一切冲突的来源时，几个小时就过去了。

大多数时候，一个设计良好的源代码控制系统都可以自动将针对某个文件某部分中所做的简单更改合并到另一个文件上，所有这些都会魔幻般自动完成。

但是，同样也是在通常情况下，你对一个分支上的某个文件做了修改，而某个愚蠢的开发者也对同一文件、同一行做出另一项修改，这时就必须手动干预了。计算机无法知晓，哪一个修改应该覆盖另一个修改，或者应该把这两个修改同时保留，或者还有其他解决冲突的方法，所以这一切都有劳你来手工完成。

你原本轻松惬意的周五之夜就这样被毁了。

解决合并版本冲突和如何操作复杂的合并本身可能就可以再写一本书，所以在这里我并不打算深究其中的细节。

现在，你已经知道了合并版本是如何工作的，并且知道了如果合并版本没有成功，就是存在冲突，这些冲突必须要手动才能解决。这就足够了。在你准备告别本节之前，还有一个忠告：千万不要在周五晚上做所谓“简单快速的合并版本”，还是留待周一早上吧。

源代码控制的技术

源代码控制的历史相当久远，而且相当有趣，所以我们不打算在这里深入讨论，因为我会对其中有趣的部分略加掩饰。

可以毫不夸张地说，源代码控制系统涵盖从USB驱动器上传递源代码，一直到策略性地复制整个源代码控制文件夹并将它们重新命名为V1，一直到今天我们能找到的相当复杂的系统。

在源代码控制的大地上，战争一直连绵不断。最终从血雨腥风中杀出来两大派别——集中式源代码控制和分布式源代码控制。

集中式源代码控制出现的时间较早。它没有那么多“华丽”的功能，但是它更容易被理解和操作。CVS和Subversion是集中式源代码控制的两个典型例子。

分布式源代码控制更时髦一些。在大多数人的眼中，它的功能更加酷炫闪亮，也更为复杂，但是多数人喜欢用它。Git和Mercurial是分布式源代码控制的两个典型例子。

集中式源代码控制

使用集中式源代码控制机制，你将拥有一个代码库，它存在于中央服务器上，所有从事编码工作的开发者都可以利用它获取所需文件的副本，并签入他们对文件所做的更改。

每个开发者都有一个源代码控制客户端，负责管理从中央代码库签入和签出代码。所有的版本历史记录和文件的修订记录都存储在中央代码库中。

使用集中式源代码控制的典型工作流将如下所述：

（1）我从代码库中签出代码，以更新我在本地保存的代码副本；

（2）做好我的更改；

（3）将我的更改提交到中央代码库（并处理所有的冲突）。

分布式源代码控制

分布式源代码控制机制与集中式源代码控制的最大区别在于，每个开发者都在自己的机器上拥有整个代码库的完整副本。

一些真正酷炫的潮人喜欢说，这意味着“没有中央代码库，伙计。这就好像我们每个人都有自己的软件版本，没有哪个版本比其他版本更好。”

这完全是错误的。是的，理论上这是可行的，但是如果你没有某种记录系统，你怎么才能在多个开发者之间传递代码和协作完成一个项目呢？这是不可能发生的。如果你认为这是可能的，那你可能已经开始构建自己的乌托邦之类的东西。

现实情况是，每个开发者确实都有属于自己的代码库完整的副本，但是你仍然会利用中央代码库的一些版本充当项目的记录系统或者主代码库。

当使用分布式源代码控制系统工作时，你只需在本地工作，并对中央代码库系统执行你想做的任何操作，只不过这一切操作都发生在本地。本质上，这意味着你不必通过网络传输那么多文件，你可以在一段时间内断开与中央代码库的连接。不过，最终，你必须要得到其他人所做的更改，你必须把你所做的那些多彩多姿、千金难买的更改发布到世界上自谋生计。你通过“拉取”和“推送”两个操作来完成这一任务。

在一个分布式源代码控制系统里，你可以将更改拉取到本地代码库，你可以将你所做的更改推送到主代码库，或者任何你想要推送到的代码库，包括你的那些分布在世界各地的、认为每个代码库都是平等的那些潮人朋友的本地代码库。

最流行的源代码控制概览

如果你将来再读这本书，下面这个列表可能会改变。总有新的源代码控制系统成为新的热点。但是，在写作本书的时候，我认为我给你简要介绍的都是你可能遇到的最常见的源代码控制系统。

敬告：这里只是一个简要介绍。

CVS

CVS 指的是 Concurrent Versions System，即并发版本系统。（我从来没有叫过它的全名，所以实际上我得查了字典之后才能写出它的全称。）

那么什么是 CVS 呢？

我知道当我要这么说的时候，有些人会很生气，因为在我看来，它就是下面要介绍的工具 Subversion（SVN）的前身。CVS 是一个集中式源代码控制系统，而且相当健壮。它非常强大，就是速度有点儿慢。

大多数使用 CVS 的组织最终都改用了 Subversion，但 CVS 处理事务的方式有所不同，所以还能赢得一些人士的青睐。例如，打标记、拉分支以及回滚提交在 CVS 中处理起来都是非常容易的。（如果你不知道打标记是什么，你就把它想象成给代码库或代码库里的版本打一个标签或者给一个名字。）

CVS 的狂热拥趸会告诉你 CVS 才是真理，而 Subversion 全都是错的。对此我并不十分在意，所以我一般也只是点点头，因为我可不想被刺伤。

Subversion

Subversion（SVN）可能是我最熟悉的源代码控制系统。

我曾经以纯图形的方式讲授过如何使用 SVN 的课程，我还撰写过有关使用 SVN 的分支和合并策略的博客文章，我还使用这项技术为大规模的开发团队管理过 SVN 服务器、代码库和源代码控制策略等。

这是否意味着我就是SVN的铁杆粉丝，并认为其他一切工具都不值一提呢？不，并不完全是。就集中控制式源代码控制系统而言，我认为Subversion是最好的，但它也有它的一系列缺点。不过，总体来说，它很好地履行了源代码控制的工作，并且使用起来相当简便，所以我喜欢它。

Git

今天，Git俨然已经成为源代码控制的同义词。如果现在你问一位不足25岁的开发者“什么是源代码控制”，他很可能会回答：“你指的是Git吗？”

为什么Git如此流行？一个很好的理由就是Git确实很棒。就源代码控制软件而言，Git做到了几乎所有你想做的事情。Git非常强大，基本原理还相当简单，而且它速度快、效率性和通用性都很好。Git背后甚至还站着一家规模相当大的公司，它支持所有基于Git的开源和托管项目，它的名字叫作GitHub。

如果你还没有到GitHub上浏览过，那你真得去看看了。

Mercurial

Mercurial就像Git的邪恶的孪生兄弟。有人说Git像《百战天龙》里的麦吉弗（MacGyver），而Mercurial则像是《007》里的詹姆斯·邦德（James Bond）。①

我不太清楚他们为什么这么比喻（或许讨论的是两位特工吸烟的姿势），但我想我有点儿明白了，Mercurial可能比Git更典雅、更优美。其实二者基于同样的理念，它们都是分布式源代码控制系统，一些特性和功能也是基本相同的。但是，在我的经验中，Mercurial更易于使用，而Git则有点儿神秘，但是有许多方法可以将它们组合在一起使用。

我已经从本质上对Mercurial与Git进行了比较性的描述。这就够了。毕竟，如果两者你都使用过，那么你就会明白其中缘由。

还有其他源代码控制工具吗

没有了。主要的源代码控制系统就是以上这四个，这其中Git占据了巨大的市场份额。

是的，有些人没有使用这四大软件管理源代码，并且怡然自得，但毕竟非常罕见。

因此，现在你已经掌握了源代码控制的基础知识。记住，要尽早提交版本，并且经常提交。别忘了提交的时候还要发布相关信息。

① 第26章介绍过，麦吉弗是为美国政府绝密部门工作的特工，穿着随意邋遢，而詹姆斯·邦德则惯于衣冠楚楚。——译者注

第31章

步步为营：持续集成

有件事我想要让你知道：我非常喜欢持续集成（Continuous integration，CI）。

如果你让我加入一支全新的软件开发团队，而那里还没有自动化的构建过程，也没有建好持续集成的环境，那几乎可以肯定，我要做的第一件事就是完成所有这些工作。

我喜欢自动化的理念。我喜欢尽一切可能让事务变得更加有效率、更加自动化。对我来说，这就是持续集成所代表的意义。它把慢慢吞吞、步履维艰、单调乏味还容易出错的软件构建、软件测试和软件部署的过程统统打包起来，并且使其自动化。

它的意义还不仅如此。持续集成，就是要增加将单个开发者正在处理的代码合并到一起的频率，这样你就不会像我在第 30 章中提到的那样深陷合并版本的地狱中不能自拔。你能够越早集成，陷入合并版本地狱的可能性也就越小，发现集成中的问题的速度也就越快。

最后，持续集成为整个团队提供了反馈的渠道，而且是速度很快的反馈渠道。

当你能够在签入一些代码之后 2 分钟之内就知晓这一段代码能否编译，并且能够在 5 分钟之内知晓你是否破坏了一些内容(所有这些还都是可以在一个中心位置看到结果)，那么你的反馈周期肯定是非常迅捷且有效的。反馈周期越短，软件的进化速度也就越快，软件的整体质量的改善也就越多，这是敏捷开发中一个非常重要的因素。

此时，你可能会想：“是的，John，听起来你真的打算卖给我一个叫作 CI 的工具，那么它到底是什么呢？”

我的意思是说，CI 听起来就不错。我喜欢自动化。我喜欢反馈。我不想陷入合并版本的地狱之中。我认为，要清晰理解持续集成，最好的方法就是让我带你回到过去的岁月，向你展示在CI出现以前构建代码是如何完成的，以及持续集成是如何随着时间的推移而发展起来的。然后，我再带你领略现代化的、具有良好运行性能的CI系统的软件开发环境的工作流程。

那么，就让我们即刻开始这段旅程吧。

以前构建代码是怎么做的

我的资历还不是特别深厚，但是我确实是在自动化的高级工具出现以前就开始构建软件了。

在21世纪初期，也就是我职业生涯的早期，在软件开发团队中，每一个开发者都要负责创建并且构建自己的代码，这种情况司空见惯。

我这么说是什么意思呢？是的，在任何足够大的应用程序中，都会有相当多的组件进入正在开发的软件的构建过程。当然，也会有大量的源代码文件必须被编译。通常，还会有一些其他资源，如外部库，这些资源需要存储在开发者的机器上，这样才能构建最终的软件解决方案。在编译代码前后可能还需要一些额外的步骤才能获得最终的成品软件。

过去，当你作为开发者工作的时候，你会得到这些源代码的副本。一些在过去五年里一直开发软件的大师们会向你展示你需要的神奇咒语来构建这个软件，然后你就要完全指望自己了。个别开发者开发了自己的工作方式，使软件可以在他们自己的机器上编译。

当生成一个准备进行测试或者部署到客户那里的软件版本的时候，一定要有一名开发者宰杀一只小鸡，然后倒退着走上一圈，再点燃一堆蜡烛、排成五角星的形状，做完这一切祈祷仪式之后才敢按Ctrl+Shift+F5组合键，然后得到该软件的成品版本。

然而，这种开发和构建软件的方式存在一些巨大的问题。

最大的问题在于，由于每个开发者都在自己的机器上构建软件，而且每个人采用的方式还略有不同，所以有很大可能原本在使用一模一样的代码版本的两个开发者会产生出两个完全不同版本的软件。对此你可能会大吃一惊：这怎么可能呢？

如果在构建的过程中没有保障一致性，每个人都遵循自己的过程去做事，那么很多事情都会出错。开发者可以在自己的机器上自行安装不同版本的外部库。开发者可能认为他们有相同的源代码，但实际上忘记了从源代码控制系统中获取最新的文件，或者无意中对文件进行了本地更改，从而阻断了代码的更新。文件或文件夹结构可能不同，而这反过来又可能导致软件在实际运行方式上有差异。

因此，正像我所说的，很多事情都会出错。

另一个主要问题是，因为开发者都在本地完成构建工作，所以如果有人这时签入了一些还没有编译的代码，没有人会发现，直到他们拉出这一段代码准备构建软件的时候才会有人注意到这一点。

这可能不是个大问题。但是多个开发者连续数天甚至数周都在签入这些“坏代码”，而最终有人尝试把所有的版本都编译并且构建在一起的时候，才发现它被破坏了，这事儿就变得很诡异了，因为这时他们都不知道代码发生过什么变化，又是哪些变化触发了这些问题。

还有，我还曾经耗费数个小时才创建完软件的一次构建。再没什么比你在机器上构建软件版本四五个小时之后才发现它已经被破坏了更糟糕了。

构建服务器应运而生

早期，解决上述这些问题的方法之一是引入专门的构建服务器。

这样做的想法是，与其让每一个开发者都在自己的机器上构建软件，还不如配置一台专门用于构建软件的中央服务器，在它上面做好所有的配置，拥有所有其他外部库的版本，而且正确无误……每一位开发者都可以在构建服务器上启动构建工作，或者由构建服务器在每天晚上自动构建软件。

刚开始的时候，自动构建的工作是按周进行的。因此，至少每周你都会产生某个正式的软件交付版本，它能将来自所有开发者的、从本周一开始所做的所有的更改合并在一起，然后按照统一的方式构建。

但每周构建有一个问题：在尝试按周构建软件版本的时候，“集成”将会成为灾难，对大型团队更是如此。通常，团队会指定一位开发者或者 IT 人员专职负责每周一次的构建工作，他们会手动修复所有破坏构建的问题，努力搜寻会导致冲突的更改并解决这些冲突问题。这种做法相对于没有构建服务器有一些改进，但是成效并不显著。

最终，夜间构建的理念逐渐流行起来。这样做的想法是，如果我们每天将代码在构建服务器上集成并且创建一个新的构建版本，那么频繁发生的小规模更改会累积成巨大的“集成灾难”的机会就会大大减少，而且我们还可以更早地发现问题。

起初，这个想法似乎很疯狂。你不会相信，我在我工作的一家公司里第一次建议做“夜间构建”的时候，我遇到了多么大的阻力。但夜间构建最终成为常态，因为它确实能解决不少问题。

可以说，源自中央构建服务器的“夜间构建”理念让每个人能够在同一个页面上同步工作，而且，如果夜间构建失败，那么促使它下一次构建成功就是每个人的首要任务。夜间构建的想法推动了对构建过程本身实现自动化的需求。这太棒了。

为了能够在每天晚上持续不断地构建软件，我们需要一些自动化的方法来将所有代码放在一起编译它，并且自动完成创建一个软件构建版本所需要的其他所有步骤。

于是很多脚本就应运而生了，这些脚本都是为了自动化软件的构建过程而创建的，不过自动化构建的过程仍然局限在构建服务器上。对开发者来说，他们仍然认为：允许在自己的本地机器构建软件的做法还是正常的。

为了能够在构建服务器上完成完整的构建过程，以前只负责编译代码的文件生成脚本开始变得越来越复杂，基于 XML 的自动化构建工具（如 Ant）出现了，并且大行其道。

生活越变越美好，但仍然存在一些大问题。

随着敏捷方法越来越流行，单元测试的做法也越来越受到重视，仅仅能够编译代码加上打包代码完成夜间构建的做法还不够完美。我们需要更短的反馈周期。如果有人签入了坏代码，整个团队可能都会偏离正常轨道，而团队要等到第二天早上才能发现这个问题。

除了能够编译代码，我们还需要一些可靠的方法能够每天多次自动构建代码，同时还能执行代码质量检查的某些工作。

持续集成闪亮登场

说服人们接受夜间构建的理念已经是一项难度极大的工作，但是还是不能与让管理层接受“持续集成”的做法同日而语——持续集成（CI），即每次有人签入新代码都要构建软件。

“你为什么要这么做？我们有夜间构建啊。”“我不明白，你是想无休止地构建代码吗？”“等等，让我把这件事搞搞清楚。你是想让我告诉所有的开发者，他们需要一天多次签入他们的代码吗？你在开玩笑吗？”

虽然遇到巨大的阻力，但是随着敏捷方法的普及，这些质疑逐渐消散了。持续集成不仅是一个美好的梦想，还是必备的通用做法，因为只有持续集成才能保证足够短的反馈周期，以便于在每一次迭代中都能完成所有工作项。

但主要问题是如何做到持续集成。当新代码被签入源代码控制服务器的时候，我们如何切实保证立刻构建代码？答案就是持续集成服务器。

在原有的构建服务器上运行的特殊软件被开发出来，这一软件具有检测源代码控制更改、提取最新代码和运行构建的能力。借助持续集成服务器，开发者就可以缩短构建代码库的时间，这样反馈的速度就会更快。

既然我们有了这种能力，那么持续集成的做法就不仅限于构建代码，而是更有深意。持续集成还包含有执行单元测试、度量代码质量（如静态代码分析器）等动作，而这些工作都是随着代码签入随即启动的。这样一来，持续集成的最大障碍就转化成如何让开发者尽早并经常性地签入他们的代码，以便于我们能够很快地获得反馈。直到当下，这依然还是妨碍持续集成普及的最大障碍。

现在，有了持续集成，我们不仅可以在几分钟内知道代码的更改是否阻碍了整个项目的编译，而且还可以找出哪些单元测试没有通过，甚至可以执行诸如运行自动回归测试之类的操作来查找是哪些更改没有被测试通过。

生活变得如此美好。

持续集成的典型工作流程

到目前为止，你可能已经充分了解了什么是持续集成，了解了它能够解决哪些问题，以及它是如何发展进化的。但你还是没有做到完全“理解”。别担心，这没关系。

下面让我们来看一下利用持续集成的工作流示例，也许这会让你感觉更好。

签入代码

持续集成的工作流程要从你签入代码开始。

当然，这时你已经在本地机器上运行了构建过程，并且在你冒着破坏别人构建的版本的风险将代码签入主代码库之前已经运行了所有的单元测试用例……对吧？

开启新构建

安装在构建服务器上的 CI 软件几乎立刻检测到：由它监控的源代码控制分支发生了更改。这正是你刚才签入的代码！太好了！

CI 服务器随即启动一个新的构建作业。

签出代码

新的构建作业所做的第一件事就是获得最新的更改。

它将你所做的代码更改（以及在这个分支上的所有其他更改）拉取下来，并将这些代码放入它的工作目录中。

编译代码

此时，通常会启动某种类型的构建脚本来编译和构建代码。

构建脚本将构建生成源代码的命令，它还将链接到所有的外部库以及编译代码所需要的其他任何内容。

如果代码编译失败，构建工作将停止在这里，并且报出一个错误。这就是所谓的“构建中断”，这可是一件坏事。

我记得你说过，你在签入代码之前已经在你自己的机器上编译成功了呀？你应该感到羞耻！

静态分析器启动

假设代码构建正确，那么静态分析器将被启动以度量代码质量的某些指标。

如果你不知道“静态分析器”和“某些指标”具体指的是什么，也没关系。基本上，它们就是用来查看代码并且查找可能的错误、识别代码是否违背最佳实践的工具。这些分析器的运行结果将被存储起来，以便在构建结束后再行报告。

如果静态分析器的执行结果显示代码质量在某些度量项上没有达到阈值，构建过程将被设置为“构建失败”。

向 John 提问：什么是代码静态分析器？度量代码质量的指标又有哪些？

好吧，虽然我说过你现在不需要太在意这个，但我发现你的好奇心确实很重。这样很好，真的很好。我来解释一下。

顾名思义，静态代码分析器就是针对源代码的分析工具，它能告诉你关于这一段代码的一系列内容，这些内容将使你能够了解代码的“健康状况”，甚至指出你可能需要修改的一些东西。

例如，在我使用 Java 编程的那个年代，我曾经使用过一个叫 PMD 的静态代码分析器。(这个名字的含义有点儿神秘。) 这个工具要做的就是寻找 Java 代码中常见的问题，例如，未使用的变量、在不必要的情况下创建出来的对象，以及一整套可能导致错误或者代码难以维护的“不良实践”。使用这个工具时你还可以配置和创建自己的规则，以便于查找代码中的潜在问题。

有些静态分析器还向你提供有关代码的其他信息，如圈复杂度（你的代码中有多少条可能的路径）、可维护性索引、继承的深度、代码的行数……诸如此类的东西。

最终，你可以使用这些信息修复代码中的潜在问题，并且评估代码将来的状态。

你可以把静态代码分析器视为一种保持代码可维护性、避免低级 bug 和潜在缺陷的积极的方法。

运行单元测试

假设一切都很顺利，到这一步时持续集成工作将启动单元测试。

单元测试是针对已编译好的代码运行的，测试结果会被记录下来供以后使用。

通常，如果任何一个单元测试失败，就会导致整个构建失败。(我强烈推荐这种方法，因为一旦你没有意识到单元测试失败就是一条下坡路、一条不归路，那么你就很难回到持续集成的正轨上了——很快，每个人都会期望单元测试失败，如果发生这种情况，单元测试本身就会失去意义。)

报告结果

最后，持续集成程序将给出实际构建的结果。该报告将包含如下信息：本次构建是通过还是失败、运行所需的时间、代码质量的度量数据、单元测试运行结果以及任何其他相关数据。

报告文本也可能是在构建同时自动生成的。

本次构建的结果报告可以通过电子邮件发送给团队，特别是在失败的情况下。大多数持续集成软件程序都有一个 Web 界面，任何人都可以看到最近一次构建的结果。

打包软件

在这一步，构建好的软件将被打包成一个表单，可用于部署或安装。

这通常涉及要将编译好的代码与任何外部资源或依赖项集聚在一起，将它们打包在一起构成可以部署或安装在必要的任何结构中的单元。例如，可能需要创建一个包含所有正确文件的文件结构，然后可能会对整个文件进行压缩。

此时，构建作业还可以在源代码控制中应用某种标签来标记软件的版本。

代码部署（持续部署）

这是最后一步，是可选的。实际上，我认为前一步也是可选的。

但是，当前越来越多的团队选择持续部署的方法，他们将代码直接部署到某个环境中，以便对其进行测试。或者，如果他们足够勇敢，他们会把代码直接部署到生产环境中。

结束

持续集成的整个工作流程就是这样。

当然，这些步骤中肯定存在一些变化，而且可能还会有一些附加步骤，但是基本思想就是：构建代码、检查问题，并且每当有新代码签入时都会自动完成软件部署前的所有工作。如果新的更改导致了系统出错，持续集成能够让我们快速发现错误，这样我们就可以迅速修复错误。

尽管我轻描淡写地描述了上述过程，但我确实不想让持续集成就像听起来得那么简单易行。构建工程师需要花费相当长的时间来构建良好的持续集成过程，并且围绕着如何做好持续集成、做好持续集成的最佳实践有哪些……这些主题充斥着各式各样的争论。

持续集成服务程序与软件

持续集成的关键组成部分就是持续集成软件。

如果没有持续集成软件，我们就必须自己编写自定义脚本，而且还得自己编写自己的构建服务程序。幸运的是，许多聪明的开发者很快意识到了构建持续集成软件的价值，它可以自动化大多数常见的持续集成任务。大多数持续集成软件都以大体相似的方式工作，将我前面描述的工作流程变得易于实现。

当前，可供使用的持续集成服务程序与软件相当多，这里我只想强调一下，到撰写本书时我发现的最常用的几个持续集成服务程序和软件。

Jenkins

Jenkins 是我最想去使用的 CI 软件。它是一个 Java 程序，最初就是为了能够在 Java 环境中实现 CI 而创建的，但是后来它变得非常流行，而且使用起来非常容易，以至于它已经扩展到可以用于几乎任何技术平台。

Jenkins 的安装和运行都非常容易，因为它含有自己内置的 Web 服务器。它还拥有大量插件。

如果你想在 Jenkins 上做点什么，很可能已经有人为你写好了一个插件。这也是我为什么如此喜欢使用 Jenkins 的主要原因之一。（实际上，我在 Pluralsight 上有一门视频课程，专门讲 Jenkins 的基础知识。）

Hudson

我可以让你不用去研读有关 Hudson 与 Jenkins 那冗长且充满戏剧性的故事，你只需要听听下面我要讲的这个短小精悍的故事就可以了。

在 Jenkins 诞生之前，Hudson 已然存在了。经过一系列的争斗之后，Jenkins 从 Hardson 中分离了出来，而 Hardson 则继续自我发展。

Hudson 是由 Oracle 公司控制的，我个人认为它不如 Jenkins 好用，因为 Hudson 的创建者 Kohsuke Kawaguchi 以及当初开发 Hudson 的大部分团队都搬到了 Jenkins。

老实说，我都不知道 Hardson 是否还活着，还在继续运作。我看到 Hardson 网站上的最后一条更新消息是 2016 年 2 月 15 日发出的。

Travis CI

Travis CI 是另一个流行的持续集成软件，但它的操作方式有点不同。

实际上，Travis CI 是托管的，作为一种服务提供给客户。换句话说，你不用安装 Travis CI，你只需要注册服务就好。它实际上是为在 GitHub 上托管的项目执行持续集成而设计的。

随着越来越多的项目都在 GitHub 中托管，Travis 也正在变得越来越受欢迎，而且它的设计非常棒，使用起来也很便捷。

另外，不用自己动手维护自己的构建服务器实在是一个好主意。

TFS

如果你开发出来的软件只在 Microsoft Shop 里出售，那么 TFS（Team Foundation Server）可以为你提供持续集成的支持。不过，根据我的经验，它太过简陋，不足以与其他一些更受欢迎的产品竞争。

但是，我想如果你想要某种简约版的 CI 软件，而且它必须还得使用微软的解决方案，那么 TFS 对你就很有用了。

向 John 提问：你讨厌 TFS？可是我喜欢 TFS，而且它的功能要比你刚才说的强大许多。John，因为你对 TFS 的不敬，我不再喜欢你了。

我对 TFS 并不讨厌。我甚至对微软都不讨厌，我最推崇的语言可是 C#。我只是没怎么用过 TFS，而在我有限的几次使用体验中，TFS 都不怎么好用。

因此，如果你喜欢 TFS，很好，继续使用它。如果你正在运营一家微软商店，TFS 可以完美地把你正在做的每一件事情都集成在一起，并且卓有成效地为你工作。

我只是在尝试使用 TFS 几次之后没能成为它的铁杆粉丝而已。

TeamCity

TeamCity 是另一个流行的持续集成服务程序，由 JetBrains 公司创建。

它有一个免费的版本，但它也是一个授权使用的产品。因此，如果你在寻找更为专业的支持，TeamCity 是一个很不错的选择。

许多.NET 团队都在使用 TeamCity 来满足他们的 CI 需求。

还有其他的吗

在这里我只是给你介绍了一小部分时下比较流行的 CI 服务程序，但是其他我没有列在这里的 CI 服务程序还有很多。

如果你想要查看所有选项，你可以在维基百科搜索到比较完整的更新列表。

第32章

火眼金睛：调试

生活中总有一些事情亘古不变、无可避免，比如死亡与缴税，比如程序员创造bug。

作为一名软件开发者，我可以向你保证一件事：你将花大量的时间用于调试代码。既然你的大部分时间都花在调试代码上了，那么擅长调试可是一门好手艺，你不这样认为吗？

遗憾的是，许多开发者甚至是经验丰富的开发者倾向于……把调试做得很差。很多开发者都喜欢在代码里加入新特性之后翩然离去，把代码弄得一团乱麻就像没人管理一样，但是谁能清理掉他们遗留下来的bug呢？

知道如何写出优质代码是一回事，知道如何调试你这一辈子所能见到的最丑陋的代码是另一回事。这句话是软件开发界的传奇“鲍勃大叔[①]”说的。（他把自己关在地下室里48小时就可以完成一个应用程序的第一个版本，他可是个“古怪”的家伙。）

幸运的是，与其他技能一样，调试也是可以学习的。如果运用正确的技术与实践，你可以在这方面变得非常伟大。谁知道呢？你甚至可能会喜欢上调试。

调试的关键是要认识到有关调试的一切都是关于心态的。它要求你针对问题采取系统的方法，不要期望一蹴而就，也不要期望你能快速定位问题、来去匆匆。它要求你集中精力、保持冷静，从逻辑分析的角度解决问题，而不是用情绪化的方式。

在本章中，我将介绍一种系统化的调试方法，这将帮助你有效规避那种可怕的“调

---

① 罗伯特·马丁（Robert C. Martin）是世界级软件开发大师、设计模式和敏捷开发先驱、敏捷联盟首任主席，被后辈程序员尊称为“鲍勃大叔”。20世纪70年代初成为职业程序员，至今已发表数百篇文章、论文和博客，著有《代码整洁之道》《代码整洁之道：程序员的职业素养》《敏捷整洁之道：回归本源》《架构整洁之道》《敏捷软件开发：原则、模式和实践》等。——译者注

试器心态”，并将你的调试技能提升到更高的水平。对于这种方法我总结为非常实用的一页纸，让你可以一目了然，本书的在线资源中就包括“调试备忘单”。

什么是调试

在深入了解什么是“调试”之前，让我们先去看看基本概念。

调试到底是什么？答案是不言而喻的，对吧？你打开“调试器”然后“调试”代码中的问题。但这恰恰就是你犯错误的地方。

调试与调试器毫无关联。

调试所涉及的内容包括在代码库中找寻问题的根源，确定可能的原因，检验假设，直到找到最终的根本原因，然后彻底消除这个原因并确保它永远不会再次发生。

我想我们可以从语义学角度称调试为“修复 bug”。关键在于，调试不仅仅是在调试器中摆弄代码、修改代码直到让它看起来可以工作。

调试的第一条规则：不要使用调试器

“啊，你说什么？让我来修复一个新的 bug？是那种毛茸茸蠕动的很恶心的虫子（bug）？”“别害怕，先生。我将释放我的精神武器库中的所有力量来对付这种邪恶。”拥有了这种心态，程序员就可以淡定地坐在办公桌前，坦然启动调试器，小心翼翼地迈进代码世界。

时间的界限似乎都变得模糊起来，分钟变成了小时，小时变成了星期。你也变成了一个坐在键盘前的耄耋老人，仍然身处在同样的那个调试任务之中，时时感慨“就差一点点”。你的孩子都已经长大成人了，你的妻子也已经离你而去，唯一伴你左右的就剩下那个 bug。

大多数程序员在调试代码中的问题的时候，要做的第一件事就是启动那老而弥坚的调试器，开始四处查看。大错特错！千万别这么做。调试器应该是最后的选择。

当你立即启动调试器时，你实际上就是在说：“我不知道是什么引起了问题，我只是随便四处看看。”这就好比你的车子坏了，而你对汽车一窍不通，所以你就打开引擎盖，试图找出一些问题。但你到底在找什么，连你自己都不知道。

别误会我。调试器是一个优秀、强大的工具。如果使用得当，调试器可以帮你解决各种问题，并帮助你了解代码运行时的状况。但调试器并不是一开始调试就需要借助的工具，许多 bug 可以在不启动调试器的情况下解决掉。

你看，就像 Facebook 或者 YouTube 上有趣的猫视频一样，调试器自有一种让你着魔的妖术。

重现错误

因此，如果你没有简单粗暴地直接启动调试器来调试问题，你该做什么？我很高兴你终于这么问了。任何理智的人应该做的第一件事就是重现这个 bug，以确保它真的是一个 bug，这样你才能去调试它。

问题如果不能被重现，就不能被调试，这是板上钉钉的事情。因此，如果你不能重现问题，那么调试本身就失去意义了。你明白我的观点了吗？你不仅不能调试不能被重现的问题，而且，即使你确实修复了它，你也无法验证它是确实被修复了。

因此，在调试 bug 时，首先要做的就是确保自己能够重现 bug。如果你做不到这一点，那就去找人帮忙。如果测试人员记录了 bug，那就请他们来为你重现 bug。如果 bug 只是间歇性的、无法被可靠地重现，这意味着你并不知道重现问题所需要的情境。

其实并没有间歇性的问题。如果这是一个问题，它就一定可以被重现；你要知道的就是如何重现它。

向 John 提问：如果我老板说我必须解决所有间歇性问题，那怎么办？

你是说，你的老板要求你解决这类问题？他们在生产环境中看到过这个 bug，客户也已经看到了，所以它绝对是一个问题。

“我不能重现它”的借口不能奏效了，他们不会买账。那么这时候你该做什么呢？你无法调试一个你无法重现的问题，但你能搜集更多的证据。

将日志记录语句插入代码中。（日志记录语句只是将一些输出放到屏幕或文件中的代码行，以便跟踪应用程序中发生的各种事情。这对调试非常有用。）尽可能详细地收集问题发生的时间与条件。如果可能的话，人为地重建环境和情景。

千万不要被诱惑去“修复”你无法重现的问题。如果你对这个问题没有足够的理解、无法重现它，你通过猜测就能够修复问题的概率微乎其微，而且当你需要去判断你的修复是否成功时，你将面临极大的困难。

找到方法来重现这个问题，即使它只是在生产环境中可以重现。

坐下来思考

当你能够重现问题之后，下一步是大多数软件开发者都会忽视的，因为他们非常渴望立即着手解决问题，但是这一步至关重要。这是一个非常简单的步骤——坐下来好好想想。

是的，没错。思考一下问题，思考一下可能导致这个问题的原因。想想这个系统是如何工作的，以及导致系统产生古怪行为的可能的原因。

你肯定急于一头扎进代码和调试器中，立刻开始“查看事物”。但是，在开始查看事物之前，重要的是要知道你要寻找的是什么，要查看的又是什么。

你应该对到底什么原因可能会导致这个问题提出一些想法、做出一些假设。如果你没有这么做，那么一定要耐心点儿，继续坐着思考。如果有帮助的话，站起来四处走走，但是在你继续下一步骤之前，你至少应该拥有一些你想要去检验的想法。如果你什么都想不出来，那么不要启动调试器，而是再去浏览一下源代码，看看你是否还能收集到更多关于系统应该如何工作的线索。

在开始下一步之前，你至少应该有两三个要检验的很好的假设。

检验你的假设

所以你有了几个很好的假设，对吧？磁通电容需要连接到导体上，所以如果从伏特表上读出来的电压值低于……想必是这些导体安装错误了！呃……差不多就是这样吧。

好的，现在让我们启动调试器并验证我们的假设！终于可以开始用调试器了？不！又错了。现在还不是开动调试器的时候。

如果不能使用调试器，我又该如何检验我的那些假设呢？做单元测试。是的，没错，就是做单元测试。试着写一个单元测试用例来检验你的假设。如果你认为系统的某些部分不能正常工作，就编写一个你认为能够利用这个问题的单元测试用例。

如果你的假设是正确的，并且你已经发现了问题所在，那么你就可以立即着手修复它。现在，你利用一个单元测试用例就可以让验证和修复一步到位，并确保它永远不会再次发生。（不过，在你宣称bug已被修复之前，仍然要确保你尝试了重现实际的bug。）

如果你的假设错了，并且你编写的单元测试能够如预期那样通过，那么你也只是向项目中添加了另一个单元测试用例而已（假设你编写的这个单元测试实际上只有一个断言），这样能够保证系统更加健壮，并且你已经利用它否定了你的一项假设。

把它想成是扩大了问题的空间。每次你编写单元测试并测试通过时，你都在排除各种可能性。（假设单元测试实际上可能失败。确保你写的任何单元测试不只是在任何条件下都通过。这是一个令人惊讶的容易犯的错误，相信我。）

一旦你发现这些假设是死胡同，你就会通过关闭并锁定你身后那扇门来穿越你的调试之旅。如果这能让你在调试器上节省数小时乃至于数天的时间，你应该可以马上意识到这么做的价值有多大。

之所以调试器如此糟糕，原因之一就是，当我们检查与重新检查我们所做的前置条件时，它会鼓励我们一次又一次地访问相同的错误路径，这会使我们要么忘记自己已经寻找过的东西，要么不相信我们已经足够努力。

单元测试就像在登山的时候打下的固定锚，即使滑下山坡也能够确保你不会向下掉得太远。编写单元测试来测试你的假设也会确保你不会漫无目的地环顾四周、浅尝辄止，因为在编写单元测试来帮助调试问题的时候，你必须有一个你要测试的特定的前置条件。

我是一个现实主义者，我很务实。我知道，有的时候，编写单元测试来检验假设是非常困难的，可能是不可能完成的任务。在这种情况下，启动调试器是可以的，但前提是你必须遵守以下这条规则：启动调试器必须有一个特定的目的。

明确知道你要寻找什么，以及在使用调试器时你在检查什么，而不是只是进去随便看看。

我知道我似乎对这件事有点儿过激，但请相信我，我这么说是有原因的。我希望你成为一个对调试驾轻就熟的开发者，你只有通过仔细考虑如何调试，才能够达到这种效果。

检查你的前置条件

大多数情况下，你的假设都是不可能实现的。这就是生活。如果出现这样的情况，你接下来能做的最好的事情莫过于检查你对软件运行机制设置的前置条件。

我们通常都假设代码是以某种方式工作的，或者某些输入或者输出必须是某个取值。我们经常想："这不可能发生。我正在看这里的代码。它不可能产生这种输出。"但我们的设想常常是错误的。这种事情还常常发生在我们当中最优秀的人身上。

针对这些前置条件，你所能做的最好的事情也就是检查它们。最好的检查方法又是什么呢？是的，没错，就是做更多的单元测试。编写一些单元测试用例，检查那些"必须这样"的显而易见的问题的工作流程。大多数这些测试都应该很容易通过，你会说："哎，白费劲了……"但是，在你编写一个单元测试来测试一些显而易见的前置条件时，每隔一段时间结果就会让你大吃一惊。

记住，如果你的问题的答案是显而易见的，就根本不是问题。

再说一次，我的实用主义经验必须告诉你，打开调试器检查你的前置条件也是可以的。但是，这只能是在你试着先用单元测试来检查前置条件之后。我还是拿登山时打下的固定锚来作类比。

如果可以的话，还是要避免使用调试器，但是如果必须用的话，你也可以使用它，但是，我要再强调一次：只能在验证或调用你已经设置的特定前置条件时才可以使用调试器。

分而治之

我还记得我曾经对付过的一个真正难缠的 bug，它让我不能正确地解释用 PostScript 打印语言编写的打印文件。我想尽一切办法来调试这个问题。我测试了各种假设，都没有奏效。看起来这个 bug 是由于打印文件中的多个命令的组合造成的，但我不知道是具体是哪一个。

那么，我该怎么做呢？

我把打印文件裁剪掉一半，bug 还在那里。因此，我把这一半的打印文件又切成了两半，这次 bug 消失了。我测试了另一半，bug 又回来了。我持续不断地尝试从打印文件的头部开始拆解它，直到我把整个文件从几千行代码裁剪到只有 5 行。正是这 5 行顺序排列的代码导致了 bug。就是这么简单！

有时候，如果你在调试的时候卡住了，你需要做的就是找出一种方法来把待解决的问题的范围缩小一半，即尽你所能把大块头的部分先剔除出去。具体采取的方法可以根据问题的不同而不尽相同，但是，基本思路就是尝试并考虑如何消除大量的代码或删除大部分的系统或变量，然后看看 bug 是否仍然可以重现。

看看你能否想出办法来完全消除系统中会产生错误部分的测试路径。然后再做一次、再做一次。如果你继续进行这种分进合击的工作，你可能会找出导致错误的关键组件，然后问题就会变得相对简单一些。

要修复 bug 应了解其产生的原因

尽管我确信我能够就调试这个话题写上整整一本书，但是现在我要讲给你听的是有关这个话题的最后一条建议。

如果要修复一个问题，必须要搞清楚问题之所以能够修复的原因。如果你不明白自己为什么能够修复这个问题，那么你的调试工作还不算完全完成。你可能会在无意间导致产生了另一个不同的问题，也有可能你还没有彻底修复原来的问题。

问题是不会自动消失的。如果你没有修复这个问题，我可以向你保证，它肯定不会自行修复，它只是隐藏起来了而已。但如果你彻底修复了问题，不要就此停止。深入探究一下，确保你明确理解最初导致这个问题产生的原因，以及你之所以能够修复这个问题的原因。

太多的软件开发者通过随意摆弄代码来调试问题，显然这么做代码也可以正常工作，于是他们就假设错误已经被修复，但他们并不清楚导致错误的原因。这是一个危险的习惯。

说这是危险的习惯原因有很多。

正如上面提到的，当你随机调换系统内的代码位置、随机在这里或者那里修改代码的时候，你可能会引起各种不可预测的其他问题。问题还不止这些，你这么做就是在训练自己成为一个蹩脚的调试器。你正在养成把事情搞得一团糟的习惯——不讲技术，一点也不严谨。

有时你可能靠运气调试出来一两个问题，但是你并没有掌握可重复的调试过程，你也没有掌握可靠的调试技能。你不仅应该了解哪里出了问题、问题产生的原因，以及你是如何修复问题的，你还要去验证这样修复的正确性。

我知道，这似乎是常识，但我无法告诉你，程序员在“修复问题”上浪费了多少时间——他们总是假装问题已经修复了，然后将代码传递给质量保证人员，质量保证人员会立刻发现问题依旧在那儿，只好让它又回到开发者手中，不断往复。这是对时间的巨大浪费，其实你只需要花 5 分钟去验证自己所做的修复是真正的修复就可以避免这样的时间浪费。

事实上，不只是需要验证问题是否被修复，还需要针对这个问题编写一个回归测试用例，以确保它再也不会出现。

如果你真正理解自己所修复的问题，你就能针对这个问题编写一个单元测试用例，修复之后的代码就应该能够通过这个单元测试。

最后，你需要查找一下是否还有同类型 bug。bug 通常都是成群结队出现的。如果你发现在某种前置条件下会导致某个代码错误，那么很可能还会有由这个问题引起的其他 bug。

再重复一遍，这就是了解真正的问题是什么以及为什么你的解决方案可以修复它至关重要的原因。只有当你知道发生了什么以及为什么会发生这样的事情，你才可以很快确定是否会由同样的问题导致其他隐藏起来的问题。

艺术与科学

记住，就像软件开发一样，调试既是一门艺术，也是一门科学。

只有通过实践才能擅长调试之道。但是只有实践还是不够的，你还必须具体地、系统地做过调试工作，而不只是在调试器中摆弄代码。

以上我已经向你概要介绍了做好调试工作的方法，接下来就要看你的了。

第33章

日臻完善：代码维护

刚开始考虑想成为软件开发者时，你可能会梦想创造出令人兴奋的新特性，在新技术的海洋里遨游，编写出又酷又炫、妙趣横生的代码。但你可能想不到的是，你需要维护一个很久以前就已经离开公司的某个家伙编写的使用了10年的惨不忍睹的应用程序，修复他遗留的bug。

事实上，在你的软件开发生涯中，维护旧代码花费的时间要比编写新代码花费的时间多得多。生活就是这样。这只不过是平常事中的一件而已。

但这并不意味着你只需要维护几十年前编写的陈旧而又古老的VB6应用程序。实际上，你将要维护的大量代码中可能有很大一部分就是你自己编写的。

因此，如果你能学会以下两件事，那肯定是件好事儿：首先，你需要知道如何正确地维护代码，这样可以使代码不至于变得越来越糟糕直到最后崩溃；其次，你需要学会如何编写易于维护的优质代码，这样可以使那些以后不得不去维护你的代码的开发者不会一路追杀到你家中，在你熟睡的时候杀死你。

在本章中，我会讨论为什么学习如何维护代码和如何编写可维护代码如此重要，我还会针对如何做到上述两件事情给出一些实用的建议。

听起来还不错吧？

你职业生涯的大部分时间都要花在维护代码上

关于这一点之前我已经提过了，但是在这里还需要再提一次，因为这是真理。

不管是以哪种形式，你都要去维护代码。

新软件总是源源不断地创建出来，每一个新创建的软件应用程序都希望自己的寿命比创建应用所需的时间更长。这就意味着旧软件的数量远远超过新软件。（除非有大量的新软件一股脑地涌入市场，同时一堆旧软件一起消亡，但这是不太可能发生的。）

旧软件总是存在的，它们需要持续不断地改进与维护。客户也会不断发现需要修复的 bug。需要添加新功能，还需要修改现有功能。

软件业就像一个有生命、会呼吸的有机体，总是在不断地成长和变化，或者慢慢死去。

我为什么要告诉你这个呢？难道我只想让你希望破灭吗？不，我希望你对自己作为软件开发者的职业生涯抱有现实的期望。

通常情况下，出于善意，那些迫切渴望你加入的招聘经理会给你的工作岗位描绘出一幅美好的图景，告诉你：你将用最新潮的技术从头到尾设计和开发一个全新的系统。虽然在某些情况下你的一些工作可能是做这些；但是，通常情况下，不管听上去有多么美好，你的大部分工作内容都会涉及维护现有的系统。

再说一次，这就是生活的方式。

这是否意味着你永远找不到一份可以完全从头开始编写新系统的工作？不，这种好事肯定还是会发生的，但是不能总是期盼着它。即使你有机会从头开始开发一个全新的系统，你也得记着：未来的某个时间点，你或其他人还得去维护其代码。

仅此而已。

伟大的开发者都会编写可维护的代码

既然你的期望值已经被我正确重置了，那么我就尝试着鼓励你编写“最优秀的可维护的代码”，因为如果能做到这一点就实在是太棒了！

在我从事软件开发工作以及与软件开发者共事多年以后，我发现了一个无可争辩的事实，那就是：伟大的开发者都会编写高度可维护的代码。事实上，我要说的是，我判断程序员的唯一标准就是他们编写的代码的可维护程度。

这听起来可能很傻。你可能会认为，我在本章内容里之所以编造这些说法只不过是为了证明我的观点。但我要告诉你，这是真理。原因如下。

- 伟大的开发者都明白，他们编写的任何代码的生命周期的大部分都处于维护阶段。
- 伟大的开发者都明白，他们所能编写的最有价值的代码就是那些即使运行了很长时间也不必被废弃、不会被重写的代码。
- 伟大的开发者不一定聪明伶俐，不一定快速高效，但是一定要为了提高代码的可维护性而不断努力精进。

- 他们编写优质、整洁的代码，易于理解、修改和维护。
- 他们的设计灵活轻巧、松散耦合。这样，即使在系统中改变某一块，这个改动也不会影响到系统的其他组件。
- 他们做事情小心翼翼，以确保他们所做的每一件事情都有很好的文档记录，并且尽可能一目了然。
- 他们用了足够多的时间去查看别人的代码或者自己的代码，借此不断自警："我能写出的最好的代码就是可维护性最好的代码。"

童子军军规

要保证代码的可维护性，有一条秘诀，那就是"童子军军规"。这条规则源于美国童子军露营时的一条简单规则，强调："离开露营地时，营地比你发现它时还要干净。"

这是一条伟大的规则，适用于你生活中的方方面面，对软件开发而言尤其有用。你维护过的代码要比你看到它时更优秀。就这么简单。

当你处理一些代码时，可能会修复一个 bug，也可能要添加一个新特性，这时一定要努力确保将该代码保持得比你接手它时的状态更好一点。

这可能意味着，需要额外编写一个单元测试用例，让代码对下一个开发者来说更健壮一些，因为下一个开发者需要对代码中的其他内容进行更改；这可能意味着，重新命名代码中的一些变量，使其含义更加清晰明确；这可能意味着，将某些功能组合到同一个方法或过程中以降低代码的冗余度，使其更容易被理解；它甚至可能涉及重构大量的代码，以实现更整洁、更简单的设计。

只要你遵循这条规则，随着时间的推移，代码会变得越来越优秀，或者至少熵[①]值会大幅下降。这条基本规则是维护好现有代码库的最简单的秘诀。

第一重要的是代码的可读性

影响代码可维护性的最重要因素之一就是代码的可读性。代码的可读性越强，维护代码就越容易；代码越神秘、越难理解，维护起来越困难。就这么简单。

太多的开发者都试图编写简洁、灵巧的代码。尽管简洁是有价值的，但"简洁"跟"灵巧"放在一起是导致"灾难"的不二法门。为什么？因为代码被阅读的机会远高于它被编写的机会。

① 熵（entropy），热力学中表征物质状态的参量之一，其物理意义是体系混乱程度的度量。——译者注

每当程序员试图在你的代码中添加新特性、修改现有特性或者排查 bug 的时候，他们都需要正确理解你的代码的工作流，以及你的代码正在做什么。代码越容易被他们理解，他们就越容易对系统进行正确的修改，花费的时间也就越少。如果代码晦涩难懂，那么当另一位开发者（甚至可能就你自己）在查看并试图理解该代码时就需要额外的时间。更有甚者，还有人会误解代码，在更改代码时或者更改系统中使用该代码的其他部分时会出错，进而使系统降级。

从这一点上讲，可读性强的代码更容易被维护。因此，在编写代码的时候，首先要争取提高可读性，因为代码总归是要被维护的。

重构代码使其更优秀

我们已经讨论过“童子军军规”，现在让我们深入探讨“使代码更优秀”的含义。

如何使代码更优秀呢？

关于重构的主题可以写成整整一本。实际上，已经有好几本书了。但是在本节中，我将向你介绍一些基础知识，以便于你可以自己学习和实践。

本质上讲，重构改善了既有代码的设计。对我来说，重构意味着在不改变其功能的情况下使现有的代码更具可读性。这个“不改变其功能”至关重要，因为如果你连功能都改变了，那么你留下来的就不是比你最开始时看到的代码更好的代码了。你可能会引入 bug，使代码变得更糟糕。这并不是说你在改进代码的时候不能修改功能，但是重构的重点并不是修改功能，重构的重点是让既有代码变得更优秀。

这里，“更优秀”可能就意味着让代码更具可读性、更易于维护。实际上，让代码“更优秀”的意思一直都是如此。当然，“更优秀”也可能意味着通过消除一些重复的地方，或者以不同的方式重新组织代码，从而减少代码的总行数。这可能意味着，你需要改进总体架构，使其更加灵活、更加健壮，以应对更进一步的修改。

重构代码的方法有很多种，但重构的最大原则不是修改功能，而是使代码“更优秀”。

重构和单元测试需要双管齐下，因为如果你没有办法测试代码，你就很难确认你是否改变了代码的功能。在进行重构之前做一些单元测试是一个好主意，特别是当这次修改不同寻常的时候。

向 John 提问：单元测试也需要维护吗？我也需要关注怎么维护它们吗？

答案是：“是的，需要。”特别要注意单元测试的维护。单元测试也是代码，跟其他任何代码一样，它们也需要维护。

事实上，你应该尽最大努力保证自己的单元测试的可维护性，因为：

- 如果一次测试失败了，你当然不想花上 30 分钟去弄清楚这个单元测试是做什么的；
- 你肯定知道，如果代码改变了，单元测试也需要跟着一起改变；
- 从本质来讲，单元测试包含大量的重复性工作，这是一个令人头疼的维护问题。

我必须对你百分之百的诚实。大多数软件开发项目最终之所以放弃单元测试或者其他任何类型的自动化测试，主要就是出于同样一个主要原因——它们无法维护。

因此，别犯这种错误。

要像对待任何其他生产环境使用的代码一样对待单元测试的代码，要保证它们是可维护的，同时维护好它们。

在这件事上，请相信我。

另外，还有一些现代化的重构工具可以帮你，它们都能很好地保证重构不会改变代码的功能。大多数现代化的集成开发环境（Integrated Development Environment，IDE）都集成了这样一些工具。

你可以把重构的过程想象成在不改变其含义的情况下重新排列一个数学方程。你可以始终确保 $4x = 8$ 和 $2x = 4$ 或 $x = 2$ 都是一个意思。你不需要证明这个等式。

自动化是必不可少的

维护软件非常困难，你必须手动构建、手动地运行测试，以确保没有东西什么被破坏。

更改与测试的速度越快，你为自己的代码织就的防护网越安全，它可以避免你向既有代码库增添新的错误和 bug。自动化对于提高软件项目的可维护性之所以至关重要，原因不外于此。

有了自动化构建、持续集成系统和自动化测试，对代码进行更改并快速发现是否有任何东西被破坏将变得非常简单。这种快速的反馈循环使开发者对他们的更改更有信心，还允许他们重构代码以使代码更优秀，无须提心吊胆。

要写注释，一定要写好

我并不是“为代码写注释”这方面的铁杆粉丝。

是的，我知道，这听上去有些异端。但是，我宁愿编写表述清楚、富有表达力、一目了然的代码，也不愿编写只有阅读注释才能正确理解的神秘莫测的代码。（顺便说一句，代码的注释应该和代码一起得到维护。）我宁愿看到你写出来的代码整洁、可读性强，也不愿看到你在代码中添加一堆注释，而这些注释往往又没有得到很好地维护。

但是，如果你确实写了注释，那一定要确保注释写得很好。确保这些注释清晰地解释了一些不明显的、需要被解释的东西。不知所云的注释跟神秘代码一样糟糕，有时甚至更糟，因为对于神秘代码，你至少可以弄清楚它是干什么的，而对于不知所云的注释，你都不知道它到底有什么含义。

与代码中的注释一样，你要确保在提交关于代码版本的消息时要尽可能地保证这些消息清晰且有帮助。清晰的消息有助于提升代码库的可维护性，因为提交的消息就像一部历史，它可以告诉我们：随着时间的推移，代码发生了什么，以及为什么会发生。

在我们试图理解或者更改一些意图并不明显的代码时，尤其是当涉及修复一个棘手的 bug 时，清晰的注释与清晰的消息的作用至关重要。

学习编写可维护代码的资源

维护代码是一件棘手的事情。它涉及相当多的技能，从编写整洁代码到重构、设计，甚至还有像 DevOps 和自动化这样的基础设施问题。

我决定在这里列出一些有价值的资源的列表，它可以帮你在编写可维护代码和维护既有的不是你编写的代码方面变得更优秀。

Robert Martin 的《代码整洁之道》——我已经好几次提到这本书了，它是如何编写整洁的、可读性强的代码的最好的书之一，它还包含了关于可维护性设计和重构的内容。

Steve McConnell 的《代码大全》——这本书我也已经提到过好几次，它是关于如何写出优质的、可维护的代码的另一本伟大著作。你会发现这本书涉及一些如何写出优质的、可读性强的代码的底层结构细节。去读一下吧。

《代码整洁之道》和《代码大全》这两本书组合起来阅读，会为你打下坚实的基础，让你理解什么是优质、整洁、可读性强的代码，让你学会如何编写代码、如何结构化代码，因此我高度推荐这两本书一起阅读。

Michael Feathers 的《修改代码的艺术》——这是一本关于如何维护既有代码的经典书。它深入研究了遗留系统的细节，以及如何处理其他人编写的代码。每个软件开发者都应该读这本书，因为每个软件开发者都有可能花费大量的时间处理遗留代码。

Martin Fowler 的《重构：改善既有代码的设计》——这是另一本所有软件开发者都应该阅读的经典书。这本书详细介绍了所有在不改变功能的情况下重构代码的主要重构手法。

另外，这里还有一个要点——只要你记住“童子军军规”，一切皆会安好。

还有，别担心，在你的软件开发职业生涯中，你会有大量机会去实践如何维护代码。

向 John 提问：我的团队有一份“样式指南”[1]，告诉我应该如何编写我的代码，以及代码应该是什么样子的。我应该遵循它吗？

是的，要遵循它，即使这份指南并非最理想的也要遵循。

原因就是：一致性胜于完美。

许多团队都有一个样式指南，说明变量应该如何命名、代码行应该如何缩进以及其他类似的样式。这些样式指南会以更具指令性的方式告诉你如何结构化你的代码，尽管你会认为这些样式未必是可读性最好、可维护性最高的，但你仍然要遵循它们。或者，如果你真的无法认同指南中的内容，这就是你让这份指南做出改变的很好的时机。

再强调一次，即使在你看来样式指南中建议的格式对提高可读性并非最佳方式，但总体来说，遵循样式指南所带来的一致性也会大大提高整个代码库的可读性。

因此，把你骄傲的自尊心稍微收敛一下，去遵循样式指南里的规定吧。

如果你一定要展示自己特立独行的一面，那么你可以选择其他的方式，比如，穿着凉鞋还要穿上袜子，或者，戴上一个大戒指，戒指上有一块写着“叛逆者”字样的头骨。

① 此处原文为“Style Guide”，国内的软件公司/团队一般称其为“编程规范”。——译者注

第34章

实至名归：工作岗位与头衔

我从事软件开发工作已经有 15 个年头了，但是我仍然不知道该如何称呼自己。真的。

你会注意到，在本书的一些内容里，我试图使用程序员，有时又用软件工程师，这不过是为了搜索引擎优化（Search Engine Optimization，SEO）；老实说，我真的不知道用哪个头衔来描述软件开发者大家才能达成共识。（尽管如此，我相信你已经注意到了我对“软件开发者”这个称呼的青睐。这就是我经常使用这个称呼的原因。）

除了要从开发者、软件开发者、程序员、软件工程师、编程人员、计算机程序员等称呼当中挑出一个让大家都能满意的，我们还必须为了头衔而斗争。

高级软件工程师和初级软件工程师之间到底有什么区别？这俩头衔与“软件开发者 II”和“测试软件开发工程师”又有什么差别？这是一些相当令人迷惑不解的问题。

如果在过去和现在这些问题都让你感到困惑的话，在这里我要告诉你，你并不孤单。其实我自己对这一切也感到迷惑不解。在本章中我想尽自己的绵薄之力，为我自己也为你解除这个疑惑，并就这些头衔将如何影响你和你的职业生涯提供一些通用的指导。

头衔其实没那么重要

关于职位头衔，首先要了解的是，其实它们并不重要。

为什么它们不重要呢？因为不同的公司会有成百个各色各样的职位，即使是不同公司里的同一职位，在各个公司内部的含义也会大相径庭。在一家公司里，高级软件工程师可能是所有开发工作岗位的标准头衔。在另一家公司里，高级软件工程师可能意味着你是整个程序员团队的技术领导者。而在另一家公司里，高级软件工程师可能意味着你老了。

因此，在这个疯狂的科技世界里，当你读到一个职位的名称时，不要对它看得太重。相反，读一读工作描述、关注一下薪水多寡，才是真正要紧的。

但要尽力得到最好的头衔

这么说吧，整个世界都不知道我刚刚告诉你的话。

你对头衔感到迷惑不解，其他人也是如此。没有人知道“软件开发者 III”是否比“高级开发工程师”职位更高。

那么，人们会怎么做呢？头衔听起来是什么样人们就认为它该是什么样。是的，听上去很愚蠢，但是如果你能获得“软件开发高级总监”的职位，可能会比“初级开发者”给你带来更好的下一份工作，尽管实际上你可能在一家只有两个程序员的公司做着“软件开发高级总监”的工作。

这就意味着，你应该尽可能地获得最负盛名的头衔。

“什么？你说什么，John？”“你是说我应该加入这个愚蠢的‘头衔争霸’游戏之中？”是的。我知道这很愚蠢。我知道这个游戏毫无意义，但是高管们一直在玩这个小把戏。

有没有想过为什么有人能获得“首席执行官”的头衔？很简单。他们玩“头衔互换游戏”——先在一家小到不值一提的公司获得首席执行官的头衔，然后一旦他们能在简历上填上这么一个头衔，他们就会换到一家更大的公司。

再说一次，我对头衔不太看重。不过，在谈判工作邀约的过程中，你至少需要考虑一下：通过谈判获取高级头衔可以提高你的威望。你不需要把这个因素置于其他因素之上，但你应该为一个更高的头衔争取一下。

当你得到升职机会时你也可以玩这个游戏，你甚至可以拒绝加薪，以升级来代替。（“我知道你现在付不了我更多的钱，我明白这不在预算范围之内，但你至少能把我的头衔升级为最高机密密码司令官吧？”）

一些常见的头衔

让我们谈谈一些最常见的头衔。作为一名软件开发者，你可能都会与这些头衔不期而遇。

首先，我们将从最直白的“软件开发者”开始。这个头衔没什么特别的，你可能听过很多次了，尤其是在读我写的内容里面。我喜欢这个头衔，因为对我来说，这个头衔的描述性很强，可以描述大多数程序员所做的事情——他们开发软件。

“程序员”这个头衔很有趣。实际上我更喜欢这个头衔，因为它非常简洁，它描述了我们工作的核心内容——我们编写程序。是的，我们开发软件，但是从技术上讲，你可以不用编程就能开发软件，而且“编码人员”这个称呼又有点儿模糊。

但绝大多数程序员似乎会因为被称作“程序员”而感到受到侮辱。“你不了解我们，伙计。”他们很执着。软件开发可不仅仅是编程。“我是一个工程师。我收集需求，与客户沟通和交流，我还要设计、构建、测试，把丑陋的泥灰塑造成优雅的雕塑。”是的，这些我都明白。但人家雇你做的主要工作就是编程序、写代码。

因此，我非常高兴把我的公司命名为 Simple Programmer，有朝一日我还会改称为更复杂的“Software Developer”。

接下来，还有“软件工程师”这个头衔及其所有的变体。顺便问一下，你有没有注意到：90%的软件工程师都是“高级软件工程师”？对这个头衔我觉得没什么，但是，如果电气工程师、机械工程师、结构工程师等人士听到这个头衔会觉得迷失了自我。

这让我觉得很有趣，但我宁愿避免浪费时间来争论这个问题，所以我现在一般都避免使用这个词。我并不是“卫道士”，也不是那种坚持认为“你必须获得认证并满足一些标准才能自称为工程师”的人。这就像有些人因为拥有博士学位而坚决要求别人称呼他为“博士”，或者在纯粹社交的场合在自己名字前面加上愚蠢的首字母。

唯一能为人们所敬仰的学术权威应该被称为成就。

对我来说，不使用“软件工程师”并不意味着不尊重这个头衔中“工程师”的部分，而是当我想到“工程”二字时，我会想起古老的瀑布式软件开发方法。当我想到“软件开发”时，对我来说，它更多地传达了软件的进化形式——敏捷方式。

有一种头衔要避开

尽管如此，如果可能的话，我会尽量避免戴上这样的头衔——“初级……”，如初级开发者、初级软件开发者、初级软件工程师等。

许多刚入行的程序员以为他们必须从初级开发者开始干起，但事实并非如此。我发现，“初级开发者”的职位通常需要一系列非初级开发者角色的技能，但薪酬要低得多。另外，你猜猜看，软件开发者就业市场里竞争最激烈的职位是什么？答对了，恰恰就是初级开发者。

如果你刚刚入行，还没有任何实际经验，你可能无法获得高级软件工程师的职位，但是没有理由让你连一个普通开发者的头衔都拿不到。

被冠以“初级……”角色的最大问题在于，如果你担任初级职位一年或者最多两年，你很可能会和普通开发者（没有被冠以“初级”头衔）做着同样的工作，但得到的报酬却可能会低得多。

因此，不要寻求“低级……”的角色，去找一些只需要很少一点儿工作经验或者你已经具备的某些专门技能但没有被冠以“初级”头衔的工作。

实际上，找到一份没有被冠以“初级”头衔的工作要比找到一份“初级……”的工作容易得多，因为每一位刚毕业的大学毕业生都会去竞争“初级……”的工作岗位。

基本角色或工作

尽管软件开发者可以被冠以很多不同的头衔，但在软件开发的技术轨道上，实际上只有五种不同的角色。

大多数工作都是这些角色或者级别的一分子。

测试软件开发工程师

在许多小型组织中，你找不到这个角色，但是像微软这样的大公司喜欢先雇用开发者作为“测试软件开发工程师”（Software Development Engineer in Test，SDET）。

测试软件开发工程师实际上也是一种软件开发角色，只不过不是在编写用于生产环境的代码，而是编写用于测试代码的代码，或者是用于工具上的代码。（对团队来说，工具通常是让开发团队的工作更简单的东西。）

这一角色也可能被称为“工具开发者”或者其他类似的名称。你可以将此职位视为软件开发的支持型角色。

这个起点很不错，因为如果你致力于编写自动化测试或工具，你可以通过这份工作很好地理解测试过程，而且这份工作还可以全面塑造你成为一名更优秀的开发者。

初级/中级/高级开发者

初级/中级/高级开发者（Junior/Regular Size/Senior Developer）是标准的软件开发者角色。大多数开发者都属于这几类开发者。

在这里，你将编写代码、开发实际的产品。

团队主管或者技术主管

团队主管（Team Lead）或者技术主管（Technical Lead）是在软件开发者之上的一个台阶。

担任这种角色，你可能会带领一支开发团队执行一些管理和开发工作，例如，构建代码库的架构、评审代码、指导其他开发者。

主管通常也会负责对项目做出重要的技术性决策，也许还要负责面试开发者、分配任务以及其他职责。通常，主管的大部分工作仍然是编写代码，否则他们就会晋升成为经理。

架构师

担任架构师（Architect）这个角色的开发者可能不必再去编写代码了，但是仍然会大量参与软件开发的技术工作。

架构师要设计整个系统、参加会议来决定技术架构，甚至要为某一项功能特性或者整个系统开发原型。

大型公司往往都有架构师的角色，尤其是那些需要大量设计和规划工作的大型软件系统。架构师可能要负责整个项目的技术指导和最终实施工作。

总监

总监（Director）这个角色在软件开发工作中极为罕见，有些人可能认为它并非属于开发者，但我决定还是把它罗列在这里，因为在许多组织中，软件开发者最终会以这个角色来终结自己的职业生涯。

有些公司把这个角色称为研究员（Fellow）或者技术院士（Technical Fellow）。

担任这个角色的软件开发者是某一领域内的杰出专家，领导研究工作，是公司智囊团的成员，或者参与非常复杂或者极高优先级的项目。

总监这类角色还可能涉及指导整个组织内的开发者的工作。作为软件开发总监，还要做出各种技术性和非技术性决策。

大型科技公司里的头衔

与大公司打交道的时候，头衔往往要更正式一些。像惠普、微软、苹果这样的大型科技公司，都有一套正式的头衔以及与之相关联的薪酬标准。提前了解这些信息、提前了解这个体系的工作机制，将有助于你的谈判过程，还可以帮助你在公司里获得升职加薪。

下面介绍一下基本的工作机制。

假设你在一家大型科技公司找到了工作。最有可能的是，你将申请到某一个职位，让我们假设为软件开发工程师。

这个职位与一个级别相关联，级别决定了担任该角色的人的报酬、职责和通常的资格/资质。通常，这个级别还要被分配一个数字，如 59。有些头衔，如软件开发工程师，可能与一系列的级别相关。例如，软件开发工程师的级别可能会从 59 到 60 级。在 61 级，头衔可能会变为软件开发工程师 II。在 63 级，头衔可能会变为高级软件开发工程师。

每个级别都有一个较低的薪酬范围和较高的薪酬范围，所以实际上级别比头衔本身更重要。如果你在这些公司中找到了一份工作，你就该争取拿到最高的级别，这样你的薪水也就可以达到最高。

如果可以选择的话，争取要让级别高一些（而不是工资高一些），因为一段时间之后，同一级别的软件开发者工资水平上较低的更有可能获得加薪。因为大公司的人力资源部门倾向于让处于同一级别上的每个人薪水都接近。

通常在这些大公司中，加薪只是工资增长，而级别不变，但晋升就意味着被擢升到更高级别。

大多数大公司的工资水平都是机密，不过如果你努力搜寻的话还是可以找到相关信息的，而头衔与级别的进阶关系通常是由人力资源部正式发布的。通常，你也可以找到成为某个级别的“软件开发者”的一系列要求。

我们将在后面的章节中讨论加薪和升职的时候详细讨论这一点，但你应该明确知晓你当前所处级别以上一级和以上两级的所有要求。当你满足了自己当前级别以上两级的所有要求时，获得晋升就容易得多了。

你还会注意到，要想得到最高级别的头衔，你通常需要成为一个行业领导者，你的影响力需要超越你的公司。这就是我总是强调创建博客和打造你的个人品牌的众多原因之一。

如果你想成为一个公司的“院士”或者其他类似的最高级别的头衔，那你就需要在软件开发行业内的某个特定领域里成为鼎鼎大名的人物。

关于头衔还有相当多门道

是的，我知道，尤其是当我说“头衔不重要”的时候。但是，一个简单的事实就是：即使头衔本身在整个业界并不重要，但它们在某个公司里肯定还是会起作用的。

因此，对此我对你的最好建议就是：不必太过纠结于公司与公司之间职位头衔的比较，但是要努力弄清楚职位头衔在某个公司内部的真实含义，而且，更重要的是，要弄清楚工作岗位本身。

另外，如果你真的不喜欢别人赋予你的任何职位头衔，你可以自己开一家公司，然后随便怎么称呼你自己都可以，就像我现在这样。

第35章

多姿多彩：软件开发者的工作类型

告诉你一个真实的故事。我差一点把本章从本书的大纲中删掉。真的。我看了一眼，说："工作类型"是什么意思？

起初我在想，它指的是作为软件开发开发者你可以承担的工作的种类，可我记得在本书的前几章中我已经谈过了大部分的工作种类。但是马上，还是这句话提醒了我——软件开发者的工作内容可不仅限于编写代码，软件开发者的"工作类型"还有不少。

因此，我觉得你还是需要知晓这些内容的。我的意思是，如果我没有告诉你在你的工作岗位上需要做什么的话，我就不能确切地把本书的这一篇称为"关于软件开发你需要知道些什么"。

要是整天你都在编码，你可能会疯掉的。想象一下，如果你到一家公司，做好准备像一名狂人一样每天 8 小时不间断地编写代码，但事实上你发现每天只有很少的几个小时让你写代码，那你一定是失望至极。

本章的目的无外于此，让你对现实情况做好充分准备。

软件开发者如果不是每天无时无刻不在编写代码（事实上也的确如此），那么他们整天都在做什么呢？让我们一起来探个究竟。

编写代码

"等等，我记得你刚刚才说过软件开发者不会整天编写代码的……"是，我是这么说的，可他们他们确实写了一些代码。我的意思是，如果你不参与实际编程的话，你还能称呼自己为程序员吗？只是，在大多数日子里，写代码的时间并没有你想象得那么多而已。

你当然可以像个狂人一般几天几夜不眠不休地疯狂编写代码，仅仅依赖激浪汽水和 Hot Pockets 三明治[①]过活。（我必须要把这种陈词滥调写进我的每一本书中。）但是，在通常情况下，在大多数日子里你并不只是简单地写写代码而已。甚至，有些日子里你根本就不会去写任何代码。那些日子里你很悲伤，但那都是必要的。

一般规律是，你工作的公司规模越小，你在一天内写代码时间的占比也就越大。反之，公司的规模越大，管理费用也就越高，而编写代码的时间也就越少。这就是生活。但是，无论怎样，你肯定会花些时间编写代码。

我就不用详细解释什么是写代码了吧？因为如果你连这不知道，那么……我着实不敢确定我还能不能帮到你。

修复 bug

上当了吧！你认为你将会使用最时髦的、最酷炫的 JavaScript 框架编写一堆新代码，其实你却在修复 bug。有时候你可以去编写新代码，但更多时候你需要修复旧代码中的 bug。

软件开发者编写的代码远非达到臻于郅治的水准，bug 充斥其中。总得有人去把 bug 修复掉。那个人就是你。

查看第 32 章的内容，了解更多关于如何有效地完成 bug 修复工作的知识，这里你只需要明白，每天你得抽出相当大一部分准备用于编码的时间去修复 bug，可能是你自己代码中的 bug，也可能是其他人代码中的 bug。

设计和架构设计

设计和架构设计实际上是一名程序员非编码工作当中相当有趣的一块内容，因为你需要使用你的大脑，在白板上画画，还要与人争论。

出于某种原因，程序员大都喜欢与人争论，大声叫嚷。告诉你一个真实的故事：我曾经被指控向一名质量保证人员扔椅子。其实我还真没扔椅子，我只是在激烈的讨论中不小心把它打翻了。但是，谣言这档子事，你懂的。

作为一个软件开发者，你将花费大量的时间与你的团队（或者独自一人）一起工作，确定你正在开发的系统的架构或设计，这其实可是个好机会。

大多数软件开发者都不会直接跳进代码立即开始编程工作。让我纠正一下，应该是：

① 由 Chief Amrican 公司首创的便携式三明治品牌，可经微波炉快速加热、方便实用。自 2002 年起该品牌归属雀巢公司。（以上摘自维基百科）——译者注

大多数伟大的软件开发者不会直接跳进代码立即开始编程工作。相反，在此之前，他们会花一些时间设计好他们将要编写的代码，并与附近的开发者讨论一下为什么这种方法会比另一种方法要好 0.01%。

在作为软件专业人员的工作中，你将花费大量的时间从事某种设计或者架构设计的活动。

开会

是的，我也讨厌会议，但有时会议也是必要的。

我做开发者的时候，以逃避会议而声名狼藉，当然那时候我还没有意识到开会的重要性。至今我依然厌恶开会。因为我不喜欢浪费时间。

但是，事实上，无论你多么鄙视开会、多么想逃避开会，在你的软件开发职业生涯中，你可能至少会被卷入一两次会议之中，有时甚至可能是每天一次或者每周一次。你不得不对此习以为常，意识到开会也是工作的一部分。

你可能想知道，为什么软件开发者需要参加各种类型的会议。有时候我也想知道。其实有一些理由还是很正当的：如果你正在遵循类似 Scrum 这样的过程，那么召开一次计划会议来规划和评估本次 Sprint 中将要完成哪些工作还是很重要的；复盘和反思会议对于展示工作、获得反馈、做出改进也很重要；有时，当需要做出重要的项目级决策的时候，也要有一位理解技术的开发者参加会议，这是能做出正确决策的很重要的一部分。

总之，作为一名开发者，至少要花点时间在开会上。

学习

我经常被问及软件开发者在学习时是否还应该获取报酬，还是他们是否应该利用自己的业余时间来学习。

我的答案是“两者都需要”。你应该在工作时间中学习，也应该利用自己的业余时间学习。那种认为“我不用花费时间学习就可以从事软件开发工作”的想法是非常天真的。

当我还是一名软件开发者的时候，每天的前 30 分钟我会留出来浏览与软件开发有关的博客文章，使我自己能够跟上时代。这种做让我可以更好地履行本职工作，更好地了解这个行业。事实上，我做面试官时，首先要问面试者的问题之一，同时也是最重要的问题之一，就是“你们是如何跟上时代的”。

实际上，我希望听到的答案就是——“我每天都花一定量的时间阅读和学习，让自己能够掌握整个行业的动向，借此保持我对技术的敏感性。”

你在工作中时不时地也会遇到困难，此时你也需要马上学习。你会在工作中花费相当多的时间在搜索引擎上寻找问题的答案，阅读教程，甚至翻阅书籍来帮助自己解决问题，设计解决方案，或者学习一门在工作中会用到的新技术。

有一些软件开发组织会积极鼓励学习，而另一些则试图榨干开发者的每一份劳动力，他们会说："你应该用自己的时间来学习"。

优秀的软件开发者如果不去持续不断地学习，就无法完成他们的工作，所以你要好好学习。

实验与探索

这也是一种学习，但是比上一种学习更为常见。

为了高效地完成你的工作，你会发现自己需要花费大量的时间阅读代码库中的既有代码来理解正在发生的事情，并且知道在哪里进行修改、如何修改。

你还会发现这时你需要"尝试做一些事情"。你想要编写一个示例程序来尝试使用新的 API，抑或是其他你将用来实现新功能、修复 bug 的新技术；你想要尝试一些技术和工具来为需要解决的问题找出最适合的解决方案，并进而解决这个问题，熟悉这些技术；在生产环境中实现某些功能和特性之前，你可能还要为此开发原型。

做这些事情都需要花费很多时间，特别是在大型系统上编写复杂代码库的时候，或者要使用当前还不熟悉的新技术或未经验证的技术来实现新特性的时候。

测试

最低限度，你将花费大量时间测试自己的代码。或者，你还需要做大量测试工作或编写自动化测试脚本。

测试是软件开发必要的组成部分，优秀的软件开发者在签入和分发代码之前，一定会测试他们的代码。有关测试的更多信息，参见第 28 章。

一些软件开发者真的讨厌测试的想法，他们认为测试并不是自己的本职工作。他们认为编写代码才是他们的工作，测试是测试人员的工作。这种说法完全违背事实。

作为一名软件开发者，你应该对自己代码的质量负责。你应该花费更多时间来测试自己的代码，以确保它能正常工作。只有在你测试了自己的代码并且在找到并修复了所有你能找到的 bug 之后，你才能将它转交给测试人员进行进一步的测试。

思考

我发誓，有时候软件开发要比其他任何工作更需要思考。

我经常长时间坐在办公桌前，什么都不做只是思考、思考、思考，思考如何解决问题，思考如何构造代码。实际上，你花在思考如何编写代码的时间应该比实际编写代码的时间最少要多出三倍。

有一句老话说得好，“三思而后行”。尽管代码具有很高的可塑性，第一次就尽量做到让代码尽善尽美仍然是值得的。

如果你在实现解决方案之前花几分钟的时间全面地思考一下解决方案，那你就可以在重写和调试上节省几个小时。

人们可能会不由自主地认为：因为看不见任何有形的结果，所以思考是没有产出的，因此思考就是在浪费时间。我自己也总是落入这个陷阱。

如果你也有这种感觉，那么你可以在思考解决问题的方案时把自己的想法记录在笔记本上，这样会把你的思考过程有形地记录下来，也会对你有所帮助。而且，当你想知道为什么你做了某个特定的事情而你却记不起来是什么样的思考过程导致你如此这般地做了这件事时，这些记录会给你一些启迪。

我可能会公开声明，最高效的软件开发者在思考上花费的时间比日常其他任何事情都要多。我想我就是这么做的。

与客户/利益相关人打交道

我知道，这种事情会令人很糟心。可能你并不擅长此道。但是你必须做好这件事，而且你也可以做得很好。

如果你想要擅长此道，需要从阅读《如何赢得朋友及影响他人》开始，也推荐你去阅读我的《软技能：代码之外的生存指南》。

“但是，我为什么必须要和客户或者利益相关人交谈？难道我就不能坐在自己的小隔间里安安静静地写写代码吗？让那些业务人员与他们打交道不行吗？”是的，你可以。你绝对可以做到“安安静静地写写代码”。但是，这会极大地限制你的事业发展潜力。

一名软件开发者仅凭会写代码就价值连城的世界已经一去不复返了。编写代码的技能正在商品化。你可以在世界各地找到廉价的可以写代码的程序员。

如今，软件开发者的价值不仅体现在他们编写代码的能力，还体现在他们能够沟通业务需求或客户需求，并将需求最终转化为最终的技术解决方案。

如果想成为一名优秀的开发者，你需要了解你正在构建的系统的需求。这意味着，你必须要与客户或利益相关人交谈，了解问题域，了解你试图为他们解决的问题。在敏捷环境中，这一点尤为重要。因为在敏捷环境中，你会以迭代的方式持续不断地构建软件。

希望你每天（或者至少每周）花上一些时间与客户或关键的利益相关人交谈和沟通。

培训/辅导

对一个团队来说，一名经验丰富的软件开发者的最大价值并不在于他编写代码的能力。是的，一名真正优秀的程序员可以做好多达 10 名不那么优秀的程序员的工作，但是，与一名真正优秀的开发者对提高整个开发团队能力的影响相比，这种效果仍然是有限的。

随着你的经验越来越丰富，随着你的工作做得越来越优秀，你将花费越来越多的时间来培训和指导其他开发者。

这是一件好事，尽管有时它会使你感到效率低下，并使你渴望编写更多的代码。但是，如果大家都知道你对团队和社区的贡献超出了你编写代码的能力，这对你而言大有裨益。

就到这里吧

基本上，软件开发者的工作内容无外于此[①]。

作为一名软件开发者，你可能还需要去做其他一些工作，例如，设置服务器，甚至于销售工作（这取决于你在哪里工作），但在这里我已经介绍了大部分的基本工作内容。

实际上，我们已经走到了本书这一篇的结尾。因此，现在，是时候开始工作了。第四篇中将重点讨论如何在典型的软件开发者的工作环境中生存和发展。

① 作者在本章中居然没有提到写文档…… ——译者注

第四篇

软件开发者的日常工作

"这就是一份工作。草长莺飞，大浪淘沙。我痛殴对手。"

——穆罕默德·阿里[①]

作为软件开发者，你的工作远远超过编写代码。事实上，在长期的职业生涯中，你所能取得的最重要的成就受软技能因素的影响比受你所编写的代码的影响更大，例如，如何与同事相处，如何沟通你的想法，如何与老板打交道，如何要求加薪，如何处理绩效考核，甚至如何着装。

当然，这并不意味着即使你的代码写得再糟糕，只要做一只趋炎附势的应声虫就可以侥幸成功，而是说，在做技术领域工作的时候，你不得不仔细关注其中的社会动力学因素[②]。

本篇的全部内容是如何平稳航行在复杂多变、有时甚至是混乱不堪的工作氛围之中，在这种环境里满是性格孤僻的同事、傲慢自大的老板、尖酸刻薄的客户，

---

① 穆罕默德·阿里（Muhammad Ali）（1942—2016），美国著名运动员，以"拳王阿里"著称于世，职业生涯 20 年中 22 次获得重量级拳王称号。（以上摘自维基百科）——译者注

② 原文为"Social Dynamics"（社会动力学），亦称"社会物理学"。法国孔德社会学理论的两个部分之一，与"社会静力学"相对，着重动态地、历史地研究社会的变迁、进化、发展和动力、根源。因为它的目的在于探索社会的进步，着重说明人类道德和心智的进步是社会发展的动力、根源，故而又称为"实证的社会进化论"。（以上摘编自维基百科）——译者注

甚至还有形形色色的偏执狂。你还需要搞清楚每个人都喜欢谈论的生活与工作的平衡问题。

与恼人的同事打交道是很富有挑战性的，但是值得去学习，因为你看到他们的机会可能远高于看到自己的家人。

老板也是如此。在我那个时代，我经历过一些令人难以忍受的愚蠢且事必躬亲的管理方式，我知道这会有多么痛苦。因此，同样至关重要的是，你需要知晓如何与这些难以相处的人打交道，尤其是那些手握权力的人。当年度考核或者季度考核来临的时候，你知道如何获得你梦寐以求的加薪升职的最佳方法吗？

别担心，我已经把这些内容都准备好了，甚至如何着装、如何进入领导岗位……这些内容也都包含其中。

最后，世界并不总是公平的，也不是一个热情友好的地方。科技界概莫能外，事实上，在某些方面有时还会更加冷漠苛刻。

那么，如果你觉得自己已然成为偏见的受害者，你该怎么办？你应该如何看待"科技领域的女性"这个微妙的话题，不管你是男的还是女的？

为了回答这些问题，我已让自己深陷泥沼之中，因为我连自己唯一害怕的事情也包括在内——如何与测试人员打交道。因此，我得公开警告一下：本篇的内容会让你感到很散乱。你可能想拉起你的衬衫、穿上披肩，立刻离开。

原本，我可以以一种政治上完全正确的方式撰写本篇，让每个人都感到岁月静好、皆大欢喜，但是考虑到你可能要遇到的江湖险恶，这样做对你实在是没有多大好处，所以我只能把事实原原本本地告诉你。

因此，不管你准备好了没有，我们开始进入第四篇。

第36章

和而不同：与同事的相处之道

我来回忆一下我有幸与之打交道的最糟糕的一位同事。他的名字叫 Sam，他很臭。我说“臭”，说的是字面的意思。他体味很大，却从不涂抹除体臭剂。也不知道他有没有洗过澡。他呼出来的口气很难闻。当他和你说话的时候，就直接脸冲着脸跟你讲，而且会用最粗暴的方式和你说话。就好像他对正常的人类交流方式一无所知。他会没完没了地吹牛。他会立即宣布你的想法不如他的。他的口头禅是“的确”，喜欢用 5 美元的廉价词组还想让自己听起来比你更有教养，因为他确信自己确实有教养。

一开始，我想我必须辞职，因为我不能和他打交道，而他却总是出现在我面前。但后来，我想明白了。尽管他有种种缺点，但实际上他是个很好的人。不仅如此，他还相当聪明。他很挑剔，但至少他是真诚的。其他人会给你添光加彩，而 Sam 会告诉你真相，不管你喜欢与否。如果你提高一点自己的忍耐力，学会不太在乎他的无礼，他缺乏心机的直率表述方式可能还是一件好事。

所以我决定改变与他的相处之道。我没有试图改变 Sam，而是接纳了他。我对他的优点表示出真诚的赞赏与肯定，而在以前很少有人对他这样做过。他的回应是你无法想象的忠诚。尽管 Sam 仍然不是我一定要称为朋友的人，但他确实成了我可以相处的同事，而且是我实际上的盟友，对我的想法非常支持。

在你从事软件开发工作的历程中，你一定也会遇到很多你的 Sam。当然你也会遇到很多友善的人，你和他们可以泰然相处。但你可能会遇到一个“有毒”的人，不管你做什么，他总是会给你带来麻烦，这种人你应该尽量避而远之。

知道与所有这些不同类型的同事如何相处是很重要的，因为你几乎每天都和他们工作在一起。

你可以成为世界上最好的程序员，但是如果你不知道与同事的相处之道，你不仅会在工作中度过一段苦不堪言的时光，而且你的工作效率也可能不会那么高。

本章正是关于学习如何与同事相处的，无论是平易近人的同事还是难以相处的同事。

第一印象

在人们与你相识之后，要想改变他们对你的看法是极为困难的，所以当你和那些可能会在你的生活中占据重要位置的人相处时，最好要给他留下一个良好的第一印象。

现在，我意识到，对你来说这可能已经太迟了。但你总可以为自己的下一份工作留下良好的第一印象。或者，你也可以在现在的工作岗位上，尝试通过一个 180° 的转变来重新设置人们对你的印象，借此重塑人们对你的第一印象。（很难，但并非绝无可能。）

当你第一次踏入一个新的工作环境时，你需要确保你不会因为力所不能及而让人感觉你不能胜任工作。

对自己的技能充满自信是非常重要的，因为很多时候你的同事对你的看法会直接影响到你的经理对你的职业发展方面做出的决定。因此，即使谦卑是一种美德，也不要因为你是新人而缩手缩脚和唯唯诺诺。你也不想永远被贴上标签，永远被认为是“菜鸟”。

我们都认识这样一些同事，在同一份工作上工作了好几年了仍然被认为是“菜鸟”，就因为“菜鸟”就是每个人对他们的第一印象，而第一印象很难改变。

但也不要傲慢自大。相反，你要把自信心和好奇心结合起来。你知道自己对现在的工作游刃有余，你对自己的能力满怀信心，但这是一份新工作，所以要尊重你的前辈，特别是那些在这里待了很久的前辈。要做到这一点，最好的方法之一就是提问很多聪明的问题，尤其是有人在培养你的时候。

你还要特别当心在工作的最初几天里自己的着装和行为举止。即使你可以随意着装，也不要穿着随便。在新工作环境的第一周里，你的穿着应该比平时高一到两个级别，这样你就会给人留下专业的印象。

同时，要确保你更外向、更友好。向你遇到的每一个人问好，并在问候他们时尽量使用他们的名字。

做到所有这些事情将有助于为你塑造出良好的第一印象，让你与同事的相处拥有一个良好的开端。

尽己所能帮助别人

在我的职业生涯中，有个举动一直为我加分添彩，确保我在任何工作场合赢得众多盟友，那就是我乐于帮助我的同事。

尽管有时候适度的、健康的竞争意识没有什么不好，但是在工作场合你的态度也不应该争强好胜、充满竞争意识。相反，你应该支持别人、为他人提供帮助。你肯定不想陷入同事总是想让你失望或者让你看起来很糟糕的窘境。

尽管无论你做什么，有些人都会我行我素不领情（我们稍后还会讨论这一点），但是，*在大多数情况下，如果你是一个乐于助人的人，人们也会做出同样的回应。*

愿意帮助同事解决他们的问题也会使你受益匪浅，因为你会看起来比自己聪明得多。*你会因为在团队中成为一个“让我来做”的人而声望满满*，如果你试图获得团队的领导职位或者获得晋升的话，这将对你大有裨益。

总体来说，乐于助人的确是个好主意。它可以解除那些好斗同事的武装，让你获得更为全面的经验，并且通常能让人看到你积极的一面，从而从整体上减少问题的出现，改善工作环境。

置身戏外

即使你给人留下了很好的第一印象，而且你是团队中最乐于助人的人，你也很可能会在工作场所遇到一些戏剧性的事情。

*哪里有人类，哪里就有戏剧上演。*这只是社会环境的结果。但是，不能因为到处都有戏剧上演，你自己就要全身心地投入其中。别让那些狗血的剧情渗透到你的生活当中。如果你想要置身戏剧之中，你就是允许自己陷入胡闹当中。就这么简单。

记住，这是真理。*你要对你允许哪些东西进入你的生活掌控有力，你要对你选择倾注自己情感和体力的东西控制得法。*

当有人来到你的面前开始上演宫斗戏码的时候，你要做的就是既不鼓励它也不响应它。不要为流言蜚语所困扰。当有人在你面前说其他人坏话的时候，你可以为那个“其他人”说说好话以作为回应。当有谣言四散传播的时候，不要听信谣言，当然更不要散布谣言。做好你的本职工作，把话题转到与工作有关的事情上。

*当你听到办公室里的谈话内容充斥着宫斗戏码上演前的嗡嗡声时，就是你戴上耳机开始打字的大好时机了。*尤其是当有同事试图在你周围（或者就你本人）制造戏剧性话题的时候。

那么，如果有人不喜欢你，他们说了很多你的坏话，该怎么办？这事可不小。不过，别理它。继续工作就好。宫斗戏码不会给你的生活增添任何积极正面的东西。参与其中的人士有很多已经结束了自己的编程生涯，因为它会让一个原本聪颖睿智的软件开发者不能专注于自己的业务，因此，千万别掺和！

但对于冲突也不用逃避

置身戏外是必要的，但是遇到冲突就不能置于戏外了。

只要人们为了实现一个目标而共同努力、聚集在一起工作，就会有某种形式的冲突存在。我认为应该这样，你认为应该那样，你认为我是笨蛋，我认为你是白痴，所以我们之间就有了冲突。

一定程度的冲突是健康的，存在冲突有益于任何形式的人际关系。不能总是要求人们都持赞同意见。人们的观点不同，世界观也不同。

如果解决得当，冲突是有益的，因为它可以产生更好的结果，优于来源于你或者我们各自有限的想法所导致的结果。所以不用回避冲突。如果你不同意某人的建议，那就要用恰当的方式表达你的意见。

冲突可以演变成上一节说到的宫斗戏码，但只要解决得当也不是一定会不可收拾。尽量保持冷静，不要生气。

冲突不应该演变为私人恩怨。一旦发现有这种趋势，那你可能需要冷静下来，离开这个场合直到你能以一种平和的、富有建设性的方式与你的同事重新交流。你的目标应该是找到解决问题的最佳方法，而不是极力去证明你是对的，也不是要证明你比同事更聪明，更不是为了证明他们的想法愚不可及。

如果有位同事触碰了你的个人底线，你也可能需要以冲突的方式解决。建议你去阅读 *Boundaries: When to Say Yes, How to Say No to Take Control of Your Life* 一书，充分了解什么是合理的个人界限，以及如何与侵犯这些界限的人打交道。

即使面对这种情况，你仍然可以通过健康的冲突方式来合理解决，只需要让你的同事知道他们正在做的或者正在说的那些事情对你而言不可接受。这样处理的时候需要使用友好但不容马虎的方式，不要攻击对方，但要鲜明地表达清楚你的个人底线是什么。

虽然冲突并不有趣，但是如果你要刻意逃避冲突，它可能就会演变成宫斗戏码，你得刻意压抑自己的愤怒或怨恨，因为愤怒或怨恨会毒害你在工作和家庭当中的人际关系。

还得再说明一点，你要尽量避免争吵。解决冲突并不需要争吵，尤其是为了与工作无关的问题争吵。（在下面两节里，我们马上就能找到两个这样的场景。）健康的、可以得到有效解决的冲突与争吵之间最主要的区别在于意图。

如果你想证明自己是对的而你的对手是错的，就会导致争吵。如果你真的想尽你所能为不同的观点找到一个相互理解、相互尊重的解决方案，那这就是一个健康的解决冲突的方法。

戴尔·卡内基（Dale Carnegie）说得好："据我所知，普天之下解决争吵的灵丹妙药只有一个，那就是避免争吵，像躲避响尾蛇和地震一样地远离争吵。"[①]

政治与宗教

说到争吵，让我们来谈谈政治与宗教。如果你想挑起争吵，制造出你从未见过的浓浓的敌意，那就从这些话题里挑一个出来吧。人们对这些问题有着极为强烈的看法。人们在这些问题上的思维通常都很狭隘，对这些话题都会表现得非常感情用事。但是，关键是，这些话题对你的工作没有丝毫帮助，也丝毫无助于建设良好的工作氛围。

即便你认为有个同事可能会在其中某个问题上支持你的观点，最好也不要谈论这些问题，因为：

（1）他们可能不同意你的观点；

（2）其他的同事，很可能会偷听到你们的谈话，而如果他不同意你的观点，立刻就会介入其中；或者他静静地坐在办公桌前仔细聆听你们的对话，等待着扳倒你的机会。

相信我，这可不会有什么好结果。

当有流言蜚语在散播说你就是造成办公室政治格局动荡的源头时，你也可能被贴上"麻烦制造者"或者"煽风点火人"的标签。

我见过许多受人尊敬和聪明无比的程序员抱着一个纸板箱子走出办公室大楼，因为他们无法对他们那些高贵的观点保持缄默。

无所事事的同事

几乎在每一个工作环境中都有一个人似乎从未真正完成过任何工作任务。他们就是团队里拖后腿的人，人人都知道这一点。

你在办公桌旁努力工作，忙得交焦头烂额的时候，他们却悠闲地坐在那里，浏览网页，在 Facebook 上发信息。这会让人怒不可遏。你肯定感觉到了这股冲动，你想扇他们耳光，把他们拖到老板的办公室，对着老板说这些都是懒鬼，应该被炒鱿鱼。

别这么做。事实上，什么都别做。即使对他们置之不理，他们最终也会作茧自缚。

---

① 出自戴尔·卡内基的名著《人性的弱点》。——译者注

你管好自己就行，把自己的工作做完，尽可能提高自己的生产力。别管别人做什么、不做什么。

与这类人打交道的最佳方法就是，因为你的工作效率如此之高，以至于反差如此之大，致使你的老板不得不注意到谁是懒汉。

你能做的最糟糕的事情就是唠叨，这会让你显得很小家子气，从而授他们以口实让他们有保护自己的机会。

有一点请注意，你可能低估了他们，他们会拿出一个记事本，上面记录了过去一年里他们每一天做的每一件事——看到了，你看起来才像一个懒鬼。还有一点，他们可能是基于你不知晓的某种形式的裙带关系而在此间工作的。你肯定不想在自己老板那里打你们 CEO 外甥的小报告——猜猜谁会赢得这场冲突？猜猜谁会被解雇？

相反，闭上嘴，尽你所能做好你自己的本职工作。只要有足够的时间，这些问题就能自行解决。如果你真的想做点什么，那就主动向这个人伸出援助之手，问问他们是否需要帮助。看看你能不能用自己的职业道德来激励他们。看看你能不能激励他们，让他们专心做好自己的工作。你会惊讶于一点点的鼓励所起到的作用。

向 John 提问：如果他们实际上比“拖后腿”还要糟糕呢？例如，他们不只是懒惰，而真的把团队拖垮了，或者让团队完全失去战斗力，这时该怎么办？

我要向你介绍“关于软件开发你的老板所不了解的 7 件事”（Things Your Boss Doesn't Understand About Software Development）[①]，在这里我只引用其中的相关部分。

让我们面对现实吧，我们都曾与这样的软件开发者共事过，他们对团队的伤害远大于他们对团队的帮助。

在软件开发领域，能力和技能水平之间存在着巨大的差异。

事实上，有些软件开发者在自己的工作岗位上干得糟糕之极，他们编写的每一行代码都是在浪费公司的时间和资源。这种开发者也许应该付钱给公司，而不是公司付给他钱。

对你而言，这些人的所作所为一目了然，但你的老板对此却一无所知。例如，在你看来，Joe 就是一个彻头彻尾的失败者，需要马上开掉他，因为他只会干些“点金成石”的蠢事，所有他接触过的东西都会变成没用的废品。

但是如果你的老板不明就里，不明白把这些人留在团队中比不留更糟，那你能做些什么呢?

好吧，大多数软件开发者都害怕被看作是一个爱搬弄是非爱打小报告的人，对此我完全理解。但是，你必须要站出来，这是正确的做法。如果某人确实是团队中的害群之马，那么让管理人员知晓这一点就是你的分内之事。

---

① 作者于 2015 年 8 月发表于自己博客上的一篇文章，在软件开发人员中流传甚广，反响很大。——译者注

我知道这将会令你陷入不舒服的处境，但是如果你不指出来这一点，那就是你的失职。我会给你贴上“帮凶”的红色字码。

至于报告本身，你只需要措辞谨慎、点到为止即可。

比如，你可以这么说：“嘿，虽然我不喜欢做这类事情，但我觉得，如果我是您的话，我会想要了解是否有人直接妨碍了团队。因此，我觉得告诉您一些我长久以来一直在观察的事情是我的责任。当然，以上都只是我个人的观察，所以请一定要和团队其他成员沟通一下，根据您自己的经验来判断。”

或者，如果你也可以使用以下这种不那么委婉的方式：“嘿！Joe 的确是太弱了。他写代码实在是太慢了。事实上，他唯一可取之处就是他做起事情慢条斯理，因为自从他来了之后，项目就基本上只能以蜗牛的速度前进。您真应该开了他。”

听起来似乎有些矛盾，与我在本章早些时候说过的话背道而驰，但懒惰与不努力工作之间有着巨大的差异。而且，实际上，不努力工作对团队的危害是破坏性的。让懒惰的人决定他们自己的命运，但那些拖垮整个团队的无能之辈必须要被清理掉，即使这样做会给你自己带来一些潜在的不良后果。

喋喋不休的同事

这是我们许多人都会遇到的另一种情况。

你想把自己的工作做完，你也想做到彬彬有礼、平易近人。但是，有那么一位同事，他很友好，但他就是个话痨。你坐下来工作的时候，他会把头伸过隔间挡板，想跟你谈谈谁会赢得选举；你做完工作回到自己的工位的时候，他又出现了，就等着跟你讨论他和邻里之间争斗的最新进展。甚至，当你给他各种信号告诉他你很忙并且他也应该继续工作的时候，他也置若罔闻。你反复地看表，你伸手拿耳机，你甚至转动椅子面对显示器，把手放在键盘上，可他就是不闭嘴。

这时你该做什么呢？处理这种情况的方法有很多种，但有一种简单的方法可以减少一些潜在的干扰，那就是*留出专心工作的时间，并明确相关规则*。

我本人使用了番茄工作法（Promodoro™）[①]，以专注的方式工作。事实上，在我撰写本章的时候，有一个设置为 25 分钟的计时器在滴答作响，在这段时间里我要百分之百地专注于写作本书，根本不容许任何干扰。

① 番茄工作法是简单易行的时间管理方法，是由弗朗西斯科·西里洛于 1992 年创立的一种微观的时间管理方法。使用番茄工作法，选择一个待完成的任务，将番茄钟时段设为 25 分钟，专注工作，中途不允许做任何与该任务无关的事，直到番茄时钟响起，然后在纸上画一个×短暂休息一下（5 分钟就行），每 4 个番茄钟时段多休息一会儿。——译者注

你不一定非要使用番茄工作法。重要的是，当你不想被打扰的时候，你要有办法划出专注工作的时间。

过去，我的做法很简单，例如，制作一个小的悬挂标志，一边写着“请随意打断”，另一边写着“专心致志工作中，请勿打扰”。我只是简单地向我的老板和同事解释说，我读到的一份研究报告显示，干扰导致的语境转换会导致生产效率的巨大损失，所以我正在尝试做一个实验来提高我的效率，然后我向他们解释了这个标志，并说我知道这很愚蠢，但希望他们能幽默一下配合我，以提高我的效率。

没有引起任何争议，也没人提出问题。这是一种魅力。那位话痨先生也明白了这个暗示，所以我甚至都不用再去面对他。事实上，我的生产效率确实在直线飙升，因为我没有被一直打断。

因此，我强烈建议你也去做一些类似的事情，不只是为了解决这个问题，更是为了提高你的整体生产效率。多任务处理和遭受打搅确实会导致生产效率直线下降。如果这种方法不起作用，或者你拒绝尝试这种方法，那我建议的下一件事则更直接一些，但这需要一些勇气。

还记得我说过不要逃避冲突吗？这就是一次冲突。直面话痨先生，告诉他你是来上班的，希望他不要在工作中与你交谈与工作无关的事情，告诉他你有怪癖，你知道这是一个奇怪的要求，但是你很容易分心，而分心的时候你很难工作。让这次谈话听上去都是你的缺点，而不是说他是个无知的笨蛋、说话太多、工作量不够饱满，而且对各种暗示不能理解。

有毒人群

我真的不能在结束本章之前还不谈论那些最糟糕的同事……不，不可能。我称他们为“有毒人群”。

有些人你无论如何都帮不到他们的，你应该避免跟他们在一起。有些人似乎总是有坏事发生在他们身上，他们随身携带着五个装满道具和戏剧剧本的手提箱，似乎总在扮演无助的受害者角色，永不停歇。

你可以从这些人留下的一串尸体中辨认出他们的身份。他们态度很坏，无法听进去任何解释，他们竭尽所能使自己的生活和周围人的生活变成地狱，他们无法与同事相处，无法与家人相处，甚至连他们自己的狗都认为他们是混蛋。

这类人的危险之处在于，你会为他们感到难过，你总想去帮助他们。看起来他们真的很不走运，而且还被搞得一塌糊涂。但是，命运是否在他们的困难遭遇中起作用，这不是由你来决定的。你最好完全避开他们。

如果你必须要与他们打交道，打交道的时间要尽可能短之又短。如果你能完全避开他们，那就这么做吧。如果你和这种人同处一个团队，你必须经常要跟他们打交道，那么实际上你可以考虑换个团队，甚至换工作。

我知道这听起来有点极端，但是相信我，这就像电影《黑客帝国》里的桥段一样——莫斐斯告诉尼奥，在“母体”中如果遇到特工，那就只做一件事——快跑。

还有哪些状况

我意识到，在这短短的一章中并不足以涵盖所有与同事相处之道。我试图概述最常见的情况，并为此提供一些实用主义的一般性建议。但是，我得承认，这个话题能写上整整一本书。

与其写一整本书，还不如我给你们介绍一本我认为描述如何与人打交道的经典书籍，这就是戴尔·卡内基的名著《如何赢得朋友及影响他人》，这本书我读过很多遍。

说到与人打交道，那怎么跟老板相处呢？且听下回分解。

第37章

顺势而为：与老板的相处之道

除非你在一家像 GitHub 或者 Valt 这样的扁平化公司里工作，或者你已经成为自由职业者为自己工作，否则毫无疑问你将不得不与一个被称为“你的老板”的怪物做斗争。

如果你的政治立场非常正确，或者你觉得需要一个人来掌控你自己的命运，而且还没有人能告诉你该做什么，你也可以把这个人称之为经理。

不管怎么称呼，如果我们以正规方式工作，我们都会向某人汇报，或者至少我们中的大多数人都会这样做。

学会有效地与同事打交道对你的幸福感和工作满足感无疑是很重要的，但学会与老板打交道可能关乎你是被解雇或失去理智，还是爬上公司阶梯、一路步步高升。

我做过老板，我也向老板汇报过工作，两种角色我都扮演过，所以我将给你一些工具，帮你先了解你的老板以及该如何与他或她相处，然后给出一些技巧，帮你对付那些不得不时不时面对的难以对付的各种类型的老板。

让我们直接开始吧。

了解你的老板

在试图与野生动物相处之前，从远处仔细观察它总归是个好主意，尤其当它爪子锋利、牙齿锐利并且众所周知它具有攻击性的时候。同理，了解你的老板，了解你老板做事的动机、了解他关心什么，才能更好地理解你应该如何与这个具有潜在致命影响的人打交道。

太多的员工无法与老板恰当相处，并不是因为他们故意让这事变得困难，而是因为他们没有掌握要点。他们没有透过老板的眼睛看世界。他们不知道老板对下属的真实期望是什么，也不知道如何从老板的角度来区分好与坏。

要想真正了解你的老板，你就需要了解老板的衡量标准是什么，要知道老板的衡量标准与你自己的衡量标准可不是一回事儿。

一个好的老板基于下属的表现、下属如何被管理以及下属如何报告他们自己的活动这几个要素来衡量他手下的人表现如何。

想想这些。如果你开了一家公司，雇用了一批软件开发者，你打算雇一位老板来管理那些烦人的、任性的开发者，你会依据什么来评判这位老板的表现呢？你希望这个人做什么？如果你付钱给这个人当老板，你觉得物有所值吗？

你可能希望这位老板能够确保工作已经完成，而且工作效率很高。你可能希望这位老板向你汇报都发生了什么事，并让你知晓项目是否还在正轨上。你可能希望这个人保证所有事宜都在顺利运行，他能够处理任何可能会降低团队效率的问题。这些指标同时也是你的老板可能会采纳的评判要素。

如果你想知道你要怎么做才能对你的老板更有价值，你应该集中精力让你老板在这些方面的工作变得更加容易。

现在，让我们谈谈你老板真正关心的是什么。这一次，我们要从他的角度来思考。如果你是老板，而你正是依据我们刚才讨论到的那些标准来评判，你会关心什么，你想让员工在你的领导下做些什么。你关心的主要问题可能是状态，或曰信息。

你可能想知道项目进展如何，团队正在做什么工作，项目的进度安排，以及任何可能会导致项目失控的重大问题。你可能也会关心团队的效率。你想要知道，每个为你工作的人都做得很好，为团队的整体成功做出贡献。这可能对你来说很重要，你不需要费力搜索所有这些信息，而是有人把这些信息都报告给你。

你会希望你的团队尽可能自动自发地自主运作，尽可能多地自己解决问题而不需要你的干预。你肯定也不希望看到他们小题大做。理想情况下，你希望每一个在你手下工作的人都搞得清楚需要做什么，而不是拨拉一下才动一下，他们会随时向你通报进展情况，同时也没有制造任何有损团队氛围的事情。

这会使你的工作变得更容易，你可以花更多的时间看视频、打高尔夫球。

"责任在我"的认知

我们之所以从这个话题开始讨论与老板的相处之道，是因为如何与老板相处融洽其实真正的责任在你自己身上。

了解权力分配和公平公平是很重要的。在现实世界里，某些人比其他人拥有更大的权力。这就是我所说的生活并不公平。你的老板可能是个混蛋，一个真正的混蛋，但这并不重要，因为他有权力，而你却没有。

这意味着能否与他相处融洽，取决于你而不是其他。这一点很重要，千万不要忘记。重要的是要尊重权威的地位，如果你做不到，那就离开吧。因为这就是世界的运作方式，试图对抗现实并不是非常有效的策略。你必须千方百计与你老板相处融洽，即使他是一个坏老板。这要从你自身开始。

如何让老板的工作更轻松

基于我们上面所做的讨论，你可能会猜到几种可以让你老板的工作变得更轻松的方法。

你能做的最好的事情之一，就是提前预测你老板的需求。尝试找出你老板想要什么，哪些事情是你老板会最优先考虑的，然后试着马上处理好这些事情。这就是对“自动自发完成任务”的最好诠释。

身为老板，我知道，如果一个为我工作的人可以自己找出需要做什么，可以发现我关心什么，并在我有机会询问他们之前就把事情做好，这样的下属价值连城。

他们为我节省了大量的时间，不会让我感到头痛，他们向我证明了他们是值得信赖的。我不必花时间管理他们，因为他们完全可以管理好自己。我也少了一个需要操心的员工。我可以放手让 Joe 自己做事，我知道 Joe 一定能取得成果，因为 Joe 能够预见到我的需要，有时甚至是在我意识到自己的需要之前。我需要雇用更多像 Joe 这样的员工，我要让 Joe 负责更多的工作。

还有什么比这更能让你老板的工作更轻松呢？

那么，怎么做汇报呢？

老板的一项重大职责就是要知晓发生了什么事情，然后他就可以循着管理链条进一步上报这些状态信息，这样他就可以在潜在问题恶化成为团队真正的障碍之前遏制住它。

你可以每天汇报你当天做的事情，以及其他老板认为会有用的重要信息，这样可以简化这项汇报工作。汇报是件很简单的事情，但令我惊讶的是，很多软件开发者都不会按周创建周状态报告、详细说明他们在本周内所做的工作并给出概要的进展状况和任何潜在的问题。

我在自己的职业生涯开始的时候就在每一份工作岗位上创建每周报告，这是我做过的最好的决策之一。周报不仅能令我的老板高兴，让我看起来很不错，而且它也是对任何指控我没有完成自己任务的强有力的辩护。另外，当有人质疑我为什么能够得到升职时，周报也是最棒的支持材料。

最后，我要说，要想让老板的工作更为容易，你还可以积极主动地在团队中勇于承担责任。太多太多的软件开发者喜欢指指点点，玩弄“指责别人”的游戏而推脱责任。

其实，是谁的错并不重要。如果你正在做一项棘手的工作，而 Bob 则举步维艰、没法完成自己工作，那么整个项目的前景就岌岌可危了。当项目失败时，你的老板可能也会在意这是谁的错，但我保证他会更关心如何让项目回到正轨上，让工作顺利完成。

这意味着你可以以同样的态度来让他的工作更容易——不仅要对自己负责，而且要对你的团队、你的团队中的其他成员负责。站出来，做一个能够确保让一切顺利进行的开发者，完成需要完成的事情。如果团队的工作没有完成，那就站出来，为别人提供帮助，承担起更多的责任。

总而言之，要做一个老板可以依赖的人，帮他解决问题、推动项目前进，而你自己也会因此而被视为团队的无价之宝。这也恰好是获得提拔成为团队主管或者更高职位的好方法。

我们将在后面的几章中对此做出更多讨论。

坏老板

不是有关于坏老板的电影吗？是的，我想是有的。

在我的职业生涯中，我曾为一些真正优秀的老板工作过，但我也曾为一些可怕的老板工作过。就像我之前说的，责任在你，所以无论是好老板还是坏老板，你必须都要弄清楚如何与他们相处，如果不行，那就得弄清楚如何找到一份新工作。

在下一节中，我将讨论最常见的几类“坏老板”，以及我推荐的一些与他们相处的方法。抓牢了，接下来的这趟旅程可有些颠簸。

事必躬亲的老板

这种类型的老板可能是“坏老板”类型中最常见的，也可能是最令人讨厌的。

一个事必躬亲的老板会告诉你该做什么，然后他会告诉你怎么做，然后他看着你做事，然后他再告诉你为什么你做的是错的，然后他询问你做事的每一个细节，然后再次告诉你你刚才做的为什么是错的。

事必躬亲的老板似乎总不信任你。他给你布置任务之后会立即跟进，仿佛你就是一个五岁的孩子，连刷没刷牙这件事都需要爸爸妈妈来监督，检查牙刷是否真的是湿的。

事必躬亲的老板是非常难对付的，因为你总会感觉到他在你的脖子下呼吸，从没有哪件事能令他满意，你就是一个做这项工作的机器人，不能使用自己的大脑，也不被允许使用自己的大脑。

我曾经为一位事必躬亲的老板工作，他真的会检查我在计算机上都安装了什么工具，并要求我删除某些工具。

那么，你如何应对这种老板呢？你可以做的有下面几件事。第一件事就是通过我们上面提到的“让老板工作更轻松”的诸多方法来赢得他们的信任。如果你能主动汇报状态信息，你也不会被过多问及这些信息。按照要求做事的时候不要过多发问，但是在这种情况下，记着一定要你主动汇报你正在做的事情。

没有什么能比不掌握团队状态更能吓跑一个事必躬亲的管理者。做上述这些事情会对你有所帮助，但它们可能无法根绝这个问题，所以这里我有另外一个想法。

我的想法是从我读过的一本书中偷来的，这本书叫作《特朗普自传：从商人到参选总统》（*Trump: The Art of the Deal*）[①]。不管怎么说，特朗普实际上也是一个事必躬亲的管理者，他和他的妻子一起投资了一家旅馆。这个生意的另一位投资者对特朗普的事必躬亲的做法感到厌倦，因此他解雇了原先运营酒店的人，转而雇用了一位非常热情的经理，他很乐意解答特朗普或者他的妻子提出的任何问题。事实上，这位绅士做得更绝。他打电话给特朗普，询问特朗普在管理酒店上所做的每一个决定，从地毯如何清洁到枕头如何使用。正如你所想象的，特朗普终于厌倦了这种无休止的恶作剧，告诉这位绅士不要再用这种鸡毛蒜皮的小事来打扰他，尽管用他认为合适的方式去运营酒店。

你也可以采取类似的策略，与一个事必躬亲的老板打一场信息战。超量汇报状态信息，为你正在做的每一件事请求一大堆的输入信息。向那事无巨细事必躬亲的老板报告更多的细节，比他要求提供的还要多还要琐碎，直到他无奈地要求你先去做事吧，只要把结果汇报上来即可。

有时候，与某人“战斗”的最好方法就要像柔道运动员一样，根本不必与他们搏斗，而是用他们自己的力量把他们自己打倒。

喜欢威逼恫吓的老板

很遗憾，在美国，我们很少看到这种老板，尽管他们确实存在。但可悲的是，从我收到的印度软件开发者发来的电子邮件当中，我得知在印度这种老板几乎遍地都是。

喜欢威逼恫吓的人会用言语辱骂你，威胁你去做他们想让你去做的事。一个喜欢威逼恫吓的老板会通过使用恐惧和虐待的工具来迫使你服从他的权威。他们都是些恃强凌弱的人。

① 现任美国总统唐纳德·特朗普（Donald J. Trump）与托尼·施瓦茨（Tony Schwartz）合著。——译者注

如果你的老板就是一个喜欢威逼恫吓的人，那么请允许我对你说实话，你的处境很糟糕。

我赞成在这种情况下采用苦撑的策略，甚至在必要的时候忍气吞声，但你可能也会认真考虑如何彻底摆脱困境，去寻找另一份工作。如果要坚持下去，你就要立场坚定，坚守自己的底线，绝不含糊。阅读前面几章中提到的 *Boundaries: When to Say Yes, How to Say No to Take Control of Your Life* 一书可能是一个好主意。

如果必须的话，对付一个恃强凌弱之辈的最好方法就是站直了别趴下，对肆意辱骂的语言或行为绝不忍气吞声。你绝不能允许任何人以一种贬损的方式和你说话，叫嚣着你的名字诅咒你，或者干脆跟你发生肢体冲突。

一旦这些底线被突破，那就直言不讳地告诉他："不要这样对我讲话。"不用威胁，也不要说你要打电话给 HR 或者找律师，只要清楚地定义什么事情是无法接受的，尽可能保持冷静。如果他们拒绝，继续取笑你，问你还想做什么，或者以其他方式继续他们的虐待，那就转身离开。

你总是有能力决定与某些人打交道还是不打交道的。要明白，这样做可能会令你被解雇，或者这就意味着丢掉工作，但是如果你想继续留在这种环境中，这就是最好的行动方针。

你还有仅存的另外一种选择，那就是继续对虐待忍气吞声，直到发展到你忍无可忍，到那时你还得去寻找新的工作（也许要面临刑事指控）。

但是，我开诚布公地讲，就像在校园里一样，大多数霸凌者在面对直面反抗的时候都会选择退缩。霸凌者就是利用受害者胆小怕事不敢反抗的弱点，有恃无恐，喜欢威逼恫吓的老板也是如此。此外，如果你不得不选择离开，你这位喜欢恃强凌弱的老板将不得不向他的老板或者老板的老板解释你为什么离开。

如果你镇定自若，不做任何不适当的事（如暴力反抗侮辱），那么他就得用彻头彻尾的谎言来解释你离开的原因。如果有证人，很容易证明你是无辜的。

面对一位喜欢威逼恫吓的老板，你应该做的另一件事就是把一切都记录下来。把你们之间的对话记录下来，把他滥用职权的实例记录下来，特别是在什么时间、跟谁讲的。如果你要打一场人事甚或是法律官司，所有这些你记录下来的证据将极大地增强你获得有利结果的机会。

老实说，我认为任何人都不应该对职场上来自老板或者同事的虐待忍气吞声。但是，我毕竟是个现实主义者，我明白，当我们自己陷入我所说的"被碾压"的境地的时候，其实我们的选择余地非常有限，而且可能不得不忍受这些无法忍受的事情。

如果你正处于这种情况，你绝对不想冒失去工作的风险，或者因为机会难得所以你只能选择忍气吞声的方式来等待属于自己的机会，那么你还有另外一个选择。你可以练就一身泰然处之的本事，对待任何虐待行为一笑置之，从不放在心上。做好你的本职工作，不要把任何事情放在心上，耐心等待你的时机。

大多数人都不可能完全脱离现实、超然于现实真正做到这一点，所以我真的真的不推荐这样做。

不过，这里要小心：不要只是装模作样。你可不要一边告诫自己：威逼恫吓你都不放在心上，讥讽怒骂你都只会一笑而过；而在另一边你又承受了巨大的压力而不快乐，最后甚至会因此而得病、抑郁或者其他。

因此，除非你真的要修炼禅宗成为宁静的人，否则可不要硬撑着假装不在乎。

无知的老板

我们以前都为这种类型的老板工作过。一个令你无法理解的老板——“他们怎么可能爬到现在的位置？”一个让你觉得低能的老板——“他们怎么可能拥有在早上把鞋带系好的智商呢？”

但他就在这里，压你一头，还对你发号施令，让你去做什么。也许是因为彼得原理的结果[①]，也许是靠着裙带关系，也许纯粹就是靠运气，是什么原因并不重要，反正这个家伙已经是你的老板了，尽管他的大脑是属石头的，现在你也必须与他相处，所以你该怎么做？

老实说，我宁愿有个愚蠢的老板，也不愿有一个事必躬亲的老板。但是，在我们开始对付这个所谓的白痴之前，也许我们应该花点时间来确定他是否真的是个白痴。

其实我们很容易把那些不同意我们的见解或者看待事物与我们观点不同的人看作是蠢货，而事实上他们很可能比我们认为的要聪明得多。

有点儿像扶手椅四分卫[②]之间的争论。不要想当然地认为你的老板就是个傻瓜。这种想法不仅可能不完全正确，而且还是一种糟糕的态度。不管你的老板是不是团队里最厉害的人，都改变不了这个人就是你的老板的事实，你必须向他汇报。

我要谈一些应对这种也许并不像你那么聪明的老板的方法，但你要知道，对“智慧”的定义有很多种，而且你对老板的评估很可能是错的。

在与不太聪明的老板打交道时，最大的矛盾之一是他们有时要求你做一些毫无意义的事情，或者他们做出的决定完全就是错的。大多数软件开发者对这些矛盾的第一反应

① 彼得原理（管理心理学术语），也被称为“向上爬”理论，是美国学者劳伦斯·彼得（Dr. Laurence Peter）在对组织中人员晋升的相关现象进行研究后得出的一个结论：在各种组织中，由于习惯于对在某个等级上称职的人员进行晋升提拔，因而雇员总是趋向于被晋升到其不称职的职位。这种现象在现实生活中无处不在：一名称职的教授被提升为大学校长后无法胜任，一个优秀的运动员被提升为主管体育的官员后无所作为。（以上摘自百度百科）——译者注

② 指的是没有专业知识，或者没有参与相关事务，但是会提供建议或意见的人。——译者注

是拿出所有的论据和理由来攻击他们的老板——为什么老板的提议是错的，为什么只有你才知道你在说什么。

这种方法的效果就如同把猫拴在皮带上，然后试图把它们拖向你想要去的方向一样。它们会亮出它们的爪子，跑到你的胯下对你发出嘶叫声。与其采取这种直截了当、好勇斗狠的方式，还不如试着发挥你的优势，利用你的高超智慧，亮出你高人一筹的妙计。

试着问一些聪明的问题，这些问题会引导你的老板走向正确的方向，而不是好勇斗狠。例如，假设你尖头发的老板[①]说："嘿，我们应该直接在生产环境中做出变更，这样我们就能更快地完成任务。"与其反复扇他耳光，也许你还不如进行类似这样的对话。

> "这绝对是一种能够更快地部署代码的解决方案，但我想知道这样做是否会导致任何可能的缺陷？"
>
> "缺陷是什么意思？这么做会让我们更迅速地发布代码。"
>
> "那么，如果我们引入了一个 bug、删除了一些客户的数据，而又直接把代码投入到生产环境，而且我们甚至没有意识到这一点，那么会发生什么呢？"
>
> "那是不可能的，不是吗？嗯，如果我们先做一下测试呢？"
>
> "嗯嗯，好主意！我同意你的意见，我们应该设置某种暂存服务器，这样我们就可以在将变更投入生产环境之前对其进行测试。"
>
> "好吧，那就去做吧。天哪，我太聪明了。"
>
> "是的……是的，你非常聪明……老板。"

用这种方法需要一点谦逊，但它比你要试图与可能不懂逻辑的人进行逻辑上的争辩要有效得多。一般说来，尽量简单地解释每件事也是一个好主意，这样你就不会让你的老板感到困惑，不会让他对你感到失望，或者完全忽略你说的话。

如果你的老板技术水平不高，就不要用复杂的技术术语跟他说话。相反，用浅显的事情来解释。广泛使用你老板可能会理解的类比。例如，如果他是一名足球运动员，那就试着用足球来解释。尝试找到一些你的老板确实能够理解的东西，用这个类比来解释，以提高老板的理解力，建立关联关系，进而让老板理解你的观点。

再说一遍，也许你的老板真的很聪明，但你可能会因为他在其他地方比你聪明才觉得他很蠢。有时，软件工程师以及其他高技术工作人员会认为，那些了解业务的人或者比他们更了解技术的人是愚蠢的，而事实上，这些人相当聪明，只是他们不懂计算机编程，不懂计算机程序员。

因此，你要想出一种方法，以你老板的语言、用他会理解的方式表达出来。

---

① 尖头发的老板（通常缩写为 PHB）是"呆伯特"漫画中老板的形象，这位老板以事必躬亲、严重无能而闻名。他的座右铭是"我不明白的事一定很简单"。——译者注

最后，以至高无上的能力与无能做斗争。做好你的工作，做到优秀。做你老板的盟友，就像智者与愚昧的统治者相处时那样。或者做一名精明的王室大臣，成为能力不足的君主的顾问。不要直接挑战你的君主，事实上，有时还得装傻卖萌，但是要成为不可或缺的人物。

要让你的老板笼罩在荣耀的光环之下，而你却因为他对你的绝对依赖而成为真正的权力掌控者。这样，你那眼神迷离的老板已经不是你的障碍了，他会成为能成就你的人物。

奴隶主一样的老板

你的职业生涯中可能会遇到的最后一种邪恶的老板，长得满脸横肉，穿着严肃古板，他们是嗜血的生物，他们就是众所周知的奴隶主。

一个奴隶主一样的老板会驱使你不停地工作。他对你迄今为止所表现出的各种雄心壮志从未满意过，他总是希望你可以承担更多的任务，希望你可以做得更快、工作时间可以更长。奴隶主似的老板试图榨干每一个工人每一分生产力，直到工人们最终毁灭或者甘愿认输。

“嗯……对啊。我要你星期六来加班……是的。”你该怎么对待这样的老板？这是另一个需要明确底线的场景。你需要确定，你愿意为这位冷酷无情的监工工作多少小时。

不要因为你的老板是个疯子，或者其他人都是这么做的，就让自己陷入每天周而复始长时间工作的泥潭中，也不要每个周末都来上班。要坚定地告诉他，你还有其他责任要承担，所以你在工作的时候你会努力工作并完成工作任务，但你不会牺牲你的家庭和其他责任来无偿加班。

然后努力工作，异常努力地工作！当你在工作的时候，即使你只工作 8 小时，你也要变得专心致志、富有成效，你比那些每天工作 12 小时或者 14 小时并且每个周末都来加班的可怜兮兮的傻瓜取得的工作成效更大。你需要证明给那个奴隶主似的老板看看，他会从你那里得到更加富有成效的工作成果，而这一切都取决于你的工作时间界限，而不是他的。

我知道这说起来容易做起来难。

读到这儿的时候你可能不会相信我所说的，认为我是站着说话不腰疼。但是，我在自己作为软件开发者的几乎整个职业生涯中，都采用了相同的策略：除非发生紧急情况，否则每周只工作 40 小时；而且我总是得到晋升，从来没有遇到过任何问题。我每天下午 5 点回家，周末从不来加班。但是，在工作时间里，我努力工作。

是的，在一些工作氛围中，你可能因为不荒谬地加班而被解雇；有时你确实需要加班，甚至周末要来上班，但这应该成为例外而不是常规。如果你决定采取一种防止自己被肆意虐待的策略，那么你会过上更美好、更幸福的生活。

至于那个奴隶主似的老板，你也要确保你每周都会发送详细的报告，展示你一周内所做的工作，借此证明你的工作成效。如果你能让自己成为一个自我激励、高效率工作的员工，你的老板也就不太可能把你奴役得没有喘息之机。

你还要想方设法避免陷入不可能完成的进度表中不能自拔。通常情况下，一个精力旺盛、善于压榨的老板，会试图让你去遵循荒谬的时间表——如果没有大量的加班，是绝对无法实现的那种时间表。把工作推回去，不要把工作搞砸了，要尽可能地给出一个现实的、客观的估算。

我惯用的说辞可以是这样的，“根据我所掌握的数据，我认为至少需要 X 倍的时间才能完成任务，但我不能给你一个绝对肯定的答案。我所能做的就是尽我所能勤奋工作，经常向你汇报我的进展状况，并且尽可能频繁地修改估算数值。”使用这种方式可以不用承诺一个具体的时间段，而是对一个过程做出承诺，在这个过程中，你正以最快的速度取得进展，并且，随着时间的推移，你将持续不断地提供越来越准确的估算。

总而言之，在跟这种类型的老板相处时，一定要明确界定你的底线，不要让自己被利用了。一开始，界定底线是件很困难的事情，但是一旦底线明确了，你就会发现它们会被保持得很好，你的生活也会轻松许多。

你不是总能选择老板

好吧，希望你在与老板的相处方面拥有了一些洞察力，无论老板是好是坏。你并不总是能选择自己的老板，所以你要学会与各种类型的老板打交道，这一点非常重要。

如果你的老板真的糟透了，你无论如何都无法与他相处，那我会强烈考虑换一份新工作。生活中，有些战斗根本就不值得去打。

第38章

协力共进：与质量保证人员的相处之道

这有点儿幽默，但也有点儿出乎意料，但对许多软件开发者来说，他们工作中最困难的部分之一是与质量保证人员打交道……是的，就是那些可怕的测试人员。

在第 28 章中，我们已经就什么是测试以及测试是如何完成的基础知识展开过讨论。但是，你了解测试并不意味着你了解测试人员。这就是本章的内容。

作为一个开发者，本章就是为你量身定做的，描述与测试人员和质量保证人员的相处之道。

质量保证人员并非敌人

本章的开篇就很重要——我要让你知道一个小秘密，质量保证人员并非敌人。我知道这看起来是自然而然的道理，我还知道事情一般也是照这个道理安排的。

我的意思是，你在这边正在忙着开发东西、构建功能、催这个催那个干活儿，那边却有质量保证人员一边挖着鼻孔，发表一些嘲讽的言论，一边阅读一些关于头脑为何会迟钝的最新帖子，还有——他们在破坏你的代码。

但是，他们真的是在破坏你的代码吗？你编写的代码中有 bug，他们试图找出这些 bug，这真的是质量保证人员的错吗？不是的。这是你的错，或者，如果你想成为那种“不要责怪任何人”的人，那么这就是谁的错。（但这真的就是你的错。）

不管怎么说，关键在于，开发者和质量保证人员其实身处同一个团队。你实际上跟他们有着相同的最终目标：开发高质量可运行的软件。

是的，有时你们彼此看似是敌人，因为你们的目标看似是有冲突的。但我不会说："没有测试人员不想毁坏你的代码、确保它不能发布。"确实有很多质量保证人员忘了自己的目标也是创建能正常工作的软件，而不是阻止任何软件的发布。我们一会儿再去谈他们。

但是，一般来说，你必须认识到，他们不是与你敌对的一方。因为如果你开启了与质量保证人员之间的对抗模式，使你与他们敌对，想做好你的工作就会面临现实的困难。不管你对"质量保证人员就是敌人"的观点抱什么看法，现在就打消这个念头。这种想法不会对你有任何帮助，只会对你的软件开发职业生涯产生伤害。

尽管我是从我的个人经历来谈这件事的，但相信我，这些年来我和测试人员之间展开过许多史诗般的战斗。我甚至被指控向他们扔椅子——当然这都是一派胡言。

你要知道测试什么

大多数质量保证人员与开发者之间的冲突都是这样开启的——

"嘿，你乱讲什么呢，这不是bug。"

"不，这就是一个bug，你的代码没有正确地对非字母字符串进行排序。"

"就不应该这样排序。你的测试过程就不是一个有效的测试。我写的这一特性有效。"

"不不不，我设计的测试过程很有效。你这就是一个bug。"

"不，这不是bug。你再胡说八道我就把这把椅子扔过去了……"

到此，沟通彻底垮掉。虽然事实并非总是如此，但情况也差不多。

像这样的问题其实可以轻而易举地解决掉，你只需在开始编写代码之前与质量保证人员稍事交谈一下，对将要测试的内容达成一致就可以了。如果这样做了，一次5分钟的谈话就可以避免一张完美无缺的椅子遭到毁坏。

如果我（这里我用"我"来指卷入上面那一"事件"中的软件开发者）能够跟那个家伙（我指的是测试人员）提前交谈一番，简要地讨论一下将要测试的内容，那么软件开发者就会知道，他们应该让自己的代码处理好非字母字符串的排序。或者，在着手写代码之前就对此展开辩论，在开发者的自尊心还没有表露出来之前就提出异议，那么谈话本身可以变得更文明一些。

如果你事先不知道考试内容是什么，你就不会去参加学校的考试，对吧？我的意思是，我不认为许多律师在走进律师考试考场时并不知道考试的具体内容。他们肯定不是坐下来就参加考试，嘴里念叨着：“我不知道这次考试要考什么，但我们还是希望考的都是我学过的。”

因此，不要在不知道测试方式和测试通过标准的情况下编写将要被测试的代码，明白吗？

向 John 提问：定义需求不应该是项目经理的责任吗？怎么成了测试人员的职责？如果我就按照我拿到的需求规格说明书编写代码，会出什么事呢？

我同意。如果能这么做那真是太好了。遗憾的是，当你的大学教授给你出考试题的时候，他并不总是只考课本上的内容。通过考试的最佳策略是为了考试而学习。

你想在 SAT 考试中得到近乎完美的分数吗？不要去学习那一大堆随机词汇，SAT 考试中考的就是数学以及其他课目。因此，你应该去报名一个 SAT 预科课程，仔细研究考试本身。

是的，我知道软件是不同的，测试人员不应该设置需求，但是他们确实帮助定义了需求，他们就是考试的出题人。因此，如果你认为考题出得不对，那就提前找出来。

“我就是按照需求规格写的代码”不是一个很好的借口。

要自己先测试一下自己的东西

我在第 28 章中简要介绍过这一点，但是我将再次提到这一点，因为它非常重要。

要先测试一下自己的东西。

质量保证人员不是保姆，专门为你测试代码以便让你不必去测试了。质量保证人员是你的代码爆发危机之前的*最后一道防线*，以避免对你的客户造成严重伤害。不要指望测试人员能发现你的 bug，相反，期望他们能够验证你的代码工作正常。

事实上，优秀的测试人员通常会称他们的工作为“验证”（verification），而不是“测试”（testing）。（不要让我开始讨论这个话题。有一次我去参加质量保证人员的会议，我因为错误使用“验证”和“手动测试”这两个术语而被斥责了几个小时。）

不管怎样，*在交给质量保证人员之前，你有责任测试一下自己的代码。*

当我这么说的时候，有一些软件开发者会很生气，问我：“如果我要测试我自己的代码，那还要测试人员干什么？他们有什么贡献？”这个问题很公平，在一些组织中，测试人员的存在就只是为了运行手动测试，但是通常，测试人员的主要价值体现于测试的范围，以及考虑所有可能会造成软件失效的路径或所有没有想到的场景。

好好想想这一点吧。任何人都可以对一个显而易见的特性确定它在正常工作时的基本场景。在将代码移交给质量保证人员之前，你应该测试所有这些基本的、明确的场景。

但是一名优秀的测试人员可能会尝试运行一些不太明显的场景与散落在角落里的测试

用例，而这些场景可能是你没有想到的。（当然，我仍然建议你尝试运行这些测试。只需要在发布代码之前与质量保证人员交谈一下，就能让你了解那些不太明显的场景。）关键在于，不管是基本的用例，还是你所了解的其他任何将要被测试的内容，都应该正常工作。

测试人员永远不应该把自己的时间浪费在从代码中寻找那些开发者自己就可以轻而易举抓出来的 bug 上。这个断言将把我们带到下一个要点。

避免陷入“发现 bug/修复 bug”的连环套中

避免以这种方式与质量保证人员一起工作的主要原因在于，如果导致这样的局面，大家的工作将不会是关注如何提高团队的整体效率，而是更多地聚焦在评价个人的工作成果如何如何。

我们要尽一切可能避免陷入“发现 bug-修复 bug-验证 bug 是否被修复”的连环套中。

记录和归档 bug，把 bug 分配给开发者，重现 bug，修复 bug，发送修改过的代码给测试人员，测试人员验证 bug 是否已被修复，然后记录 bug 状态为“已修复”……整个过程需要耗费大量的时间和资源。

我们希望尽可能避免所有由此而引起的时间开销。这就是你应该自己测试自己的代码的主要原因之一。如果你能在把代码发送给测试人员之前发现错误，那么这一循环中的大多数步骤就可以免掉了。但是……还有另一种方法可以缩短这一循环。*尝试直接与测试人员合作，在他们发现任何错误时即刻修复错误，*而不是在他们提交了 bug 报告启动整个正式流程之后再去修复。

要想做到这一点，有一个简单方法是：邀请即将测试你的代码的测试人员到你的办公桌前，运行程序中一些场景，在你签入代码之前查看一下。

你也可以将代码放在开发服务器上，或者用其他方法让测试人员也能访问你的代码。再者，如果代码已经正式提交给质量保证人员，你也可以走到他们的办公桌前，观察他们执行一些测试，或者主动询问他们是否找到了任何你需要知晓的东西，这样你就可以迅速修复 bug 而不用提交 bug 报告。

有时，一个官方的 bug 报告也是必要的——记录 bug，然后跟踪 bug，对它们进行优先级排序，并完成整个过程。但是，一般来说，如果你能尽可能避免“发现 bug-修复 bug”的连环套，你将为开发项目节省相当大的一部分时间。

帮助测试人员实现自动化测试

大多数测试人员都不是软件开发者。即使测试人员知道如何编写代码，也可能并不像开发者那么不擅长编写代码或者做好系统的架构设计。但是，许多软件开发组织希望测试人员能够自动化他们的测试工作。

作为一名软件开发者，收到 bug 报告、接到通知说你认为正常工作的代码有错误，是非常令人沮丧的。但是，某些自动化测试如果失败，那是因为自动化测试本身没有被正确编写或设计。

在发生这种情况之前，你应该介入，并帮助测试人员创建自动化测试，特别是创建自动化测试的框架。这是一个会给质量保证人员带来巨大收益的领域。这是一个无与伦比的机会，可以让测试人员和开发者并肩作战，大大降低冲突，减轻敌对态度。

遇到差劲的测试人员怎么办

好的，你想和所有测试人员和睦相处。你先测试好自己的东西，你在写代码之前一定要知道要测试什么，甚至请整个测试团队去吃午饭，告诉他们你不是一个坏人。

但就是有差劲儿的测试人员，这个家伙似乎总是处处与你作对。不管你做了什么，无论你有多友好，他似乎都在竭力证明你的代码很烂、让项目脱离正轨，他总是竭尽所能找出来许多 bug，不管它们是否相关。

这时你该怎么办呢？（警告：接下来我要说的，在政治上是不正确的，它会让一些人失望，但这就事实。）

来，做笔交易吧。让我们诚实些。

有些时候（并不是所有时刻），测试人员在开发者面前会感到有些自卑。（或者，他们可能并不擅长测试，所以不管三七二十一找出来一堆 bug 以策安全。）在他们的内心深处，他们觉得自己无法成为开发者，才决定去做一个测试人员。

别误会我的意思，我在这里描述的并不是所有的测试人员，但这确实就是一些测试人员的内心写照，而且很可能就是那个处处跟你作对的测试人员。为了平衡这种自卑的感觉，他尝试采用贬低别人的方法，尤其是针对他嫉妒的开发者，以便让他自我感觉更聪明、更美好。

这种情况我已经看到过许多次，我知道这种情况相当普遍。以我的经验，我发现处理这种问题的最好方法之一就是收起你的那些骄傲和沮丧，承认你同事的睿智。

赞美一个故意羞辱你的人是很不容易的，但这是更高明的套路。我发现，在很多情况下，这个人只是在寻找一些承认与认可，一旦你给予他们认可，他们就会跟紧你。一点儿真诚与诚挚的赞许就能起到很大的作用，记住这一点。

如果你的努力仍然失败，至少你知道你已经尽力了。

第39章

等量齐观：工作与生活的平衡之道

此刻，我正坐在飞机上，准备开始撰写本章——工作与生活的平衡之道。注意，我已经滑入了接下来我要去诟病的一个个人习惯。

我试图给本章找一个好开头，试图用意念驱使自己快点儿打字，我认为它是让我如芒在背、会打搅我的“生活”的“工作”。我让我的思想从“我要做这件事”转变为“我必须得做好这件事，这样我才能享受一天中剩下的时光”。

我犯了让工作变成“工作”的禁忌，而这就是导致痛苦的公式。你看，工作/生活平衡是一种心态，而不是一个具体的公式：你应该花多少时间在办公室里，应该花多少时间来减压，应该花多少时间和家人在一起，应该花多少时间做你想做的事情。

至少，在我看来，要想实现真正的工作/生活平衡，就根本不要想着去实现它，而是要模糊工作/生活之间的界限，让所有一切都变成“生活”。从两个高度分隔的概念之间微妙地转移开注意力，把它们看作是一个整体。不要再试图平衡工作与生活，而要去寻求“过一种平衡的生活”。

在本章中，我们将要揭秘：寻求工作/生活平衡本身就是一个神话，然后将重点讨论如何“过一种平衡的生活”的关键概念——过一种你想过的生活，而不是你不得不过的生活。

工作/生活平衡就是一个神话

在我认识的软件开发者中（也包括其他人士），有太多人过着两种割裂的生活。一种生活就是他们的“工作”生活，对待这种生活，他们有时是喜欢，大多数时候是忍耐，甚至常常是恐惧；另一种生活就是他们的“生活”生活，在这种生活氛围里，他们和孩子们一起嬉戏玩耍，与朋友们一起谈笑风生，玩电子游戏、跑步、骑自行车、远足，做任何他们喜欢的事情，不过时间似乎从来没有充裕过。

我还认识一些软件开发者，他们压根儿就没有生活，他们一直就在工作、工作还是工作，他们不断地告诉自己：“总有一天我也会过上真正的生活。”他们实际上把自己的“生活”全盘搁下了，直到他们达到某个目标甚或是直到他们退休，那时才是他们能做他们想做的事情的时候，也只有那时，他们才可以实质上过上自己的生活。

可悲的是，我不得不承认，在我生命的一大部分时间里，我就是这种人。我总是怀揣着提前退休的梦想——到那时我就可以过上我真正想要的生活。即便是我能提前退休的日子到来了，我仍在工作、在写书，在书里我还在提醒你我的想法实在是大错特错。

工作与生活平衡就是一个神话，这才是问题的真正所在。这个概念要求你把自己的生活分割开来，告诉自己这段时间是为了工作，而那段时间属于生活，两者是两条永不相交的平行线。

让我们从实际的角度来思考一下这一点。

你和我拥有的时间是一样的，跟其他人也一样。每天，我们每个人都有 24 小时，每周我们都有 7 天。如果你要度过一个典型的工作日，那么减去 8 小时的睡眠时间，你就剩 16 小时了。现在把工作的 8 小时减掉，把 1 小时的上下班时间也算进去，好让我……哦，等等，你说什么？你每天的工作超过 8 小时？哦，好吧，让我们现实一点儿，工作和上下班时间一共耗时 10 小时？现在可以了吗？其实你不应该这样算的，因为这样一来*你就只剩下 6 小时了*。每天 6 小时：早上准备工作，吃早餐、晚餐、看晚间新闻，和孩子们一起玩耍、放松，以及做任何你喜欢做的事情。每天 6 小时就是你可以过自己的“生活”的时间。这可不算多呀。“生活”的时间太少了。

等等，我忘了最重要的部分——周末。是的，那辉煌绚烂的周末，你有整整 48 小时的时间，某些幸运的时候还能凑 3 天，那就是 72 小时。72 小时纯真无邪、享受天堂般幸福的周末“生活”时间。（除在派对之间不得不去睡觉的时间之外，我就不提任何会破坏你美好幻想的事情了。）

这样的生活，你想要过多少年？40 年，还是更长？那么，在接下来的 40 多年时光里，你就打算每天“生活”6 小时再加上周末？再说一遍，这听起来可不像是什么生活。

我不知道你的情况，但我宁愿过一种充实的生活，无时无刻都充实的生活。为什么*割裂你的生活是有毒的*，这就是原因。

当你试图把工作和生活区别对待时，你会爱上一个、害怕另一个，你就剥夺了自己拥有一个充满乐趣、丰裕充实、目标明确的生活的机会。事实是，和其他任何事情一样，你的工作就是你生活的一部分。我们必须停止从“平衡工作/生活”的角度思考，而要开始从“生活的质量”的角度思考。

你想过什么样的生活？对你而言什么才是重要的？这些都是你要问问自己的重要问题。一旦你能够回答这些问题，你就会开始思考如何设计自己的生活（工作也包含其内）、你想要的生活方式，而不是试图让自己的生活去匹配下班后的剩余时间。

加班毫无益处

虽然我说了工作与生活平衡就是一个神话，但是这并不意味着没有工作量太大这回事情。

我看到太多满怀热忱的软件开发者花在办公室里的时间太多太多，他们相信：坐在办公室里的时间越长，对提升自己职业生涯的帮助就越大。虽然加班确实可以帮你在公司内部走上上升的台阶，尤其是在你期望的工作氛围中，但在大多数情况下，加班对你的职业生涯的影响并不像你想象的那么大。更为重要的是，加班会大大降低你的生活质量。

我完全赞同努力工作，但我宁愿为自己努力工作，也不愿意为了别人发家致富而努力工作。

因为过度加班的代价往往十分高昂而报酬却很少，所以尽量避开这个陷阱。我的建议就是：每周工作40小时，仅此而已。唯一的例外是，在非常罕见的情况下，也就是真正紧急的情况下才去加班，而这额外的工作时间确实能够带来转变。

大多数工作/生活平衡的问题都可以借由这条建议来解决。

但没有借口不努力工作

不过，别误会，我可不是在说“要偷懒”。事实上，我要表达的正相反。我每天的工作时间都会多出好几个小时，而且一直如此。但是，当我做一份常规的工作时，我只会为我的雇主每周工作40小时，然后我会把剩下的时间留给自己。

当我为别人工作时，我会竭尽全力。他们付给我的薪水值得我为他们工作的那40小时。我要确保这一点。但我没有把我的一生都献给他们。下班之后我也没有坐下来放轻松，下班后我的工作更多，但那是为我自己工作。

有时候人们会说我没有生活，因为我的工作太多了，但这并不完全正确。整合你的生活，消除工作和生活之间的区别，这会让你意识到，有时你并不需要平衡，你需要的是“季节”。有些“季节”我的生活主要就是工作。在40小时里为某人工作，在其余的时间里为自己工作。

我每周工作70小时，有时是80小时，但这是我生命中的某个“季节”，这个“季节”里我要达成我想要达成的目标，为此我愿意做出牺牲。我不关心平衡，因为我把我的生活里的每一部分，无论是工作还是玩电子游戏，都看作是我的生活。我能做出我想要做出的选择，这样我就可以在全天24小时里都享受我的生活，哪怕它是一项充满艰难困苦的工作。

重要的是，明白你必须要付出怎样的代价，然后愿意付出这个代价。只要你愿意付出代价，你可以拥有生活中的任何东西——你可以拥有任何你想要拥有的生活。

再强调一次，这不是工作，这就是生活。生活包括工作，哪怕是艰苦卓绝的工作。

考虑一下，用“季节”这个词代替“平衡”。是的，当我的工作季结束后，我会在毛伊岛的海滩上待上几个月，在那里我一丁点儿工作都不做。但是，无论我是在冲浪还是在编码，我仍然认为我的生活是一个完整的生活，我选择自己的生活，我不会被强迫过某种生活，也不会去乞求一些残羹冷炙。

要先让自己有收获[①]

如何确保你能掌控自己的生活？有一种方法就是*确保你要先用自己的时间做自己的事情*。

再强调一次，我们中的很多人是先去为我们的雇主工作，然后才把剩余的时间留给自己。通常，当我们以这种方式生活时，我们会觉得我们需要更多地去平衡工作/生活，因为我们没有确定我们生活的方向，也没有有效地利用我们最宝贵的财富——时间。

每天早上早起一小时，把这段时间奉献给自己。把每天的第一个小时，也是最富有朝气的一小时用在自己身上，花在自己的野心上。这一小时可以用来做自己的兼职项目，可以用来强身健体，甚至可以让自己更擅于演奏乐器。我想这一小时甚至都可以用来玩电子游戏，如果玩电子游戏就是你想在你的生活里要做的事情。

但是，就像以前我爸爸在看到我领薪水时说的那样，*先付钱给自己吧*。

当你以这种方式生活时，你就不会觉得自己的真实生活就是在被“抢劫“之后所剩无几的那几个小时。如果你需要更多的时间，那就投入更多的时间——早起两小时。如果有必要的话，凌晨 4 点就起床，把一天中最有效率的时间花在自己身上。

把照顾好自己放在首位

这让我想起了另一个话题。*在你去关心他人之前，也就是在你付出之前，确保你能得到*。

我知道这听起来很贪婪也很自私，和你在主日学校的老师教导你的很不一样，但是事实上你只能给予别人你已经拥有的东西。

如果你没有照顾好自己、满足自己的需求，如果你不是一个朝气蓬勃、前途远大的人，你也不会对你周围的人十分有用。

在我的日历上，每天下午 3 点到 5 点是“锻炼”时间。我从未错过锻炼。我说“从未”，

① 此处原文为“Pay Yourself Frist”，原本是西方理财界的一句名言——首先付钱给自己，就是说，工薪一族在每个月拿到薪水之时，第一件事就是拿出一定比例的资金支付给自己做投资，这样待其退休之时将会是一笔可观的财富。此处，作者把时间也比作一笔财富。因此，我在标题上采用意译，在正文中采用直译。——译者注

意思是“永远都不会”。有些日子我可能不得不重新安排日程，但我几乎从来没有这样做。几乎在每一天，从3点到5点我要么举重要么跑步。这是我私人的锻炼身体时间。

我也花些时间收听有声读物，这样我也在精神上得到修炼。事实上，我花了很多时间在个人自修上，因为我想尽可能地逼近我的潜能。这样做能够确保我的生活质量每天都有提高，它使我有能力为社会、为我周围的人做出更大的贡献。

我的“贪婪”使我可以比不那么贪婪的人慷慨得多。对于使用我的时间，我很吝啬，所以我可以给周围的人更多宝贵的时间，我可以更有效地做好我做的每一件事。

*有一个恒等式：当你缺乏自我的时候，你带给别人的只有痛苦和怨恨。*因此，在帮助别人之前，先给自己戴上氧气面罩。

向 John 提问：你讲得太棒了。我真为你感到欣喜，你都可以在毛伊岛休假两个月、每天锻炼两小时……真的，我是说，这太棒了，但这些我们是做不到的。我们该怎么办呢？

我明白你为什么提这个问题了。

不要误会我的说法，你在这儿犯了一个中等偏严重级别的“自欺欺人”的错误。你认为我总是享有“做我想做的事”的自由吗？你觉得我从来没有被绑在桌子上、锁在小隔间里吗？

我当然也曾有过这样的痛苦时光。但你猜怎么着？即使我在为别人工作的时候，即使我也是“系统的一部分”的时候，我依然享有自由，只不过我没有意识到而已。其实，你也有这种自由。

我们要对自己的生活负责，我们要为选择怎样度过自己的生活负有最终的责任。没有人会拿枪指着你的头，逼着你去做什么。我的意思是，没有人告诉你，你必须每天去工作，甚至说你必须要有一份工作。你选择去工作是因为你喜欢那份薪水。

我并不是在鼓吹做流浪汉是一个好选择，但你必须意识到这也是一种选择。这是一个你做出的选择，正如你在生命中做出的其他一切选择一样。你可能会说：“我无法每天都花两小时锻炼身体，我无法照顾好自己。”

好吧。你不必这样做，但你要意识到这就是你正在做出的选择。你把其他事情的优先级置于“两小时锻炼”之上。在大多数情况下，这可能是一个很好的选择，但关键是你意识到这是一个选择。

有很多铁人三项赛的业余运动员，他们也有一份固定工作，每周需要工作40～50小时，但是他们仍然每天训练两小时，因为这对他们来说是最高优先级的任务。这也正是他们做出的选择。

也许你觉得花那么多时间锻炼身体是没有意义的。同样，这么想完全没问题，但也许你也可以少看一小时的电视或者放弃其他的东西，这样你一天里至少可以锻炼一小时。或者，也许锻炼对你来说一点都不重要。这么想也很酷。

再强调一次，关键在于，这是你的选择。让我们用之前讲过的“季节”的概念来思考它：你会根据你的人生目标，在人生的不同季节里做出不同的选择。

尽量避免自欺欺人，告诉自己你别无选择，就好像你真的无法控制似的。你总是有选择的。生活中，要想得到你想要的，总是要有一定程度的牺牲。你愿意为此而付出多少代价？这永远是一个问题。

在我生活中的那个“季节”，就是我每周工作70～80小时那段时光，我每天一大早起床之后就要去跑步或者举重一小时，每天！因此，别告诉我你没有时间，你要诚实一点儿对我讲：“我觉得拿出时间来锻炼不值得。”

我也没什么特别之处。任何人都可以做到我在我的生活里能做到的一切，只要他们愿意付出同样的代价。你愿意吗？

谨慎选择你的人际关系

为什么那么多软件开发者（也包括一般人）都挣扎在工作/生活平衡中？原因之一就是他们试图维持大量的人际关系。在生活中，你试图维持的人际关系越多，你会感觉到自己拥有的时间越少，因为维持所有这些关系都需要时间和精力。

朋友很多，这很好。但更好的做法是：朋友只有几个，但都是好朋友，特别是志同道合的好朋友。

谨慎挑选你的人际关系，只保留那些对你来说最有价值和最为重要的关系，如此，你才能腾出大量的时间，让你有更多的时间与真正想和你在一起的人在一起。

保持更少量的但是更牢固的人际关系可以使你的生活质量更高，你不必把更多时间花费在社交上。

当你正处于人生的某个重要阶段时，比如，你正在努力工作以求在你的职业生涯中出人头地，你正在努力建立你自己的事业或者花费大量时间应对挑战，谨慎挑选人际关系就显得尤为重要。你不但能从社交中获得更多益处，从而更好地平衡工作/生活，而且通过仔细挑选你的朋友、仔细甄别你想要维持甚或是加大投入的社交关系，你可以更好地指导自己的生活。

吉姆·罗恩（Jim Rohn）说得好：“你应该处于你身边五人中的平均水平。”我相信这是绝对正确的。太多人士都和那些经常把我们打倒在地而不是让我们振作起来的人（有时甚至就是家人）保持亲密关系。

生命太短暂，不值得浪费时间和这些人在一起。当然这并不意味着你必须要把他们完全排除在你的生活之外，但你总是可以把他们从朋友降为熟人。你越是能够大幅度提升你在非工作生活时间的利用质量，你就越能体会到没有必要去平衡工作/生活。

你的人际关系与你的职业发展个人目标的关系越紧密，你的生活也会越完整。

活在当下

我在如何平衡工作/生活方面，更确切地说如何消除对工作/生活平衡的需求，我的最后一条建议就是：*活在当下*。我们中的许多人把我们的大部分思考都花在过去或者未来上，我们没有意识到生活就在当下，生活正在流逝。

把你的生活搁置起来其实是很容易的，比如总是期许在将来的某个时候“过上你自己真正的生活”。很多次我听到人们在说（有时候我自己也是这么说的）：“一旦我实现了这个目标，一旦孩子们都长大了，一旦我找到一份更好的工作，一旦达到了这个财务目标，我就会真正过上自己的生活。”

生活就在当下。生活永远都在当下。你不能活在未来，就像你不能活在过去一样。除非你能改变自己的想法，停止推迟你的生活而开启真正的生活，否则即使在“那一天”到来的时候，你还是会发现自己又去渴望下一个“那一天”。

有些人一辈子都在等候开启他们的生活。生活不是彩排，你的生活就在当下。所以*不要再拖延“过你自己的生活”了，现在就开始吧*。

这并不意味着，你应该采纳“你只活一次”（You Only Live Once，YOLO）的哲学，完全活在当下，忽略你的未来。但这确实意味着，*你必须停止把你的日子和你的生活看作是你经历过的事情*，这样你才能真正享受自己的生活。

你和我都有能力充分享受生命中的每一刻。同样，这也是我之所以认为工作/生活平衡神话如此有毒的另一个原因。它告诉我们，对待工作我们只能苦苦忍耐，而我们的生活才能让我们乐享其中。相反，要充分利用你生命中的每一刻，无论你是在工作，做一些你并不是特别喜欢的事情，还是在家从事你最喜欢的爱好，或者与朋友和家人相处。

关于这一主题，有一本卓越的书籍——Eckhart Tolle 的《当下的力量》（*The Power of Now*）[①]。这本书有点儿奇特，别说我没警告过你哦。你不必同意作者所有的生活哲学和关于精神信仰方面的哲学，但是这本书里有大智慧，也有一些如何“活在当下”的实用性建议。

真正的工作/生活平衡

记住，只有在你不再试图实现工作/生活平衡的时候，在你专注于尽可能充实你的生活的时候，你才能真正做到工作/生活平衡，而只有在你愿意花时间和精力去主动思考决定你想要过怎样的生活，并且在你采取必要的行动使之成为现实的时候，你才能做到这一点。

照顾好自己，谨慎挑选自己的人际关系，尽可能地活在当下，你就会发现，你的生活并不需要“平衡”，因为无论你做什么，你都会找到快乐和满足。

如果你只能从本书里拿走一件东西，那就拿走这件吧。

① 这本书已被翻译成 30 多种文字。——译者注

第40章

并肩作战：与团队协作之道

软件开发者最常被问到的一个面试问题就是：“你是否认为自己是一名优秀的团队成员？”尽管这个问题有点儿笼统，而且还被过度利用，但它说到了一个普遍事实：团队合作是很重要的。

作为程序员，你职业生涯里的大部分时间都是与团队中的其他人一起工作。我们已经讨论过如何与同事相处，但当这些同事实际上就是团队的伙伴时，情况又会有很大的不同。

高效能的团队要比团队里所有个体的能力之和更为有效。这就是所谓的协同。无效的团队可能会比团队里效率最低的那个人还要低效。这就是所谓的“这个项目注定要失败了，你们都要被解雇了，你们最好都开始找出路吧”的窘境。

一个烂苹果就能毁掉一整筐苹果。本章的目的就是要确保你不要成为那个烂苹果。

团队一荣俱荣一损俱损

关于团队，首先要了解的就是：要么一起成功，要么一同失败。

你已经听说过团队中没有“我”，但事实还远不止如此。任何团队，只要它的成员觉得他们身处竞争之中，或者团队里某一个成员可以成功而另一个成员将会失败，那么这个团队一定会立即处于危机之中，反之亦然，因为人类的天性就是要先为自己的最大利益服务。

如果团队里的成员将各自的命运联系在一起，一荣俱荣一损俱损，那么团队中每个成员的最大利益就等同于团队的最大利益。

我们生活在现实世界中，我意识到这种局面可不是一直都有。你甚至可能都无法控制如何决定你的团队的成败。你的老板或者你的组织可能会把你放到某个团队中，那里每个成员都被单独评价，所以那种“我们在一起”的氛围难以维持。

但这并不意味着你对此无能为力。你可以站出来告诉大家：如果团队成员因为相似的命运团结在一起，致力于获得团队层面上的成功，那么团队将更加有效。你可以非正式地将这种机制运用于团队的运作中。你可以通过这种方式树立榜样，告诉大家：你相信团队的整体成功比团队中任何一个人的成功都更为重要。你可以选择通过放慢速度来帮助跌倒的队友，借此来展现团队精神，而不是为了你个人拿金牌。

一个人的影响力和榜样的力量可能是强大的。

团队拥有共同的目标

团队的命运不仅是通过成败联系在一起，优秀的团队还会拥有共同的目标。

我看到的软件开发团队最大的问题之一就是，他们以过于宽泛的方式分散了团队成员彼此之间的任务。太多的团队采用了分而治之的方法，而不是一种群体进击的方法。

不要误解我的意思：厨子太多会毁了一锅汤，但让团队尽可能多地合作的确是理想的做法。共同努力不仅有助于增强命运共同体的感觉，而且常常能带来更多的协同效应。

如果团队没有实质性地工作在一起，而是每个人都单打独斗为自己的任务而工作，那么团队里就不会有合作。当然，可能会存在着一个共同的、更大的目标，如完成项目或者完成分配给这一周的工作，但是一支团队的实际好处并没有体现出来。

再强调一次，我知道，现实世界并非如此。你可能无法直接控制你的团队的目标，但你却可以影响他们。作为团队中的软件开发者，你可以做这样一件事：当你还能对其他团队成员已经在进行中的工作有所贡献时，你就不会选择开始新的工作任务。

向 John 提问：这是个好主意，但是如果我的团队成员都不想合作呢？

好吧，你不能强迫别人与你合作，但是你可以给他们一些帮助，只是不要让他们看起来像是需要帮助一样。

例如，假设你正在寻找下一个工作任务时，忽然看到 Joe 正在开发一个新功能，这时，如果你对 Joe 说：“嘿，在我转去开发其他功能之前，你需要我为这个新功能提供什么帮助吗？” Joe 很酷，也很自信，他不需要任何人的帮助。那么，Joe 会怎么说？他会说：“不必了，我知道该怎么做，伙计。”

但是，假如你这样走近 Joe，说道："嗨，Joe，我知道你可以自己处理 X 功能，你并不需要我的帮助，但是如果可能的话，我想和你一起工作，这样我就可以扩展我的技能，我想好好理解这个功能。而且，在完成这项任务之前，我不会开始新的任务。因此，有什么我可以帮你的吗？"现在 Joe 并不会感到受到威胁，并不像你在问他是否"需要你的帮助"时那样。现在，Joe 更有合作的意愿。

你甚至可以接近 Joe，向他建议，如果你俩一起工作，那么这项工作可以进展更快，或者告诉他，因为他真的很擅长 X，所以你喜欢和他一起工作，或者你喜欢向他学习如何做事。

不过，最终，如果 Joe 还是不愿意与你一起工作，那你也不能强迫他与你协作。不过，你至少应该努力尝试一下。

在敏捷开发环境中，这意味着不需要自己处理一个新的待办事项，而是去发现已经在处理积压任务的团队成员，并帮助他们在进入下一项工作任务之前完成这些待办事项。

在看板式的软件开发中，这被称为限制 WIP（Work in Progress，进行中的工作），这是一种有效的方法，可以使更多的积压工作更快地通过瓶颈。

对团队负责

并不是团队中的每个人都能理解什么是优秀的团队、什么是团队合作，但这并不妨碍你尽你所能去帮助团队取得成功。

专注于你自己的目的和目标，把团队的目标放在第二位，这种做法很有诱惑力。事实上，许多软件开发者错误地认为，通过努力寻求成为第一名，他们就是在为自己的职业生涯做最好的事。很少会出现这种情况。虽然个人的表现也很重要，但是大多数软件开发行业的管理者更关心团队的整体表现。

从联赛排名最低的足球队中脱颖而出成为全明星最有价值球员，那是没什么好处的。当然，每个人都知道你有多伟大，但是你的球队仍然会输，这意味着你也会输。

一个人能做的事情只有这么多。最好的软件开发者就是通过自己编写代码或自己工作来达到最大产出效率的开发者，而杰出的软件开发者是能使周围其他人都变得更好、提高团队整体作战能力的开发者。

如果你真想引起世人关注，成为人人都争相聘用、人人都想拥有的软件开发者，那就去成为那种对整个团队的能力和绩效更为关心的软件开发者，不要做那种只关心自己的人。这其中，就包括要对你尚无法直接控制的事情承担责任，虽然这并不容易。

例如，Jerry 不好好工作。他整天坐在办公桌前就是在网上观看猫视频。你可以说"去死吧，Jerry"，然后尽你所能做好自己的工作，而任由 Jerry 无所事事。这样做对团队又能有什么帮助呢？

再强调一次：你仍然可能会成为表现优异而善于单打独斗的程序员，我们也可以把懒散的 Jerry 忽略不计，但是如果项目的状态报告上写着你的所有工作都完成了但团队的目标依然没有实现，就因为 Jerry 没有有效发挥他的作用，那么你的成功将是相当苍白的，不是吗？

相反，即使你没有被要求，即使你不是团队的领导者或管理者，你也可以对整个团队负责，包括 Jerry。这并不意味着你必须走到 Jerry 的办公桌前，叫他“懒惰的混蛋”，但这确实意味着也许你应该去 Jerry 的办公桌前问问他出了什么问题，或者是否有你可以帮助他的。

这可能意味着你必须鼓励 Jerry 和其他团队成员，提醒他们你在依靠他们，信任他们，其他人也是如此。这也可能意味着你必须尽力指导其他开发者，帮助他们将自己的技能提升到同等水平。

对团队负责并不是一件容易的事情，但它对团队本身、对你的职业生涯都会产生巨大的影响。如果你被称作是“不仅出色地了完成了自己的工作，而且还带动提高了整个团队绩效”的软件开发者，那么你在找一份好工作时永远不会遇到问题，而且你也一定可以获得晋升。

沟通与协调

作为一名软件开发者，很容易采取这样的做事态度：告诉我你想做什么，然后就别烦我了，我会完成的。你很容易地躲进“自己的洞穴”里，经过一番闭门造车之后拿出自己代码，直到最终完成测试之后才会现身——你确实测试过它，对吧？

但是作为“团队的一员”就意味着沟通与协作。*想成为一名高效能的团队成员，你需要成为高效能的沟通者。*你需要让团队其他成员都知道你在做什么、你遇到了哪些问题，这样你才能从团队的集体智慧和能力中受益，也才能对团队有所贡献。

真的，这才是拥有一支团队的意义之所在。这并不难做，但你必须养成这个习惯。

与其独自工作，不如尽可能多地与团队其他成员通力合作。是的，我知道你自己单打独斗可以很快完成这个功能的编码，而 Fred 只会拖累你的进度，但是，如果你能与经验欠缺的 Fred 通力合作，你就会提升他的技能水平，即便这样做会降低你的效率。至于 Fred，虽然他经验欠缺，但对事情的看法可能与你不同，所以可能会注意到一些你会忽略的明显的东西，这样又节省了你的时间。

要坦诚也要机智

最糟糕的团队就是团队里每个人都彬彬有礼，没有人会直接反对别人的意见。

尽量避免冲突是人的本性，但是健康的团队，就如同健康的人际关系一样，要有一定程度的良性冲突。如果你想成为一个团队中有价值的一员，你就不能做一个到处吹吹拍拍的好好先生。当出现问题的时候，或者你有不同的意见时，你一定要说出来。

当一名团队成员没有全力以赴，拖累了整个团队，或者另一名团队成员搞砸了事情，造成了混乱，阻碍了团队去实现目标，你不能袖手旁观，也不能认为："这不是我的问题。"

这是你的问题。这是团队里每个人的问题。记住，团队就是一荣俱荣一损俱损，所以要坦诚说出你的想法，别不把自己的事放在心上（团队的事就是自己的事）。

但是，要机智一点。同样的信息可以通过多种方式传递。良性的冲突来自在交流对立的想法时，或者在讨论问题时，不会采取直接攻击他人的方式。说某些话之前，先想想别人听到时的感受。换位思考，如果一个团队成员对你说了你将要说的这些话，你会有怎样的感受。

谨慎对待。语言造成的伤害也会是很严重的。语言也可以做好事，所以选择合适的表达方式让它们做好事吧。

请记住，许多软件开发者都可以编写代码、修复 bug、以单打独斗的方式开发出软件，但是如果你真的希望成为一名高效能的软件开发者，你真的希望拥有一个成功的软件开发职业生涯，那么你需要学会如何与团队协作。

第41章

说言嘉论：推销自己的想法

我经常听到有人抱怨说，在软件开发的世界里看不到任人唯贤。很多为此苦恼但依然心存善意的软件开发者会不停地抱怨会哭的孩子有奶吃，抱怨这是不对的。

虽然我理解这种情绪，但我不能说我同意这种观点，原因有以下几条。

首先，这不是在比“哪个孩子会哭”，而是在推销你的想法。有些软件开发者可以有效地推销自己的想法，有些人则不能。无法有效推销自己的想法，想法再好也没人关注。我知道这么说很刻薄，但这就是现实。现实情况就是：你可以成为这个世界上最天才的软件开发者，拥有最绚丽的想法和计划，但是如果你总是保持缄默不说出来，也不想去推销你的想法，那么想法已经无关紧要了，不是吗？

这就引出了第二点。那些被认为“会哭”的程序员实际上更有价值，比起那些被他们淹没了声音的保守安静的同胞，大嘴巴的程序员的价值要大得多。

为什么？因为他们是些能做事的人。善于推销自己想法的软件开发者是高效的开发者，因为他们确实能够创造出效果。的确，他们的想法可能不是最好的，那些坐在角落里的保持缄默的开发者可能有更好的想法，但坐在角落里的那些安静的开发者却没有成效，因为他无法将他精彩的想法变成富有成效的现实。

我宁愿吃花生酱加果冻三明治，也不愿吃美味牛排的广告。

在本章中，我们将讨论为什么学习如何推销你的想法如此重要，然后我将告诉你如何推销自己的想法。

推销自己的想法为何如此重要

现在应该很清楚，一个能够推销自己的想法的软件开发者在团队中效率更高、价值更大，但你可能仍然不相信“打破你的外壳，变得更加自信”是正确的选择。

你可能也会认为扮演次要角色更适合你，只有在被直接问到的时候你才会提出自己的想法。这个主意不错，但不太实际。无论你在哪里工作，那儿至少都会有一个大嘴巴的同事，他的想法很多。这些想法可能挺好，也可能不怎么样，但这都无关紧要。关键是，如果对这种人你不能坚持自己，你就不能高效工作，也不会产生影响力。事实上，你很少会被直接征求意见，除非过往以来你就以善于推销自己的想法而闻名。

再强调一次，为什么这很重要？

如果你想在你的职业生涯中取得进步，你就需要被看作是一个有很多好想法并能付诸实现的软件开发者。只有好的想法可不能得到提拔，高效能的软件开发者才会得到提拔，特别是那些能够把团队团结起来、让他的想法得到广泛支持进而得以付诸实施的人。

即使你不关心职业发展（如果真是那样，我都要怀疑你为什么要读这本书了），那你可能仍然至少想要可以掌控自己的命运。

在这里我想说什么呢？我要说的其实很简单。如果你不能推销自己的想法，你就不得不按照那些胡言乱语的程序员提出来的混账建议去做事。我不知道你会怎么样，反正我是不能忍受在那种氛围里工作。

因此，不管你喜不喜欢，你最好都要学会如何推销你的想法。幸运的是，学会这个并不像你想象的那么难。这里有一些简单的规则和方法，任何人加以利用都可以变得善于此道。

不要争论

推销你的想法的最基本原则就是不要陷入争论。

当你与别人争论的时候，你不可能说服任何人做任何事情。如果你推我，我将把脚深埋在地里，尽我所能地把你推回去。这是基本的人性。

如果你想把自己的想法推销给别人，那就不能把这些想法塞进他们的喉咙里。永远不要直接反对或反驳某人，这是导致争论的必经之路。相反，试着像下面这样做。

具有说服力

要想具有说服力，有很多很好的方法。

关于如何提高说服力的书有很多，所以我不会就这个话题展开全面的探讨，但是我想给你一些建议。（顺便说一句，学会说服和善于摆布别人可不是一回事，尽管两者可以被联系起来。说服力是一项非常有价值的技能，在任何情况下你都会发现这一点很有帮助。我曾在学习如何变得更有说服力上投入很大的精力。）

一个最好的最简单的说服别人的方式，就是尝试找出一些共同点。

争论是寻找差异，而说服是寻找共性。

当我试图向一个持相反观点的人讲明“我们说的其实基本上是一样东西”时，我通常都会得到最好的结果。我寻找共同点，特别是从动机出发寻找共同点，*我会尝试把重点放在这些方面，我会强调我的建议或我所说的与他们已经提出的其实是一致的，或者是服务于他们的核心目的的。*

你越能更好地弥合隔阂，你需要人们做出的跨越也就越小，这样他们才能聚拢在你的身旁。你也可以收回自己的想法，以一种能让你的听众更满意的方式重新组合它。重组的威力超级强大。重组后的框架如果构建得当，可以以完全不同的角度呈现完全相同的想法。

“赞成枪支管制”和“反对拥有枪支”听起来有很大的区别。其实这都是框架一手造就的差别。想想你的听众，想想他们的框架和参照系是什么，然后让你的想法与他的框架相符合。

假设你的老板对一个项目的进度很在意，而你又想向他建议：应该在应用程序中应用一个全新的、漂亮的框架以显著地提升代码的可维护性。这时你该怎么办呢？

不要跟他谈论“显著地提升代码的可维护性”。你的老板不在乎这个。他甚至还有这样的印象：每当有人谈到提升代码的可维护性时，在开发上就得花费更长的时间。相反，跟他说说：如果切换到新的框架将缩短开发时间，并有助于项目更快完成。

你的想法的框架必须适应于听众。

循循善诱

另一个能让人们确信你的想法就是好方法的做法就是引导他们朝着这个想法的方向前进，而不是直接把想法硬塞给他们。让他们自己去发现这个想法，而你只去做一个向导，轻轻地把他们推到你想要他们去的方向就好。著名的哲学家苏格拉底经常使用这种方法，所以这个方法有时也被称为“苏格拉底法”。

*利用措辞谨慎的问题引导你的听众走上那条最终可以发现你的想法的道路。*人们更可能相信他们自己发现的想法，或者他们自己思考过的想法。如果你通过提问来引导人们找到这个想法，你可能不得不放弃一些骄傲和荣誉，但你会得到更多的认同，而不仅

仅是给他们现成的答案。

清晰地沟通

如果你想要高效地推销你的想法，做一个好的沟通者当然是必需的。

花些时间和精力来提高你的书面与口头沟通能力是值得的。你表达自己的想法时越清楚、越简洁，就越能够让人信服。尽量简洁而又能一语中的，使用一些你的听众可以很容易关联起来的类比例子。

很少有人会相信他们不理解的想法。如果他们不理解你的想法，那么即使人们在表面上相信它，也不会对你带来多大的好处，因为这样做的效果不会好，想法也可能马上会面临反对。许多许多次我以为我已经有效地表达了我的想法并且得到了适当的认同，但后来我都遭遇到了这样的诘难："你以为你在做什么？谁允许你这么做的？"

因此，一定要清楚你到底在交流些什么，仔细学习并提升你的沟通技巧，这样你才能尽可能有效地表达自己的想法。创建一个你会去定期更新的博客是实践和改进你的书面交流技能的好方法。

参加类似 Toastmaster 这样的小组，在任何时候发表演说，借此帮助你掌握演讲和陈述的技巧。

借势权威

在我的软件开发生涯刚刚开始的时候，我惯常使用的一种方法就是利用别人作为权威来推销我的想法，因为我自己并没有太多的可信度和经验。

当你试图提出与目前的做事方式相反的想法时，你常常会被视为傲慢、天真或者自以为是的人。你面临重重阻力，只是因为这是你的建议，所以人们就不买账。"凭什么你说这是'正确'的做事方式它就是正确的？"

与其依赖你不靠谱的权威或者经验，不如借用别人的权威与经验。试着引用一本你读过的书，或者说："这不是我的主意，它是……（此处插入某个知名作者）的想法。"

好了，现在，你的反对者们将不得不与另一个可信度很高的人展开争论。尽管他们可能仍然会反对它，但他们现在可不能直截了当地说："这个想法真愚蠢，无知至极。"

树立权威

虽然借势权威的做法往往会有效果，但从长远来看，更有意义、更有益处的做法是树立自己的权威性。

会令你大吃一惊的是，要想做到这一点，办法其实非常简单易行。你可以做的最简单的事情之一是将你的文章或想法发布到互联网上。我最初就是专门为此目的创建了我的博客 Simple Programmer。

我厌倦了争论问题，我厌倦了试图说服人们“我的想法很好”。他们不听我的，只是因为我并不是真正的权威，于是我开始写下我的一些想法，并把它们写在我的博客中。久而久之，我的同事和老板都读到了我的博客文章，也不知是怎么回事，仅仅因为这些话都是写在博客上的，所以它们似乎就具备了更大的权威性。

当人们在评论博客文章纷纷赞同我的观点的时候，当博客文章被成千上万的开发者分享和阅读的时候，这种权威性就更进一步得到了加强。

当我谈论一些自己的想法或者在某次讨论中试图推销自己的观点的时候，我还经常会去引用我以前撰写的博客文章。由于经常引用博客文章以资参考，我很快就发现我讲起话来已经不是即兴发挥了，我对自己要说的内容已经深思熟虑过，足可以写一篇完整的博客文章了。

向 John 提问：如何让我的老板和同事都来读我的博客？

别担心，他们会来读的，相信我。如果你现在就开始写博客，你的老板和同事就会去看它——好奇心压倒一切。

另外，在讨论某个相关问题时，可以像我前面提到的那样，在你的电子邮件或其他交流中引用自己的博客文章，这么做也不会有什么害处。

曾经，在我工作的一家公司里，我的老板会开玩笑地问我，我会不会写一篇博客文章把正在讨论的话题写进去，因为我经常这样做。

只不过你要小心你提到你的博客时的方式与语气。

还有一种方法不那么容易但更有效，那就是出版一本书。

*成为一名有正式出版物的作家，它能给你的权威性和威望是其他方式不可比的。*你可以说“关于这个主题我曾经写过一本书”，这句话的分量可是重得多。毕竟，不是人人都可以写书的。写一本书并不一定意味着你知道自己在说什么，但人们认为你知道。

最后，你还可以通过以权威的方式讲话来树立权威性。

太多的人说话的方式本身就使其听起来不太确定，或者让别人觉得他们不靠谱。他们经常这样讲话是因为他们不想让自己听上去很傲慢，或者他们试图对冲他们的赌注，以防他们无法赢得别人的支持。

别这么做。如果你要讲话，那就永远要带着自信讲话。这种做法可以命名为信念要坚定，但是态度要放轻松。你可以保留以后改变主意的权利，但是现在，根据你的能力和你的所知所识来说出你的想法，并且你会带着信念去做这件事。

你可以说服许多人接受你的想法，只要你真诚地相信他们，并且在你这样做的时候带着信念和热情讲话。

好为人师

推销任何想法的最有效的方法之一就是通过教育。通过教育人的方式树立起你的权威和信誉，使他们更容易接受你要讲的话。

不要直截了当地试图说服别人你对测试驱动开发（TDD）的想法，也不要试图说服他们为什么要这么做。相反，做一个关于 TDD 的演示。让你的听众了解 TDD 是什么，它的工作机制和工作流程又是什么。让你的听众了解实现 TDD 都有哪些工具以及他们可以阅读哪些书籍，从而让他们了解更多关于 TDD 的知识。先给他们一堆有价值的信息，然后再让他们接受。

当你采用这种方法时，他们会更容易接受你的观点、更容易被说服，不要只是试图让他们相信 TDD 是好的，你应该在项目中这样做。

勤于练习

不要过分强调和推销你的想法。就像任何事情一样，勤于练习才能做得更好。持续练习，练习本章中的技巧，不要害怕表达你的想法，要与别人分享你的想法，最终你会富有成效。

记住，即使是最优秀的善于说服别人的人也不可能总是把他们的想法成功地推销出去，但这总是值得一试的。

第42章

衣冠楚楚：着装之道

软件开发团队，特别是位于美国西海岸的软件开发团队，似乎拥有所有行业中最为宽松的着装规范。

我记得我在一家小型初创型公司工作的时候，我被介绍给一个不穿鞋的家伙。一开始我以为这是偶然为之的事情，或者他是为了某种目的暂时脱下了鞋子。几周过后，这家伙俨然不穿鞋上班了。很奇特，但并不会令人震惊，对软件开发者来说这都不算事。

我曾经工作过的很多开发环境里，基本上还都是有一套着装规范的。不想穿衬衫，不想穿鞋？不管你喜欢穿什么，都不要破坏规矩。

但是不能因为你可以穿任何你想穿的衣服就随意穿，对吧？这就是本章要讨论的问题。

虽然我自己的着装也不够专业，但我坚决反对随意穿的。多年的经验和仔细的观察，再加上我自己的失误，都教会了我：你的穿着和你向世界展示的形象都很重要。即使你只是一个“程序猿”（code monkey）。

外表很重要

在这一点上，我们都是“生活在芭比娃娃世界里的芭比娃娃”[1]。

“对呀对呀，你说的太棒了，我男朋友……哎……”

好吧，你知道我要说什么。关键是，人们确实会根据你的外表来评判你。

---

① 此处原文为“Barbie girls living in a Barbie world”，这是丹麦知名乐团 Aqua 演唱的一首歌曲 *Barbie Girl* 里的第一句歌词，这首歌曲在 1997 年 5 月 14 日以单曲形式首发。——译者注

我是怎么知道的呢？我是一个超级大懒虫，头发蓬乱，服装风格比起 GQ[1]差远了，我同时也是一个拥有六块腹肌、漂白过牙齿的模特。（我真的为一家模特公司工作过，尽管我从来没有因此而出名。不过，你可能在一家百货公司的秋季婚纱目录里见过我。）

在这两种截然不同的情况下，我是否得到了不同的待遇？当然！掩藏在外表之下的两个“我”还是同一个人吗？这是一个有争议的问题，因为你的穿着实际上会影响到你的行为，我们稍后会讲到这一点。基本上，我是同一个人。

但是，每个人都有偏见。每个人都有一些陈规成见。

我知道，自由媒体和一群在大街上举着标语的人士希望你相信，我正在讲述的是一件糟糕而可怕的事情，你应该为自己陈旧的观念和刻板的行为而感到羞耻，但事实并非如此。

*事实上，我们保持一种刻板陈规的形象是一种生存优势。*我们的大脑可以通过观察表面的细节来快速评估状况，并做出能拯救我们生命的快速判断。

我们不需要坐下来想，我们刚刚从视野边缘中捕捉到的那只狮子，它脸上的笑容看起来到底是饥饿、邪恶还是平静，以及我们应该怎么办。我们可以立刻意识到，它看起来很有威胁性、很危险且富有攻击性，我们可能不该在这里闲逛。

正是这种机制告诉我们，当我们走在大街上的时候，那些身上满是刺青看上去像个歹徒的人也许并不是我们停下来问路的最好人选。事实上，也许我们根本就不该站在他们身边。

向 John 提问：等一等，我不同意你的观点。伙计，我无意冒犯你，但你听起来有点儿像个偏执狂，甚至可能是种族主义者。

我要说的是这个意思——我并不是说这个人可能不是个好人。我认识很多看上去像黑帮老大的有文身的人，他们其实都是很棒的人。我有一些好朋友就是这种类型的。

但是，这里有一个问题。他们的衣着是他们自己选的。他们身上的文身、他们像黑帮老大一样的打扮，这些也都是他们自己选的。他并不是事出偶然、随便脱下衣服、大呼小叫着冲进一家文身店，然后在他的眼睛旁边文了一颗泪珠。很可能他对自己的形象拥有很好的认知，因为是他自己选择了自己的形象。

别忘了这一点。

那么，我们这么做有错吗？当然，我们绝对错了。在很多场合，我们的陈规成见都

---

[1] GQ 全称为 *Gentlemen's Quarterly*，Condé Nast Publications Inc 出品的男士时尚杂志，畅销美国 50 年。——译者注

是完全错误的，并且会给我们带来伤害。

但是，事实上，作为人类，我们每天都要通过感官得到如此众多的输入，以至于我们必须有某种机制来快速做出判断，我们会固执己见，直到事实证明并非如此。这种机制使我们能够成功地驾驭我们的世界，而无须停下来思考我们所看到或听到的每件孤立的事情。我们甚至都没注意到我们就是这么操作的。

问题在于，一旦我们快速形成了一个判断，要想消除这种判断可就不那么容易了。甚至，即使当我们知道我们是通过封面来判断一本书的好坏、我们受到了陈规成见的深刻影响时，我们的大脑先前所形成的刻板印象会绕过我们大脑里的分析机能，仍然完好无损地向我们发出信号。

那么，为什么我要告诉你这些呢？难道我想告诉你，你和我，我们都是思维僵化有偏见的人，所以这没什么大不了的？不，当然不是。我只想让你面对现实：以外表来评判某人是每个人都在做的事情，我们只能部分控制。

故此，你尽可以设想，你凭借聪颖的大脑和出色的编程技巧而受到赏识，而且你也可以认为除了你的能力其他事情都不值一提，但事实上，你的外表和你的着装也起着很重要的作用。你可以与这种根深蒂固的观念来一场毫无希望的战斗，你也可以坦然面对现实，学会如何应对它。

因此，请相信我，作为一个喜欢穿短裤和拖鞋的人，我其实和你是同一阵线的，但是还是让我们一起来面对现实，好吗？

着装高出两个级别

如何在工作场所穿着得体，我能给你的最简单、最直截了当的建议就是：只需比你的目前职位高出两个级别。着装风格不要向你的老板看齐，而要向你的老板的老板看齐。

即使在工作中穿短裤和T恤衫是完全可以接受的，即使穿成这样也并不会真正伤害你，但这么穿着对你来说是非常非常不可取的。

如果其他人穿着随意而你穿着正式，有些人可能会抱怨，别担心，这只是他们出于本能的一种模式化反应而已，他们可能完全没有意识到这一点。别管你受到多大的抨击，你都应该穿着正式得体，而不要衣衫不整。有人会对你说，你打扮得太正式了，衣着在这里不重要，或者这里的环境已经很宽松了，不需要如此。不过，不管他们说什么，他们还是会认为你更专业、地位更高。

还是不相信我？试试这个心理实验。想象一位身着制服的警官。现在想象一下，这位警官不管身处何种环境与氛围，都穿着这套警察制服。无论你如何描绘，也无论他们说什么、做什么，制服都会影响你看待他们的方式。你可以说“这不可能”，但是事实的确如此。这就是在着装上要比你目前的职位高出两个级别是一条优秀的、普遍适用的规则的原因。

人们对你的看法和你对那位警官的看法是一模一样的，不管他们多么努力地想要避免这种想法。“制服”将使你的专业水准和地位超过你目前的水平。要深入了解软件开发者的“制服”应该是什么样子，请从我的博客上下载免费的“软件开发者应该穿什么”（What Software Developers Should Wear）的指南和建议的衣柜清单。

追随领导

比你目前的职位高出两个级别是什么职位？你怎么知道那个职位的人的穿着是什么样子？如果你的职位之上没有两个级别呢？

有上述任何疑问时，就看看领导的着装风格。观察一下管理你公司的行政团队或者首席执行官穿什么样的衣服。看看真正的成功人士穿什么样的服装。尽量与他们的风格相匹配，这样你就会觉得自己也是那个行列里的一员。

记住：先入为主的印象和中规中矩的形象是多么重要。

这里我的想法是创造一个积极正面、中规中矩的形象，这样你就会被看作是一个身份比你现在职位更高的人。

当绩效考核的季节到来时，或者高层管理人员试图遴选出谁应该被晋升时，你就会被看作是非常适合这个角色的人选。想一想，当有人说“某某人看似像总统”时，他的真实含义是什么。那就是，他们有一些特质，使他们看起来像是那个角色。

为你将要试镜的那个角色选好着装吧。

向 John 提问：如果大老板就是穿着短裤光着脚在办公室里晃来晃去呢？

首先，他可能并不会那样。如果我们说的是一家大公司或者中到大型企业，并且公司里有岗位晋升机制，那他就不会那样。

在这种情况下，忽略他正在做的事情，认真思考他给你呈现出的形象。他可能不想让你觉察出他是老大，或者不想让你知道他在做什么。当然，也有例外。

但是，即使你在新闻中看到马克·扎克伯格这样的人，你难道不觉得他“就是一个孩子”，只不过创建了 Facebook 吗？尽管他身价数十亿美元。“是的，可是他很成功啊，所以这就证明了你的观点是错误的，不是吗？”

不，不完全能够证明你的观点是错的。你可以这样想：扎克伯格不是被“某人”提升为公司首席执行官的，他创建了 Facebook。如果你创办了自己的 Facebook，你也可以穿任何你喜欢的衣服。

问题在于你想要给人留下怎样的印象。

最好的方法是看看谁已经在扮演这个角色，就去模仿他们的风格，并且在一定程度上模仿他们的行为。

魅力与矛盾

即使你计划模仿你的大老板的着装风格，也并不妨碍你在其中添加点自己的个人风格和个人眼光。

当我还是个演员的时候，我的表演教练告诉过我的话让我如此难忘，以至于每当我在扮演某个角色时我都会想起，他是这样说的："你看起来不真实的原因在于人是矛盾的。你不能只表现出愤怒，你必须同时感到愤怒和快乐。你一定很难过，但是又很激动。真正的人，令人喜爱的人，都是矛盾的。"

我立刻意识到他是正确的。于是我开始思索如何在我扮演的角色中表现出反差，即同时表现两种看似相反或不相关的情绪。我从这个想法中认识到，反差实际上可以帮助我们创造出魅力。

以我为例。我并不是你所熟知的那种典型的程序员。我身高 190 cm，体重 90 kg，体脂率约为 8%。我看起来像举重运动员或者职业摔跤手，我说话又有点儿像哲学家或自学成才的大师，而我的思维却像个程序员。我的身上聚集着这么多矛盾，这让我比那些一眼就可以看穿的人看上去要有趣得多。

有道理吗？

你可以将同样的想法运用到自己的个人风格中以增强你的个人魅力，这将使你在职业生涯中以及任何社会交往中变得更加讨人喜欢，并最终促使你更加成功。

怎么做？

*从某种程度上说，可以让你的穿着与你的自然外表恰恰相反。*假设你碰巧有一种自然的外表，让你看起来像一个会计师或者精算师。你长着一张会计师的脸，你戴着一副眼镜，你的手臂很消瘦，你的举止非常保守，你的声音柔和而又有些许胆怯。如果你穿着一件朴素的一个口袋的纽扣式衬衫，配一条宽松的裤子，那你看起来就更像是一个会计师了。但如果你有文身会怎样呢？如果你留着胡子，穿着皮背心和机车皮靴，又会怎样呢？一瞬间你就制造了一个反差。

现在当我看到你的时候就搞不太清楚你是做什么的了。你看上去有点儿像个胆小的会计师，但你的穿着又会让我觉得你随时都会掏出链子打我的脸。我想要弄清楚你是干什么的。你……很有趣。这是一个相当极端的例子，你可能不需要那么极端，但我要确保你能明白我的想法。

矛盾是件好事，矛盾很有趣。矛盾等于魅力。（警告：制造矛盾，有些人会讨厌你的胆识。实际上，这与魅力是一样的。爱你的人越多，恨你的人也就越多。但是，这总比没有被注意到好得多。）

仔细想想你的形象和气质，看看如何通过制造反差来抵消它们。如果你生就一副强横的样子，那你就会被负面地认定是一个“暴徒”，不管公平与否，不要试图去反抗它。相反，要制造出反差来。

把自己打扮得漂漂亮亮的。穿一套漂亮的西装去上班。做好你的演讲，这样你才能说出雄辩的话来。这样，当人们看到你时，他们就必须再看一看，因为他们对你的脸谱化的认知似乎被打破了。

着装可以改变个性吗

你穿什么真的会影响到你的行为吗？当然会。试着穿一件背心、反戴一顶帽子，看看你的行为和感觉与穿一件礼服、戴一顶大礼帽有多么不同。

*我们穿什么会影响我们对自己的看法，进而会影响我们的行为，甚至会改变我们的个性。*这就是为什么当你感到沮丧时，穿着睡衣或运动裤闲逛是个非常糟糕的主意，这只会让你更沮丧。

想在工作中表现得更专业吗？那就穿得更专业点儿吧。

即使着装规范上说你可以穿拖鞋和裁短了的短裤，而且你也不在乎在公司里得到升职，你可能还是想考虑一下你的穿着会对你的感受和行为产生怎样的影响。

象征社会地位的符号

社会地位的象征，如昂贵的手表、名牌服装、昂贵的汽车等，这些要注意吗？这些东西真的能帮助你在事业上取得成功吗？

我曾对此非常怀疑。老实说，我现在对此仍然持怀疑态度，因为我认为对大多数软件开发者来说玩身份符号游戏不是一项很划算的投资，但是我还是要向你引荐一位比我“富有”得多的人——Neil Patel[①]，他实际上已经测试了这一理论。

看看他写的题为“花 162 301.42 美元买衣服，让我赚了 692 500 美元”（How Spending $162,301.42 on Clothes Made Me $692,500）的博客文章吧。在他的文章中，他说到，在日常生活中，昂贵的衣服并不是非常有益的，*但是在商务会议和人际交往中，衣着华贵似乎有很大的影响。*

① Neil Patel 是《纽约时报》畅销书作家、网络营销专家。——译者注

我认为这是非常符合情况的，我可不想在这里被搞疯掉。不要陷入严重的债务，不要挥霍你的信用卡和抵押你的房子以获得一堆身份象征，还认为这将是一项好的投资（或者给你带来幸福）。但一些衡量财富或成功的关键指标可能还是有益的。

对我来说，在这件事情上的最后结论还有待分晓。我确信身份符号确实有效，但我只是不相信，这些事对软件开发者和其他技术专业人员而言都是值得的。尽管我从一些高薪咨询师那里听说过，他们去见客户的时候，开什么车、穿什么衣服都会大大增加他们谈成生意的概率，尤其是在他们与高层管理人员打交道的时候。

我的建议？如果你要和 Salesforce 或 IBM 的首席执行官见面，那就租一套昂贵的西装和一辆昂贵的汽车，你既可以得到益处又不用每月都付账单。

发型、化妆和基本卫生

在继续下一节内容之前，让我们简单地谈谈一些应该是显而易见但还是值得讨论的事情。

首先，不用说，如果你看起来像个百万富翁但闻起来像个流浪汉，那么气味可就占了上风。我最近遇到了一位收费不菲的形象顾问，她每小时收费 300 美元，她说，我们拥有的第一种也是最强有力的感觉就是嗅觉。因此，不仅要穿着得体，还不能忽视基本卫生。确保你经常洗澡，清洗耳朵背后的区域、刷牙、修剪鼻毛等。考虑护肤也是个不错的主意，即使是对男性来说也是如此，因为这对你的外表会产生很大的影响。

最后，让我们谈谈发型和化妆。

对男人来说，保持优雅的发型是个好主意。至少每两周预约理发一次。无论是男人还是女人，都要学着给自己的头发定型。再强调一次，这种事在时间上的投资很小，却能产生巨大的影响。

对女性来说，这是一位女士告诉我的关于发型和化妆的事情：“作为一个女人，我注意到，当我化妆的时候，我会得到更多的尊重，尤其是来自其他女士的尊重。我认为女性应该考虑花些时间做头发和化妆，即使这意味着必须学习如何做，因为这会影响她们在工作场所内外受到的待遇。”

说得再好不过了。

要是我不在乎呢

每当我谈到穿着打扮以及“你应该按照比你现在的职位高出两个级别的标准穿着”时，有些人不可避免地会说：“我不在乎。”“我不在乎穿着打扮会给人们留下深刻印象。”

“我不在乎能不能在公司获得晋升。”“我就不想当高管。”“我只想做好我的工作，提高我作为程序员的技能，尽可能卓有成效地编写代码。”

好吧，如果你不在乎，那就不用在乎。我不会试图说服你的。我只是给你一些关于如何使用陈规成见和先入为主的看法以让人们产生对你有利的感观的建议。你不必采纳这个建议。没有它你也完全能够成功。你可以成为一名穿着短裤和T恤衫的程序员，甚至也不会影响你晋升到高级研发职位。因此，如果你真的不在乎这些，那就不用在乎。

我是认真的。但如果你在乎这些，那你可以很容易地把我的建议应用于你的职业生涯之中，因为这是一个相当容易被控制的成功要素。

选择取决于你自己。

向 John 提问：我明白你的意思。我也在乎穿着打扮给人们留下的深刻印象，但我也想做自己。我既想向我的榜样学习又想做我自己，请问我如何能实现这一点？

你仍然可以做你自己，同时又衣冠楚楚。你总是可以采用你自己的个人风格，并把它提升一个档次。

我刚刚雇了一位非常昂贵的形象顾问（实际上是两位）来帮我做这件事。我是个很帅的家伙，可我经常穿背心，这可不是“成功”的样子。我没有花时间去真正培养我的外表和形象，这对我来说是一种损害。这是一个局外人的观点，我也是刚刚才意识到这一点。

那我做了什么呢？我雇了两位专家，他们给了我一些关于自己形象风格的建议，帮助我找到了仍然属于我自己的衣服，但也帮助我塑造了一个更好的形象。

你也可以这么做。你甚至可能也想去请一位专家。并不是所有人都有时尚品位来独立完成这件事，有时我们确实需要来自外部的客观的意见。

第43章

谋事在人：安然渡过绩效评估①

绩效评估的过程，多么美好的回忆……多么糟糕的回忆……绩效评估就是瞎扯。是的，你一语中的。大多数绩效评估的过程确实都是胡说八道。

“让我们继续前进吧，调整现有的目标以匹配你实际在做的事情。6个月前我们设定的目标？不用理会了。”“我不能给你一个完美的评价，那么让我看看我是否能想出一些你需要改进的地方。”“你自己给你定个等级吧，我们过一会儿再谈这件事。”

即使你和我都知道大多数绩效评估过程都是骗人的，但要学会在这过程中如何伪装还是很重要的，这样你就可以得到加薪，并能有一个很好的员工档案。

本章是关于如何讲好一个故事的，但首先，它是一个故事。

我是如何逆转对我的绩效评估结果的

很久以前，我曾在惠普（HP）公司工作过。这家公司在绩效评估过程中会使用一套员工排名（Stack Ranking）制度。我们稍后会更详细地讨论它，但基本上就是按照某种曲线进行分级。获得最高排名的人只有这么多，得到中间位置的排名的人也是那么多，而一些可怜的倒霉蛋，不管他们是否应该这样，都不得不得到最糟糕的排名。

在那个特殊的年份里，我就是那些“可怜的倒霉蛋”中的一员。真的。那一年，我

① 本章标题原文为“Acting the Review Process”。在实际的工作场景中，Review 适用的场合多种多样，对应的中文也不尽相同，如技术评审、阶段总结/里程碑评审、绩效评估、战略回顾等。根据本章上下文，此处的 Review 指的是绩效评估。为免混淆，在本章将 Review 一律翻译为“绩效评估”。——译者注

读了大约 15 本技术书，获得了 5 项微软认证，组建并领导了一个全新的团队，为开发环境开发了几个新工具，而且承担了把.NET 架构引入打印机的关键角色。不仅如此，我还超越了我在上一次绩效评估中根据“明年目标”部分所设定的所有目标。

我已经做好准备可以得到最高等级的评价，可能还会升职。我填写了绩效评估文件中我要填写的部分，写下了所有我完成的任务，制订了我明年的目标，接下来就该是去面见我的经理开评估会议了。之前我也已经跟他定期回顾过我的表现，所以我很确定不会有什么意外发生。会议进行得很顺利，我所取得的所有成就都给他留下了深刻的印象。我耐心地等待（其实也不是那么耐心），等着我的等级排名结果。

第二周，当所有的评估过程完成之后，我登录系统去查看我的等级排名。我的天啊！我的排名是“低于平均水平”。仅比最底层的排名高一个级别。我差点倒在椅子上。一定是哪里搞错了。我和老板约了一次会面，询问这件事。他承认，由于我最近得到了升迁，而且我的薪水处于较高的水平，他迫于压力，要把其他一些开发者排在上面，这样他们就能平衡一些。他强调，如果由他自己决定，我一定会得到最高等级的评价，但他们只能给出这样的一个排名，因为只有这样他们才能给另一位开发者升职，所以他们不得不做出一些艰难的选择。

我当时很不开心。他告诉我，我可以申诉，他也会看看他能做些什么，但我需要提供一些文件，说明为什么我认为这是一个不公平的排名，以及我是如何超越了我的所有既定目标的。

第二天，我花了一整天的时间从每周的报告中提取所有的亮点，并整理我在 Outlook 电子邮件程序中创建的“荣誉”文件夹。我查看了公开发布的每一个排名等级的要求。我把所有这些都写进了一份长达几页的文档中，列出了我在那一年中取得的大约 50 项成就，我从经理、同事和利益相关人那里收到的 10 封令人印象最深刻的电子邮件，我还把我在绩效评估中每一个既定目标项一点一点地详细罗列下来，逐项说明我的绩效如何超过了目标的要求。我还把每周我老板询问我是否达到了目标、是否有任何需要改进的地方……这些内容相关的文件和电子邮件都罗列了进去。我的证据滴水不漏、无懈可击。

讲到这里，你期待的可能是那个经典的“但这些并不重要”的结局。事情还真不是这样的。又过了一周，当我开始工作的时候，桌上摆着修改过的员工绩效评估结果。我现在被排在了最高等级，并获得了职位晋升以及很高的薪水涨幅。

我完成了不可能完成的任务。我是怎么做到这一点的？让我们来谈谈这个问题。

提早着手准备

你和你的老板首次讨论你的工作表现如何、你还需要在哪些地方做出何种改进……

这些事情不应该发生在你的年度绩效评估过程中。事实上，如果你的年度评估结论令你感到震惊，或者你的老板对你的年度评估有任何评价令你感到惊讶，那你已经把事情搞砸了。

我不喜欢把事情交给偶然，我也不喜欢惊喜。

一旦你制订了今年的计划，并且在其中概述了你的目标与工作领域，你就应该至少以每两周一次、最好是每周一次的频率向老板汇报你的进展情况。你应该直截了当地询问你做得如何，询问你正在做的任何事情中有哪些需要改进的地方，注意，是“任何事情”。

如果有任何需要改进的地方，就去立即着手去做，然后在下一轮“回顾检查”中展示你的进展状况。如果没有什么需要改进的地方，那就再确认一下。你可以说：“那么，你的意思是，现在我已经百分之百地达到了今年的所有目标，你确定我没有什么需要改进的？”“我只是想确保我把整件事都搞清楚了。”

这个对话一定要记录下来。注意日期、时间和确切的对话内容。如果你真得够聪明，你会在面对面的会议之后以一封电子邮件来询问这个问题。这叫“走着瞧”。我会让你弄清楚这个缩略词的确切含义。

通过这样的做法，你将完成一些关键的事情。首先，你将给自己创造一个机会，在实际的评估开始之前弥补自己所有的缺陷，不管是实际存在的缺陷，还是只存在于别人印象与感知里的缺陷；其次，一致性原则可以成为你的可靠依赖，以确保在你的评估中不会有任何意外发生。

人们有强烈的意愿要保证他们过去所说的与所做的完全一致。你可以在罗伯特·西奥迪尼（Robert Cialdini）的名著《影响力》（*Influence: The Psychology of Persuasion*）[①]中读到这一点。如果你的老板说你做得很棒，而且你现在也没有什么需要改进的，他在绩效评估的时候也会迫使自己说出同样的话。

最后，你正在保留确凿的富有说服力的证据，在你需要的时候它可以证明：你正在竭尽所能做到最好。

要有明确的目标并使其为人所知

你对本次评估的期望或目标是什么？你想获得升职吗？你想得到完美的评估结果/员工排名？也许你是为了努力克服去年评估中的某一项不足，你希望它今年能成为一项优势？

① 这本书从实践技巧的角度，深度剖析影响力的逻辑、交换、说明、树立榜样、回避、威胁等各要素，全方位地提高你影响他人的能力，从而获得更大的成功。作者罗伯特·西奥迪尼是“影响力教父”，著名社会心理学家，全球知名的说服术与影响力研究权威。（以上摘编自百度百科）——译者注

不管你的目标是什么，你都要考虑清楚，并且要让它为人所知。告诉你的老板，你对自己的绩效评估结果的期待是什么。让你的期盼尽人皆知，然后问问你需要做什么才能实现它。把回复记录下来。一定要写下来。如果你可以通过电子邮件记录下来，那样更好。

一旦你说到“根据人力资源部的角色描述，IV 级软件工程师需要能够做 X、XX、XXX 以及 XXXX……”，你已经告诉你的老板你想被晋升为 IV 级软件工程师，你正在努力做到这些 X，以达到目的；要和他澄清：在下一次绩效评估之前你都需要做到什么以达成你的目标。然后他会告诉你所有要求。你要把这些都记录下来。然后，你差不多可以把这些东西保存在银行里了。

做好所有能够促使达成一致的事情，并让大伙都知道这就是你正在做的事情；如果你现在满足了这些要求，那么在绩效评估的时候，你将有充分的理由来得到你想要的东西。

整个过程真的很简单。

跟踪和记录自己的进展

这是关键。

我已经说过很多次了，但还是要强调一次：*确保你把所有的事情都记录下来*，特别是你的进展。你需要建立每周报告，详细地描述你每天做的事情，并总结你在这一周里的“高光时刻”。

但你不应该就此打住。*记录你读过的书、你参加过的任何培训、你提供给别人的任何培训以及任何能展现你正在稳步迈向目标的所有进展。*

看一下你以前的评估结果和今年的目标。记录你所能做的一切，以此表明你已经实现了这些目标或者朝着这些目标阔步前进。

再说一次，这可不是什么玄奥高深的技术，这其实都是常识，但还是有那么多的软件开发者被绩效评估耍得团团转。

你会发现，在生活中，大多数人都不会把事情记录下来，但如果你曾经和某个人发生过争执甚或是法律诉讼，你的想法肯定会有所改变。

构建证据链

你要记录所有事情的部分原因是为了能准备好充足的理由，以便在评估中获得高分或者最终得到晋升。你要记录一份能证明你朝着目标阔步前进的文档，包括你的老板所表述的你需要做什么、你是如何做到的以及其他所有的相关内容，你要把所有这些内容都聚集在一起构建一个完整自洽的、无懈可击的证据链。

做这些事的时候你要假设自己是一名律师。把人们赞美你的邮件都收集起来。当有人赞美你时，请他们给你发一封电子邮件。

我曾经在我的电子邮件中设置了一个名叫“荣誉”的文件夹，用来存储我全年收到的所有好评邮件。这些都是支持你的优秀证据。

你的老板，特别是你的老板的老板，并不知道你一直在做着伟大的事情。所以你得告诉他们。

赶快去做这些事吧。别害羞，在这件事上不用谦虚。当你走上绩效评估的法庭时，你要带好这一整套的证据，即使是最强硬的陪审团都不能忽视这些。

必要时要申诉

在前面我介绍的自己的案例中，我做了这里推荐的每件事，但我还是受到了不公正的待遇。但你猜怎么着？我没有放弃。

一般来说，人力资源部并不希望你挑起一场战斗，特别是在一个大公司里。他们有自己的员工排名系统。他们的绩效评估过程是虚伪的，他们的工作级别的描述也是虚假的，除了能够维持表面的公平与秩序，其实并没有什么意义。

如果你不用证据去挑战它，情况就不会有任何改观。我所做的事在惠普是闻所未闻的。没有人能够改变他们给出来的员工排名等级。但我做到了，而且轻而易举。

因为我有证据来支持我的观点，而且没有人有任何证据能驳倒我。也许有人也可以收集到一些对我不利的证据，表明我如何没有达到预期的目标，或者我如何没有达到其中某些目标。但这么做的工作量实在是太大了。

因此，不要害怕去申诉。只要确保你有完整翔实的证据来支持你的申诉就好，否则你就会看起来像个爱抱怨的人。

懂了吗？

给自己打分的陷阱

绩效评估里，最臭名昭著的陷阱之一就是你“不得不”给自己打分。

你该怎样处理这种情况呢？你会冒着被看作是自大狂的风险在所有的考核项上都给自己一个完美的分数，还是会谦虚地给自己打上一个比你应得的分数还要低的分数，然后满怀希望地期待你的老板能纠正你把你提升到更高等级？你会真心实意地从公正客观的角度来评价自己吗？好像那是可能的。

说真的，你会怎么做？

首先，如果你拒绝给自己打分，那就直接拒绝吧。直截了当地说，你没法以一种公正客观的方式对自己进行合理的评价，没有人能做到这一点，所以你写下的任何东西都是不准确的。

如果这个做法失败了（老实说，很大可能会失败），那么我认为最好的策略是：在其他所有领域都尽可能高地评价自己，只有在你最弱的那一项里给自己一个分数低于“完美”的分数。这背后的理由很简单。如果你被要求给自己打分，你凭什么要故意伤害自己？

如果你给自己的评价很低，这是不可能有任何好处的。这么做根本没有任何意义。最好的情况下，你的老板说“你应该得到更高的待遇”；最坏的情况就是，连他都相信你确实应该得到较低的评价等级。因此，你应该尽可能地给自己打高分。这样的话，最糟糕的情况也不过是——你的老板说：“你不觉得这有点高吗？”你可以回答说：“是你让我给自己打分的。”最好的情况当然是他相信你。

我不知道你是怎么想的，反正我确实不喜欢伤害自己。

如果对此毫无顾忌，我会说给自己在所有评估项上都打上完美吧——好吧，其实我在这件事上还是不够果敢。我认为你至少应该在一项上给自己一个低于“完美”的分数，这样会更好，因为这样会让你的给自己打分显得更可信。

说句公道话，我非常讨厌给自己打分和同事之间互相打分。这两种情况都极具偏见，只会给你带来伤害，而且对你毫无帮助。

同事之间互相打分

我本不打算谈论同事之间互相打分的，但是既然我刚才提到了，那就让我们花很短的时间来讨论一下吧。

那么，如果遇到需要同事之间互相打分的操作，你该怎么办？如果你被迫要告发你的朋友，那你就要拒绝成为“盖世太保”的一分子，简单地给你所有的同事都打上完美的分数吧。

是的，你没听错。对他们所有的评价都是“完美”，给他们说上很多好话就好。给你的同事糟糕的评价不会有任何好结果。充其量，他们会被降职或解雇，但这是极不可能的。最坏的情况是，他们发现了你的操作，于是等他们成为你的老板或者你的团队主管之后，他们可以让你的生活变成一团乱麻，你的老板认为你是个混蛋，每个人都认为你是个混蛋，你不得不辞职去找另一份工作，因为你亲手为自己缔造了一个充满敌意的工作氛围。

因此，即使你的同事表现糟透了、应该被解雇，除非你是真正做出解雇决定的老板，否则千万不要成为打倒他们的傻瓜。

向 John 提问：你刚才对我说的好像……有点儿不道德。不给自己打分、不给同事打分是不是不诚实啊？

我想仔细澄清一下，为什么在如何给自己打分和同事之间互相打分方面我要提倡有些人可能认为是不诚实的做法。为什么我不说给自己打分和同事之间互相打分时要尽可能诚实？

我完全理解这种观点，我也想提倡诚实的做法，但这里有一个问题。我认为给自己打分和同事之间互相打分从各个层面上讲都是胡说八道。

把人们置于必须中伤自己或者中伤旁人的境地是不公平的。不管你给了什么样的评分都不是真实的。这就像那种虚假的心理测试，当你认真作答的时候，他们却在看笑话，觉得你是假戏真做。

如果我认为给自己打分和同事之间互相打分是公平的（其实也可以做到让它们公平公正），没有任何潜在的极端负面影响，我会诚恳地填上我的意见。如果不是，那么与其走上街头抗议这种评价，不如采用我推介的第二种方式。我选择了一种消极一些的抵抗方式。通过颠覆系统来剥夺它们的权力。

不要中伤你自己，也不要中伤你的朋友。但你可以以自己的方式反对。

员工排名制度

我不喜欢员工排名制度，就像我不喜欢同事之间互相评级一样，但是在一些公司里，员工排名就是一个无可争辩的事实，我们必须要面对它。

我发现最近越来越多的公司正在放弃员工排名制度。员工排名背后的想法相当简单，而且实际上也是有意义的。从本质上说，你需要把所有的员工都找出来，你计算出谁是成绩最好的 10%，谁又是中等的 80%，以及谁是最差的那 10%。你提拔并奖励前 10%的人，你解雇落在最后的那 10%。

不过，这种方法存在一些问题。最大的问题是，大多数人力资源部门和经理并不是根据业绩来给出排名，而是根据其他动机来进行排名。因此，他们选择的不是实际排名前 10%的那前 10%，而是基于政治、当前薪资等级和其他因素。而且，因为“顶级排位”只有这么多名额，所以各个管理者、各个部门往往会争得头破血流，于是，排名更多是借由政治因素而不是由业绩来决定的。

不要误解我的意思，我认为，理论上这是一个很好的系统，我完全支持在任何一家公司解雇排名最低的 10%。但是，在实践中，它会导致各种各样的问题。本节的重点不是去抱怨员工排名制度，而是告诉你该怎么做。很明显，你想要做的就是远离最底层的

10%，最好能进入顶级的前 10%。

再强调一次，要做到这一点，最好的办法就是准备好充分的证据来支持你的论点——你对公司做出了杰出贡献。

向 John 提问：你一直说我要做个“杰出贡献者”，但我不是。那我该怎么做呢?

是时候提一下道德和诚信了。

在某种程度上，我一直都认为你是一个讲道德、讲诚信的人，我意识到你可能在读我这本书的这几章时，把这里面的内容解释为可以用来巧妙地操纵你走向成功之路的手段。

我一点儿也不提倡只用手段。事实上，手段可能会在短期内起作用，但从长远来看，它最终会害了你。别忘了因果报应，它的作用不可小觑。

我百分之百相信人都是正直的，并且有一套强有力的道德准则来指导你行事。如果你不是一个“杰出贡献者”，甚至连一个“成功者”都算不上，那么第一步你就要先成为一名成功者。

战术和技术手段并不能用来代替艰苦的工作和努力的付出。你必须付出努力才能得到回报。我只是在教你如何以最佳的机会获得回报。

下一步：确保你知道从政策角度出发接下来会发生什么。

你们组有多少员工？有多少个名额可以被评为顶级？试着找出你在和谁竞争，以及任何可能正在进行的政治斗争。如果其他组或团队的精力与你的老板共享排名位置，并共同决定如何分配员工的排位，你可能需要与他们交朋友。

此外，要注意人力资源政策，他们如何分配排名。关于员工排名如何运作，应该有一个书面定义的政策。你想要确保你在“排位赛”中清晰明了地展示了让你能够排名前 10%所需要的所有材料。这里，知识就是你的盟友。

让你的老板知道你的目标是要获得最高级别的排名，这也没什么坏处。如果在政治斗争中有任何可能他受到诱惑想要把你扔到公共汽车底下，这都将给他带来额外的压力。

不过，不管你做什么，最终你都可能还是被耍了。这真有可能。在这种情况下，启动申诉程序。但是，即使这样，你也不能保证得到一个积极的结果。你只要尽你所能，让最好的情况成为可能，并明白有些事情你确实无法控制。所谓“谋事在人，成事在天”吧。祝你好运！

第44章

光明磊落：应对偏见

我真心希望不必在这个问题上写上一章，但我还是写了，因为尽管我们想要确信我们已经克服了工作场合的歧视与其他各种形式的偏见，但事实是我们并没有克服。它依然存在，依然是个问题，很可能永远都是。

我之所以这么说，不是为了描绘软件开发世界里的阴霾与黑暗。善良、诚实、没有偏见的软件开发者和管理者比坏的软件开发者和管理者多得多。

在大多数情况下，对所有人来讲，我们生活在一个前所未有的充满机遇的时代。整体来说，在世界各地，人们对于不同文化、不同种族、不同宗教、不同性别以及其他你能想到的任何东西的接受程度都要比以往任何时候高得多。

但是……问题仍然存在。

我想告诉你们，这个世界还需要做出怎样的改变，我们应该如何应对偏见和歧视，因为我是一个现实主义者。作为一个现实主义者，我发自内心地说：有些事情我们可能不喜欢，我们可以尽自己的力量去改变和影响我们所能改变的部分，但最终，我们不得不学会适应和应对我们当前的环境。

这就是本章的内容。本章不是在讨论哪里出了问题以及社会如何解决问题。本章讨论的是你能做些什么；当遇到偏见时，你该如何应对；对于那些想要压制你的人，你该如何反应和克服。本章讨论的关键是选择控制那些你可以控制的东西，接受你不能改变的东西，以及如何在众人面前（即使是那些坏人面前）展示你的优雅而不要在无意中成为问题的一部分。

要接纳人们无意识的偏见与陈规成见

我们在第 42 章中谈到过这一点，所以我不打算在这里再啰唆一遍，但重要的是，我们要明确地认识到，每个人，包括你，都有一些根深蒂固的偏见，都会因循一套刻板的陈规成见。

再强调一次，本章的重点不是为了判断是非，也不是非要辨别对错，而是要告诉你如何有效地应对这一客观事实。

应对别人的偏见，特别是当他们反对你的时候，最好的方法就是接纳他们。我并不是说一定要容忍他们，我是说接纳他们。当然，在某些情况下，你需要声明自己的立场以作为回应。我真正想要说的是，通过接纳他们，**你需要意识到：不管你是谁，因为某些超出你的控制范围的原因，都会有人对你有偏见。**你需要接受这个事实，需要把这个事实看作是自然而然的事情，否则你将永远处于震惊、愤怒与猜忌之中。

如果你能接纳它，那么当你遇到了一些状况的时候，你就会理解并且预料到总是会有某种程度的偏见发生，尤其是在工作场所，而且因为每个人都有偏见，所以你就会做好充足的准备来应对它。

再说一次，我说“接纳”并不是想告诉你遭受偏见不是问题，我只是想告诉你要面对现实、看清现实，这样你才能够应对自如。

给自己最好的机会远离偏见

我知道，我接下来要告诉你的并非主流的观点。有些人可能会说我是虐待与偏见的教唆者。（有点讽刺，你不觉得吗？）但是，就像我说过的，本章的内容就是要描述在一个充满了不完美人士的不完美的世界里，你可以做些什么以使你的生活和事业更加美好。

本章描述的不是如何改变世界以塑造出我们向往的现实。有鉴于此，**避免偏见的最好方法往往是充分意识到偏见的客观存在，**当你认为有些人可能对你有偏见时，你能够**真正改变你对他们的应对方式，**特别是应对无意识的偏见。

让我们挑选一个简单的例子来说明我的观点。

我们用你的名字来举个例子怎么样？根据不同的情况，你的名字会引发对你的无意识的偏见，有时还是有意识的偏见。

在美国，在我写本书的这个年代，如果你的名字碰巧是 John Smith、James Robert 之类的，你可能根本不用担心在某个工作场所人们会因为你的名字而对你产生偏见。但是，如果你的名字是 Fatima Jones 或者 Tamicka Mohammad，可能会有更多的麻烦。但是，我有机会访问中国，我可以很负责任地告诉你，在中国和日本，如果你的名字是 John Smith 或者 James Robert，你也会受到一些偏见。

从我使用的例子来看，你会发现它们是基于语境的。

不同的人会在不同的语境和环境中感受到不同的偏见。不管你是谁，我都能找到一个就凭你的名字就能让人对你产生偏见的例子。那么，你能做些什么呢？好吧，你可以合法地改名或者取个昵称——我不是开玩笑的。

我知道，你会觉得“我干吗非得改名”，甚至觉得这样做是不对的，但我在这里说的是务实的操作。如果你明知道你的名字可能会引起别人对你的偏见，那么采用哪种策略更好呢？试着让别人不要对你的名字抱有偏见，还是改个名字从源头上解决问题？

改个名字或者取个艺名，这对书的作者和演员来说是一件相当常见的事情。我认识很多软件开发者，他们也做过这件事。我就曾经考虑过这个问题，因为我姓 Sonmez。我一直想给自己起一个网名“Vince De'Leon”。但是现在已经太晚了，因为有太多的人知道我的名字，但我相信有些人会因为我的名字而立刻对我产生偏见。

关键是，这只是个名字，而不是你。如果你想以改变自己的名字来帮助你避免偏见，那就去做吧。如果你不想，那就不要这么做，但至少你要承认，你可能会因此而受到一些偏见。不要指望世界按照你的意愿运作。

同样，你的衣着、你说话的口音、你惯用的词汇也是如此。

有关你将要去为之工作的场所的工作氛围，我能给你的最务实的建议就是：对你自己进行诚实的评估，并试图找出你自己（或者你表现出来的你自己）都会在哪些方面可能会引发负面的根深蒂固的观念或者是偏见。然后，找出来有哪些东西是你可以改变以减少偏见的，同时又不需要牺牲你的核心利益。

不要误解我的意思，我不是说为你的名字、你的传统习惯、你的肤色、头发、宗教或者其他任何东西而感到羞愧，我只是想让你评估一下你能改变什么，或者该如何展现自己，以减少对你的偏见。

有很多简单的事情你可以做，其中并不涉及牺牲你的正直或改变你的核心利益。

让我举几个例子。例如，在美国，有许多聪明人都带有南方口音，于是他们选择聘请语音教练来帮助他们摆脱南方口音。南方口音并不意味着你不聪明，但在美国，人们对南方口音的刻板印象并不总是积极正面的。文身可能对你不利，但你可以把它掩盖或者干脆移除。一些种族偏见可以被克服或者降低，你只需要在穿着上更职业化一些，减少口音，改变常用词汇。甚至外表看起来很漂亮、很英俊也会给你带来麻烦，如健美教练或者魅力十足的女人，但是服饰的选择可以消除人们的一些根深蒂固的刻板偏见。

即便如此，如果有些事情你明知道可能会对你产生负面影响但你就是不想改变，那也很好。对此我完全理解。我只是给你一些建议，是否采纳这些建议最终完全取决于你。

同样，我也知道本章会让一些人产生误解，但是扪心自问一下，所有我告诉你的是不是一种能让你去从容应对针对你的偏见的务实的方式？我到底是想说“其实偏见是没有关系的，我都给偏见找好了理由”，还是想说“我要给你一些从源头上避免偏见的实用型建议”？

不要让自己与世隔绝

我经常从存在一定程度偏见的工作氛围里看到一个错误，那就是那些正在受歧视的人都会自我隔绝。不要这么做。不要“找到你的人”，组成一个人群，天天只和他们混在一起。这只会造成更多的偏见，并且可能会使你看起来像在表现其实你才是持偏见者。

本着把所有政治正确性都抛出窗外的精神，我给你讲你一个故事。

很久以前，我和其他一群人以合同制员工的身份为一个美国政府项目工作，团队中很大一部分人是印度人。印度籍员工把自己隔离起来，他们每天一大群人在一起，自己吃午饭。然而我不管这些。我和他们打成一片。我会不请自来跟他们一起吃午餐。我和他们谈天说地。我成为一名荣誉上的印度人，尽管我根本没有印度血统。其他员工经常会与印度籍员工发生争执，但我却从来没有。印度籍员工也会经常与非印度籍员工产生矛盾，但从来不会跟我闹矛盾。我能站在双方的角度看待事物，在印度人和非印度人那里我都备受欢迎。

最后，我开始邀请其他非印度籍员工和我们一起共进午餐。我大大减少了我必须要面对的偏见，我的位置能够减少印度籍员工不得不面对的偏见，因为我打破了他们的自我隔离，我把每个人都包括在内，当然首先是从我自身做起。

作为一个在项目中处于主管位置的人，我可以看到自我隔离是如何伤害到项目的。从内部去看，能发现这个问题有时候是非常不容易的。无论到哪儿我都会这么做，你经常会看到我和最奇怪的一群人在一起，因为我从不惧怕走过去和他们在一起。因此，我从来都没有受到过太多的歧视和偏见。

因此，我给你的建议就是：走过去，和他们混在一起，和他们交谈，和那些“不是你的人”的人交流。

大多数人都在寻找一些与他们有共同之处的人，无论是出于种族、宗教、族裔，还是其他的分类，然后将自己融入这个群体之后与其他大多数人隔离开来。结果，他们会受到更多的偏见。

别那么做。勇敢点儿，扩大你的“部落”。

对自己要有信心

消除偏见的最好方法就是：*不要让偏见影响到你对自己的看法*。如果你对自己以及对自身的能力保持高度的尊重，那么对那些努力贬低你的人来说，他们的努力都是白费心机。

是的，我知道这说起来容易做起来难。当你觉得别人不公平地歧视你，或基于某些偏见或某种根深蒂固的观念对你产生不公平的威胁时，你很难行走在其乐融融的道路上，但是，你越自信就越容易走在其乐融融的道路上。

你不能改变别人，不能改变别人的想法，不能直接改变人们对你的感觉、人们对你所采取的行动，但*你可以改变自己，你可以变得更加坚强、更加坚韧*。只要你愿意，在人们对你有歧视的时候，你强大的自信心会令你觉得这些根本不重要，因为你了解自己的能力，你可以克服他们给你带来的种种不利影响。

只要你能够对自己的能力保持高度自信，只要你能对你自己保持高度自信，你就会产生强大的能量，足以消除掉那些想要压迫你的人的力量，于是无论他们说什么、想什么就都不重要了。

我最钦佩的人之一是一个名叫 Frederick Douglass（弗雷德里克·道格拉斯）的人。他有一句名言，正好与我们所讨论的内容有关："暴君的极限是由反对他们的人的忍耐力所决定的。"

Frederick Douglass 是一个奴隶，他从他的主人那里逃脱后成为一名自由人，并且帮助其他奴隶逃跑。他是一位伟人，不仅因为他所做的，更因为他的思想和他的言论。他绝不允许充斥在他周围的种族主义歧视来定义他自己。他会断然拒绝。

以下是维基百科上记录的 Frederick Douglass 在他当奴隶时的一段轶事："在 1833 年，Thomas Auld 从 Hugh 的手中夺回了 Douglass（'这是惩罚 Hugh 的一种手段'，Douglass 随后写道）。Thomas Auld 指派 Douglass 为 Edward Covey 工作，他是一位贫穷的农民，素有'奴隶毁坏者'之称。他经常鞭挞 Douglass，几乎让他在心理上都要崩溃了。然而，16 岁的 Douglass 最终奋起反抗殴打并反击。在 Douglass 赢得了一场身体对抗之后，Covey 再也没有试图鞭挞他。"

为什么我如此喜欢 Frederick Douglass？很简单。Frederick 从来没有认为自己是一个无助的受害者。他的反应总是无视你或者干脆与你展开斗争，决不忍气吞声。

尽可能无视它

我现在正在读马克·曼森（Mark Manson）的一本书，书名是《重塑幸福：如何活成你想要的模样》。在这本书中马克说：社会上一般人士的最大问题之一就是，对太多的事情闲操心。

我不是想要无视歧视、偏见、性别歧视、种族主义……以及其他林林总总困扰我们社会的弊病，这些都是真实存在的问题，但就个人而言，我们真的需要如此关心这些事情吗？

我不是西班牙裔，但很多人认为我是。虽然我并不会因此而受到太多的歧视或偏见，但我确实受到了一些歧视和偏见。你知道对此我的默认反应是什么吗？没反应。我只是直接无视它。就像马克·曼森说的那样，直接嗤之以鼻。

因此，你认为我不太聪明，那是因为你对我有根深蒂固的偏见；你不喜欢我，想对我不好，那又怎么样，我根本不在乎。我只是继续过好我的每一天，对你的无知我采取无视的态度。

人们会说些蠢话，会说些中伤别人的话。有时是出于恶意，但主要是出于无知。本章的一半内容或者更多，可能会冒犯你。你可以选择听之任之，也可以无视它，继续你的生活。

偏见总会发生，不公也总会发生。每天都在发生。这是不应该发生的，当它越过底线时，你当然必须应对它，但是你的默认模式应该是无视它。小心谨慎地选择你愿意死在哪座山丘上。

我意识到，这种观点并不十分正确，你可能不喜欢，但你猜怎么着？我不在乎。在我的生活中，我有太多重要的事情要去关心、要去做，我不能浪费我的时间和情感能量去关心那些鸡毛蒜皮的小事。

我宁愿务实，也不愿被冒犯。

不能无视就举报

尽管如此，并不是所有事情都可以无视之。有时候你必须站出来为自己辩护，你不能容忍别人的无知，因为从实用主义的角度来说它确实对你产生了严重的影响。

如果在你的工作环境中有人对你进行种族主义的侮辱，并且肆无忌惮地歧视你，我建议你不要袖手旁观、视它们为无物。这与说些无关痛痒的文化差异上的事情或者讲一些不恰当的笑话、做一些可能有所“冒犯”的事截然不同，因为那些并没有对你造成实质性的伤害。

如果你因为种族、性别、宗教、性取向等原因而受到老板或者其他有权势的人的不公平对待，这实际上影响了你的职业生涯，那就不能不管不问，而是要举报他们。此时你一定要成为一名法官，断然指出：“够了，这太过分了。”你必须有明确的底线——你坚决不能容忍的东西。

这是个人的决定，但我会鼓励你在“嗤之以鼻”与“奋起反击”之间尽可能挑选务实的做法，因为持续不断地争斗会让你在情感上、身体上还有心理上感到疲惫不堪，从长远来看这是不划算的。

当你的底线被无情践踏的时候，你绝不能等闲视之，下面就是你要做的。

*首先要把事情记录下来。*记录下来对话内容与事态发展，记录下来是谁、在哪里、何时做了什么。记录要尽可能详细，这样可以表明你不是在捏造事实，不是为了麻烦而制造麻烦，而是确实存在不可原谅的行为模式。

同时，不要因为一次失误而将某人钉死在十字架上，除非这是一种严重的违规行为，如某种形式的人身攻击或者性侵犯。但是，如果你想要举报某人，请确保你有证据。一旦你有了自己需要的证据，如果可能的话，试着自己处理这个问题。

直面对方，告诉他们，他们越过了怎样的底线，为什么这是不可接受的，并喝令他们停下来。*不要威胁，不要恐吓，不要说教，也不要乞求。*只要清楚和坚守的底线，一旦他们跨越你的底线，就绝对不会姑息。如果他们还不收敛，那么就带上你的证据向人力资源部或者上级部门举报他们。如果问题没有得到有效解决，你可能还会寻求法律途径，也可以完全脱离这个环境。

偏见糟透了

相信我，我懂的。

我其实一直都是偏见所针对的目标。我也见过其他人受到偏见的困扰。我希望你能理解，在本章中，*我并不是想对偏见与歧视置若罔闻，也不是想要为偏见与歧视找借口，更不是要以任何形式对它置之不理。*我想做的是给你务实的建议去应对它。

在生活中，我发现为某一事业做殉道者是很少有成效的，更有效的方法是取得成功，获得影响力和尊重，然后利用这种影响力对世界产生影响。

举着纠察的标志很少能够带来改变。我宁愿通过证明那些老是唱反调的人士的错误来进一步推进我的事业，而不是单纯告诉他们“你们是错误的”。

第45章

身先士卒：身为领导之道

几周前，我跑 15 公里的过程中，收听了一本名叫《极限控制：美国海豹突击队的实战启示》（*Extreme Ownership: How U.S. Navy SEALS Lead and Win*）[①]的有声书。

这是一本关于领导力的书，书中描述的都是在最重要、最困难的职位上学到的原则：战斗中的领导力。在这本书中，作者之一杰克·威林克（Jocko Willink）说：“**没有糟糕的团队，只有糟糕的领导者。**”

事实上，他用了整整一章来阐述这个想法。他举了一个发生在美国海军海豹突击队耐力训练课目的例子：参训者组成一组一组的“船员”，在非常恶劣的条件下展开组间竞争，力求在比赛中击败其他组。训练中，每六个人组成一个小组，小组要把沉重的橡皮艇举在他们头上，然后跑过水面。

在他的例子中，有一组船员每次都落在后面，每次都是最后一个完成，而另外一组船员则几乎在每一场比赛中都能占据主导地位。他决定，把这两组船员指挥官调换一下，看看会发生什么。调换了指挥官之后，原先那个总是最后一个完成的小组最终获得第一名，而原先总是获得第一名的小组则是第二名。**这就是一名高效能领导者的力量与责任的体现。**

一个高效能的领导者就像威林克建议的那样，需要拥有极端的控制权，他不仅能让他的团队取得成功，而且会对他的团队产生如此大的影响，以至于即使他们被替换之后

① 这本书的两位作者杰克·威林克（Jocko Willink）和列夫·巴宾（Leif Babin）都是战功卓著的海豹突击队军官，分别在海豹突击队服役了 9 年和 20 年。退役后他们成立了一家专门从事领导力培训的组织，他们用海豹突击队的经验与专业方法来培训军事领域之外的一些领导者。（以上摘自 ANA 公司官网）——译者注

团队依然是胜利者。

本章就是关于如何成为高效能领导者的。高效能领导者是那种能鼓舞、激励和推动团队以保证团队成功的领导者，那种不需要正式授权就可以赢得尊重、促进合作和激发最佳成绩的领导者，而不是那种被简单地授予“领导者”头衔的领导者。

什么是领导力

让我们先谈谈领导到底是什么。领导力不是头衔，也不是职位。领导力是你的所作所为，也是你发挥出的榜样力量。

你可以被告知你是领导者，你也可以被授予领导者的正式头衔，你可以被任命去负责一个团队。但没有人，绝对没有人，能够让你成为领导者。你必须靠自己去做到这一点。你必须自己去掌控“领导者”的职权。

领导力就是让人们跟随你进入你对未来的憧憬之中，因循你所要前进的方向，沿着你所选定的道路前进。这意味着你必须身先士卒、率先垂范。领导是站在前面的人，而不是从后面推别人的人。

没有头衔，没有正式的称号，没有来自上级的授权说“你就是那位领导”，因为服从不是目标，发自心底的全力支持才是目标。

你可以用武力或者权威来暂时控制某人的行为，但是身为领导者，需要你去试图赢得他们的内心与灵魂，激发出忠诚而不是恐惧。

如何做高效能的领导者

只有一种方法能够成为高效能的领导者，那就是以身作则。

最好的领导会做到所有他要求他的团队做的事情。他们愿意牺牲，愿意多走一公里为他们试图领导的人铺平道路。

即使没有正式的职务，如果你愿意为人们树立榜样，你也可以成为他们的领导者。

如果你希望你的团队实施测试驱动开发方法，也就是在编写任何生产用代码之前要先编写单元测试，那么不要告诉他们“要这么这么做”，你要自己先这么做，率先垂范。

如果你希望你的团队在将代码添加到源代码控制系统中时要编写更好的提交消息，那你自己最好先这么做，先拿自己写出来的消息来做范例。

如果你希望你的团队互相尊重、避免争吵、积极合作，该怎么做呢？我想你已经知道自己应该怎么做了。而且，以身作则经常还意味着要去做那些不属于你的、应该由“你的下属”去完成的工作。

太多的“领导者”想坐在象牙塔里高高在上地指挥他们的军队。作为一个真正的、以身作则的领导，你必须自愿在前线、在战场上身先士卒，自愿去承担一些困难的、枯燥的甚至是你的团队里没人愿意去做的工作。向他们表明：即使是最单调乏味的任务，你也能做出高品质。

成为所有领域的楷模

一个好的领导者是在多个方面都值得敬仰的人，而不仅仅是在他们的主攻领域。

我的意思是，你是一个优秀的程序员，而且你能写出任何一个人所见过的最整洁的代码，但这只是你必须去领导的一个领域。你应该在你想让你的团队跟随的每一个领域都成为楷模。

你想让你的团队有良好的职业道德吗？你想让你的团队被正确地激励吗？你想在你的团队中培养出良好的沟通能力和软技能吗？想让你的团队在哪一个领域里表现优异，那你就必须要在这个领域里成为楷模。

如果你想知道一个团队的行为和习惯，那你只需要看看他们的领导者。团队往往会表现出领导者的许多特质，时间越久越是如此。因此，如果你上班经常迟到、午饭时间超时、在网上冲浪而不好好工作，那不用说你的团队成员一定也是如此。如果你说粗俗的笑话、经常争吵、抱怨你的上级或没有以专业的态度对待别人，那你应该可以预料到你的团队也会有同样的行为。

因此，作为一名领导者，你必须……

让自己承担最大的责任

综上所述，无论你期望你的团队做什么，你都必须先在你自身上期待同样的事情，甚至更多。

我认为我在 Simple Programmer 所承担的角色，特别在我的 YouTube 频道上所承担的角色，就是领导力的良好诠释。我想激励和引导人们尽最大的努力表现出自己。我想教人们如何发挥他们的真正潜力，无论事情变得多么困难都永不放弃。那我该怎么办？

我为自己设定的标准远远高于预期，远远超出了我试图激励人们达到的目标。我一直保持着高度的责任心。在工作方面，我以专注和勤奋的态度工作，我从不放弃。我试着在一周内完成比大多数人认为的都要多的工作。在一周时间里，我要发表数篇博客文章、18 个 YouTube 视频、多个播客，并做其他大量工作。在健身方面，我试图比我认识的任何人都要努力地推动自己前进。我每周跑 60 公里，举重 6 小时，每天下午 5 点前禁食，我把自己的体脂水平保持 10%以下。

如果我要求你做什么的话，我不仅自己做到了，而且做到的还是难度加大 10 倍的版本。如果我要求你跑 1 公里，我就先跑 10 公里。如果你想领导别人，只是以身作则还不够。真正激励他们的方法是，多走 1 公里，甚至多走 10 公里，借此向他们展示没有什么是不可能的。

想想你认识的最好的领导，想想那些最能激励你的人，你觉得他们只是做了最少量的事情，还是做的比他们要求你做的多？

当供给不足时，一个好的领导者会把他的口粮留给他的团队，这并不是因为无私无畏，而是因为他希望团队看到，即使没有食物也可以打赢战斗。

一个好的领导者会激励别人，因为团队成员自己都会想："如果他能做到，我肯定也能做到。"

要对团队负责

在第 40 章中，我谈到了一个想法：你应该尽可能地为团队承担更多的责任。作为一个领导者，这个想法不是可选的，而是必需的。

作为一个领导者，你自己要对团队的表现负责。作为一名领导者，除了你自己，没有人可以责怪你。*为了有效地领导，你必须对你的团队和你的团队所做的一切负全部责任*。你不能推卸责任，也不能玩弄"怪罪"游戏。责任永远是你的。如果你的团队失败了，那是你的错，而且只是你的错。

因为你将保证自己对结果负责，所以你的团队成员可以毫无顾忌地去做你要求他们做的事情，这样你会更有效地领导和激励团队。但这并不意味着团队成员不会搞砸，也不意味着团队成员不会在你的计划中乱搞一气，甚至是完全违规。但当这种情况发生时，这的确意味着，*这仍然是你的错误、你的责任*。

这是你的错，因为你本可以*更好地训练那个队员*。这是你的错，因为你本可以*确保团队成员更好地理解和熟知这个计划*。这是你的错，因为如果你做了上述所有这些事情并且你知道那个团队成员仍然没有正确做事，那你就应该将他正式踢出团队，并将他从团队中除名。

记住，作为一个团队的领导者，你最重要的工作就是让尽可能多的人在你身边取得成功。

你不仅要为自己的错误负责，还要为团队中其他人所犯的错误负责。

当有错误发生时，一个优秀的领导者要承担起责任，但是当成功的时候，他要把所有的功劳都归于团队成员。

相信自己的团队，合理授权

即使是最好的领导，只依靠自己也只能做一点点事情。

一些领导者认识到他们对团队负有最终的责任，所以他们的反应就是事必躬亲。他们认为如果他们要对此负责，他们就需要确保正确完成，而唯一的方法就是自己去做。这种态度造就了一支完全依赖于领导者而无法独立运作的团队。

“我们该如何解决这个问题？”“我不知道，我们得问问 James。”“嗯，James 出去吃午饭了。”“好吧，在他回来之前，我们什么都做不了。”

错了，全错了！你不应期望这种事情发生在你的团队中，所以你需要确保你对自己的团队足够信任，你要给他们委派任务和责任，尽管你仍然对此要付完全的责任。

“但是我怎么能相信他们会把事情做对呢？”你永远不会 100%确定，但是你可以做一些事情来减少混乱的情况。

第一件事是让你交代的任务和意图尽可能清晰和简洁。只要你的团队成员知道你最终想要让他们去完成什么，以及什么才是最重要的（也就是大家整体的愿景），他们就可以自行决定如何去实现这些目标。理想状态就是告诉团队成员目标是什么，而不需要告诉他们如何去做，也不必让他们去执行你的每一个细微决策。

你也可以明确制定一个操作规程，任何人都可以遵守规程来完成某些类型的任务。流程图或检查表在这里都能起到非常好的作用。

目前，在我的 Simple Programmer 中，一些原本我认为只有我才能做的工作是由我的团队成员完成的。我决定，我开始记录我过去完成这项任务的流程，我必须要做出哪些决定，以及做出这些决定的原因。很快，我制定了一份流程文档，任何人都可以拿起来操作执行这个流程。现在，我们内部甚至还有一个包含所有流程的“wiki”，这让授权非常容易。

千万别忘了培训。

当你第一次要求某人完成某项任务时，即使有一份过程文件可以参考，还是有可能产生问题的。这也没什么关系。等他把工作做完，告诉他们为什么犯错、如何改正错误，然后让他们纠正错误。这是最好的训练方法。

如果你的团队团结一致、对任务的理解非常到位，有制定好的可遵循的流程并且训练有素，那么你就应该相信他们会完成任务，甚至是那些你曾经以为只有你自己才能完成的任务。

要成为一个高效能的领导者，你必须能够授权。当你成长起来带领的团队越来越大的时候，这个事实变得愈加重要。你必须要训练和培养能够领导自己团队的领导者，你必须给予他们极大的信任。

不过，有一句话要牢记：*委派与放弃是有区别的*。委派一项任务或职责意味着把它交给其他人去做，但最终还是由你对它负全责；放弃意味着把它扔到墙上，然后说“你来处理它”。

确保当你授权任务时，你仍然拥有控制权去检查它们的结果。不要只是假设任务会被正确地完成，然后思考，“这不是我的错，我指派 Bob 去做的。”

领导力不是这样的。

身先士卒

正如你所见，领导力并非易事。想成为一名领导者，你必须做出一些牺牲。你必须要背负起更多的期望。但是，当你得知你能够激励别人成为最好的自己时，这就是一种奖励和满足感。

并不是每个人都能够成为领导者，但如果你真的承担起这份责任、这份荣誉，衷心希望本章的内容能让你做得更优秀一些。

第46章

前程似锦：如何获得提拔与晋升

“嗨，John，你还没写这一章吗？”“是的，我记得你写了一章告诉我如何在绩效评估过程中取得优异成绩，那我不是应该可以获得加薪或者升职吗？”“如果我在绩效过程中表现出色，我会被升职加薪吗？”

你问了很多问题。别急，冷静点儿，我会告诉你的。

你看，*许多软件开发者错误地认为，只要他们能够在绩效评估过程中获得好的评价，就会加薪或晋升*。虽然有时是这样，但通常并非如此。很多时候，我听到程序员告诉我，他们是如何获得最高分而在申请加薪或晋升时却被告知“只是没有在预算中”的。或者更糟的是——也许不是更糟，而是更让人感到耻辱的是——他们给你的涨薪幅度只有可怜的几个百分点，甚至都无法跟上通货膨胀的步伐。

是的，在绩效评估中表现优异很重要，但是仅仅在评估中表现优异还是不够的，不会给你带来你想要的大幅加薪或升职。如果你真的想赚大钱的话，你必须更有战略意识，更仔细地谋划此事。

这就是本章的内容，怎么赚大钱。也许不是为了赚大钱，而是为了得到一大笔加薪或者升职，足以让你感到自豪。

在开始本章的时候，我应该提醒你，在怎样谈判薪水与怎样得到加薪之间有很多相似之处，所以你肯定想要你的那份“软件开发者的谈判清单”（参见第15章）的副本就在手边，以便于参考。

总是选择职责而不是薪酬

在讨论如何获得加薪或升职之前，让我们先谈谈你是应该选择加薪还是应该选择升职。更多的钱和更高的头衔哪个更好？更多的钞票还是更多的职责？

答案似乎显而易见，对吧？我要拿现金，给我钱！但是，不要这么做。这其实是错误的答案。

情况应该是下面这样的。

我只看过两集《纸牌屋》，但我记得主角——我相信他是凯文·斯派西（Kevin Spacey）扮演的角色——说了些非常中肯的话："这真是浪费天分！他选择的居然是金钱而不是权力。在这个镇上，几乎每个人都犯了这个错误。金钱是建在萨拉索塔的华而不实的伪豪宅[①]，10 年后就会分崩离析，而权力则是一座古老隽永的石头建筑，几个世纪屹立不倒。"

职责也是一样的。职责就是权力，不管是出于哪一种意图或者目的。真相是：只要你追逐职责，金钱就会随之而来。你总是可以用职责（权力）来换钱。

想想看：你是愿意在财富 500 强的公司找到一份工作，在那里你能得到 CEO 的薪水，还是愿意得到 CEO 级别的实际头衔，却拿着看门人的薪水呢？

从短期看，拿到这笔钱是有意义的，但当你失去那份工作后会发生什么呢？你可以试着告诉你申请的下一家公司，你的上一份工作年薪是 30 万美元，他们会嘲笑你。但是，如果你曾经是财富 500 强公司的 CEO，想象一下在以后你会怎样把这个头衔换成钱。

问题是，当你在追求某件事时，你需要追逐权力的位置，这大致意味着你需要承担更多的职责。抓住每一个机会，让你可以承担一些事情，即使这是一份糟糕的工作。但这无关紧要。

你要是想通过获得越来越多的职责来成长和扩展你的领地，就找一些还没有人探索过的沼泽地，没有人想去碰它，你把它拿走，别怕它会弄脏你的手，然后在那里建造出一个主题公园——华特·迪士尼就是这么做的。

找出那些没人愿意染指的领域，那些没人愿意触碰的项目，接管它们。然后，让它们变成你的高光时刻。

我向你保证，如果你能持续得到晋升，并在任何组织中加大你的职责，最后加薪的事将不在话下。

---

① 此处原文为"McMansion in Sarasota"。Sarasota（萨拉索塔）是美国佛罗里达州西南海岸的一座城市。该地区以海滩、度假村而闻名。McMansion 是一个贬义词，指的是在郊区社区批量建成的大型住宅，用低质量的材料和工艺建造，使用大量的建筑符号来唤起对财富或品位的感知。McMansion 是一系列与麦当劳（McDonald）有关的词语的一个例子，它将这些质量低劣的豪华住宅与大规模生产的快餐联系起来。（以上摘编自维基百科）——译者注

采取主动

有些人似乎认为“付出你应付的代价”意味着你每天按时上下班，完成自己的工作，过一段时间，就会有一位“仙子”用“魔杖”打在你的头上，你的努力会突然得到回报。不是这样的，真不是这样的。

如果你想加薪，如果你想升职，你就必须做更多的事情，远远超过人们对你的要求。你必须要走出去，主动让事情发生，而不是等待事情发生在你身上。这就叫作采取主动。

让餐厅里的其他人耐心地等着番茄酱从瓶子里流出来吧，我要把一根吸管放进瓶子里然后把番茄酱从里面吸出来。

关键是，升职或加薪不会因为你应该得到它而自动发生在你身上。你得走出去，变得积极进取。你必须告诉你的老板你想得到加薪或晋升。你必须采取积极的措施去得到你想要的。你必须自己创造机会。本章的其余部分将重点介绍如何做到这一点。

你不能只是坐在办公桌前做你的工作，甚至做一份好的工作，而是要做得更多，越来越多。

投资对自己的教育

你能做的第一件事就是投资对自己的教育。

你最后一次读书是什么时候？我想如果你在本书中看了这么多，那你可能就是这个领域的佼佼者之一，或者我是一个非常优秀而又有趣的作家，你只是迫不及待地想看看我接下来要说什么。

提示：这是第二件你能做的事情。坦诚地讲，你要买更多的书并阅读它们。每天都要去阅读某类技术书。以前我每天多花 30 分钟读技术书。我把这 30 分钟时间称为“跑步机时间”，因为我一边在跑步机上行走一边读书。

只是读书还远远不够，还要聆听在线课程，并且真正完成它们。走出去参加研讨会或者行业会议，以及现场培训课程。回到学校完成你的学位课程，或者再去获得一个学位。雇一位私人职业教练来指导自己。不要犹豫，花这些钱是为了赚更多的钱。

我在前面说过，你应该把 10%的收入再投资到个人发展中去。我不确定我是否精确地投了 10%，但是这些年来我在我的个人发展上投入了数万美元。

这不仅会使你更有价值和更富有成效，而且显著提高你的受教育水平，让你可以在提出“提拔我”的要求时更有底气。（听起来不对。我不确定我是否该用“提拔我”这个词，但我会继续使用这个词汇。）

不管怎样，我想你已经明白我的意思了。如果你的老板问你凭什么可以获得加薪或升职，你会说："好吧，你雇我的时候我初中毕业，但现在我已经拥有博士学位了。"此时辩称你不值得被给付更高的薪酬也不应该得到晋升就非常困难。

把自己的目标公之于众

我过去经常采用的是所谓的秘密交流方式。秘密交流是我的基本策略。假设我想让你为我做点什么，我不会对你说："嘿，你那儿的奇巧长条巧克力可真不错，我也很想来一条。你能给我扯一条让我尝尝吗？"相反，我会做的是：我会"哼"一下。然后，我会饱含深情地叹口气，瞪大眼睛看着你。如果你还没收到我的信息，我会再哼一遍。

猜猜这个秘密沟通策略的效果如何？几乎没有效果。这只会惹恼别人。通常，别人也会知道我想要那美味的奇巧长条巧克力，但他们往往无视这一切，只是为了报复我。

想要什么，就直截了当地说出来。

当我卖给你这本书的时候，我并没有拐弯抹角，试图暗示你应该买我的书。我说："这本书真是棒极了！现在就买吧！真的太棒了！"如果你想让你的老板给你加薪或升职，那就直截了当地提出要求。直接告诉他："我已经在这待了一段时间了，我想要加薪！给我加薪吧。"虽然不必讲得这么直白，但是需要直截了当地告诉你的老板，你想加薪、升职，这是你的目标。

你应该在绩效评估之前就这么做，记住：在绩效评估之前。不是在绩效评估期间，也不是在绩效评估之后。

*我向你保证，加薪或晋升的决定大多是在你坐下来接受正式的绩效评估之前就已经决定好的。*事实上，在很多情况下，整个考核过程都是做做样子，目的是为那些已被安排要升职或晋升的人士提供加薪或晋升的机会。

你不能马上要求加薪或晋升。事实上，别这么做。相反，埋下伏笔，告诉你的老板这就是你的目标。告诉他你打算怎么做以便于达成这一目标。向他询问，为此你还需要做些什么；或者，下一次绩效评估时为了让你达到这个目标，他建议你去做些什么。如果他说"这是不可能的"，你可以回答："如果有一点点可能，哪怕只有很小的机会，当然这需要付出巨大的努力，那么我需要做些什么？"

如果你能让他回答这个问题，并且你可以完成他让你完成的任何艰巨任务，那你就会得到加薪。

向 John 提问：如果他们告诉我，我确实应该得到加薪，他们也会给我加薪，但这不在预算中，或者公司现在有财务问题，甚至要裁员，这时我该怎么办？如果公司刚刚裁员，我仍然要求加薪吗？

我将从最后一个问题开始，因为这是最容易的。

是的，你仍然要求加薪！如果公司刚刚裁员，这意味着他们比裁员前有更多的钱可以花出去。

这似乎有点儿违反直觉，但事情就是这样的；如果我们感知到一些东西是有价值的，那我们会做任何事情来获得或保留它。

你的老板可能会说你应该加薪，但是公司现在没有预算，公司有财务问题，我们应该不要互相攀比，等等。其实，他真正要说的是，你的价值还没有高到需要公司做一些事情来留住你、让你快快乐乐地干活。

老实说，大多数时候“没有预算”都是胡说八道。公司总是财政拮据，预算中从来没有足够的资金……不要相信这些废话。你只需要意识到这其实是一个明确的信息：你没有表现出足够的价值，以便于让你的老板或者你的公司去克服任何必要的来自财政、政治或者其他方面的障碍以防止你离开。

我这么说吧：你喜欢自己的孩子，对吧？如果有人绑架了你的孩子，索要一万美元来的赎金，你会说“哦，对不起，但是现在这一万美元并不在我的预算范围之内”吗？或者，你会说“伙计，我会付钱的，但是现在我经济拮据”吗？

你不会这么做的，你会卖了你的车、打电话给你的朋友亲戚、抵押你的房子……想尽一切办法拿到现金。

让自己在公司之外更有价值

要想提高你在公司内部的价值，最好的方法之一就是在公司之外增加自己的价值。

要想让你在现在的位置上，在目前公司内部提升你的品牌效应、扩大你的知名度，你能做的实际上并不多。事实上，改变第一印象、在公司内部成长往往是很困难的。这有点儿像你的家人怎么看待你，不管你多大年纪，反正在家人眼里你永远都是自己 11 岁的样子。

解决的办法是走出去推销自己：*打造自己的个人品牌*。

你想创造一些来自外部的压力，让你的雇主意识到你的价值，因为在公司以外的其他人眼里你是价值连城的。当你的老板听到你的播客时，看到你已经出版了一本书，或者听到别人在谈论你写的文章时，你的价值就提升了。你终于不是那个又萌又蠢的 11 岁孩子了。

在本书的下一篇中，我们将讨论如何从公司外部提升你的价值以及如何推销自己的细节。事实上，我发现了推销自己非常重要，所以我建立了一个完整的课程，叫作“软件开发者如何自我营销”（How to Market Yourself as a Software Developer）。

一般来说，你想做一些事情扩大自己的声望，使你名扬整个软件开发行业，特别是在你的特定专长领域内。

如果你公司以外的人认为你很有价值，那么你公司内部的人也会认为你很有价值，这样你获得加薪或者晋升的机会就会容易得多。

成为资产

如果你能向我证明你能给我赚来的钱比我给你发的薪水多，那我会当场雇用你。大多数聪明的雇主都会这么做的，这是常识。

然而，许多软件开发者忘记了，他们获得薪水的主要原因并不是因为他们聪明，也不是因为他们有技能，而是因为他们能让雇主赚钱，给雇主带来钞票！

你得让公司赚钱。如果你想得到更多的钱，公式很简单：让公司赚更多的钱。作为一名员工，很容易与商业社会脱节，很容易与你公司的经济状况脱节，忘记了你要对公司有所贡献是终极的底线。

想办法为公司增加收入。试着弄清楚你正在做的事情会如何直接影响你的公司的收入。然后试着找出你怎样才能升高底线，也就是你对公司的贡献。如果你已经明白了要让公司能赚更多的钱，那你能做些什么呢？

我认识一些软件开发者，他们可以为他们的雇主开发出全新品牌的产品。他们完成这些工作不但能让自己获得加薪，还能从新产品中提取版税。

这里，你得跳出框框来思考问题。你得像企业家或者商人一样思考。你可以在你为之工作的公司里做一名内部企业家。这样，当你要求加薪的时候，你能讲出来的最好的理由就是你在给公司赚更多的钱。

向 John 提问：我如何才能为公司省钱呢？这跟为公司赚钱也有同样的价值吧？

不，不是这样的。造成这种局面的原因主要有两点：一是很难证明你为公司省钱了，二是省钱不像赚钱那么显而易见。

你怎样才能证明你在为公司省钱呢？在大多数情况下，这是相当困难的。要展示你是如何为公司赚钱的就容易得多，因为这是一件不那么主观的事情。

这么想吧，你认识多少位战争英雄？你又认识几位以制止了战争威胁或者预防了巨大灾难而闻名的人呢？外科医生拯救生命，而投身于预防医学的医生呢？我相信投身于预防医学的医生可能比大多数外科医生拯救了更多的生命，只是因为很难证明这一点，所以他们并没有荣耀的光环。

因此，除非你有一些非常有说服力的证据来证明你是如何为公司省钱的，例如，你把公司的某些流程自动化了，而那些流程过去每年要花费公司 100 万美元，而现在却可以分文不花。反之，向你的老板展示你是如何为公司赚到大把现金的会更好。

此外，如果可以的话，可以考虑通过“概念重组”的方式把“节省成本”转换为“赚取收入”。如果我是一个办理抵押贷款的人，我不会说：“你每月要增加 200 美元的抵押贷款。”我会说：“我们每个月都会在你口袋里放 200 美元。”

展示你是如何提高了自己对公司的贡献以及公司从你的工作中如何获益，你就会拥有翔实可靠的论据。

这么想吧。如果我是你的老板，你走进我的办公室，你向我展示了一系列令人信服的证据，表明你每年为公司赚取 100 万美元的收入，你认为我会拒绝你 1 万美元的加薪请求吗？也许吧，但可能性要小得多。

询问具体数字

还有一件事情要注意：如果你要求加薪，那就要提一个具体的数字。**确切地提出你想要的加薪数额**。当你只是笼统地提出你想要的是“更多”的时候，想要协商以得到你想要的东西，就会变得很困难。“更多”听起来很贪婪。“更多”缺乏确切的定义。

你对“更多”的定义与我的不同。当我妻子询问我要不要再来点 Toll House 的馅饼时，她对“再来点”的定义是再来一小片。而我说“再来点”我指的是整个馅饼的剩余部分我都要，还要加点奶油放在上面，边上放些冰淇淋。

在你走进老板的办公室要求加薪之前，你要确切知道你想要的加薪的数额是多少。提前做好你的作业，计算出那个确切数字。然后，做好更多的家庭作业，做好推理和计算，给自己找好证据来支持为什么你要的数字是合理合情的。

当你提出具体的加薪数额，并且可以提供相关的支持这一数额的证据时，你才更有可能获得你要求的加薪。

不要制造威胁

为了获得加薪或晋升所能采取的最坏方法之一就是威胁你要离开。

有时候，如果你是某个项目的关键人物，公司现在不能失去你，他们会让步以满足你的要求，但你的胜利可能只是暂时性的。为什么是暂时性的？让我们来考虑一下这个场景。假设你来到我的办公室，告诉我如果你没有得到加薪，你将如何去做另一份会给你更高薪酬的工作，我一定有如鲠在喉的感觉，因为我不想让你当场辞职，因为我没有找好你的替代者，而你正是要保证项目按时完成的关键资源。但是，我有点儿恼火，不止一点点。

你把我至于困境。你没有告诉我，你应该得到加薪是因为你比以前更有价值，或者基于其他一些有说服力的证据；相反，你是钻了我身处困局的空子，如果我不得不把这个项目的一个关键成员替换掉，项目就会延期。因此，我意识到我没有太多的选择，所以我会勉强同意你的要求，因为我别无他法。

但你猜我会再做些什么？*我立刻就会着手寻找可以替代你的人。我不能让我的团队中有我不能信任的人存在。*当我在前线浴血奋战的时候，我希望有人保护好我的后背。我不希望我被自己人开枪伤害。这可一点儿都不酷。在我看来，你已经把自己从“资产”变成了“负债”。你现在就是团队的负债，而且还是高昂的债务。当你要求加薪或升职时，直接要求，不要制造威胁，不要说你要离开。

如果你像我们所说的让自己在公司之外很有价值，你的老板会知道拒绝你的请求很可能会导致你去别处看看。但是，做出明智的商业决策然后谨慎得出自己的结论，与遭受最后通牒的威胁有很大的不同。没有人喜欢最后通牒。

不要谈论你为什么需要钱

我知道这看起来是很难以置信的事情，但是没有人在乎你的悲情故事，在乎你有多可怜。真的，没人在乎。他们可能会假装关心，出于同情扔给你一根骨头，但在这一切之外，他们更关心他们自己、更关心他们自己的问题。

*你不太可能由于出于怜悯而得到提升。*在所有能够获得加薪或升职的理由中，怜悯也许排在最后。我会给你加薪，是因为你做的是一件棘手的工作，你在给我赚钱，但我不会因为你的邻居刚刚买了一辆新车，而你意识到你的车子又老又旧，而且你已经债台高筑勉强度日，你需要更多的钱而给你加薪。

然而，相当多软件开发者在要求加薪而被问及原因时，他们都会说自己有一个新生婴儿、他们买了一幢房子或其他一些东西，这些事情，除了他们自己，世界上没人关心。

不要那样做。要从商业角度给出加薪的理由。谈论你为什么应该得到钱，而不是你为什么需要钱。（确保你真的能得到这笔钱。）

如果一切都失败了就去别处

因此，你把本章的每件事都做了。你让自己变得更有价值，你投资对自己的教育，从商业的角度为你为什么可以获得加薪或晋升而准备好充足的理由，你甚至在没有主动要求的情况下也承担了大量的职责。但是，当你要求加薪或晋升时，你的老板只会说“不”。没关系。至少你试过了。

老实说，能获得加薪或升职的最好方法通常是去别的地方。这是事实。

在我的职业生涯中，战略性跳槽比我只待在一个地方更能发展自己的事业。我不是说你应该成为软件开发圈的流浪汉或者候鸟，但你可能有强烈的意愿每隔两三年考虑一下是否需要换到另一家可以得到更高的薪水、更高的头衔和更多的成长机会的公司。

从外部空降到一家公司获得晋升，比从公司内部成长起来更容易。

事实上，我确实曾经离开过一家公司去别的地方工作，然后又以高出许多的职位回到原来的公司。我从软件开发者发给我的电子邮件中可以看出，这么做的人不止我一个。

每天和你一起工作的人很难看到你的成长，看到你如何提升了你的技能和能力。因此，这是一个简单的事实，如果你想得到你所需要的报酬，你可能不得不去另外一个人们对你没有先入为主的观念的地方。

因此，如果你已经尝试过其他每一件事情仍然无法获得加薪或晋升，那可能就是换个地方的时候了。

第47章

巾帼英雄：科技女性

当你看到本章的标题时，你可能立刻发出一声惊叹。我现在也是这么想的。当我最初为本书写大纲时，本来没打算写“科技女性”这么一章的。但是，在接受了.NET Rocks的播客采访后，我收到了一条推帖说：“喜欢你的播客。@jsonmez，你应该在你的新书中加入‘科技女性’一章。”请注意：这条推帖是一位女士发的。

我心里想：“如果写下这么一章，那么我到底会失去什么？”然后我想象着一群愤怒的“暴徒”举着干草叉追着我，但因为我是一个热爱真理、喜欢不顾危险帮助他人而且还有点儿愚蠢的人，所以我还是决定把本章写出来。

本章的目标非常简单。

老实说，我想谈谈科技领域中的女性，她们是如何被看待的，围绕她们的根深蒂固的陈规成见和污名都有哪些，以及为什么我真的认为这么多男人做了非常愚蠢的事情。

通过相互理解并真诚看待这些事情，我们才能开始跨越它们，因为除非你真诚地看待这些现象，否则你就无法改变现实，因为它会带来痛苦，有时在政治上也是不正确的。

我还想就如何处理科技领域中的女性这一话题，以一种对两性都有利的方式，向女性和男性提供一些真正实用的建议。

现在，你可能会问，是什么促使我“有资格”就这个问题发声。你也可能错误地认为，就因为我是一个男人，我甚至都没有权利对科技领域中的女性发表见解。

答案是，就这个问题，我不需要“有资格”，我可以基于个人的观察，以及我既往指导男性和女性软件开发者的经验来提出我自己的见解。而且，就像本书的其他部分一样，这些都只是我的观点——这本书全部内容都只是我自己的观点。

我看不出我对这件事的看法和我对如何谈判薪酬、如何与测试人员相处以及学习哪种编程语言的看法有多大的差别。如果你想要一本关于史实的书，你应该拿起一本历史书或者传记。

现在就让我们深入探讨科技领域中的女性这个迷人的话题吧。

陈规成见和污名

到目前为止，我在本书中已经好几次谈到过陈规成见，这是因为我真的认为我们需要对现存的陈规成见保持坦诚的态度，如果我们想要克服它们，甚或是要绕过它们，我们就得承认所有人都有一些成见。

科技领域中的女性就是陈规成见的受害者。许多男性，甚至包括一些女性，经常认为女性程序员的技术能力不如男性。科技领域中的女性也被认为不会像男人那样充满热情、乐于奉献，也可能被认为是一个古怪的、不那么女性化的怪人，或者和男人们混在一起扮演着塞尔达（Zelda）[①]的角色。

女性通常被认为是优秀的测试人员，但却不会被认真地看作可以担当软件开发者的角色。

当然，所有这些刻板的陈规成见都不是普遍正确的，但重要的是要看到它们的存在，无论你是一位科技领域中的女性（因为你需要知道你可能面临的是什么），还是一位男性（你得意识到自己亦可能抱有这种成见，而它们可能是不正确的）。（我可以写一整篇关于强制多样性如何加大和强化这些负面的陈规成见的文章，但本章的目标是你可以采取的务实行动，而不是政治上的建议。）

关键是，有一些科技领域中的女性确实符合这些陈规成见的描述，但这并不意味着所有科技女性都是这样的，甚至大多数科技女性都不是这样的。

有很多技术上很有能力的女性软件开发者，她们对编程和技术的热情不亚于任何一位男性，而且在本质上一点儿也不像"男子汉"。

男人为什么骚扰女人

我们已经领教了我认知到的有关女性在科技界面临的最常见的陈规成见，但让我们谈谈女性所要承担的一些社会性的污名，或者，为什么男人会骚扰女性。而且这一切还正在发生着。

我知道很多科技女性很真诚且为人低调，我也知道男人真的会给她们发不恰当的照

① 塞尔达公主是任天堂公司经典游戏《塞尔达传说》系列多数作品中的女主角，也被评论为最孱弱的女主角之一，总是等待游戏中的男主角林克来拯救。（以上摘编自百度百科）——译者注

片，在公开场合对她们实施性骚扰。

但是，在我解释为什么有些人会做出这种非常可怕的行为之前，我想说的是，并不是所有的人都会这么做，极少数人的恶劣行为才使得环境看起来比实际情况更糟糕。

总体来说，从我的经验来看，大多数科技行业的男性都会支持、欢迎甚至保护科技领域中的女性，尽管这种保护可能会被过度利用，并且导致一些问题。

这么说吧，让我们深入地研究一下男性心理学。我虽然不是心理学家，但我已经花了足够时间来阅读来自观看我的 YouTube 频道的男性的电子邮件并且给予他们指导。而且，作为一个男人，我非常了解男性心理学，尤其是当我们谈到女人的时候。

先回到陈规成见上来，许多男性软件开发者从根本上讲都是书呆子。他们在学校里经常被捉弄、被欺凌，在社交方面笨手笨脚，总是让周围的女孩子们感到震惊，而且还经常被女孩子们拒绝。

对许多男性软件开发者来说，这些因素促使他们越来越深地进入技术领域，这既是一种逃避，也是一种向社会证明自己价值的方法。这些男性对酷男、体育生等他们一直向往的但却无法拥有的形象怀有深深的怨恨，对那些他们想要但不可能拥有的常常拒绝他们的女孩子更是如此。

在主要由男性组成的编程世界里，在他们认为安全享受的技术环境里，在基于他们的智力和能力而成就的“男性至上”的技术环境里，突然之间走进来一位女性，特别还是一位漂亮的女士，这时会发生什么呢？突然之间，他们又回到了高中时代。突然之间，他们的“男性至上”地位受到了挑战，因为规则改变了。他们不能仅仅基于智力上的优势而“假装”是“高高在上的男性”。现在，有位女性闯进了房间里，情况发生了变化。

他们的脸上立刻写上了“拒绝”二字。事实上，他们的一生都在拒绝这一切。他们对此有何反应？他们会怎样回应？他们暗地里憎恨。他们怒火中烧，他们嫉妒不已。这个女人代表了他们想要但不可能拥有的一切，代表了他们所面对过的所有欺凌与伤害，以及他们所经历过的所有折磨。

那么，他们会做些什么呢？

在公共场合，他们微笑并弯腰对她友好，试图赢得她的喜爱和认可，因为这代表着过去总是被拒绝的终于得到了接受与认可。但是，这当然行不通，因为那种绝望的、无助的行为并不能够吸引人，永远得不到任何人的认可。因此，出于沮丧，私下里他们写好了那封讨厌的匿名电子邮件。他们发出威胁。他们发送不适当的照片。他们以任何可能的方式攻击女性，把怒火发泄在错误的目标上。

关于这个主题我可以继续写上整整一卷，但我认为你已经明白我的意思了。我不是为这种行为辩解，也不是以任何方式给它找借口，我只是想帮助你理解这种行为，因为这种行为总是被误解了。

给女性的忠告

在本章的下一节中，我将分别针对男性和女性展开讨论。

首先，根据我的经验，我要给女性一些忠告。记住，*我自己的观点是有局限的，因为我并非一位科技领域的女性*，我是个男人，但我会尽力而为。

还有一句警告。记住，我是从“你可以做什么”这样一个务实的角度来看待这个问题的，而不是从“社会有什么问题”或者“我们需要如何解决”的角度。

这个建议是针对你如何以最好的方式处理和驾驭本真的技术领域给出的，而不是你、我或者其他人向往的技术领域。这有很大的不同。

不要去自寻被冒犯的理由

“不，我不是受害者”。我真的很鄙视这句话，因为这是一个很好的标签，只要给人贴上这个标签，你就不需要倾听他们的想法，你就可以谈论他们。*但我又认为这个说法很实用，不仅对女性很实用，而且对软件开发领域的任何人都可以用这个说法让自己不必太在意*。

相信我，如果你四处寻找被冒犯的理由，你会发现一堆。如果你去寻找它，就一定找得到。很多人都会说些不恰当的话。他们会做出一些让人感到冒犯的评论，也会开一些有冒犯性的玩笑。他们会做一些愚蠢的、幼稚的事情，你应该忽略这些，因为“这不值得去战斗”，老实说，这并不是什么大事，而且你也不希望让别人走在你周围的时候都要蹑手蹑脚、小心翼翼。

就像我说的，有很多原因让你感到可能被冒犯了，而且你也可以很容易地找出这些理由。但我个人建议把列入清单的事项保持在最低限度。*让事情越少影响你，那么能影响你的事情也就越来越少，这会使你的生活压力大大降低*。

有些科技女性已经让她们的使命变成了去寻找和痛斥她们认为不适当或者无礼的行为，经常让人感到尴尬，无端挑起麻烦，无法真正推动她们的事业。

我不是说我们不需要社会活动家，不需要改革，但我们需要以正确的方式来处理真正的问题，不要总是对每一个无伤大雅的玩笑感到大惊小怪。

不过，话又说回来……

不要忽视真正的问题

有时候，对那些非常不合适的行为视而不见、忍气吞声也是不对的。

曾经，我自己也是个告密者，当我看到一位女士在我工作的氛围里被上司公然性骚扰的时候。这不是一件容易的事情，也无助于我的事业发展，但我还是向人力资源部举报了这个人，并且确保骚扰停止。如果你看到或者经历了一些你知道是不对的或者不能接受的事情，我建议你也这样做。

在上一节里，我只是说对那些无伤大雅的或者是无意识的轻微冒犯行为可以采取容忍的态度。但是，*如果有人明目张胆地故意骚扰、歧视、触摸你，或者对你或其他人做出非常不恰当的冒犯行为，那就不能忽视它*。找人举报他的行为，或者和他当面对质。

我知道，对这种完全不恰当的行为采取行动的困难之一就是，这可能会对你的职业生涯产生负面影响，甚至会使问题变得更糟。这就是我建议，从务实的角度，忽略那些无伤大雅的轻微冒犯行为的原因——这就是所谓的“不值得去战斗”。

你必须为你自己确定一条底线，当有人僭越它时，你可以选择成为受害者，也可以选择让自己坚决不做受害者。有时候，这是个艰难的选择。有时候，不让别人伤害你会带来真正的不良后果。但有时候还要做。要由你自己来决定那条底线在哪里。

别想成为男人中的一员

身为一名软件开发者，或者投身于其他技术领域，这都没有错误，但是仍然需要保有自己的女性角色。

“我是一个百分之一百的、从不道歉的、喜欢购物、喜欢鞋子的女人。” 别误会我，你仍然可以做一个不喜欢任何一件事的女人，我想说的是，作为一位科技女性，你不必把自己也装扮成一个男人。你仍然可以做一名百分之百的女性，不仅是“可以”，而且是“必须”。我知道这很容易被误解，但我的意思是用最美好、最真诚的方式。

我的意思是，试图通过成为男人中的一员来“融入团队”是一种糟糕的策略，这对团队和工作氛围都不利。*这么做的问题在于，你在改变自己去适应别人的时候失去了你自己。*

你作为一个科技女性的身份是很有价值的。你的观点，你对男性环境的软化，你看待世界的方式，以及你不同寻常的与世界互动的方式，都是有价值的。试图把自己融入男性、成为男性中的一员，你的大部分价值就失去了，并且这会强化一些你可能会不喜欢的行为。

也许我有点儿太过迂腐了，但我觉得男人不应该像对待男人一样对待女人。我认为一旦男人开始像对待男人一样对待女人，他们就会开始丧失对她们的尊重。而且，我认为，一旦我们开始丧失对别人尊重，我们就会做出一些非常糟糕的动作。

如果你表现得像个男人，你可能会像男人一样被对待，这可能不是你喜欢的样子。你也会牺牲很多你的本质属性，这也可能不是你喜欢的。而且，坦诚地讲，你永远也不会被当作一个男人而被接受，因为你根本就不是男人。老实说，你会感受到那份被拒绝的感受，而且很可能因此而受伤。

因此，别这么做。做个女人，做你自己。

是的，你会有自己的一系列问题需要处理，通过假装自己是男人中的一员在某种程度上可以让问题得到些许缓解，但从长远来看，发掘出如何做到百分之百真实地面对自己、直面自己在科技领域内的工作，这是更好的选择，不要轻易迷失自我。

利用的性别优势

相比男性，女性具有一定的优势，尤其是在男性主导的环境中（如技术领域），女性应该利用这些优势。

别误会，我不是说你应该“不劳而获”，我实在是找不到更好的术语来形容了。我的意思是，在所有其他条件都相等的情况下，我宁愿雇用一个有魅力的女人在我的团队里工作，也不要一个胡子拉碴、汗流满面、三天不洗澡的男人。

整个这一节可以简单地用一句话来概括：“如果你拥有它，那就好好利用它吧。”这就是我要说的。“它”不仅仅是外表，还有女人的魅力和口才。

一位温柔委婉又有点儿开放的女性拥有足够强大的力量去征服几乎任何一个男人。看看“埃及艳后”克利奥·帕特拉对马克·安东尼或者约瑟芬对拿破仑的控制。历史上到处都是女性神秘感的可怕力量的例子。

再说一遍，我不是说要操纵和欺骗，我只是说利用你所拥有的优势是没有错的。在科技工作氛围里，你有很多缺点，所以在公平竞争环境方面你应该不会有问题。

向 John 提问：你能不能详细说明什么是合适的“炫耀”与“利用”，什么又是不合适的？我不想被炒鱿鱼。另外，在工作场所，难道不是有其他男人就是因为女人在工作场合发挥先天优势而获得不公平的优势而憎恨女人吗？如果我不想这么做呢？我为什么一定要利用性别优势呢？

很公平地说，我自己把问题搞复杂化了，不是吗？

首先，不要做任何让你感到不舒服的事情。别觉得你要做任何事。我在这里只是说，如果你知道如何做到收放自如，没有理由不这样做，但是如果你不知道又想知道该怎么去做，我也不反对。只是不要走得太远。别做那种“矫揉造作的女孩”。不要让你看起来像是在寻求关注、寻求承认，除非你想被人们那么看待。

我是想试着告诉你，想要“炫耀”没什么不合适，至于什么不是“炫耀”那就有些主观了，对一个女人奏效的东西可能对另一个女人丝毫不起作用。你必须运用你的女性直觉。

至于那些讨厌女人的男人，他们之所以讨厌女人是因为她们“在工作场做了这些事情”。我不会担心他们，因为不管你做什么他们都会恨你的，他们就是这样。不要只是为了适应这些人而改变你的行为，但同时，正如我在本章前面所说的，也不要做任何会被认为是“不劳而获”的事情。你自己的优点和能力应该是你立足于工作场所的首要价值，你的女性优势只是锦上添花而已。

就像我说的，即使这一切让你感到不舒服，或者你只是公开表达不同意的态度，也无论如何都不要这么做。

这完全是你的选择。

谈判

说到公平的竞争环境，*男性在工作场所表现最好的领域之一就是谈判*。我丝毫没有贬低的意思，我只是试图揭露真相，这样我们才能从中吸取教训。

我不确定男女之间的薪酬差异是否已然成为一个普遍的问题，或者是否在很大程度上可以归因于这样一个事实，即男性比女性更有可能选择谈判且更卖力地去谈判。

如果你因为把这么多研究成果摆在你面前时你还是无法相信我说的是事实，所以仍然难以理解最后一句话，那就让我来提醒你从实用主义角度出发看待这个问题。

你能对女性在工作场所是否受到不公平的歧视（如薪酬方面的不公平）发挥影响力吗？你做不到。我的意思是，如果你能发动百万女性上街游行，如果你自己有一个大型就业平台和一大笔钱提供给女性，那你可以对这种不公平产生积极改变，但就所有的实际目的而言，你改变不了什么。但是，你能为你个人的薪水做点什么吗？是的，你可以。

那么，让我们谈谈这个。（此处应该还有旁白——从纯粹务实的角度看，如果每位女性都能做些什么来提高她本人的工资待遇，猜猜看在更大的范围内会发生什么？没错，有关工资歧视的问题就解决了。）

前面我铺垫的这一切都是为了引申出已经在本节标题中出现的内容——可以就哪些主题展开谈判，以及学习如何更好地谈判。

我所知道的关于如何谈判的最好的书是《掌控谈话》（*Never Split Difference*）[1]。读一下这本书，再读一下我在第 15 章中描述的关于薪酬谈判的内容，下次当你得到一份工作录用通知书的时候，或者想要申请加薪的时候，实践一下，做一次谈判。

这是一个有力的时机，可以让你积极尝试如何成为男性中的一员，而且有效利用你

① 这本书的作者是克里斯·沃斯（Chris Voss）和塔尔·拉兹（Tahl Raz）。这本书描述了由美国前联邦调查局国际人质谈判代表提供的一种全新的、经过实战检验的谈判方法。——译者注

的女性性别优势在这里也可能成为一张王牌。

有些人认为作风强硬的女人就不是女人。我不这么认为。我的职业生涯里曾经多次与作风强硬的女性共事过，我从来没有认为她们不是女人。所以不要害怕走向谈判桌与男人们“混在一起”。

谈判！

向 John 提问：让我们在这里真实点儿吧。人们的看法并不是“她不是女人”，而是会说“她是个泼妇”。男人认为那些态度强硬的女人是泼妇。

听着，这可是你说的，我可没有那么说。（事实上，这还并不一定是你的错，但你可能思考过这个问题，而且本书的一位真正的评论者——一位女士——确实说过这句话。）

很多人认为我是一个厌恶女性的人、种族主义者、偏执狂，同时还是仇视同性恋的混蛋。如果我让这些观点成为我在生活中该做的事情的阻碍，那你肯定读不到本书了，当然更读不到本章了。

就我个人而言，我尊重每一位在谈判中立场强硬的女士。我认为这和男人在谈判中的行事作风没有什么不同。事实上，我会更尊重一位态度强硬的女士，因为我发现这样做的女性还真不多。

不过，我想说的是，你不能总是态度强硬。如果你肩膀上扛着一块碎屑走来走去，并且为自己是个态度强硬的人而沾沾自喜，不断地试图粉碎所有的人，那倒是会招致一些闲言恶语，比如“泼妇”，正如我的那位评论者如此雄辩地诉说。

一个坚强自信的女人不需要如此喋喋不休地证明自己，而且她知道什么时候该强硬，什么时候该放弃转而使用一些女性的特有魅力来完成此事。这有点儿像阴阳辩证的关系。

男人也是如此。一个总是态度强硬的家伙也不会得到好的评价。

但是，归根结底，这取决于我第一次说的话。不管你做什么，人们都会认为你不好，你无法控制这一点。不要试图取悦别人，担心别人对你的看法。做你认为正确的事，不用理会那些仇人。

给男性的忠告

在这一节里我可以说得更加自由自在一些，因为我是在科技工作场所与女性共事过很多次的男人。我知道在工作场所与女士合作是很困难的。这可能会有点儿尴尬和吓人，你可能不知道该怎么行动。

你可能想无视这个问题，把“女权主义者”的标签直接写在你的 Twitter 上，这样人们就会放过你。不是那样的。没有这么简单的解决方案。

因此，让我们开始吧。

不要施恩施惠

大多数男性在科技领域与女性打交道时首先会想到的解决方案之一就是对她们过分友好。这是个合乎情理的策略。这么做的出发点可能很好，想要去支持和帮助科技领域中的女性，因为你认为她们是有价值的，坦率地说，你希望能够从她们那里得到更多回馈，还有50%的原因是来自恐惧。

不过，这种策略是错误的，因为它会创造一种施恩施惠的感觉和环境。（我真不敢相信真的有“施恩实惠”这个词。）

不管怎样，如果你不知道什么是“施恩施惠”（patronize），以下就它的是定义：

Patronize

动词

1. 以一种明显的善意对待他人，但是这种善意会表现出一种优越感。

“她是个好心肠的女孩，”他以一种居高临下（Patronizing）的口吻说道。

同义词：待人接物十分谦逊，屈尊相待，看不起、低看别人，对待别人像孩子般，待人不屑。

“别再对我施恩施惠！”

我知道了。可我不是故意的。

但是，你是这么做的，我也是这么做的，我们都是这么做的，没关系。我们只需要从现在起停止这么做，因为这没什么益处。

我不是说不要对他人友好相待、乐于助人或者是相互扶持。

也许是为了对从事科技工作的女性表现出一点额外的考虑，以便于让她们可能会在男性占主导地位的领域里触摸到一点点温情的善意。关键是当你这样做时，不要说：“嘿，你不如我聪明，也不像程序员那样优秀，所以我需要来帮助你。”（正如本书的一位女性评论者所说的那样：“别把我当一只该死的小猫。你可以直接引述我的话。”）不要表现得前倨后恭。不要成为科技领域所有女性的私人守护者，也不要决心积极攻击任何表现出沙文主义特征的人。

这种行为确实是出于对女性施恩实惠的心理，而对女性而言，这只会使气氛变得更加不友好，而不是更加融洽。

我给你举一个例子，这个例子出自经典的科幻小说《安德的游戏》[1]。在这本书开始的情节里，主人公安德（Ender）就离开他的家人，和一群战士一起即将前往一个名为“战

① 《安德的游戏》（*Ender's Game*）是发表于1985年的科幻小说，星云奖及雨果奖获奖作品，作者是美国著名科幻小说家奥森·斯科特·卡德（Orson Scott Card）。——译者注

斗学校”（Battle School）的训练营。在那里，教官格拉夫（Graff）挑出了安德，似乎对他有些偏袒。你能猜出来其他男孩的反应吗？每当他们从座位上走出来、从安德身边经过时，都会在他的后脑勺打一巴掌。

从网络上公开曝光的一些事件来看，这种情况也经常发生一些技术女性身上。一群好心的家伙想要冲破防线表现出更多的善意和关心，然而最终却导致了更大的敌意和更多的怨恨，于是，一些小问题被放大成了大问题。

我不是说，如果有人在口头上或肢体上骚扰一位女性时，你不要插手——记住：在这件事上我是和你站在一起的。但是，我要说的是，当人们不需要帮助的时候，不要试图成为她们的守护者、为她们去战斗。这不仅是施恩施惠，而且会使她们的处境更糟糕。

向 John 提问：作为一个女人，我该如何对待那些傲慢的男人，那些高高在上、认为我需要额外的帮助、认为我愚蠢迟钝的男人？当我和他们一样优秀的时候，甚或比他们担当更高的角色时，我该怎样处理好这种情况呢？还有，如果我遇到正好相反的情况呢？我是说，遇到一个努力保护自己地盘和隐藏信息的人时，我该怎么办？

你有没有听过这样的说法：奶油一定会漂浮在顶端？

跟掩饰无能一样，想要隐藏能力也很难。

大多数人在感受到威胁的时候，他们所做的就是立刻防御性地做出反应。

你的本意可能是证明自己。实际上，这会产生了完全相反的效果：“嘿，我不需要你的帮助！别把我当小孩子一样对待。我写出来的程序能绕你好几圈。”

我听过一位专门给女性教授怎么约会的教练 Matthew Hussey 说过一句话，他的话引起了我的共鸣。他说，初级妇女是无助的女性，“需要男人的帮助”。中等级别的女性可以自己做各种事，她会说：“我不需要你的帮助，我可以自己去做。”这很不错。但高级女性会意识到，有时得到一点帮助是很有趣的，有时有别人为你做事也很好。她没有受到试图帮助她的人的威胁，因为她有足够的自信知道她自己能做到，但当别人为你做这件事时，她会觉得这样更有趣。

重点并不在于让男人为你编写代码或为你做本应该你去做的工作，而在于有更多的力量让自己不要焦躁不安并保护自己。

如果有人想要施恩施惠于你，那就让他来吧。反正也没什么大不了的。他就是一个无知的人。另外，他可能就是想表现得好点儿，或者就是想做他认为对的事。

表现得仁慈一点儿，让他像个傻瓜，因为你有足够的自信，知道你并不需要他的帮助。最终他会发现这么做是不合时宜的。就像我说的，奶油一定会漂浮在顶端。他会意识到他一直在教一位 Nascar[1]的参赛选手如何使用变速杆，他会觉得自己很蠢。但是，不是你让他觉得愚，这就是区别。

至于那个试图保护自己地盘和隐藏信息的家伙，你对此无能为力。不管你是男的还是女的，这个问题都存在——尽管有些人可能是因为他们觉得受到了你的威胁而故意表现出这种行为的。

再说一次，让他们自生自灭吧。尽你所能去获取你需要的信息并做好你的工作，尽量忽略这种行为。

如果这成为一个大麻烦，已经妨碍到你自己的工作，那就去找他的头儿，跟他的老板单聊。真的，这也就是你所能做的所有事情。

就像英国人说的那样，“保持冷静，继续做事”，保持好你的风度。

女人不是男人

尽管女性希望在工作场所受到平等待遇，但这并不意味着她们希望得到完全相同的待遇。平等（equal）和相同（same）不是同义词。“平等”意味着拥有同样的价值，而“相同”的意思是不用考虑个体差异。

如果你有孩子，你可能会平等地爱他们，但你不会用相同的方式对待他们。你不会用同样的方式对待 5 岁的孩子和 10 岁的孩子，你对待女孩和男孩的方式也会不一样。因此，不要像对待男人一样对待科技女性。

再说一遍，可能我在这方面的认知有些老派，但是我相信，*不管环境如何变换，男人，真正的男人，应该像对待女人一样地对待女人*。这意味着不要像对待你的男性朋友那样跟她们闲扯，不要跟她们开粗俗的玩笑，也不要拍她们的后背。这并不是意味着不友好，也不意味着不让她们参与社会活动，更不意味着不让她们成为团队的平等成员，这只意味着，你需要改变你的行为来表达出一点尊重。

表现得像个绅士，没有比这更恰当的用词了。不要做沙文主义者，也不要做白人骑士，要做一位明白男女有别的绅士，应该关注并且尊重这些差异。

不要把感情上的挫折都发泄在女人身上

女人不是敌人。我意识到本书读者中有很多都曾被女人伤害过、拒绝过。相信我，这种事情我也经历过，所以我理解。

我意识到你可能会认为，女人会喜欢混蛋而对待好男人却很差，这让你很生气，因

---

① 美国全国运动汽车竞赛（National Association for Stock Car Auto Racing）的简称，是一项在美国流行的汽车赛事。每年有超过 1.5 亿人次现场观看比赛，因此被称作美国人的 F1 比赛。——译者注

为你觉得自己应该得到更好的待遇。

再说一遍，我理解这一点，虽然我不同意这个观点，我也不想在这里谈为什么——但我理解。

无论如何，你不应该让这些挫折感蔓延到你的职业生涯。（事实上，你不应该让这种挫折感蔓延到任何地方，你应该找到另外一种方法去处理它们，不过，同样地，本书并不是解决这些问题的地方。）

重要的是，你要认识到，女性同样拥有成为程序员或者软件开发者的权利，就跟你一样。因此，她们会一直在这个领域里存在。习惯吧。

不要躲在匿名邮件后面。躲在假名背后的跋扈态度与网络骚扰只是一种明显的懦弱。至少有勇气在你正在做的或者将要做的事情后面附上你的真名。

本书以及本章可能会惹恼很多人，但我仍然署上我自己的名字。

平常心

老实说，**我能给出的最好的建议就是保持平常心**。真的。不要表现得太过殷勤，也不用小心翼翼。

别做骚扰女人的混蛋，做一个冷静的、正常的男人，平等地对待每个人。再说一次，不是“相同”，而是“平等”。

女人不想要特殊的待遇，她们不需要你去保护她们，她们也不想让你成为一个混蛋。

我知道，要“平常心”是很困难的，但你能做的最好的事情就是不要把整件事当回事。这真的也没什么大不了的，不要有这种感觉——“那儿有女程序员耶，这可是件大事。”只要你有这种态度，你就会没事的。

当然，你会犯错误，但这并不重要，因为这都是正常存在的行为举止的一部分。

衷心希望本章内容能帮上忙

就像我在本章开头说的，我不是女人，我是个男人，我在本章想做的就是根据我的经验给出我的建议，尽我所能给出最务实的指导。

我并不完美。你可能不同意我的看法。你甚至可能都不喜欢我，但我希望你至少能从本章中得到一些对你有帮助的东西。

第五篇

推进你的职业发展

"只有习惯性地做比被要求的更多的事情，才能带来进步。"

——加里·瑞安·布莱尔[①]

如果你只是做你应该做的事情，那么你可以作为一名软件开发者生存下来，你甚至可以拥有一个伟大的职业生涯，但不要期待有任何特别的结果。如果你对平庸没有意见，你可能想跳过这一篇——真的。

很多人都有一个幻想，一个荒谬的梦想——总有一天他们可以名满天下或者富可敌国，甚或是两者兼得。他们梦想着奇迹总会发生，就好像他们有一位神奇的仙女教母，总有一天会让他们所有的愿望和梦想统统实现。

很抱歉，我要告诉你一个消息，在生命中唯一能保证发生的事情就是死亡和税收，剩下的所有事情，要想美梦成真你都必须为之付出。因此，在推进你作为软件开发者的职业生涯方面，有很多工作要做。一致性与承诺，以及知道该做什么，远比仅仅靠自己努力工作更为重要。

① 加里·瑞安·布莱尔（Gary Ryan Blai）是美国励志专家，以《挑战 100 天成功》节目闻名，帮助财富 500 强企业、政治人物、艺人、运动员等获得成功。他以助人完成目标闻名，因此赢得"目标达成者"（The Goals Guy）的名号。他著作颇丰，其中包括《企业无小事：每个人把每件事做好，结果自然就好！》。——译者注

在本篇中，我将带你了解我所知道的关于如何提升你的软件开发者职业生涯的一切。我们将讨论打造个人品牌、提高个人声望的重要性，以及如何通过网络、团体、博客、演讲、会议等各种各样的方式来建立声望，打造个人品牌。我们还将讨论如何让你的技能跟上时代不会落后，以及如何决定该去学习什么。你应该做通才还是做专才？你应该去拿证书吗？我们将走过你可以因循的不同的职业路径，以及如何沿着它们前进。我们甚至还会讨论一些辅助性的话题，这些话题不仅可以帮你在工作中取得进步，而且可以帮你作为软件开发者的生活，如创业、自由撰稿人、创建一个兼职项目，甚至你应该阅读哪些书。

如果你准备把平庸抛到尘埃中，看看如何把你的梦想变成现实，那么赶快和你的仙女教母吻别吧，穿上工作服，清清自己的喉咙，然后我们开始吧。

第48章

名满天下：建立声望

你的软件开发职业生涯中最重要的事情之一，比学习最新的编程语言或者 JavaScript 框架都要重要的，那就是*建立起稳固的声望*。

成为一名优秀的程序员，拥有高水平的技术能力，是很棒的，但它只能带你走到这一步。*如果你真的想要出类拔萃，你真的想把你的事业提升到一个更高的水平，你就需要学会如何建立起稳固的声望*，包括如何推销自己、如何打造个人品牌，这些将为你打开常人难以企及的机会之门。

我是怎么知道这一点的呢？我相对无知（好吧，完全无知）地花了自己软件开发生涯的大部分。我努力发展我的技术能力。我花了很多时间磨炼我的手艺，我阅读了一本又一本有关软件开发的书，我阅读博客、学习新技术，并且勤于实践我已经学到的东西。我在我的团队中指导其他软件开发者，给他们传授技艺。

曾经，作为一名软件开发者，我尽我所能以最佳的方式提升自己。现在，我不会告诉你我当时的努力没有获得成功。我当然大获成功。我的事业发展相当不错。我时不时地换工作，但总体来说，我得到了一些不错的工作和机会，尽管也没什么特别重大的机会。

然后，*我很快就撞到了“玻璃天花板”*。作为一名软件开发者，我无法真正赚到更多的钱，我对此无能为力，至少我自己是这么想的。

然后我开设了我的博客——Simple Programmer。最初的想法只不过是在博客上写一些被某些软件开发者搞得非常复杂的话题，而我认为他们之所以把这些话题搞得如此复杂不过是为了让自己看起来更聪明、更有价值。这就是我把博客叫作“让复杂的事情变得简单”的原因。

但在我开始写作之后，越来越多的人开始阅读我的博客，于是一些有趣的事情就发生了。当我去参加编程训练营活动时，有些人知道我是谁，或者他们至少熟悉我的博客。我开始联系一些流行的播客，希望能为他们的节目接受采访，越来越多的人开始了解我是谁。

很快，我就开始收到工作邀约，而不仅仅是通过电子邮件从垃圾邮件招聘人员那里得到工作机会。然后有一天，当我坐在办公桌前时，我接到一家公司的电话，他们当时就决定要雇用我。什么面试都没有，什么手续也没有。他们公司所有的开发者都是我博客的读者，他们全都听过我的播客，或者参加过我在 Pluralsight 上的视频培训课程。我感到难以置信。我从来没有听说过，没有面试也能得到一份工作。从那之后，类似的事情越来越多。

我专注于积极主动地打造个人品牌，努力推销自己，事实上，我也开始向其他程序员讲授如何做到这些——须臾之间，我的头突然就撞破了那一层玻璃天花板。于是，很多很多机会以我从未想到的方式向我飞来。

回首往昔，我必须要说，正是当初开设博客的决定使我赚到了数百万美元，让我“提前退休”，并且引导我开拓出自己的事业——Simple Programmer。

现在，你不必复制我从前的道路，并非每个人都想提前退休成为一名企业家，但你不想得到你梦寐以求的工作机会吗？你不想赚到更多的钱吗？你不想在广为流行的软件开发杂志上读到自己撰写的文章，哪怕只有一次吗？这难道不是很酷吗？

很好。在本章中，我将向你展示如何做到这些。

名满天下的益处

在我们讨论如何让你作为软件开发者建立声望之前，让我们先来谈谈名扬四海的好处。

举个例子。想一想一位真正优秀的厨师和一位明星厨师之间的区别。一位真正优秀的厨师可以赚到相当多的钱，但是一位经常上电视的明星厨师却可以赚得盆满钵满。

为什么呢？这真的和厨艺高低有关系吗？真的，问问你自己，年薪 100 万美元的厨师与年薪 10 万美元的厨师相比，厨艺真的能好 10 倍吗？你觉得这可能吗？我是说，我喜欢美食，我喜欢食物，但食物就是食物，无非就是味道很好而已。

因此，如果区别不在于技能，那么区别又是什么呢？没错，区别就在于声望。从本质上说，就是看谁更出名。你可以在音乐家、演员、整形外科医生、律师、房地产经纪人等你随便能说出来的行业里看到类似的现象。

关键是，名声让你得到不平等的回报。你得到的报酬比凭着你的技能所应得的多得多。

这是一件好事，一件非常好的事情，如果你能做到的话。但是，如果你很有声望，如果你是“名人”，你能够得到的还不只是薪水更高。你会让人主动来找你，追着要给你工作、给你机会，而不是你不得不走出去追逐他们。

这真是太棒了。

风格造型与真才实学相辅相成

非常不幸，我把我关于软件开发者如何建立声望和打造个人品牌的旗舰课程命名为“软件开发者如何自我营销”（How to Market Yourself as a Software Developer）。

为什么我说选择这个命名是“非常不幸”的呢？因为，在那个时候，我没有意识到，大量软件开发者反对自我营销以及任何一种营销的想法，特别是营销自己。

这并不意味着这门课程没有价值，也不意味着它卖得不好，事实上，这门课程我卖出了成百上千套，它教会了许多软件开发者如何营造我们一直在谈论的“名气”。但是，如果我可以把它命名得更好一点，我可能就不会遭到很多程序员一听到“营销”这个词汇就产生的那么强烈的反弹。

但是，不管其他开发者如何反弹，你必须要克服这个障碍。*你必须认识到，自我提升、品牌建设和自我营销都不是坏事。*关键在于你该如何做到。

我经常引用公式

$$\text{技能} \times \text{营销} = \$\$\$$$

你可以将其改写为

$$\text{实质} \times \text{风格} = \$\$\$$$

或

$$\text{编程能力} \times \text{声望} = \$\$\$$$

我的一位朋友，杰森·罗伯茨（Jason Roberts），发明了一个类似的短语用来定义这种现象——“幸运的表面积”。

基本上他提出来的是这样一个想法：*你可以成为世界上最好的程序员，但如果你只是独自一人坐在你的地下室里，除你之外没有人知道你身怀绝技，那你还是不为人知。*你不会有太大的影响力，但是，如果你能走出去做一点儿自我营销的工作（我们很快就会谈到如何做到自我营销），你就能取得令人瞩目的成果。

事实上，你都不必一定要成为世界上最好的程序员。我就不是。我不是“最好的”程序员，但我是“名扬四海”的程序员（至少在编程领域是这样的）。我宁愿拥有中等水平的技能但声名显赫，也不愿拥有大量技能而寂寂无名。你不能只专注于如何成就“杰出”，这不是一个非常有利可图的职业发展战略。

在我的墙上，我贴着一张有框架的海报，它有两个维度——说和做。这两个维度可以有以下三种组合：

高谈阔论 + 无所事事 = 江湖骗子

沉默寡言 + 埋头苦干 = 烈士

高谈阔论 + 兢兢业业 = 真正有才干的人

要做真正有才干的人。

向John提问：但我就是想成为某个领域最好的，不想只拥有“中等水平的技能”。

很棒，令人敬畏，甚至更厉害。

如果成为某个领域最好的，在这里我所说的每件事也会为你锦上添花。或者，如果不能做到最好，至少也有真才实学。（就像Derek Zoolander[①]，确实很帅，就算你没有体会到也无妨。）

我的观点是，如果你只有一个选择，那么选择具有“中等程度的声望 + 中等水平的技能”要比“中等程度的声望 + 高水平技能”更为实用、收益更大。

在等式里，声望这部分所占的权重更大。

我知道这个公式可能会惹怒你，但这就是世界运转的方式。这个公式不是我发明的。我只是观察到了它，然后在这里向大家通报一下。

打造个人品牌

可以接受我的公式了吗？很好，我们继续。

在你能营销任何东西之前，你必须知道你在营销的是什么。如果你想要“风格造型与真才实学相辅相成”，那你就必须有自己的风格。那么，你该如何塑造自己的风格呢？

什么是风格？这看上去有点儿像现在那些爱耍酷的家伙所称的“个人品牌”。个人品牌就像任何商业品牌一模一样，只是它是代表你的品牌。当你在打造自己的个人品牌时，你需要做的第一件事就是明确定义你想要以什么著称于世。你一次只能挑一件东西，所以才这么难。（如何做到这一点？我们将在第51章中详细讨论。）

现在，让我们只讨论：如果你需要做一个简洁的电梯宣传，也就是说，如果你只能

① *Zoolander*是由Ben Stiller导演，Owen Wilson和Will Ferrell等主演的一部美国喜剧电影，2001年上映。剧中的男主角Derek Zoolander是一位有些蠢萌，还有些自恋的男模。——译者注

用一行字来代表你和你的品牌，你会怎么说？你要去侃侃而谈你所熟知的 100 种技术和编程语言，还是用一种简洁的方式来描述你自己和你的品牌，让人们“过耳不忘”？答案当然是后者。这样，当人们把你介绍给其他人时，他们会说：“嘿，这是 Joe，他教人如何用 Android 制作动画。”

当我参加企业家会议或者活动的时候，人们会问我“你是做什么的”，这时我会回答：“*我教软件开发者如何更酷*。”实质上，这就是我打造的个人品牌。我关注软件开发者的个人成长，无外于此。Simple Programmer 想要表达的亦是如此。

打造品牌就要从传递一个清晰明确、简洁直白的信息入手。你是谁，你代表什么。从这里入手，你可以继续深入创建一个标识，选择一组你惯常使用的颜色，选择一个你惯常使用的头像，等等。

向 John 提问：如果我只想成为一名雇员，那我真的需要做这些吗？

不，你根本不需要这么做。

但是，我想问你，你为什么不愿做这些事呢？我的意思是，你不觉得拥有一个标识、一个清晰一致的信息、一个好的个人品牌和一个非常有型的头像将提高你获得优质工作的机会、让你在这个行业更受尊敬吗？

我知道这看起来可能有很多事情要去做，但只要一步一个脚印地往前走就好。

精耕细作你的职业生涯、努力打造个人品牌和形象，这些都是很重要的，因为从长远来看，这些小细节叠加在一起真的可以为你增色不少。

你可能从上面这一段的最后一句中了解到一个品牌的另外两个组成部分。如果你没有注意到，我在这里再强调一下：*品牌的第一个组成部分是你要传递的信息；第二个组成部分是视觉效果*，也就是这是你的专属标志、颜色等；*第三个组成部分是一致性*。信息和视觉效果之间如果没有做到一致，那么这一切都会分崩离析，如果你想拥有一个不会昙花一现的品牌，那你就必须保持一致性。

所以挑选一个主题，然后持之以恒吧。尽管人们倾向于关注品牌的视觉效果，但其实你所要传递的信息才是更重要的，所以你应该从品牌想要表达的信息入手。

如何名扬四海

好吧，我撒谎了。*对于任何一个品牌，你还需要再做一件事。*

你看，你可以拥有一个很棒的品牌。你的品牌还拥有一条简洁明了、有的放矢的信息。你可以设计一个令人过目不忘的标识，比如一只青蛙拿着一把燃烧的剑。而且，只要是要用到你的个人品牌的地方，你都可以让你的品牌所要传递的信息与品牌的视觉效果保持一致。

但是，如果你没有做到反复曝光，那么这一切就都是徒劳的，还是不能构成品牌效应。人们必须能看到和听到你的品牌，他们必须不止一次地看到和听到你的品牌。

事实上，我想说的是，一个品牌需要在某个人面前曝光过四五次之后才会被记住，人们才会脱口而出："嘿，我认识那个家伙。"因此，你必须站出来，站在人们的面前。你得把你的名字说出来。你会这么问我："我该怎么做呢？"

关于这个主题，我已经制作了大量的内容，所以我不想再在这里重复了。在这里我来给大家快速介绍一下就好。

如果你愿意的话，你可以阅读《软技能：代码之外的生存指南》之"自我营销"篇，或者观看"软件开发者如何自我营销"课程来填补这方面的空白。

最基本的策略是要从一种渠道或媒介入手，学习如何掌控它并加以体系化的运用，这样你就可以利用这个渠道结出丰硕的成果，然后借此再把你自己的声望扩散到任何地方。

让我们把这个过程分拆开详细描述。

假设你说"我要开始开博客了，通过撰写博客文章来传播我的名字"。那么，博客就是你决定要去掌控的渠道。因此，你创建了自己的博客（如何做到这一点？看看我的免费课程），然后开始写作。最终，你会开发一个体系来撰写有效的博客文章。

也许，你可以为此而建立一个体系，这样你就可以专注于撰写博客文章，让别人来编辑你的博客文章、安排时间发表文章、添加图片等。（为什么听起来这么熟悉？[①]）然后你就可以利用这个体系成为一名非常高产的博客写手，你开始从一周写一篇博客文章变成每周写三篇博客文章。现在你开始真正出名了。

你的声望在博客世界里持续传播着，于是你决定转战更多的渠道。你开启了自己的 YouTube 频道，开始接受采访，并且发送面向软件开发者的播客内容，也许还会为一本有关软件开发的杂志撰稿，并且在一些软件开发会议上发表演讲。

现在，你的品牌正通过反复曝光而进入人们的视野。现在，无论什么人，只要进入你的空间，他们都会找到你的文章、听到你的演讲或者看到你的视频。

坚持这么做，并且保持一致性，只要假以时日你必将名扬四海。

也许这个过程并没像那种搏出位的做法那样迅速成名，但是，通过这个过程你会建立起足够响亮的声望来大幅增大你的"幸运的表面积"。

---

① 如果你关注一下作者的博客，或者稍微浏览一下他发布的视频或播客内容，你会发现，作者在本节所描述的"名扬四海"的整个过程实际上都是他自己的亲身经历，所以他才会调侃"为什么听起来这么熟"。——译者注

下面列出的是可以让你出名的渠道或者方法：

- 写你自己的博客；
- 在其他人的博客发表评论；
- 写一本书；
- 为杂志撰写文章；
- 登录别人的播客；
- 创建自己的播客；
- 创建自己的 YouTube 频道；
- 成为一名活跃的 Twitter 或其他社交媒体用户；
- 在当地用户组和编程训练营上发表演讲；
- 在大型开发者人员会议上发表演讲；
- 创建一个广受欢迎的开源项目。

为他人创造价值

事情往往是这样的：只是做了上述所有这些事情，而且想要成名，也不能让你成名。

我知道，我曾经说过，只要做到这些事情就会让你变得赫赫有名，但我也知道，我之前也骗过你——我曾经告诉你，你所要做的只不过就是设计一个很酷的标志、传递一个很酷的信息。这里，我又骗你了。

你必须要意识到，这里有一条重要的原则，同时也是一个重要的观念：你要为他人创造价值。如果你不是基于这条重要的原则做事，那么在这个世界上再完美无缺的品牌以及所有的自我推销工作都是徒劳无功的。

为他人创造的价值最好都是免费的。我的工作 90%是免费的，只有 10%是收费的。我的重点是给人们创造出尽可能多的价值，这样他们不仅会使用我所要传递的信息，而且更会帮我传播这些信息。我想让人们说："嘿，创办 Simple Programmer 的那个家伙，那个叫什么 John Sonmez 的，不管他叫什么名字吧，那个家伙真酷，你真应该去看看他的东西。因为他，我不仅找到了一份工作，还找到了女朋友。"

你能做的最好的营销工作就是给别人的生活增添价值。你还应该被人们称为"给予者"。做一个其他人想和你在一起的人，因为他们觉得当他们围绕在你身边的时候，他们时受益的。

很多公司都倒闭了，很多品牌都失败了，因为他们试图从他们的客户那里榨取到最后一点儿利益。他们试图吸取价值而不是注入价值。

我向你保证，如果你能为人们的生活注入价值，能为人们的生活带来真正的改变，而且始终如一地坚持这么做，那么你一定会获得回报。

下面是我最喜欢的一句名言之一：

"只要你能帮助足够多的人得到他们想要的东西，那么你就能得到生活中你想要的一切。"

——Zig Ziglar[①]，《金克拉销售圣经》(*Secrets of Closing the Sale*)(1984)

因此，不管你在做什么，首先要考虑如何让它为他人创造价值。

一切都需要时间

最后，你必须意识到所有这些事情都不是可以一蹴而就的。事实上，你需要坚持很长时间才能真正看到你的这些行动能够产生显著的成果，为你创造出不菲的声望。这就是你最好现在就开始着手打造个人品牌的原因之一。

很多时候，新入行的软件开发者会对我说，他们还没有准备好开设博客，也没有开始着手为自己建立声望，因为他们知道得还不够多。你永远也不会达到"知道得已经够多"的境地。你必须在你做好准备之前就开始，因为在你看到任何结果之前，准备的时间是漫长的。

即使你是编程新手，你也可以为人们提供一些东西。当你学习编程时，你可以分享你的学习历程，其他人会发现这很有用。你可以选择一个专业领域深入研究，然后把你自己从白丁变成专家的历程作为一个主题，向人们分享你的心得。对其他想要做同样事情的人来说，这段心路历程有巨大的价值。

因此，在你做好准备之前，及早着手，并且要有耐心。这一切都需要时间，但是只要你持之以恒，终将会开花结果。

问题在于：许多软件开发者开始写博客文章大约一年之后，没有看到任何结果就放弃了。如果想获得成功，你就必须愿意坚持更长时间。你可能需要两三年，甚至五年，但是只要你能坚持不懈，你终会到达成功的彼岸。

大多数人终其一生也没有取得过任何伟大的成就，因为他们过早地放弃了。不要与他们为伍。

① 金克拉（Zig Ziglar，1926—2012）是国际知名的企业家、演说家、畅销书作家以及全美公认的销售天王、最会激励人心的大师，曾荣获"密西西比州人奖""全美演讲家协会影响力大师奖""国际主持人金槌奖"。金克拉共有 20 多部著作，主题涉及个人成长、领导艺术、营销、信仰、家庭和成功学。这里提到的《金克拉销售圣经》这本书用 700 多个提问、100 多个招式，指导如何找出潜在客户，如何用正确的心态、新颖的想象力和成功的话术营造有利完美销售的契机。（以上摘编自百度百科）——译者注

第49章

广结善缘：社交与人脉

我必须对你完全诚实。

我真的很讨厌人脉这个词。我厌恶这个词，原因很简单：大多数人都是用完全错误的方式构建与拓展人脉。

当大多数程序员问我关于人脉的问题时，他们真正要问的是他们如何利用人脉来获得他们想要的东西。我一点儿也不关心这个问题。事实上，就我个人的人生哲学而言，我坚信，你要获得真正的成功，就要弄清楚你怎样才能给予尽可能多的人他们想要的东西……或者可以做到更好，给予他们需要的东西。

不过，如果你的做法正确，人脉还是非常有价值的，也是提升你的职业生涯的关键。

我们在本章将要讨论的内容就是：人脉。怎样拓展人脉是正确，怎样是错误的。作为一名软件开发者，最好的拓展人脉的方法之一——加入软件开发小组。

拓展人脉的错误方式

前面我已经提到过这一点，让我们从拓展人脉的错误方式开始我们的讨论。

你瞧，大多数软件开发者只是在需要的时候（比如要找新工作）才会开始惦记人脉的问题，或者才开始试图联络人脉，但这绝对是拓展人脉的最糟糕和最错误的方式。

建立人脉需要时间。试图匆忙完成这一过程，结果很快就会令你感到绝望，并沦为像游手好闲者一样，试图对别人友好，然后可以从他们那里得到一些东西。你必须投资你的社交人脉，然后你才能期望从你的人脉关系中获取价值。这就是建立人脉关系需要时间而不能仓促行事的原因。

假设你刚刚失去了原来的工作，正在寻找一份新的工作，如果这时你想“这是一个建立人脉的好时机。我最好现在就着手建立自己的人脉，这样我就能找到一份新工作”，那你就错了。每一位你想去拉进你的关系网的人立刻都会闻到老鼠的味道。他们会立刻地猜测你并不是真的对他们感兴趣，而是想从他们那里得到一些东西。这样做产生的后果与你努力想要达成的效果截然相反。

导致许多软件开发者建立人脉时的错误不只是时机，还包括方法。

*拓展人脉的关键是尽量不要把大把大把的名片扔到一大群一大群人的面前。*这种漫不经心的方法建立起来的关系是极为肤浅的，不会有多大的作用。拓展人脉也不是让你有机会昭告天下你的整个人生故事和你自己是多么杰出。

你可能会问，如果上述这些都是拓展人脉的错误方式，那么正确的方法又是怎样的呢？

拓展人脉的正确方式

在本节中，拓展人脉是一个反复出现的主题。没错，*拓展人脉首先是要为他人创造价值。*

拓展人脉的正确途径是建立关系。和建立起浪漫的关系一样，真正的商业往来关系与职业关系也不是一蹴而就的。这就是拓展人际关系需要时间的原因，也是在你需要一份工作时不可能快速建立起关系网的原因。

想象一下，你遇到了一个你想要去追求、想要去与其建立浪漫关系的人，在第一次约会的时候，你就向她求婚。这可能不太好，但许多软件开发者就是想用这种方式来拓展人脉的。

相反，要把这件事当作一个长期的游戏来运筹帷幄。要把拓展人脉的过程想象为播撒大量的种子，长时间浇水培育和精耕细作，直到它们长大成材，最终才能开花结果。你不能拔苗助长，你必须要深思熟虑。种植和培育这些种子的最好方法首先是要付出。你必须要对自己的人脉与人脉中的众人进行投资。

当你在一次会议或者某个团体中遇到某个人时，不要去想他们能为你做些什么，即使你现在真的很需要一份工作。相反，*把整个谈话的重点放在你能为他们做些什么上。*仔细聆听，积极运用倾听技能，找出你是否有什么办法可以直接帮到这个人，或者是否有你知道的其他人可以介绍给他们，让他们从中受益。

你不断地给予、给予、给予他人价值，这才是你拓展人脉的方式。*你成了人人都想跟你在一起的人、人人都想要去结识的人，因为你为他们创造了价值。*

你可以通过多种方式为人们创造价值。这可能是你的超级积极的态度，可能是你已有的人际关系，人们可以借此拓展他们的人脉，可能是你的技能，甚至仅仅是你真正倾听他人的能力。

要想真正给予别人价值，你必须深耕细作。不要做那种向每一个你看到的人分发名片，然后和他们就聊上三秒钟的人。相反，要花些时间和你接触到的人好好谈谈，无论是在聚会场合，还是在会议或者其他场合。

当然，这么做会让你遇到的人数会减少，但是这么做你种下的才是实实在在的人际关系的种子，才能培育出根深蒂固的人脉，而不是一派假象——所有这些人我都见过，但我和他们每个人都只交谈了两秒钟。

如果你在遇到别人的时候不知道该说些什么，不知道该怎么和他们交谈，这里有一个简单的策略：问他们一些关于他们自己的问题。这是每个人都喜欢谈论的话题——他们自己。太多的人都会犯一个错误，总是试图让擦肩而过的人们聆听自己的故事：我是谁，我在做什么。然而，正确的做法应该是谈谈对方关心的事情，这就是——“跟我说说你自己”。因此，只要问一些问题，让对方有机会谈他们自己，然后你就可以走了。

在戴尔·卡内基的经典著作《如何赢得朋友及影响他人》里有一个很好的例子。如果你还没读这本书的话，赶快去读吧。事实上，这本书只读一遍是不够的。

到哪里去拓展人脉

现在你已经是建立人脉的行家里手。你俨然已是魔笛手与耍蛇者[①]的组合体。你已经可以做到游刃有余。唯一的问题是，你要在哪里施展你的这些绝技呢？你到底应该在哪里编织起自己的人脉网络？答案很简单：任何地方。

你应该无时无刻拓展自己的人脉。无时无刻与人交谈，建立人际关系。不管你是在电梯里，还是在商务旅行中坐在酒吧里，向你遇到的每一个人问好，哪怕只是在星巴克站着排队。你永远不知道下一步你会遇到谁，他们又会为你正在拓展的人脉带来哪些贡献。

但是，让我们更加具体一点，因为如果你想要在某一特定的方向拓展人脉，你就需要遇到特定类型的人。在这种情况下，最简单直接且最好的方法就是找到一群与你志趣相投的人。

我强烈建议使用 Meetup 网站来查找关注各种不同主题的本地群组，你能想到的主题那上面都有。使用 Meetup 寻找你所在地区的软件开发小组，然后参加这些小组，你将有

① 此处原文为“a combination of the Pied Poper and a sanke charmer”。Pied Poper 即魔笛手，指有感召力、有号召力的人。源自古老的德国传说：花衣魔笛手吹奏美妙的乐曲，先后诱走老鼠和孩子。sanke charmer 即耍蛇者，可以让经过训练的蛇随笛声舞动身体，看起来惊险刺激。耍蛇文化是印度历史悠久的文化之一。（以上摘编自百度百科）——译者注

大把机会用于拓展自己的人脉。

一定要确保你不会是因为自己正在找工作而出现在一个会议上并期望建立起自己的人脉。定期参加任何你感兴趣的小组，你一定会织就自己的人脉网络。要舍得投入时间。

另一个拓展人脉的绝佳场合就是研讨会与编程训练营。编程训练营几乎都是免费的，通常每年都会在本地举办活动，吸引大量软件开发者、大学生和招聘人员参加。

软件开发会议虽然有时很昂贵，但也是认识新朋友和接受一些培训的好地方，尽管我本人只是去寻找拓展人脉的机会。身处一个技术会议或者编程训练营时，你可以走来走去与人交谈，走进不同的分会场与演讲者交谈。

我在每一次参加技术会议的时候，我看到演讲者的时候几乎总是会走向他们，我会向他们表达谢意，并且盛情赞扬他们的演讲。作为一个经常在会议上发表演讲的人，我很清楚，如果有人告诉我你"讲得很好"，我会很高兴，所以我试着换位思考，我该怎样与一位演讲者交谈以让他们感觉良好。

在这类活动中，演讲者通常都能成为你的人脉中最闪亮的人群。许多人害怕与他们交谈，所以如果你愿意利用这一点，这会是一个极好的机会。

同时，也要考虑所谓的"走廊会面"的方式，这也是在这类活动中建立人脉的另一种绝佳方式。我经常在会议中走出会场在走廊里闲逛，与其他在走廊里闲逛的人交谈。有时我去参加会议的时候全部时间都是在走廊里与人交流。

你也应该*尽可能高效地参加社交活动*，特别是在参加会议或者编程训练营的时候。

去参加会后派对或者嘉宾晚宴。人群越小，社交氛围就越浓厚，而这正是拓展人脉的绝佳场合。但是我建议你别喝酒，即使在其他人都喝酒的时候。在这一点上请相信我。

向 John 提问：但是，我喜欢喝酒，而且，我觉得共饮一杯是破冰的好办法。

是的，我知道喝酒很有趣。而且，我同意，喝酒可以使你更容易与人交谈，但这是个坏主意，原因是：这会上瘾。

在我指导男士怎样认识和约会女士的时候我也会告诉他们同样的事情——喝酒会上瘾。

如果你不得不在几杯酒下肚之后才能与人交流，那你就永远也不会培养出真正的社交沟通技能，也不能培养出自信和魅力、克服你的羞怯和社交恐惧使自己成为一名真正优秀的谈笑风生、广受欢迎的人。

我不想从道德或伦理的角度成为一名禁酒主义者，我是从务实的角度来探讨这个问题的。

如果你依靠饮酒作为精神上的寄托，你永远也不可能发展真正的技能。相信我，每个人喝起酒来都会觉得自己是出类拔萃的人物，但是，通常在其他人眼中你就是个傻瓜。这是真的。不相信的话你四处打听打听。

另外，考虑去参加你所在的地区举办的编程马拉松或者其他活动。“编程马拉松”是把团队聚集在一起，在24～48小时之内“攻克”一个完整的原型产品，有时时间会更长。由于封闭的工作环境和对团队合作的依赖，这些都是认识其他程序员、设计师和企业家的好机会，而且他们都非常有趣！

创建和掌管一个团体

你想把自己社交魔力提升到更高的水平吗？你想让自己成为拓展人脉的顶尖高手吗？那你可以考虑成为某一个团体的主持人，或者自己开创活动。

到目前为止，我认识的最卓越的社交高手是我的一个朋友——Dan Martell。Dan 是一系列创业型公司的创始人，其中最著名的是由亿万富翁、企业家 Mark Cuban 投资的 Clarity.fm。Dan 认识每个人。每当我遇到新朋友时，我几乎总要问他们是否认识 Dan Martell，答案几乎总是“是的，我认识”。这太疯狂了。

他是怎么做到的？我见过他应用最成功的策略之一就是所谓的“创始人晚宴”。每次他到一个城市，都会举办一次晚宴，邀请当地最爱冒险的也就是他想要见的所有人。一开始，这主意听起来很蠢，他们为什么要去参加他的晚餐呢？但所有这些人通常也对拓展人脉很感兴趣，因此，如果有人与某一地区所有最有声望的人一起举办晚宴，所有这些人都有兴趣参与进来，与其他有声望的人会面。

好好想一想。如果主持人能展示过往活动的照片，津津乐道于哪些人参加过这些活动，他们就会认为收到邀请是一件很有面子的事情。

Dan 举办“创始人晚宴”的美妙之处在于，因为他是主持这个活动的人，所以他可以和每个人会面，他们都很感激他举办了这个活动。他为他们创造了价值。

现在，你不必做 Dan 所做的事情，但是你没有理由不在你的地区组织你自己的活动、创建一个团体。仿照其他成功团体的活动方式，或者其他活动的举办方式，开办你自己的活动或团体。当然，也许没有人会来，不管创建何等规模的团体都需要时间，但是如果你真的想升级自己的人脉，我想不出更好的方法了，所以你最好还是试试看。

如果你还没有完全准备好举办你自己的活动或者创建你自己的团体，那么就考虑在其他人举办的活动上或者团体里做志愿者。我知道组织者总在寻找志愿者，特别是像编程训练营这样的大型免费活动。

去做志愿者吧，这样你就可以独家接触到活动或者团体的组织者，也许还有很多引人注目的与会者。如果你想在将来创建你自己的团体或活动，你也可以从中学到诀窍。

拓展人脉并不困难

这需要时间和耐心，你必须把注意力从你自己转移到与你交往的人的身上。

建立一个大型人脉网络是需要时间的。这不会一蹴而就。你不能只是在需要找工作的时候才开始拓展人脉。

拥有一个庞大而有价值的人脉网络，无论对你的职业发展还是对你的生活，都是一笔了不起的财富。

我曾听有人说过“你的人脉就是你的净资产”，我发现这句话比大多数人能想象到的更为真实可信。

第50章

与时俱进：让自己的技能跟得上时代

这个世界很疯狂，技术发展日新月异，昨天还是新鲜而又热门的东西今天就“人老珠黄”。

软件开发组织的大厅里恐龙到处出没，你肯定不想成为其中之一。不想重蹈渡渡鸟的覆辙，关键在于要让你的技能跟得上时代。

你不必学习每一种新潮流的技术和编程语言，事实上，这也是不可能的，但你必须保证你的技能跟上时代步伐。

那么，你该如何做到这一点呢？

没有计划也是计划，只不过是一个蹩脚的计划

这一切都得从计划开始的。如果你没有计划好如何让你的编程技能跟得上时代，你没有计划好如何去推进你的事业发展，那么这些事情就不会发生。

作为一个培训和指导了大量个体的人，我没法告诉你有多少次有人告诉我他们要减肥、要保持身材，但当我问他们怎么做时，他们都回答：“哦，我要削减卡路里摄入量，我要多锻炼。”

错。这不是一个计划，如果硬要说它是一个计划，那也是个蹩脚的计划。你需要一个真正切实可行、可以执行和跟踪的计划，这样你才能知道你是偏离了计划还是在遵循计划前进。

一份好的计划是具体的计划。

如果你问我如何减肥、保持身材，我会说："首先，我是不会减轻体重的。我要努力减少体内脂肪，从而保持身材。为了做到这一点，我会每天将我的卡路里摄入量减少到不足 500 卡路里，多吃能转化为酮体的饮食，每周跑步 4 次以加速脂肪的氧化，每周举重 3 次以尽可能保持肌肉的占比。"接下来我会再花上一个小时来解释我的全盘计划的所有复杂细节。

这才是计划。看到区别了吧？

因此，为了推进你的职业生涯发展，让你的技能跟得上时代，你需要量身定制计划。作为制订计划的开端，请确保你下载一份本书附带的"软件开发者技能评估"的工具。使用该工具做个自我诊断，找出你最需要改善的技能。

本章的其余部分将给你一些建议，告诉你可以把哪些内容纳入你的计划中，但是，是否采纳这些建议完全取决于你。

阅读博客

我发现，在编程的世界中保持与时俱进的最佳方法之一就是每天清晨花 30 分钟左右的时间阅读编程方面的博客。

纵观我的职业生涯，我有一个不断变化的有关软件开发方面的博客列表，每天清晨第一件事，就是花 30 分钟时间阅读这些博客。在某种程度上，这其实相当于让其他人为你做了许多工作。通过阅读其他软件开发者的博客，你可以深入洞察编程世界里最新的和最重要的技术，你甚至还可以学习一两项新技术。

通常情况下，如果某项技术拥有举足轻重的地位，你会发现总有人会在博客上写文章讨论它。

博客还让你有机会一览软件开发世界中的难题，你可以不必亲自动手就可以知晓这些问题的破解之道。

读书

你应该一直保持手不释卷的习惯。

过去，我每天在跑步机上一边走 30 分钟里，一边读技术方面的书籍。在那个时候，我每月要阅读一到两本技术方面的书。作为一名技术专业人员，每年我都要阅读这么多书才能保证我的技能不断进步，我自己也在不断提升。

现在，尽管我认为以"从封面读到封底"的方法读书并非学习的最佳方法，但是我依然认为养成良好的阅读习惯、阅读技术书籍达到手不释卷的地步是一种很棒的方法，可以拓展你的编程知识的基础，让你永立最新技术的潮头。

采用这种阅读方式的时候，尝试选择你将从中受益最多或者具有持久价值的书籍。挑选与你目前正在从事的工作直接相关的书是不错的选择，因为这样做你能获得的将是即得即用的价值。挑选有关软件开发方法论或者设计模式和体系架构方面的书也是绝佳的、永不过时的选择。

本书和《软技能：代码之外的生存指南》都是专门设计成尽可能永不过时类型的书，因为我想写的就是那种具有恒久价值的书，这也是我喜欢读的书。

这并不意味着你不应该阅读有关新技术的书，但是，你要阅读技术书，一定要保证你是一边学习一边实践操作，而不只是读一读了事。

向 John 提问：我该从何处入手呢？我是应该先读一读与我当前工作相关的技术书籍，还是要先读那些关于提高编写代码质量的经典书籍？

这又是一个古老的“先有鸡还是先有蛋”的问题。

你肯定应该同时阅读这两种类型的书籍，但是你要注意，你将从有关提升编码质量和有关自身发展的经典书籍中获得最大量的长期利益，因为这些书籍都是以具备普遍性和长期性意义的原理为基础而撰写的。

如果我是你，我将会这么做：如果你正在使用某种特定的技术，而你当前在大多数时间里都会用到它，那么你应该优先学习这一特定技术，因为它可以节省你的时间，让你的工作更有效率。在这种情况下，立即投资于技术技能的学习将会有高额的回报。

这样，即使将来你换了工作，看起来好像是“浪费时间”学习一项对将来无用的技能，也就是说你花费了很多时间在一项你不再使用的技能上，你也可能从最初投入的时间中获得足够多的好处，从这一点上来说这么做还是值得的。

但是，如果你对当前正在做的事情非常精通，目前你只是要寻找一种新的技能去学习，那么你可能要优先考虑那些提高编写质量代码以及有关个人发展的经典书籍，从长远来看，这么做将给你带来更大的好处。

挑选一样新东西去学习

你需要持续不断地学习新东西。不管你对当前的技能是多么驾轻就熟，也不管你的教育背景有多么深厚博大，你总是要去学习新东西。

针对你要去学习的内容定一份计划，这样当你完成了一样新东西的学习之后，你就可以接着去学习下一样了。

定期评估你现在的技能，定期校正你的学习方向，这样就可以明确确定你应该学习哪些新东西，以及你的学习内容的优先级与顺序。

我一直都有一份我想要阅读的书籍清单，而且我还不断更新这份清单，所以我对我接下来应该读哪本书总是了如指掌。这份清单能够确保我不会浪费时间，确保我只读那些高质量的书籍。想要提升你的编程生涯中所有用得到的技能，你也可以这么做。确定好有哪些技术、哪些编程语言以及哪些框架会让你受益最大，然后把它们放在要学的东西的清单之中。接下来就是要确保你一直在按照这一份学习清单行事。

你会惊奇地发现，只要你每年都投入大量的时间去学新东西，那么在一年的时间里你就能学到相当多的新技能。你甚至可能想在自己的日历上明确地安排每周的学习时间。

不过，要注意一点：不要去学那些你永远都不会用到的东西。

向 John 提问：在我目前的工作中，我需要了解 X，但我对 Y 更感兴趣。那么，我是应该去读对我当前工作有所帮助的书籍，还是能够帮我学习我自己真正感兴趣的技能的书籍？

毫无疑问，学习那些你想要去学习的东西，或者是那些虽然现在还没有用到但你很感兴趣的东西，是颇有价值的。

但是，这么做也有一定的风险。

如果你花费大量的时间去学习一些你永远不可能用到的东西，尤其是那些技术含量很高的东西，你就要冒着浪费时间和精力的风险。

当然，有些人会为此争辩：学习一种即使是你并不打算使用的新编程语言也会让你更牢靠地掌握当前正在使用的编程语言，因为这会促使你用一种不同的方式去思考问题。还有一种观点认为，有时候纯粹就是为了好玩儿而去学习某样东西是一件很好玩儿的事情。

我无法反对这两种观点，但我想说的是，至少尝试着要从你正在学的东西中获得一些附加的好处，这样你就可以通过实践应用它来更好地掌握它，从而降低完全浪费时间的风险。

创建一个兼职项目，或者创建一个个人的项目，是一个很好的方法。（有关这一点的细节，我们会在第 58 章中讨论。）

我要就这件事来做最后一点总结。

作为人类，想要预测未来真的很难。在软件开发过程中，过早地去做所谓的“优化选择”通常是一个错误的抉择，在生活中通常亦是如此。

我这么说只是因为我自己在这件事情上屡遭挫折。在我的职业生涯中，我曾经投入了大量的时间学习一些我认为自己会用到的东西，结果我发现从来就没有用过，这纯粹就是浪费时间。

在你决定要去学习哪些内容时要有策略。

我认识许多开发者，他们兴致勃勃地观看 Pluralsight 课程，孜孜不倦地阅读技术书籍，废寝忘食地学习编程语言，然而他们从没有真正想过这么做的真正目的是什么。

大量储备知识并没有错误，但是因为这么做并没有做到集中精力，并不能推动他们朝着自己的目标前进，所以大部分情况下也就是白费力气。如果我花费几个月的时间学习一种我永远不会用到的新编程语言，那么它就无助于我的职业发展与目标达成。

当然，我可能还是会学到一些东西，也可能会因此而拓宽我的视野，但是将同样的时间花在学习一些对我有实际用途的东西上会更好。

学习的质量

如果你想勇立潮头，那你就必须持续学习。就像我之前说过的，在当今的环境中，科技发展的速度极快，而且我不认为在短期内有降速的可能。

既然你在学习上要花那么多时间，那么你不觉得花点儿时间学习如何更好地学习是一件物有所值的事情吗？如何快速学习？

在过去，我常常漫无目的地学习，直到我制订了目标——我必须要在一年之内在Pluralsight开设了30门视频课程。

为了能够在这么短的时间内创建出如此多的内容，我需要学习许多的新技术、编程语言和框架，我需要开发一个快速学习体系。因此，我把我所知道的所有关于提高学习效率的方法都拿出来，我把它们组合在一起变成了一个体系。我把它称为“快速学习任何东西的十步学习法”，如果你读过《软技能：代码之外的生存指南》，你可能已经了解过了。

你并不一定要按照我的体系来学习，但你确实需要某种有利于快速学习的体系。你甚至可以把我的体系的某些部分与你自己的方法结合起来。不管怎么说，如果你想保持勇立潮头，你就需要某种有利于快速学习的策略。

我鼓励你花点儿时间真正学习一下“如何学习”，因为这是一项对你的余生都价值连城的技能。

参加活动

另外一个可以让你在变幻莫测的软件开发领域中保持与时俱进、脱颖而出的方法，就是参加活动。

所谓“活动”可以是会议，可以是编程训练营，也可以是非正式的聚会，甚至也包括像微软这样的公司展示他们新技术的活动。

你可以在一个活动上花上一整天时间，观看一些演示介绍，了解一种新技术或者新工具的工作原理和应用方法，你既不必阅读大部头的整本书，也不必费力阅读使用教程。

仔细观看有人向你演示某种新技术，观看他们向你展示的代码示例，通过这种方法接触到新技术的速度要比其他媒体快得多。

当我还是一名.NET开发者时，我经常参加我的领域内的微软公司为开发者举办的活动，每一次活动微软公司都会对开发者演示五六项新技术或新工具。

我发现，因为这些活动都是精心策划的，所以包含海量信息，所以我在一天之内就可以领略到新兴的重要技术以及这些技术的基础知识。

阅读新闻

通常，我反对阅读新闻。真的，我认为，在很大程度上，阅读新闻的行为都是对时间的巨大浪费。大部分新闻并不会以任何有意义的方式对你的日常生活产生真正的影响。对那些我既不能有所影响又不会对我的生活有所影响的信息，我都会尽量躲避。

当然，技术新闻例外，特别是与编程相关的新闻。浏览Hacker News或者Proggit之类的网站，或者订阅与编程或技术相关的新闻推送服务，都是不错的主意。我喜欢利用这些网站来了解编程世界里正在发生的事情。通常我可以从中看到行业趋势，比如越来越多的人在使用某一种特定的变成语言或技术，这可以帮我去规划未来，让我审视需要在哪些方面改善自己的职业生涯。

阅读新闻，甚至是科技新闻，确实会占用你大量的时间。因此，要确保你花在阅读新闻上的时间上限。阅读关于你感兴趣的东西的有针对性的新闻信息可以是一个很好的方式，保持你对领域内正在发生的事情了如指掌。

大量编写代码

最后，我要陈述一下：能够让你的编程技能与时俱进的最显而易见的方法莫过于自己编写程序。而且是经常编写程序。我会在第58章详细讨论这个问题，但是你应该一直都在做一些自己的兼职项目。

你编写的代码越多，你的编码技能就越不可能变得生疏。这似乎是常识，但你一定会感到惊讶：大量的已经陷入技能过时窘境的软件开发者，在被问及他们编码的频率时，他们会说“不高”。因此，一定要确保你每周（最好是每天）都花一些时间写代码。

关于这个主题，John Resig①曾经写过一篇题为“每天编写代码”（Writing Code Every Day）的优秀文章。

① John Resig，jQuery（一个快速、简洁的JavaScript框架）的创始人和技术领袖，目前在Mozilla担任JavaScript工具开发工程师。著有《精通JavaScript》（*Pro JavaScript Techniques*）等经典JavaScript书籍。——译者注

要想做到每天编写代码，有一个很好的方法，就是一直致力于开发小规模的项目。你可以将本章中的一些想法结合在一起，选择一些你想要去学习的新技能，然后使用这些新技术或者编程语言开发一个小规模的项目。*要确保项目的规模足够小，以便于你可以切实完成它*。

我一生中做出的最恰当的决定之一就是切实完成我所做的每一个项目。我成为一名“终结者”，这对我的职业生涯和生活都产生了巨大的影响。

不要让自己太安逸

记住，无论你眼下的工作岗位或者工作氛围多有保障，都不要过得太安逸，这很重要。

我认识一些在同一家公司里工作了 20 年的程序员，他们觉得自己的工作岗位很安定，所以没有必要保持他们的技能与时俱进。因为他们的工作很有保障，所以他们觉得生活很不错、很安逸，没有必要去学习任何新东西。然后，当意料之外的裁员突然发生时，他们会在一瞬间被抛入劳动力大军中，看着自己落后于时代 20 年的技术与技能，他们很快就会意识到自己之前的错误。

不要让这种事情发生在你身上。制订一个积极进取的计划来保持你的技能与时俱进。

第51章

行家里手：做专才还是做通才

撰写本章，我甚至都不需要先列一份提纲。本书所要讨论的所有话题中，本章可能是最让人感到身心疲惫的话题之一，不断地被询问、不断地被质疑、不断地被品头论足。

关于这个话题我已经谈论了很多，所以我在我的博客 Simple Programmer 上做了一整张 YouTube 播放清单，展示我在这个话题上做过的所有视频内容，这个清单还在不断更新中。

我想说什么呢？做专才还是做通才，这个争论旷日持久。你应该做一个无所不会的“全栈开发者”，还是应该专注在软件开发的一两个领域深入研究？

事实证明，这是一种错误的二分法。*真正的答案应该是：两者兼而有之。*

让我们一起来找出原因。

专业化的力量

在我们进入辩论之前，我想先向你展示*专业化的重要性与优势*。

假设你因谋杀而受审。是的，谋杀。你没有谋杀，我也知道你没有，但是你仍然需要证明自己的清白。你该做些什么呢？你需要聘请一位精通税法、离婚法、房地产法和刑法的律师，还是需要聘请一位专攻刑法，特别是为那些被诉犯有谋杀罪的人辩护的律师？

我不知道你会怎样做，但如果换作是我，既然我的余生岌岌可危，那我每次都会选择专家。

许多人会说，他们需要一个通才，或者他们会看中通才的能力，他们认为这就是他们应该做的，但是当真的有麻烦来临的时候，他们每次都会选专家。

我来给你再举一个例子。我想在我的房子里到处都做一些皇冠造型。我正在寻找精通制作皇冠模型的木匠或者承包商，我遇到了一家专业制作皇冠模型的公司。事实上，他们公司的名字就是“皇冠之王”。他们公司就只会安装皇冠模型。这就是他们的所有业务。你觉得我会选择谁？我是想给那些就做过一些皇冠造型的木匠或承包商一个一个试身手的机会，还是为了确保质量而去选择制作皇冠造型的“专家”？

这并不是说，拥有广泛的知识基础（也就是某种程度上我们所说的通才）没有任何价值——有时我确实只需要一个普通的杂工，但是专家是不可多得的，非常值钱，至少可以以“专家”的身份去推销自己。

这样想吧。在刚才我虚构的谋杀审判里，你觉得那位律师除谋杀审判以外还会熟知其他法律领域吗？他当然会的。他可能对多个法律领域都很在行，并且在几个领域里都是知识渊博，只是他自称自己善于打赢谋杀案子而已，因为他明白专业化的力量。

皇冠造型的建造者也是一样。你不觉得他们也可以胜任其他木工工作吗？当然可以，但他们选择术业有专攻，因为这样做更有利可图。（顺便说一句，甚至各个企业本身也会从专业化中受益。）

为了做到专业化，必须有广泛的基础

许多软件开发者都对一件事情不明就里：*几乎所有的专家都是通才，但是没有一个通才是专家。*

我这么说是什么意思呢？我的意思是，通常，为了能够成为一名专家，需要日积月累大量的综合性知识。*如果在你的领域里没有对综合性知识的广泛积累作为基础，那么想成为一名优秀的专家是非常难的。*

我的姐夫正在学习成为一名口腔外科医生。为了能让自己成为一名口腔外科医生，他必须先从牙科学校毕业成为一名牙医。现在，他不会经常做普通的牙科手术，但是对他来说，填补一个洞或做一些一般的牙科工作那也是小菜一碟。他可能比大多数通才式的牙医做得都好，因为他要成为一名口腔外科医生，所以必须学会所有这些，甚至更多。

这并不意味着每个专家都是优秀的通才，或者需要保持他们的技能与时俱进，但是总体来说，你会发现大多数专家通常都是优秀的通才。（你觉得我这句话怎么样？）

上述这一切都是在说明，专业化并不妨碍你成为一个通才，它只是可以给你更多的选择，让你的价值更高。

这一切都与 T 形知识体系有关

你真正需要去争取的是建立所谓的 T 形知识体系。这意味着你需要在自己的领域内拥有广泛的知识基础，然后至少在某一方面拥有深层次的、专业化的知识与技能。

作为一名软件开发者，你应该努力熟练运用各种最佳实践、算法、数据结构、不同的架构、前端、后端、数据库等。（基本上，我们在本书第三篇“关于软件开发你需要知道些什么”中已经提到了所有你需要学习的内容。）

但是，你还应该至少选择一个你要深入钻研的领域。你需要选择一些专业方向，这样你才会有别于普罗大众，才会让自己更有价值。当你在打造自己的个人品牌和自我营销的时候，你也需要运用这种专业的方式。

如果你要营造出浪潮，那你就需要足够小的一个池塘。在软件开发的浩渺烟海之中，做一名通才无法让你掀起风浪，至少在一开始是这样的。因此，你需要努力成为一名全面发展的软件开发者，你不但要具备广泛的知识基础，年复一年逐步扩展自己的知识储备，而且要选择想要深入探索的专业方向，成为一名大师。

最终，你甚至可以建立起“梳状知识体系”，你对多个领域都有深层次的研究，都是专家，就像埃隆 • 马斯克（Elon Musk）[①]那样。但是，你要从一个专长领域开始。

每个人都说在寻找通才

我知道，在每一份职位描述中都有说明：“我们正在寻找优秀的软件开发者，他们是可以承担不同角色的全栈工程师或者是无所不能的人士。”他们想让你拥有阳光下的一切技能。

我要告诉你，这都是谎言——一个大大的谎言。我向你保证，如果你精准拥有某一份工作岗位所需要的技能，如果你是某公司正在应用的框架或技术方面的专家，他们会更有可能雇用你，比雇用“通才”的可能性更大。

当公司说他们想要一个通才的时候，他们真正说的是：他们想要的是一个适应能力强、学习速度快的人。他们担心的是他们会雇用一个只能做一件事情的人，因此，为了避免这种情况发生，他们试图通过在工作描述里声称特定框架或技术栈的经验并非必要，尽管这么说并不完全真实。别误会，这不是有意撒谎。

---

① 埃隆 • 马斯克（Elon Musk），天才的创业冒险家、企业家、工程师、慈善家，现担任太空探索技术公司（SpaceX）CEO 兼 CTO、特斯拉公司 CEO 兼产品架构师、太阳城公司（SolarCity）董事会主席。据说电影《钢铁侠》就是以他的故事为蓝本的。（以上摘自百度百科）——译者注

我确实相信，招聘经理真的认为他们需要一位通才，但正如我刚才所说，他们真正想要的是一位多才多艺、聪明伶俐的人。

你仍然可以成为一名专家。就像我之前说过的，最好的选择是你要两者兼顾。

构建T形知识体系，这样你既能拥有广泛的知识基础，又可以深入钻研某一个领域，这样你就可以成为与你申请的工作岗位精确匹配的某方面的技术专家了。

今天，你甚至没可能成为通才

成为通才是不可能的。软件开发和技术领域如此包罗万象，变化如此风驰电掣，你不可能完全了解所有知识。

是的，你可以拥有广泛的知识基础，你也可以理解基本原则，但你不能充分理解现存的所有知识，以至于你无法再去自称为通才。即使你是一名全栈开发者，你也不得不只选择一两个技术栈。你不可能完全了解所有的技术栈，无法以真正的方法来衡量其有效性。

这种现象不仅仅发生在计算机科学和编程领域，每一个专业都在向专业化方向发展。

想想今天的医学，也是一门知识领域无比庞大的专业。通才医生很难诊断潜在的疾病与健康问题，因为可能性太多了。

会计师、律师、金融分析师以及几乎所有类型的工程师都必须通过专门化才能有效发挥作用，因为这些专业所包含的知识领域无一例外都在以日新月异的速度快速膨胀。

如果我选择的专攻方向是错的该怎么办

那就去选择专攻别的领域，选错了本身也没什么大不了的。

我的一个好朋友John Papa，曾经专门研究微软公司的一种叫作Silverlight的技术。后来，Silverlight被微软砍掉了，Silverlight就像那种球型门把手一样灭绝了。John是否应该就此两手一摊、彻底投降、蜷缩进自己的车里了此残生？他没有，因为他已经是一名专家，他已经建立起良好的声望，拥有一大批追随者。他只是转向另一个密切相关的专业领域。现在John是SPA（单页应用程序）开发领域的专家，而且他比以前做得更好。

太多太多跟我交谈过的软件开发者都害怕选错专攻方向，因为他们对什么技术都不擅长。多年来，他们的职业生涯一直停滞不前，被恐惧吓破了胆，一直都在犹豫“如果……那该……”而踌躇不前。

不要那样，你只要挑选一些东西然后阔步前行就好了。这比什么都不做要好得多，因为只要有需要，你可以随时调整策略，然后再改变方向。另外，你会发现，一旦你学会了深入钻研了某一个专业领域，去钻研下一个领域就容易多了。

许多看似不可转移的技能，本身就是价值连城的，而具备了如何深入钻研这些技术的能力更是无价之宝。

所以该怎么办

无论你在职业生涯中处于什么位置，都要选择追求某个特定专业领域。如果选择错误，或者并非最佳选择，也不用担心。

从选择一个特定专业方向开始，围绕它打造你的个人品牌，然后下定决心深入研究就好。

向 John 提问：我是应该根据自己的兴趣来选择专攻方向，还是应该根据为现在的雇主所做的工作来选择专攻方向？

这是个艰难的决定。你需要考虑如下因素：如果你选择的专业方向并非日常工作中所做的事情，那你就很难保证有足够的时间去积累所需要学习的专业知识，很难达到真正专业化所要求的深度。

这种可能性是完全存在的。我认识有些人就遇到了这方面的问题，我自己以前就是这样的，而我很快意识到这么做的确是一条荆棘丛生的道路。

因此，更好的处理方式就是切换到一些新兴的并且可能是你真正想要学习的内容上。

如果你能在自己的当前工作中找到专攻的方向，你可能更容易让自己浸入其中，你就会从这个专业化过程中得到双重的好处。

如果你对这两者都没有任何强烈的感情，我建议你选择在自己的当前工作中找专攻方向这条路。

最后，你最好把工作转移到你想要专攻的方向上，这样你就可以每时每刻都浸淫其中。

也许开始的时候，你选好自己的专业化方向，并且打算围绕这个方向建立自己的声望，你可以在每天早上上班之前和每天晚上下班之后认真钻研专业，然后当你的吸引力足够大的时候，跳槽到另一份新的工作，一份可以充分应用你的专业的工作。

宁可错误地选择过于狭小、太过具体的专业方向，也不要选择太宽泛。不要成为所谓的“C#开发者”，要做一名专门从事特定 C#框架、技术或者技术栈的 C#开发者。尝试要尽可能小而具体。你可以随后再行拓展和拓宽领域范围。

我的朋友 Adrian Rosebrock 是一位非常成功的软件开发者和企业家，他专门为计算机视觉开发了一个 Python 库。你不会相信他在这个特殊的天地里有多成功，尽管这个专业面非常窄而且需要非常专注。

同时，努力构建起你在软件开发方面的综合性知识体系——你的广泛基础。学习如何编写优质代码。了解潜在的原则与技术，这些原则和技术可能以许多方式表现出来，但从核心上讲，它们却从未改变过。

你要么在自己选定的专攻方向上直接深入地透彻研究，要么就去研习那些放之四海而皆准的永恒经典。不要试图学习一堆你可能永远不会用到的编程语言与框架。

按照这种方法，你将把自己装点得卓尔不群，为自己的成功做好准备。

第52章

传经布道：演讲和参加会议

作为软件开发者，软件开发大会为你提升自己的职业生涯提供了许多机会。

正如我们在第 49 章中讨论过的，参加会议不但是拓展人脉的好机会，而且是向该领域一些最资深的程序员学习的好场所。

但是，如果你真的想从软件开发大会上获得最大的收益，那你必须成为一名演讲者。作为一名演讲者，你将树立起自己的个人品牌，可以与其他演讲者建立起人脉，有机会与主办方交流，甚至可能还会启动一些“副业”甚或是咨询业务。

我知道这一切看起来会令人心生胆怯，但是别担心，本章的目的就是针对如何出席软件开发大会给予你一些指导，如果你愿意的话，本章还会指导你如何以在小型活动中发表演讲作为起步，进而在会议上发言。

参加会议

正如我前面提到的那样，只是出席会议，即使没有在会议上发言，对你也是非常有益的。

我个人认为，所有希望提升自己职业生涯的软件开发者，每年至少应该参加一次软件开发大会。花几天时间专注于学习和拓展人脉是非常有价值的。

会议的一个伟大之处在于，它们会让你置身于日常的环境之外，在好几天时间里迫使你将精力集中于学习与拓展人脉。

我每次去参加某个会议的时候，不管我是否会在会议上演讲，在离开会场时我都会带着大量新的人脉和新的想法，而且在离开会场时，通常我都会兴奋无比。

但参会费用很昂贵

这是真的，很多会议都是如此。但也有很多价格合理的会议。搜索一下周边，寻找一下在你的地区举办的活动。通常，你可以使用类似 Lanyrd 或 Eventbrite 这样的网站来查找你可能有兴趣参加的会议。

另外，根据你的工作地点，你也可以让你的老板支付你去参会的费用。通常来说，说服老板让你一年参加一次会议并不难，特别是当你强调参加会议对培训方面的作用的时候。试着用你在会议上可能学到的东西以及你可以在会后带回来的信息来打动你的老板。

有一种很不错的策略，就是承诺在会后你会根据自己从会议中学到的知识为团队中的所有其他开发者做一次培训。这样你的老板就会考虑用把你送去参加某个会议的成本除以团队中所有软件开发者的数量，得到的人均培训成本是一个很小的数值。

最后，考虑一下，在会议上发表演讲。我们将在本章后面的内容中详细讨论这个话题。通常，当你在一个会议上做演讲时，你可以免费参会，你甚至不用支付自己的差旅费用。因此，如果你真的想去参加会议而又负担不起，那不妨考虑一下在会议上做演讲。

在会议上要做些什么

好的，你要去参加某个会议了，但是当你到了那里之后你要做些什么呢？你如何充分利用好这个机会？

实际上，在你去参会之前你就要有所行动了。你要做的第一件事就是浏览一下会议的日程，然后计划好自己的日程。你想去参加哪些分会场？你想去聆听哪些演讲者？花点儿时间提前计划好你的日程，这样你就知道到达会场之后该做些什么了。

你也可以考虑提前一天或者更早出现在会场，可以去参加某个会前活动，也可以自己举办一场会前活动。

通常在会议前后都会有非正式的宴会和活动，这为你提供了一个与较小人群建立人脉的绝佳机会，并且让你有可能在一段时间里直接与大会演讲者或者会议组织者交流。搞清楚谁要去参加会议，搞清楚你想要去认识谁，这都不是坏主意。

很多时候，我都会在会议上发现一些我想去结交的特定人士，他们也在会场上，甚至还要在会议上发表演讲。当我前去参会的时候，在很多情况下，我都会请这些人士一起共进晚餐，或者安排一次喝咖啡的快速会面，又或者我会做好准备碰碰运气看看能否跟他们不期而遇。

这些内容差不多涵盖了你的“会前游戏”。那会议本身呢？我强烈鼓励你尽可能多地利用你在会场的时间与尽可能多的人交流。

向 John 提问：我怎么才能去找一个我并不认识的人并且与他们交谈？

老实说，径直走上前去就是了。

是的，我知道这可能有些吓人。我知道你可能不知道走上前去该说些什么，或者你害怕自己会说些蠢话。但是，这项技能只有通过一次又一次的努力练习才能获得，没有多次实践，恐惧不会自行消失。只有通过交谈，你才能成为一个优秀的、无所畏惧的健谈者。

但是，你可能会问：“我该说些什么呢？”

其实，说些什么并不重要，因为在这样的会场上，你会和你遇到的每一个人都有很多共同之处，也会有很多可以谈论的共同话题，如果你真的不知道怎样开始搭讪，下面是一些简短的建议。

（1）试着赞美他们穿的衣服，或者他们身上某些独特之处。这永远都是一个良好的搭讪方式，因为人们都喜欢谈论自己，人们通常也都喜欢赞美。

（2）试着问一些开放式的问题，也就是那些不能用“是”或者“否”回答的问题，尤其是关于他们自己的问题，例如，“你怎么在这儿？能讲讲你的故事吗？你从上次谈话中得到了什么？”（可不要一次就问他们所有这些问题。）

（3）径直走上前去做个自我介绍就好了。我知道这听起来有些蹩脚，但这却是非常容易做到的，而且在会议这样的大型活动场合，这正是你真正需要去做的。

（4）评论一些共同的经验或者在你周围正在发生的事情：“嘿，哇，刚才那个戴一顶亮红色帽子的家伙。我也有一顶同样的帽子，本来我也打算戴出来的，可惜正在浆洗。”

但是，就像我说的，最重要的莫过于实践练习，养成与别人交谈的习惯，无论你身在何处。

别坐在会场上用你的笔记本电脑工作。你可以在飞机上或者返程途中做这些事情。

尽可能多地与人交谈，尽可能多地参加活动，从而最大限度地利用这些机会拓展你的人脉。分发你的名片，做好“电梯推销”工作，这样你就可以最多用三言两语就介绍清楚你是谁、你的职业是什么。

可以应用我们在第 49 章中讨论过的拓展人脉的方法。

演讲

就我个人而言，我认为每个软件开发者都应该在演讲方面一试身手。我知道这可能会让你紧张不安，但是如果你能学会克服最初的这些不适感，克服对公众演讲的恐惧，这会让你受益匪浅。

最大的一个好处就是**建立个人声望**。作为一名大会演讲者，可以为你的软件开发职业生涯开启大量的机会。在第 48 章中我们谈到了如何让你声名显赫，而在会议上做演讲正是做到这一点的绝妙方法。作为一名大会演讲者，只要在几个活动上做过演讲，其效果就像出版了一本书一样。它会给你带来声望，让你卓尔不群，可以大大提升你的感知价值。

另外，这还是一个让人们了解你的绝妙方式。尽管演讲的作用可能并不如拥有一个成功的博客或播客那么有效，这是因为你无法接触到更多听众，但是由于不同媒介的天然属性，通过演讲你可以大大影响到你接触到的人群。

除了能够让你声名远扬，作为一名软件开发者，演讲也是开创自由职业或者咨询公司的绝妙方法。**我认识好几位软件开发者，他们的时薪都达到了数百美元，他们的主要业务来源就是每年在各种各样的软件开发大会上演讲。**

在会议上发表演讲为你提供了一个独特的机会，可以让你在潜在客户面前尽情展示你作为专家的渊博知识，从而让他们萌生雇用你的想法。

向 John 提问：我可以在演讲中打出广告“我可以做咨询”吗？还是最好等待其他时机？

如果你在一个会议或者活动上做演讲，你不应该直接为你的服务打广告，但是，如果你真的想卓有成效地推介你的服务，那么你可以在演讲当中提到一些你以往的客户或者成功案例。

确保你的听众能够意识到你是一名咨询顾问，并且在你当前演讲中提到的领域里提供咨询服务，并且已经有成功的客户案例。

我完全赞成进行强有力的直销宣传，但在会议演讲的场合，不那么直接的方法可能会给你带来的效果更好。

在演讲的最后你也可以说“如果你有任何其他问题，或者有任何地方我可以帮你的，请不要犹豫，即刻同我联系”，然后提供你的联系方式。

这是获得潜在客户的绝佳方法。

你会惊讶于自己每年只在几个活动上演讲就能招揽到这么多业务。

此外，如果你喜欢旅行，演讲是一个很好的方式，既让你体验到折扣价格，又有益于你的职业发展。演讲使我有机会环游世界上的许多国家。就在 2016 年，我在中国待了三个星期，因为我受邀在一次会议上做演讲[①]，我的大部分行程还都得到了报酬。

---

① 2016 年 7 月，作者应邀在由中国软件行业协会系统与软件过程改进分会、中关村智联软件服务业质量创新联盟主办的“TiD 2016 质量竞争力大会”发表了主题为“软技能”的演讲。——译者注

开始演讲

所以现在你们都兴高采烈起来了。你想环游世界，你想结交朋友并开展咨询业务，你想即刻动身去参加软件开发大会并在会议上发表演讲。

太棒了！

但是，在大多数软件开发大会上，你不能因为报名了就获得做演讲的机会，尤其是当你还没有经验、相对不出名的时候。

那么，如何起步呢？就像生活中所有的一切一样，你必须从小事做起。

如果你没有在公众面前演讲的经验，那么你不可能会获得在小规模的软件开发大会上演讲的机会。如果你没有在小规模的软件开发大会上做过演讲，那么你不太会获得在大型软件开发大会上演讲的机会。

因此，你需要做的第一件事就是获得经验。最好的实践场合就是你现在的工作场所。向你的团队展示你正在学习的新事物。你甚至可以考虑在午餐时间发表演讲或者提供培训，为听众提供一个棕色袋式的便携午餐。

不要担心无法成为一名卓越的公众演说家，这一天终将来临。准备好你的演讲，尽你的最大努力去做好表演就好。

如果你想要精于此道，你就必须汲取很多营养，你还要善于学习。

在工作中做过几次演讲是一个良好的开端，接下来就可以在编程训练营或者用户组进行演讲，就像你在技术聚会（meetup）上看到的那样。编程训练营基本上是允许任何人来注册进行演讲的，所以编程训练营是一个你在不认识的人面前练习演讲的好地方。

另一种绝妙的选择就是你可以同时寻求加入 Toastmasters。Toastmasters 是一个国际性组织，在世界各地都有它的俱乐部，在你所在的地区可能就有很多，该组织致力于帮助人们成为卓越的公众演说家，给予人们在公共场所练习演讲的各种机会。我 2016 年就加入了 Toastmasters，我可以告诉你，这里是一个充满了激励与支持的氛围。我强烈推荐你参加 Toastmasters。

只要你已经为迎接大场面做好准备，你就可以向软件开发大会提交演讲提纲了。

通常，会议都要去征集演讲者，要求你正式提交演讲所要讨论的内容摘要，也许还会要求提供一些视频或者之前在哪些活动上做过演讲。无论会议组织者如何声称不重声望、只重内容，这都不是实际情况。在很大程度上，演讲者的遴选仍然需要经过“长老会”认可。

这意味着，如果你想要在大型会议上发表演讲，甚至是被邀请在会议上发表演讲，你就需要拓展人脉，建立个人声望。但是，如果你有一些经验，并且演讲内容摘要写得妙笔生花，这肯定会帮助你成功入围。我建议你找人给自己拍一个小视频，你在小型活动上的演讲视频，这样你就可以把它和你的演讲内容摘要一并提交。

通常情况下，活动的组织者都害怕请到新人或者不熟知的演讲者，因为他们不知道你是否真的可以讲得很出色，他们害怕你站在讲台上呆如木鸡。你所能做的任何能够缓解这种恐惧心理的事情都将有助于加大你被选上的机会。

此外，在一开始征集演讲者时，你就应该提交一份尽可能翔实的演讲内容摘要。如果你能提前与会议组织者交流一番，询问一下他们正在搜寻哪些主题，以及他们非常期望的摘要是什么样子，那就再好不过了。

克服演讲恐惧症

你知道什么是演讲恐惧症吗？站在一群你不认识的人面前，他们都目不转睛地盯着你看，而你还要努力和他们谈论一些事情。这种恐惧真实存在。承认它也没什么大不了的。

这就是恐惧，至少刚开始时会是这样。

当我第一次站在讲台上发表演讲的时候，无论我怎样试图保持冷静与自信，我的声音都一直在颤抖，完全超出了我的控制范围。我的腋下不停地出汗，在衬衫上留下了一大片汗渍。这实在是太可怕了。但是我很高兴能够完成了这次演讲。

然后我又讲了一次，结果也差不多，声音仍然在颤抖，仍然汗流浃背。然后又实践了一次又一次。你猜怎么样？当第四次或第五次在人群面前发表演讲时，我就没那么紧张了。不知怎么的，我的声音神奇般地保持平稳，我也没有在讲台上汗流浃背。不知不觉间，我感觉有点儿自信了，甚至还觉得自己有点儿魅力四射。曾经令人恐惧的事情现在也只是有点儿害怕而已。

现在，当我站在讲台上时，我非常热爱这种感觉。当我向一大群观众发表演讲时，我感到这就是我最有活力的时刻。我真的想不出比演讲更好的感觉了。

是什么改变了我？我是如何从害怕上台，变得自信并真正喜欢上这种感觉的呢？老实说，*最重要的就是时间和经验*。

恐惧往往是由未知引起的。当我们第一次登上讲台时，我们不知道会发生什么，我们不知道接下来会是什么样子，我们不确定人们是否会喜欢我们，是否会对我们发出嘘声或其他什么。但是，当你继续站在讲台上侃侃而谈的时候，大部分谜团最终都会消失。你意识到，即使你没有拿出自己的最佳表现，人们也不会向你发出嘘声，也不会有人向你扔臭鸡蛋，你依然活着。

因此，*如果你想克服演讲恐惧症，那你就必须站在台上去演讲*。不要等待勇气会不请自来，也不要幻想你会自动不害怕。这些都是不会自然而然发生的，勇气是无惧恐惧下的行动，而并非是在恐惧消失后的行动。哪怕只有一点点勇气也要走出去，不要害怕把自己抛入困境，也不要害怕自己看起来像个白痴，反正我们都会时不时像个白痴。

这就是你变得卓越的方法。

一些实用技巧

我和其他人一样喜欢给你灌些鸡汤，但是实用的技巧往往更有用，所以这里我也准备了一些。

首先，至少做 5 次。在你得出结论自己不善于演讲之前，至少上台 5 次。也就是说，这 5 次演讲不能真的算数。就是站出来讲一讲，不必担心结果。如果 5 次以后你仍然觉得自己不适合于演讲，那也没关系，至少你尝试过了。但是，在你至少在讲台上做够 5 次演讲之前不要放弃。

其次，当你进入会场发表演讲时，提前 10 分钟到场。不要摆弄你的麦克风，也不要在讲台随意踱步，你要走到观众面前，介绍你自己，和他们握手。这样，当你登上讲台的时候，听众中至少有一些人已经认识你了，他们会支持你的。能跟演讲者聊一聊，那是一种荣幸。这会让你感觉自己很特别。因此，作为回报，你刚刚打过招呼的那些人会格外注意你的演讲内容，也会积极鼓励你。如果你开始在讲台上感到紧张，或者感觉到你的心率正在上升，你就看看前排，那里会有鼓舞人心的笑脸。我已经不再需要这个技巧帮忙了，但我每次还是习惯这么做。

最后，准备和练习。

你对某个问题了解得越多，准备得越充分，你就越不会紧张。当有人问你最喜欢哪个电视节目、哪部电影或视频游戏时，你会紧张吗？不会。你对此肯定会有很多话要说，甚至会滔滔不绝。但如果有人问到你核物理方面的问题，而你既不是核物理学家又没有猎奇的阅读习惯，你可能就会很紧张。因此，确保你熟悉演讲内容，而且已经练习多次。

对着镜子发表你的演讲，算好时间。使用摄像机记录下自己的演讲过程，然后仔细观看。

准备演讲内容和幻灯片

我更倾向于不做幻灯片或者尽可能少利用幻灯片。但如果你的主题是高度技术化的，涉及相当多的代码，不做幻灯片是不可能的，但是你仍然可以把事情变得简单且容易。

你应该力图在演讲中只围绕一个大的想法传递一些要点。如果你要使用幻灯片，那就力图让它们尽可能简洁。不要在幻灯片中写满文字要点，然后在演讲中逐字逐句读这些要点。幻灯片上应该提供的是演讲的附加信息，或者使用可视化方法来强化你的演讲内容，而并非演讲内容的简单重复。

简洁是关键，有趣也是关键。

如果你不能取悦别人，你就不能教导他们。作为演讲者，你的工作首先是娱乐，然后才是传道授业。如果你没有吸引住听众，想要教导他们是不可能的；而如果你不能让他们开心，你也就无法吸引住他们。因此，一定要确保你的演讲内容不会单调乏味，演讲内容一定要简洁明了、易于遵循，某种程度上还要生动有趣。你可以秀一些妙趣横生的图片，你也可以讲一些笑话或故事。

想要生动有趣，方式有很多种。与其我在这里写下一整篇关于如何准备演讲和制作幻灯片的文字，还不如给你推荐两本书作为参考。

我推荐的第一本书是《演说之禅：职场必知的幻灯片秘技》（*Presentation Zen*）。我极力推荐这本书，它会让你理解如何做优秀的、简洁的演讲。你的演讲的听众会感谢你阅读过这本书。

我推荐的第二本书是史迪芬 • E. 卢卡斯的经典名著《演讲的艺术》（*The Art of Public Speaking*）。这是一本关于公开演讲的经典著作，从中我第一次听到这样的观点：告诉他们你想要告诉他们什么，然后告诉他们你想要告诉他们的，再然后告诉他们你已经告诉了他们什么。

收费演讲

如果你做过很多次演讲，或者你已经名满天下，或者你闯劲儿十足到处为你的“演讲服务”打广告，那你可能会得到收费演讲的机会。想象一下。

我刚开始演讲的时候，我为自己能有机会在某一活动上发言而感到十分荣幸。但是，经过一段时间之后，特别是在我的第一部书问世之后，我开始经常接到演讲的邀请，我忽然意识到，如果我要花上时间和精力去某个地方讲一次，我得为此而收费。

不要误会，**准备一次演讲要花费相当多的时间和精力**。你必须预订机票，按照议定议程在某个地方出现，通常要花费两三天在旅途和活动上，你还要准备好你的演讲内容、排练、然后是正式的演讲，在演讲结束之后还得和大家探讨你的演讲内容。这些都需要大量的组织工作和时间。

当我意识到这一点之后，特别是我意识到每年我的时间都是如此珍贵之后，我开始要求收费演讲。

最开始，我只是要求报销旅费和大约 2500 美元的费用。后来我开始要求 5000 美元。现在，至少在写作本书时，我的标准收费是 10000 美元。我知道许多公众演讲者的收费比我贵。著名作家、风靡全球的漫画人物“呆伯特”（Dilbert）的创造者史考特 • 亚当斯（Scott Adams），在他的名著《我的人生样样稀松照样赢：“呆伯特”的逆袭人生》[①]（*How*

---

① 影响世界的“呆伯特”漫画的作者、职业演说家、畅销书作家史考特 • 亚当斯（Scott Adams）在《我的人生样样稀松照样赢：“呆伯特”的逆袭人生》一书中，以其独特的诙谐手法写下了他对成功的种种思考，以及他是如何与失败相处，最终走向成功的，并对关于成功要素的陈词滥调进行了讽刺，鼓励人们根据自己的情况去探索属于自己的成功模式。——译者注

to Fail at Almost Everything and Still Win Big）中提到：他的演讲收费最高达到 10 万美元。因此，是的，你可以通过演讲赚到很多钱。

通常，如果你要在某个软件开发大会上做收费演讲，那么你的演讲通常也是会议的主旨演讲。主旨演讲通常并不需要申请，而是有人会发出邀请。因此，你需要建立起广泛的声望或者成为知名的演讲家，以便能够进入主办方的视野。

在私人公司的活动中也经常有机会做收费演讲。有一次，我被邀请在某个公司活动中与软件开发者交流，他们公司有专门的预算，邀请一些著名或者半著名的演讲者来公司做演讲。

注意，如果你真的想坚持做收费演讲，你可能就不要想着做太多免费演讲，或者不要频繁提交参加各种会议的申请。

我知道这么说有些负面，但请允许我解释一下。很久以前，当我还在加州圣莫尼卡（Santa Monica）当演员的时候，我的表演教练告诉我有些东西一旦去触碰就会像标签一样贴在你的身上，撕都撕不掉。他告诉我永远不要去做一名临时演员。他说："我知道，你会认为做临时演员确实是个赚外快的好方法，你也可以在一些作品里得到出场的机会，还可以在一些导演面前大方出境，但是如果你想成为一名顶尖的演员去出演重要角色，那你就不要去做临时演员。"他接着说："一旦人们把你看作是一名临时演员，那你将永远都是一名临时演员。"

如果你一直从事免费的工作，或者一直以来收费就低到不值一提，那你就很难说服某人向你支付一大笔钱，也很难让别人严肃认真地对待你。

你也不要和那些逢会必参加的演讲者竞争，并希望通过低价或者免费手段从竞争中脱颖而出。相反，如果你是一名严肃认真的专业演说者，请拒绝大多数的免费演讲邀请，在传播自己声望的同时就订立好稳定的收费原则。

向 John 提问：但是我怎样才能从在编程训练营上演讲逐步提升到在大型会议上做收费演讲呢？

老实说，这可不是一件容易的事情，而且大多数人在这方面做得都不成功。

这当然是长期努力的结果。

关键是你的声望和耐心。你需要使用本篇讲到的各种技巧为自己建立起足够响亮的声望，成为一名人人都想邀请你演讲的足够受欢迎的演讲者。

这可能需要很长时间，或者根本就不可能发生。

当然，你也可以像大多数开发者一样，选择免费演讲的方式，通过提交参会演讲申请的方式获得演讲机会，但是如果你想要最终成为一名收费的演讲者，你就要考虑一下刚才我的观点，也就是我的表演教练的观点——从一开始就不做免费的演讲。

所以你要让自己与众不同，而不必与众人斤斤计较。

走出去实践吧

如果你从来都没参加过任何软件开发大会，那么赶快找个口碑好的会议，订好票立刻出发赶往会场吧。如果你对演讲感兴趣，那么赶快选好一个话题，做好幻灯片，然后立刻就去传经布道吧。

如果你没有采取措施改变或者改善你的生活，那么你的生活就不会发生任何改变。是的，我知道改变可能会让你感到可怕。如果你从来没有参加过会议，那才是真正可怕的事情，但当你经常去做那些让你感到害怕的事情之后，你会发现它们如此寻常，其实一点儿也不可怕。

我从来没有想到过，我会去参加会议、会站在讲台上侃侃而谈，但是我已经演讲过很多次了，我已经觉得演讲是很自然的事情，甚至会令我兴奋。

但最重要的是，克服那种恐惧，做那些一开始让我感到最不舒服的事情，这些才是改善我的事业乃至改善我的生活的最重要的事情。

因此，值得冒险。即使冒险不成功，你又会失去些什么呢？

第53章

笔耕不辍：创建博客

老实说，我认为你可以为你的软件开发生涯做的最好的事情之一就是开设一个博客，并且定期更新。

在这一点上，我得承认我有点偏见。但是，如果不是在2009年年末的某一天，我决定创建一个名为“Simple Programmer: Making the Complex Simple”（简单程序员：让复杂的事情变得简单）的博客，你今天可能就不会读到这本书，我可能都不会写这本书。

当时我其实并不知道我要做什么。我没有什么远大的抱负。我只想和我的团队分享我的想法和经验，因为我知道他们可能会读我的博客。

但是，一周又一周，我从未停笔。从那时起，一切都开始了变化。不可思议的是，人们真的开始阅读我所写的东西，虽然人数不多，但对我来说已经足够了，然后人们开始注意到我。

我开始得到工作机会。最后，我抓住了一个机会，为当时还是一家小公司的Pluralsight开设了一系列在线课程。三年时间里，我总计为Pluralsight创建了55门课程，我赚了几百万美元版税。

我被邀请在各种播客、会议和活动上发表演讲。

Simple Programmer的读者越来越多，结果，我在博客文章中推荐亚马逊产品所带来的收入也有所增长。Simple Programmer的读者群体不断发展壮大，于是推出了我的第一款产品“软件开发者如何自我营销”（How to Market Yourself as a Software Developer），大获成功。最后，我辞去了我的本职工作，全身心投入到Simple Programmer的建设上。我在2009年创建的这个小博客就是我的全部收入来源。今天，这个博客还在继续成长。

今天，Simple Programmer 雇了三名全职人员，还有许多兼职的合同制员工。Simple Programmer 已经成为一家真正的企业，让我环游世界，让我遇见从未想过会遇见的人，对人们的生活产生真正的积极影响。

这一切都源自一个博客，以及一个简单的理念——让复杂的事情变得简单。

我也是寻常人，所以如果我能做到这些，你也可以。整个过程可能并不容易，但在本章里我将尽我所知与你分享这一历程。

为什么博客仍然是最好的选择

今天，我的 YouTube 频道每天的流量超过我的 Simple Programmer 博客。但我仍然认为，对大多数软件开发者来说，博客是最好的选择（尽管你也应该考虑 YouTube）。原因很简单：入门门槛很低，而且效果非比寻常。

很长一段时间以来，人们一直给博客敲响丧钟，不断宣称“博客已死”，因为有太多的人在写博客，有太多的博客在那里，但事实并非如此。

是的，现在有相当多的博客，但其中大多数并没有太多文章，也没有得到定期维护。如果你持续不断地定期撰写博客，那么当人们在互联网上搜索你的名字时几乎一定都会找到你的博客。正是因为你有一个博客，并且定期更新，这将提升你在任何一位招聘人员、雇主或者潜在客户那里的声望。

无数收看过我的博客课程的学生给我发来电子邮件，告诉我开设博客是如何令他们找到一份更优质的工作——要么是因为一位潜在的雇主看了他们的博客就决定雇用他们，要么是他们收到了某个人的邀请，让他们申请一份工作。

最棒的是，创建博客非常简单。任何人都可以创建一个博客，并在五分钟或者更短的时间内启动并运行一个博客。是的，你仍然需要定期撰写博客文章，但是任何人都可以成为此中高手，只要经过一段时间的实践就可以了。

把博客想象成你的个人广告，它夜以继日地为你工作，而你除了偶尔给它“喂食”一篇文章之外，其他什么也不用做。

博客除了能为你提供的外部机会，还可以为你提供一些个人发展的机会。

要提高你的沟通技巧，我认为没有比写作更好的方法了。写作教你用别人能理解的方式清晰明了地组织你的思维。你写的越多，你的沟通能力也就越好。

博客还可以帮你记录自己的个人职业发展状况，为你提供历史文档和参考资料，让你能够清楚回顾过去是如何解决某个问题的。我经常在我自己的博客上搜索，用我过去已经讨论或者解决的问题来作为对当前一些问题的答案。

每一位软件开发者都应该有自己的博客：它就像绝地武士手中的激光剑[①]。

怎样创建博客

好吧，现在你已经确信你需要一个博客，这太棒了！那么你该如何创建博客呢？（我将在这里介绍一些基本知识，如果你要了解详细的步骤以及创建博客的完整演练，我强烈建议你报名参加我的免费博客课程。）

我的第一个建议是不要去创建一个博客……我的意思是不要自己创建博客。许多软件开发者都很想从零开始创建自己的博客，而不是利用现成的解决方案。这是一个很糟糕的想法。原因有以下几个。

- 写博客的目的不是要锻炼你编写博客软件的能力，编写一个博客软件要比想象困难得多。
- 写博客的目的是要建立你的声望，让你名扬四海，以及记录你自己的想法，而不是提高你的开发技能。

这并不是说自己动手创建博客有什么不得了的问题，但是*这么做会浪费大量时间，而这些时间你还不如用来撰写和发布你的博客文章*。而且，如果你无法完成自己动手创建博客的项目（这很有可能），那么你就永远不会有博客了。

再者，今天的商业化博客软件已经非常好了，得到了广泛的应用与支持，商业化博客软件上集成有大量的插件，这些都是你永远无法自己编写的。因此，*我强烈建议你使用 WordPress 作为你的博客平台*，因为它在博客空间中占据统治地位，插件和扩展点的数量也最大。

我的所有网站都是使用 WordPress 创建的，因为它很灵活，且易于使用。使用 WordPress 创建你的博客极其简单。你需要的第一样东西是主机。如果你刚刚入门，我建议使用 Bluehost 或者 WP 引擎（WP Engine）。

目前，Simple Programmer 运行在专门配置的 Digital Ocean 上，但我有一位 Linux 管理员专门负责该系统的所有维护工作。我不建议你采纳我正在采用的策略，直到你的博客流量峰值高到不得不去考虑性能问题。

如果你从一开始就想节省费用，而且你预料到流量不会太大，那么 Bluehost 是个不错的选择。WP 引擎更加健壮，可扩展性也更好，可以处理更高的负载量，但是它也更为昂贵。

你选择好了主机之后，接下来你需要安装你的博客软件。对于 Bluehost，这是一个

---

① 此处作者使用著名科幻电影系列《星球大战》中的情节来强调博客的重要作用。——译者注

极为简单的过程。只要点击几下按钮就好。对于 WP 引擎，这个过程更为容易，因为你已经在安装 WordPress 的同时设置好了你的账户。

如果你使用的是类似 Digital Ocean 这样的解决方案，那你可能必须自己手动安装 WordPress，或者使用他们提供的预装快照镜像。（不过，请记住，你必须维护一个完全虚拟的服务器。）

我强烈建议你为自己的新博客注册你自己的域名。不要只使用博客托管服务提供商提供给你的默认域名，因为你肯定希望为你自己的域名构建所谓的网页排名或域权限。你的网页排名和域权限将影响以后你的博客从搜索引擎导入的流量，因此注册你自己的域名是非常值得的。

你应该能够在几个小时内建立起自己的博客，所以不要拖延这个过程：立即采取行动。

事实上，如果你一直在开设自己的博客方面有所拖延，那么读完本章后，你就应该立刻放下本书，今天就完成开设博客的工作。你会为自己这样做了感到很高兴，而且，这并不难做到。

选择一个主题

开设博客的时候，你的一项首要工作就是选择博客的主题，这件事情甚至在你选择好博客域名之前就要做好。

我在这里所说的“主题”，并不是指 WordPress 的主题。（尽管如此，如果你想让我推荐在哪里可以获得 WordPress 主题，我会推荐并使用 Thrive 主题。）

我所谓的主题，指的是话题（topic）。我的意思是说，你的博客是关于什么话题的？你将如何描述你的博客，你要将博客的关注点放在哪里？

从本质上说，博客的主题要与你的专业或者工作一致。

开始的时候，你要让你博客的主题非常聚焦、非常紧凑。你可以在将来慢慢扩展它。例如，你可以创建一个专门论述在 Android 中如何使用 ListView 控件的博客。这似乎是一个非常小、非常窄的主题，但我向你保证，你可以针对如何使用 ListView 控件、如何自定义 ListView 控件以及其他密切相关的主题写出数百篇博客文章。

通过选择如此窄的焦点，你可以更为轻松地控制这个领域，并且能够让博客的读者数量快速增长。成为 Android ListView 控件的专家要比被称为 C#专家、Java 专家或敏捷开发专家要容易得多。

因此，尝试选一个非常窄的焦点作为你的博客主题，但不要小到让你无法构思出至少 50 篇关于这个主题的博客文章。

你也可以采用独特的视角来阐述众所周知的主题，使你的博客主题独一无二。

开一个关于C#的博客有点儿太宽泛了，不够聚焦，但是如果你开一个主题有趣、信息量丰富的关于C#故事的博客，你用一个有趣的故事或者连环画来解释一些C#的概念，这就会是一个非常优秀的博客主题。

你也可以将多个事物组合在一起。

我有一个播客（现在有点儿过时了），叫“Get Up and Code”。这个播客的内容其实就是编程和健身的交集。这两个主题中的任何一个都过于宽泛，但是如果把它们组合在一起就创造了一个小的特殊天地，而且关注点非常紧凑。

关键是，你要考虑自己要为博客选择怎样的主题才能让你可以成为世界上某个特定主题或特殊领域的执牛耳者。可以头脑风暴想出所有可能的主题，然后挑选出最有希望的主题，让你觉得自己可以主宰这个特定的领域，成为此中的佼佼者。

如果我问你世界上向软件开发者传授软技能的头号博客是什么，你会怎么说？我希望你说的是我的Simple Programmer。

怎样撰写博客文章

写博客文章既比看上更容易也比看上去更困难。说它很容易，是因为你所要做的无非就是写写文章，然后发布你写的东西。说它很困难，是因为写作确实很难。即使你是一位有经验的作家，写作也是一项挑战。

此刻，我正站在办公桌前，写本章的内容，我脑子里充满了对我写下的东西的怀疑。这个句子好吗？本章我选的方向对吗？为什么我的手腕疼？

不过，你最终还是得写。你写的所有东西可能都不够好。当你第一次开始写作时，你可能会发现自己写的东西一团糟。不过，这没关系。一切都会好起来的。你必须相信这个过程。

我这里也有一些切实可行的技巧，可以帮你写博客文章，并让写作过程尽可能高效能。

首先，在写作之前，一定要知道你要写什么。我强烈建议你列出自己将要写的话题。当你坐下来打算撰写一篇博客文章时，选择其中一个话题着手开始写作。

以本书为例，我先列出了整本书的大纲，确定了所有章的主题，然后我才开始动手写具体内容。现在，当我早上起床开始写作时，我很清楚我应该写些什么。我不会浪费时间去想话题。我写博客文章亦是如此，大部分时间如此。*克服拖延症最好的方法之一就是知道自己应该做什么。*当你知道自己该做什么的时候，你就不太可能拖延了。

接下来，我的建议是：*如果你需要做研究，那就做在前头。*针对一个你精通的话题展开写作要轻松许多。因此，在坐下来写作之前，你去探索一下这个话题，做一些研究吧。

如果你的文章阐述了一个观点，你可能并不需要任何研究，但你可能想坐下来整理好自己的思绪，甚至需要与别人深入讨论。我的一些最棒的博客文章都来自对话甚至争论，就在前一天晚上我还就某个话题与某人展开讨论。

在开始写作之前，你还需要创建某种形式的大纲。

我发现，在我坐下来动手写作之前，为一篇博客文章或者书的不同章列一个提纲不失为一种卓有成效的做法。以本章内容为例：本章的大纲里我确定了本章所要讨论的要点。大纲将明确你的博客文章的结构。另外，如果你明确知晓自己要撰写的文章的主题，然后针对这个主题完成自己的文章，整个过程会令你欢欣鼓舞。

你还需要确定你所要撰写的博客文章的类型。下面是你可以选择的一些常见的博客文章的类型。

- “如何做”类的文章：展示如何做某事。
- 发表观点类的文章：表达你对技术、框架、编程语言等的观点。
- 发表观点类的文章：谈论一些常见的概念或者方法论以及其优劣。
- 新闻或时事：报道正在发生的事情。
- 评测：你对某个产品或服务的评测结论。
- 专家综述：从不同的专家那里获得关于某个主题的见解。
- 科技或新闻综述：你收集到的关于某一主题的所有新闻或其他的博客文章，或者针对某一主题的日报与周报。
- 面试：把你面试某人的过程写成博客文章。
- 资源：针对某些技术、框架或者工具你创建的资源或指南。
- 向听众解释某个主题的文章：让他们能够更好地理解。

这份清单其实一点儿也不全面。你可以撰写的博客文章类型其实有成百上千种。

不过，一定要努力围绕你的主题撰写博客文章。在刚开始的时候，没有人想知道你的个人生活和你今天都做了些什么。而一旦你拥有了受众，就有人会对这些感兴趣了，但是，还是要尽量保证围绕主题。

关键在于，你要立即着手开始写文章。尽你最大的努力。不一定要尽善尽美，也不一定非得是艺术品。无非就是写点儿东西然后发布出去。快点去搞定这些事情吧！

坚持不懈的力量

如果你想成为一个成功的博主，你最重要的工作就是要坚持不懈。

我认识的成功的博主，无一不是持续不断地创作博客内容的，我也认识很多不成功的博主，他们很少更新自己的博客，也没有一张持久不断发帖的时间表。

因此，坚持不懈才是关键。制作时间表并坚持下去。不要可有可无地经营你的博客。

不要只在你开心的时候才写博客。你要假设自己正在为一家报纸工作，报纸要求所有文章都有截稿日期，所以你必须要在规定时间之前发表你的文章，不管你是否已经准备妥当。

事实上，干脆就把博文的更新日期当成是真正的截稿日期，在你的日历上写上每一篇文章应该发表的确切时间和日期，以及你要撰写文章的确切时间和日期。如果你知道你必须在每个星期一上午 10 点发表你的博客文章，并且你已经在你的日历上设定了一个特定的时间段来撰写这篇文章，那么你更有可能做到坚持不懈。

从长远来看，坚持不懈胜过其他所有因素。

相信我，总有一些日子里，你根本不想写博客。在你看不到撰写博客会产生任何结果的日子里，你会有这样的感觉，博客在你眼里会是那么毫无意义、一文不值。但你还得继续坚持走下去。纪律就是做你应该做的事，不管你喜欢与否。而且你需要有纪律来保障自己持续写，并且要坚持不懈。

终有一日会守得开花月明。大多数人没有足够的耐心、没有坚持不懈等到那一天的来临，这就是大多数人都无法从生活中得到他们想要的东西的原因。

请牢记这一点。

引流

如果创建的博客从来就没人光顾，这一点儿也不有趣。当我最开始创建我的 Simple Programmer 博客时，我很确定，每天仅有的那三四个浏览来自我妈妈或者某位好奇我在做什么的同事。但是我一直在写，我持续不断地发博客文章，最终流量还是来了。

我做了些什么特别的工作来引流呢？当然，我的确做了一些事情，但是，总体来说，最重要的因素还是我们已经讨论过的假以时日、坚持不懈与耐心等待。

你的博客生命周期中的大部分流量很可能来自搜索引擎，更具体地说，来自谷歌搜索引擎。过去，你可以肆意戏弄搜索引擎，例如，在你的 Web 页面上填充大量关键词，或者创建一堆指向你网站的虚拟链接（反向链接），这会让你的页面和网站在谷歌搜索中排名更高。

但那样的日子早就一去不复返了。并不是说你不能做任何搜索引擎优化（SEO）的工作，但我不会在这些事情上浪费大把时间，至少不是在一开始就这么做。关键还是要创造出人们愿意分享和链接的优质内容。如果你不断地创作优质内容，人们不但会分享这些内容，而且会从他们的网站链接到它，而且他们会把你的网站设置为书签，不断地回来阅读更多内容。

不过，这里没有捷径，只是需要时间。你写过的博客文章越多，他们坐在那里阅读文章的时间也就越长，你就越有可能制造出至少一篇“病毒”文章从而被广泛传播与分享。这些“病毒”文章会永久增加你的整体流量，因为它们是搜索引擎的一个信号，表明关于这个主题你的博客是一个权威，并且拥有很好的内容。

我建议在你的博客上写几篇“史诗级”文章，这样会让人们情不自禁地分享它们。

把你认为是最好的资源创建成终极指南或博客文章，无论你写的什么主题。例如，我有一篇非常受欢迎的博客文章，我至今仍在不断更新它，这篇文章名为“开发者播客终极列表”（The Ultimate List of Developer Podcasts）。这篇文章每天给我带来150～300位新访客。许多人链接到它，用Twitter谈论和分享它，因为它确实列举了软件开发与编程方面最好的播客资源。

另一种实用的策略只有在你刚开始的时候才有效，那就是评论别人有关软件开发方面的博客。这一策略不会给你带来巨大的流量，但它可以让你每天都有几个访客，当人们点击你的个人资料或者你提供的链接回到你的网站时，你就可以开始接触到一些普通的信息。一个受欢迎的博主甚至可能会读到你的一篇文章，并且很喜欢在他的一篇文章上链接到它，这会给你带来更多的流量和很好的反向链接。

使用这种策略时你必须要十分小心，因为你不想被看作是别人的博客的垃圾评论，否则你会得到截然相反的效果，你的评论很可能会被删除。你要添加的只能是真正有价值的评论，真正对文章有所帮助的评论，如果你想要为你的网站赢得反向链接，那你最好是有理由这么做。

当然，你还应该在社交媒体上分享你的博客文章，并做一些基本的SEO工作。如果你的博客是WordPress博客，你可以找到像YoastSEO这样的SEO插件，它将为你完成大部分SEO工作。

向John提问：你能解释一下什么是SEO吗？

当然，SEO意思是搜索引擎优化，基本上这意味着针对你所写内容的优化，使文章本身更有可能被Google这样的搜索引擎选中并推荐。

SEO俨然已经成为一个行业，因为对大多数网站来说，它们所能获得的最大流量来源就是Google搜索。如果你能优化你的内容，使其在热门搜索词中排名靠前，这会给你带来很多流量。

唯一的问题是，SEO是与Google的军备竞赛。由于人们试图用SEO戏弄和欺骗Google，使他们的网页在特定搜索词中排名更高，而Google也在不断地调整自己的算法，以防止有人操纵搜索结果。

Google的目标是为每个搜索词都提供最有关联度、最有价值的内容，以便于它们提供的内容对最终用户更有价值。

因此，是的，你可以做一些事情尝试去明目张胆地“欺骗”Google，你也可以做一些卓有成效的工作来给Google提供一些有关你的内容的提示，但是总体来说，最佳的长期策略还是要写那些自然会上升到搜索结果顶端的高质量的内容，因为那才是真正有价值的东西。

总体来说，在获得流量的过程中，最重要的工作是撰写高质量的博客文章，坚持不懈、持之以恒。

找到你的声音

我发现新博主犯的最大的错误之一就是，他们试图把每一件事都呈现出来，就像在撰写学术论文或者新闻报道那样。这么做会令文章单调乏味，缺乏个性，缺乏生机。

努力尝试让自己很专业是不错的，但是一个没有独特魅力和独立观点的作家会让人觉得非常无聊。

想想这本书。如果你已经读了这么多页，那无疑你已经触及了我在写作中所灌输的声音。我不仅是要告诉你事实，或者说我的观点，我更是要以一种独特的方式呈现出它们，希望这是一种有趣的方式，但肯定仍然可以辨认出那是我的声音。

现在，我不是海明威，也不是 C. S. 刘易斯。我在写作上仍然还有很多可以改进的地方，但在大部分时间里，我已经找到了自己的声音。如果你真的想让人们读到你的东西，这是你必须要做的。

不过，找到自己的声音并不容易。你必须愿意去尝试一些事情，在不同方向上走向极端，直到你确定什么才是最适合你的。你的声音有时会根据你的情绪和你谈论的内容改变。

在本书中，有些章节我写得很有活力，而有些章节则写得比较枯燥，但你应该从本书大部分章节的写作方式中获得一些对我本来的样子的总体感觉。

你的声音就是你的本来的样子。阅读你的博客文章的人不应该只是学习如何用最新的 Java 框架创建 Android 应用程序，还应该了解你作为一个作家的身份以及你的个性。这就是写作最有趣的地方。

很多人对“技术”感兴趣，他们对“人”更感兴趣。《人物》杂志的销量将永远超过 MSDN 杂志，我保证。

因此，不要害怕在你的写作中加入一些个性。给它注入一点儿“活力”。有自己的见解和观点是没有问题的。语法不好没有关系，只要能达成你的目的就好。

尝试一下不同的风格，看看哪一种风格更适合与你。试着就像说话一样去写作。试着用不同的风格写作，用不同的方式表达自己。

让事情更加清晰明了。

我发现找到你的天性范围最好的方法之一是走到一个极端，然后再走向另一个极端，把自己向两个不同的方向尽力延展。你会在你觉得最舒服的地方安顿下来，这通常是在中间的某个地方，但是你有能力在任何时候达到任何一个极端。

记住，这是一个过程。我已经写了几百万字，我还在经历这个过程。

我会一直寻找自己的声音，你也会的。一开始很难找到，但总有一天你会写一篇文章，你会想“该死，这真的甜死人了”，或者“嘘，那是一篇气势汹汹的文章”，或者“我的天哪，我爱死它了！”或者“我觉得它非常准确地表达了我的感情”。

明白了吗？

向 John 提问：我该如何处理那些对我的写作内容说负面的话或者对我的内容发表负面评论的“巨魔”和“喷子”呢？

那些对你所做的事情永远持有批评意见的人，看起来他们自己从来都是一事无成。

对付“巨魔”和“喷子”的方法有很多，可以漠视他们，也可以把他们约出来用无可争辩的事实和数据与他们进行面对面的斗争，甚至可以用荒谬的回答来赞美他们。（所有这些事情我都干过。）但在大多数情况下，最有效的做法是漠视它们。

无论你做什么，尤其是你所做的事情富有价值、成果显著的时候，都会引来喷子们想要极力贬低你，让你感到难过。

与其与这些人制气，让他们以各种方式阻碍你前进，还不如为他们感到遗憾。某甲不会攻击并试图摧毁某乙的工作，除非某甲自己就处于某种巨大的痛苦之中。

大多数时候，当有人攻击你或者你的工作时，与其说他们把矛头对准了你，还不如说他们是针对他们自己。

也许，你说过的话，甚至是你在自己的生活中做过些什么，在某种程度上都对他们产生了威胁。也许，他们只不过是这一天过得很糟糕，又或者他们一直以来就过着糟糕的生活，他们只是在以他们所知道的唯一方式来呼救，就像一个孩子在这个世界上苦苦寻觅谁能够给予他们任何形式的关注。

无论如何，无论你决定如何处理这种情况，都不要让他们把你打倒。继续做你正在做的事情，不要意气用事，保持冷静，继续坚持不懈。

坚持写下去

关于写博客，我只能在这短短的一章里写下这么多的内容。我想，我可以就这个题目写上整整一本书。因此，我试着给你我能想到的最重要的一些想法和概念，让你开始写博客并且坚持下去。

但是，我想给你最后一条建议：持续写下去。写作并不容易。写作并不总是一件有趣的事情。

著名作家、诗人和编剧多萝西·帕克（Dorothy Parker）在被问及她是否喜欢写作时，她回答道：“我喜欢写作完成之后的感觉。”

不管你有多糟糕，你觉得自己有多痛苦，也不管你有多想自己不是个作家、没有人愿意读自己写的东西，你都要持续写。功到自然成。你会越来越优秀的。只要你经年累月地坚持不懈，成功自然会到来。

高中时，我选修了学校里开设的每一门高级（AP）课程，就除了一门：AP 英语。我在二年级时选修了 AP 微积分，我还选修了 AP 美国历史、AP 生物学、AP 化学、AP 欧洲历史，但我就是被 AP 英语课程拒绝了。

坦率地说，我不喜欢写作。更确切地说，我不喜欢按照人们想要的方式写作。但是，现在，从很多方面上说，我都是以写作为生的，我出版了两本非常成功的书。

我的第一篇博文实在是太可怕了，接下来的几篇也很糟糕，但上周我写的那个……还算不错吧，而且越来越好了。

如果我能做到，你也可以做到。你所要做的无非就是持续写下去。

第54章

海阔天空：做自由职业者和创业

当我还做着一份朝九晚五的常规工作时，我时常幻想着有朝一日能够创业——为自己工作。我憧憬着，*做一名自由职业者，摆脱老板的管束，那是多么美好啊*。在我的白日梦里，我周游世界，做任何我喜欢的工作，从利润丰厚的合同中赚着成捆儿的钞票。

当我意识到我对如何实现这样的事情一无所知时，我不得不接受现实。我的意思是说，你如何成为一名真正的自由职业者为自己工作？你如何创业？

我一直想当然地以为，我要做的无非是投标政府的合同，如果我提出的方案足够吸引人，我能得到某个合同，然后我就“砰”的一声成为一名自由职业者，开始经营起自己的企业了。我甚至在DUNS[①]上注册了一个号码（它就像一个企业的社会保险号码），但这就是我能获得的仅有的成果。我看了一些我可以提交方案的政府合同，发现太难了，于是就放弃了。我一直没有切实考虑过这个想法，我一直都期盼着奇迹发生。

大约一年后，我创建了我的 Simple Programmer 博客，我开始得到一些邀约，邀请我做一些自由职业工作。人们会给我发电子邮件，问我是否可以做某项工作，我的小时工资是多少。我感到欣喜如狂，我颤抖着双手小心翼翼地敲出“每小时 50 美元”，我迫不及待地想接下一单再说。我的报价很快就被接受了，我以这个价格接下来很多自由职业工作，在当时我认为这可是一个很高的收费。后来，我把我的小时工资加倍到每小时 100 美元，然后是 200 美元，然后是 300 美元，现在我的咨询费报价最低是每小时 500 美元，

① 邓氏编码（Data Universal Number Systems，DUNS），由邓白氏公司签发的独一无二的 9 位数字全球编码系统，相当于企业的身份识别码（就像是个人的身份证），被广泛应用于企业识别、商业信息的组织及整理，可以帮助识别和迅速定位全球 2.4 亿家企业的信息。——译者注

或者每天 5000 美元。

但要做到这一点其实并不容易，而且我发现，至少应该这么说：先前我对做一名自由职业者、自己给自己当老板的许多幻想都是不切实际的。在这个过程中我确实学到了很多至关重要的经验教训。

在本章中，我将与你分享这些教训，并就如何成为一名自由职业者（如果这也是你向往的），甚或是在现在这个属于企业家与创业者的时代里如何开始创业，提供一些实用的建议。

你确定要走这条路吗

你应该问自己的第一个问题就是：你确定自己真的要走这条路吗？

别误会我的意思，我确实希望你能够成为一名企业家。我也希望你有朝一日可以不再为“那个人”工作，找到自由之路。但是，“自由”并不是每个人都能得到的。大多数人在获得自由的时候都无法正确对待它，更多的人不愿意为了获得自由而付出必要的代价——而且代价确实不菲。

正像我之前提到过的，怀揣着自己创业、成为一名自由职业者或其他类型企业家的梦想，没有问题。但梦想是一回事，现实是另一回事。

现实就是：要想让梦想成为现实，需要完成大量的工作。

在你已经在自己的全职工作上忙碌了一整天之后，你还得愿意在“自己的工作上”投入大量的时间。你不得不去做一些令自己不舒服的事。你不得不面对拒绝。在许多情况下，你将不得不冒着很大的风险。

正常的工作为你提供稳定的薪水和稳定的生活，而自由职业与创业却不会如此。可能，你要为某个客户工作几个星期或者几个月却得不到分文报酬。可能，你要花上几个月甚至几年的时间来创造一个产品，而最终的结果却是彻底失败。我花了几个月写的这本书，其结果很可能是一败涂地。

但不能半途而废。

作为我的导师之一，托尼·罗宾斯（Tony Robbins）[①]在他所有的研讨会上都说：如果你做不到全力以赴，那你就不太可能获得成功。

而当你真能做到义无反顾，真的大获成功的时候，你真的做好准备在生活中面对这种程度的自由了吗？在你说“当然”之前，先仔细斟酌一下，因为实际上大多数人都做不到。

① 托尼·罗宾斯（安东尼·罗宾）是一位励志演讲家与畅销书作家，也是一位白手起家、事业成功的亿万富翁，是当今最成功的世界级潜能开发专家，著有《激发无限潜力》（*Unlimited Power*, 1986）、《唤醒心中的巨人》（*Awaken the Giant Within*, 1991）等 10 余本著作。——译者注

早上起床，开车上班，从早上 9 点到下午 5 点一直坐在办公桌前，当你“必须”工作的时候，这一切都很容易，因为如果你不这样做，你就会被解雇。但是，当你可以自由自在地玩 Xbox、看电视、散步或者做其他许多事情的时候，早上起床、步行到办公室下定决心努力工作就变得异常困难。有些人就是无法应付太多的自由。

当我头两回试图创业的时候，我对这种生活实在无法接受。那么大幅度的自由让我崩溃了。我花了大把时间在网上玩扑克，我在“指环王”在线游戏上蹿升到大师级别，每天我基本上都在玩游戏。

现在，我学会集中注意力了，我变得很有纪律性。在这个过程中我学到了：如果我不想遵循别人的规则，那我必须要为自己制订规则并且遵循它们。这可是一堂艰难的课程。

我说的所有这些并不是为了让你气馁，而是促使你全面考虑一下走上这条路的所有利弊。你可以在读完这一节之后说：“没关系，我可以克服的！”或者，你在读完这一节之后，更受启发，更加坚定了你的决心去赢得自由。

无论你选择走上哪一条路，都取决于你自己，但不要说我没有警告过你。

什么是自由职业

自由职业的定义相当简单：你不会受雇于任何人，而是受雇去完成特定的某项工作。这就像做一名雇用兵，但你不用去和其他军队作战，也不用去镇压叛乱，你要做的就是编写代码，而且需要杀死潜伏在代码中的那几条恶龙。

在这里我可以更进一步定义“自由职业者”——这意味着你拥有不止一个客户。这和做合同制员工不一样，合同制员工只为一个客户工作，从技术上说客户并非你的老板，我将此称为咨询类工作或者承包类工作，但你不是自由职业者。做合同制员工并没有什么错，只是这更像是在做全职工作，而不像我在这里定义的那种自由职业或者创业。

一名真正的自由职业者可以为多个客户工作，尽管不一定要同时工作，但自由职业者必须自行管理寻觅客户、订立合同和运行业务的所有开销。

如何迈出第一步

这是一个我永远都找不到答案的问题。

当我还在做全职雇员的时候，对怎样成为一名自由职业者、让客户雇用我去完成他们的项目，我一窍不通。为别人工作太久之后，你就像动物园里的狮子。你每天都会去某个固定的地方等着别人给你喂吃的东西。你生活在有一个舒适惬意的围栏里，你可以在里面四处游荡，你知道边界在哪里，可你就是“忘了”怎样自己去捕食。你已经“忘了”如何去猎杀。或者，如果你出生在笼子里，你从来都不曾知道如何做这些事情。你只残存下一丁点儿微乎其微的、备受压抑的本能，你有时会低声呢喃：“猎杀……捕食……”

你该如何把自己的“动物本能”激发出来，学会如何养活自己呢？同时存在一种艰难的方式和一种轻松的方式。

艰难的方式就是走出去，提高你的销售技能，穿上你的“抗拒绝盔甲”，打破所有的成规俗套。从你的社交圈开始，找出你的所有人脉，找出所有可能对你的服务感兴趣的人。一开始小时收费费率可以定在很低的水平上，还可以提供“不满意就退款”的保证。与所有可能对你的服务感兴趣的人联系，与所有可能认识你的人联系，让他们知道你已经在开展自己的业务了，让他们知道你能为雇用你的人提供什么样的具体好处。一定要尽可能具体——你在寻找的是哪种类型的客户，你可以为他们提供怎样的特定服务。

只是不要谈论在服务方面你能做些什么，要从结果的维度跟别人谈论你都能为他们做些什么。不要跟某人说你会编写 C#代码、你非常了解 SQL。告诉他们，你可以为他们节省时间和金钱，因为你可以把他们的业务流程自动化，因为你可以以更高效、更划算的方式来维护现有的软件。告诉他们，你可以使他们在竞争中脱颖而出，因为你可以为他们做出来一个高度优化和性能优异的网页，为他们赢得更多的客户。

一旦你把自己社交圈里所有的人都联络了一遍，你就必须开始自己寻找潜在客户了。你可能需要通过类似 Experian 这类网站提供的服务，购买到你所在地区的小型企业的名单清单。你也可以雇用某个人来梳理你所在地区的小型企业名单或者干脆自己去做调查。

打电话，发电子邮件，不断精炼完善你的话术。以这种方式得到客户就是一个数字游戏，但是只要你有决心和毅力，你最终会破解这个难题。

一旦你服务过足够多数量的客户，并且确保他们都很满意，那么你就可以开始为自己赢得口碑、赢得来自别人的业务推荐，这将使你未来的业务更加轻松。

按照同样的思路，你可以和你认识的其他自由职业者沟通交流，兴许他们会把他们无法应对的客户介绍给你。当然，这也许需要支付一笔介绍费。

虽然我并不推荐这种方式，但你也可以通过使用诸如 Upwork 之类的网站所提供的服务来积累经验，甚至是获得一批长期客户，你也可以在 Craigslist 中为你的服务做广告。不过你要知道，那里的竞争是非常激烈的，你的小时收费费率可能会被压得很低。

不是说有轻松的方法吗

是的。上一节里你看到的是艰难的方式。实际上，使用艰难的方式，我从来没有找到过任何客户。直到几年之前，我才发现这种方式是一种艰难的方式，虽然现在这对我来说已经是显而易见的事情了。

但是，还有轻松的方法。这肯定就是你想要的，对吧？如果你一直有在关注本篇的其他章，你可能已经猜到轻松的方式是什么了。对，就是让客户来找你。你可能会问，这怎么可能做到呢？*就是通过建立声望的方法，特别是通过开通博客的方法。*

上一节你也看到了，你自己去寻找客户的开销很大。如果你能利用所谓“集客式营销”的方法，吸引潜在的客户主动来找你，那情况就好多了。

为了实现这一目标，你需要成为那种声名远播、人人都在尽力追寻的人。现在，你知道了，其实这种轻松的方式短期内可能会难度更大，因为建立声望需要付出大量精力，需要完成许多工作、付出大量时间。

创建一个博客，撰写博客文章、在播客中做演讲，所有用来打造你的个人品牌的事情都不是一蹴而就的。但是，如果你很早就开始在日常工作中专门做过这些事情，那么当你准备跳入自由职业者的世界时，就会很容易，因为你的客户已经来找你了。他们不仅会来找你，而且还愿意付给你更多钱。

当你招揽延请别人并试图让他们采购你的服务时，你在谈判中并非处于最佳位置。但是，如果有人主动来找你并央求你能为他们做些工作，这时你就可以理直气壮地说出自己的报价。

这就是我做好自由职业者的终极方式。就像我说的，我从来就没有想过使用艰难的方式、鼓起勇气去寻找业务。相反，伴随着我的博客越来越广受欢迎，我在软件开发行业的声望也与日俱增，我开始收到越来越多的潜在客户的电子邮件，希望与我合作。

事实上，因为我得到的业务机会越来越多，我不得不一次又一次地提高我的小时收费费率，直到价码都达到连我都认为是难以想象的数字，这也就是今天我的小时收费费率的数目。

对了，这倒提醒我了，我们应该在下一节谈谈收费费率的问题。

如何设置收费费率

围绕着如何设置你作为自由职业者的收费费率，我有相当多的建议。

*我想说的最常用的建议之一就是，将你的收费费率加倍，然后一直加倍，*或者至少不断地提高费率费率，直到有一天你的潜在客户开始说“不行”为止。

如果你已经在这一行轻车熟路了，那这是一个不错的建议，但如果你才刚刚开始起步，那这却是一个可怕的建议，因为你将得到的答复肯定都是拒绝的。

事实上，为了能让你轻松获得第一批客户，我建议以低到近乎免费的费率费率开始，甚至还要提供退款担保，这样你就可以获得一些经验，并且能够知晓你的实际管理费用和成本。

向 John 提问：如果我提供退款保证，那我不会冒着会被客户欺骗的风险吗？

不会的，这来解释一下为什么。

如果你无法兑现你对客户承诺的东西，他们不是就应该要回他们付出的款项吗？难道你不需要把钱归还给他们吗？

好好想想。如果你雇了一个人替你做一项工作，但是他们没法完成工作，或者他们的工作成果不能令你满意，那你难道不会要求他们还钱，甚至不惜起诉他们吗？

因此，当你开始做生意的话，基本上默认的你就应该提供退款保证。所以你最好明确宣布这一项保证，而且，如果你提供这项保证，你能得到的回报将是更多的客户。

但是，我能理解，你可能仍然不相信我的话，你会觉得我是“站着说话不腰疼”，所以才会这么说。我自己就向客户提供这项保证。打个比方，如果你对这本书不满意，那么把它寄还给我，我会把钱退还给你。不仅如此，我销售的每一款产品都有一年期限的无条件退款保证。这些产品大多是数字产品，你可以很容易地下载，然后再要回你的钱。

有人会欺骗我吗？当然，会有人这么做，但是不会仅因为有退款保证就去购买他们本不需要的东西的人比这多得多的。

确实，如果你提供退款保证的话，偶尔会有人试图欺骗你，但这种可能性并不大，而且你通过提供退款保证获得的额外业务量将足以弥补欺骗给你造成的损失。

此外，你总是可以筛选你的客户，你有权选择为谁工作，因此，就像我说的，如果你没做什么的话不是应该把钱退还给他们吗？难道你不觉得这才是真正应该去做的事情，而不必在意退款保障吗？

如果你采用轻松的方式让客户主动来找你，那么你在获得第一批客户时不会有任何麻烦，这时你可能想去尝试一下那个“加倍”的建议。

但是，如果你跟大多数刚刚入行的自由职业者一样，选择了以艰难的方式去找客户，那么你会因为自己所处的位置而没有什么选择余地，我强烈建议你不要太过于追求高昂的收费费率，至少刚开始是这样的。

我采访过从软件开发者转型成为企业家和自由职业者的马库斯·布兰肯希普（Marcus Blankenship），请他谈谈他是如何从企业里“获得自由”的。他讲到：他在最初的几份自由职业工作收费低得离谱，但他花费的时间比预期的要长得多，因此，他实际上是以低于最低工资的收费完成这些工作的。马库斯说，这实际上是他所做过的最好的决定，因为尽管这份工作实际上浪费了他的金钱，却给他带来了宝贵的经验和信心，以及对自由职业的真实了解。

因此，只要不是白费力气的，我都想说，一开始要情愿以低廉的价格工作，将来大把的钱自然就会来的，相信我。但如果你有了一些经验之后再去给你自己定价，那么策略就是“再高一点”。虽然我不赞同你一定要给现行收费费率“加倍”，但这并不是一个坏主意，试一试看会发生什么。

当我把自己的报价翻了一番，从50美元涨到100美元，所有人都不屑一顾。我涨到每小时200美元乃至300美元的时候，我才开始听到“不行”的声音，但是大部分客户的回复仍然是“好的”。即使我把费率提价到每小时500美元，也就是我现在的报价，还是有人会欣然接受。（虽然现在我要完成的通常都不是编程任务，更多的是教练或者是整体架构方面的咨询工作。）

我之所以能够如此大幅度地提高我的收费费率，90%甚至更多的原因在于*我的品牌和声望在不断提升*。

你可能没法把你的收费费率涨到荒唐可笑的水平，但是如果你经验丰富且手握订单，我几乎可以保证你可以提高你的收费费率。

那么，应该把收费费率定为多少才合适呢？我的答案很简洁：*市场可以承受任何收费*。非有形资产的定价完全是主观的。

我认识一些高薪的编程顾问，他们向公司客户的收费是每小时350美元，但他们却坐在那里无所事事，而同一团队中承担了90%的工作的其他合同制人员却只能开出每小时50美元（甚至更低）的低廉价格。

因此，技能固然很重要，但它只是决定收费费率的一个次要因素。客户将是最重要的因素，而声望将是次重要的因素。*你想找到愿意支付更高费收费的客户，而你将主要依靠你的声望来吸引这些财大气粗的客户*。

你的技能将有助于建立你的声望，技能也将确保你不会被解雇，确保你不需要把钱还给客户。

另外，还有一件事你也得考虑——你需要*完全脱离“时薪”的模式*，你需要专注于所谓的“基于价值定价”的模式。基于价值的定价不是按小时收费，而是根据能够带给客户的预期结果，以及能够带给客户的价值。

假设我这里有一个拥有大型电子商务网站的客户，他们希望有人在网站构建一个模块，可以自动处理当前他们还必须要手动处理的T恤衫的交易。我可以先去确定一下新系统可以为他们节省多少钱，然后我将根据这个结果给他们一个报价。也许这个新模块能为那家公司每年节省100万美元。在这种情况下，我可以为完成这项任务出价到5万美元甚至10万美元。也许这只需要我80小时的工作，所以我实际上每小时可以赚到625～1250美元。如果还是遵照按小时收费的模式，不会有人会同意支付如此高昂的价格，但是如果你秉承“按价值定价”的原则，这将是一笔相当划算的交易。

你也可以使用类似的方法为你的服务设置每日收费费率。在大多数情况下，如果有人想雇用我做一些工作，我允许某人可以预定的最少时间为一天。然后，我按每天 5 000 美元或每周 20 000 美元的价格收费。

好吧，在这本书中我已经用了大量篇幅来讨论定价问题，这已经超出我的预想了，所以就到此为止吧。关于这个话题，我推荐艾伦·魏斯（Alan Weiss）的名著《成为百万美元咨询师》（*Million Dollar Consultant*）。你也可以看看我们对企业家程序员的采访的第 56 集——Wes Higbee，在那里我们深入讨论了基于价值的定价。

创业

现在，让我们稍微转换一下思路，从自由职业者转向更一般的“创业”，这本身也包含自由职业。

创业很容易，你只要挂上一个牌子，喊一声“开张大吉啦”，你就可以开始做生意了。但也许这也并不是那么容易，根据你所居住的地方，你需要跨越一系列法律上的障碍，但在大多数情况下创建一家企业并不总是那么艰难。**创办一家能赚钱的企业，维持业务的正常运转，保障企业经营成功，才是难事。**

身为一名软件开发者，你很适合自己创业成为一名企业家。你可以做一名自由职业者，但你也可以创办一家初创型企业，开发并销售自己的 App 或者其他服务。或者，你可以像我一样，制作内容，向别人传授你的知识。

如今，要在网上创建一家企业比以往简单许多，这是你的优势，尤其当你对自己所要采纳的技术路线了如指掌的时候，你已经超越了大多数人。

另外，**软件也是最赚钱的行业之一**。除了最初创建软件的成本，软件企业所要交付的产品几乎没有任何开销，而且如果你能自己动手开发软件的话，成本还会大大降低。（在开始创业之前，你先读一读迈克尔·格伯的《突破瓶颈》（*The E-Myth Revisited*）[①]这本书。在这件事上你一定要相信我。）

别想着尽善尽美

老实说，大多数企业都以失败告终。

事实上，许多初出茅庐的企业主花了大量时间来筹备自己的企业——理顺所有的法律实体，设计出完美的企业标识，购买会计软件以及一大堆可有可无的东西，就是没有把重心放在他们将要实际经营的业务上。

---

① 本书作者迈克尔·格伯（Michael Gerber）素有“创业教父”之称，在本书中他阐述了许多初创型企业的发展之道。（以上摘编自百度百科）——译者注

我的意思是说，很多软件开发者在那些无关紧要的事情上浪费了大量的精力、时间和金钱，然而自始至终他们也没有把精力投入如何让业务本身成功上。

我的建议是：不要那样做。

你要假定创业可能会失败，然后再去考虑起步时所需的最小工作量与开销。

我不是律师，这也不是给予你法律意义上的建议，所以如果你遇到麻烦可不要起诉我。我在这个问题上的非专业观点是：在你真正赚到一笔数额不菲的钱，并且你很肯定一年后你还能经营这家企业之前，你不必担心任何法律事务、会计事务或者其他类似的与你的新业务有关联的问题。

原因很简单，而且是双重的：当你刚开始创业的时候，你需要尽全力投身到真正重要的事情上，这样才能让你的新企业拥有最大的成功的机会；而如果你不幸真的失败或关门大吉，那你之前所做的一切并没有让你赚到钱，都是彻头彻尾的浪费，所以你要尽可能地减少浪费。

很容易被那些细枝末节的事情所困扰。很容易花上几个星期时间和数千美元费用，只是为了得到一个完美无缺的企业标识、一个尽善尽美的新网站设计。很容易陷入纷繁复杂的商业法和税务会计世界，然后开始为所有这些小细节忧心忡忡。因此，尽可能避免陷入这些细枝末节之中。

别误会。我不是建议你粗心大意、永远不理会这些原本重要的问题。

没有为你的企业建立适当的会计制度或者适合的法规体系，最终会让你痛苦不堪，所以这些事情一定要处理妥当。但首先，你得先搞搞清楚自己的企业是否真正拥有生存的机会，然后再开始为这些事情忧心忡忡，或在这些事情上投入资金。

另外，一旦你的企业开始赚钱了，这些困难的事情也就变得容易处理了，因为你可以雇用专业人士来帮你做好这些事情，你不必为此让自己大伤脑筋。

先不要离职

许多创业者都会犯的一个巨大错误就是存一大笔钱然后就辞职，这样他们就可以创业了。这似乎是一个不错的计划，但它往往是一个可怕的会导致灾难的计划。

我不知道你怎么想，但我可不喜欢做事情的时候有把枪指着我的头。压力太大的情况下我是做不好事情的。

六个月到一年的积蓄作为创业的储备，期望着日后就可以用你的企业开始养活自己，这可是一件非同小可的事情。

事实上，重压之下一切都会面目全非。当你面对这种前所未有的重压时，你更有可能整天坐在星巴克里消磨时光，而不是真正去做任何实际的工作。另外，当你从一份朝九晚五的常规工作突然转变成自己要为自己制订每日日程的时候，也就是说你突然变得无比自由的时候，你会很容易因此不知所措。相信我，我以前经历过两次。

因此，我的建议是不要辞职，至少不要马上辞职。相反，无论你打算创业做什么，你都可以一边创业（作为副业），一边保留一份全职工作。

之所以我要建议采取这种方法，而不是拿把枪顶着自己的头，有许多原因——“不必拿把枪顶着自己的头”（不要给自己太大压力）本身就是一个相当不错的理由。

不要立刻离职，另一个主要原因就是你需要逐步适应自己创业成为一名企业家的感觉。猜猜这是一种怎样的感觉？令人惊讶的是，这很像整日在做一份全职工作，然后再多加班4～6小时——还有周末的加班。

相信我，如果你在做全职工作的时候不能忍受夜间加班和牺牲周末，那么创业之后你也不会做出这样的牺牲。对，你不会的。

因此，最好还是趁你现在还有一份“舒适”工作的时候，就培养这样的工作习惯，趁着你还没有向你的朋友和家人举债的时候，趁着你还没有拿你的房子申请二次抵押贷款的时候。

我这么说可不是尖酸刻薄。真的，我不是这样的人。只是，从我的经验上讲，这种转变的确很艰难，你必须要做好准备。相信我，就像我说的，正因为我没有完成这个转变，所以我才失败了两次。也就是说，实际上我已经辞职过两次了。一点儿都不好玩。

因此，我对你最好的建议就是：先把创业项目当作副业。先让它运行起来再说。在两年或者更长的时间里，你可能一直都需要做两份工作。一旦你的创业项目可以给你带来足够的收入，你就可以辞去你的全职工作，把创业项目变成你的全职工作。

注意，我并没有说作为副业的创业项目可以完全代替你的收入，当你只是把它作为一个兼职项目的时候要做到这一点也不太可能。相反，即使在你的副业收入为你提供了足够的收入供你生活，让你足以辞职的时候，你的收入仍然比你在全职工作中挣的钱要少得多。

这只是成为一名企业家要做出的又一项牺牲。

先要找到受众

到目前为止，在本书中我已经以各种形式提到了这一点，特别是在讨论如何自我营销和建立声望的时候，但是，我想在这里重申一下，因为如果你想以在网上销售东西的方式创业，那找到受众就显得尤其重要了。

在你开始创造一个产品之前，甚或是在你考虑如何收费、如何寻找顾客之前，你首先要找到受众。

现在，你不必一定要接受这个建议。有很多企业是通过先开发产品然后再找到受众的方式大获成功的，但是我认为，如果你把顺序调换一下，整个事情就要容易多了。

许多企业家都是先有一个伟大的想法，然后从这个伟大的想法出发创造出伟大的产品。因此，他们开发出一款金光闪闪、令人敬畏的软件，可以完美地解决某人的问题，但是他们该如何找到客户并且说服他们购买自己产品呢？

他们把钱都花在营销上，用来推销他们的产品，他们告诉自己遇到的每一个人，竭尽所能去争取客户，有很大可能他们烧光了钱之后惨淡收场，所有这些人都拥有一个完美无缺的产品，但很难让任何人在完全不相干的情况下从你那里购买东西。

换个思路考虑这个问题。

在我的 Simple Programmer 上，我有相当多的软件开发者作为受众。在写本书的时候，在我的电子邮件列表上大约有 7 万名软件开发者，另外还有大约 10 万人订阅了我的 YouTube 频道，每天大约还有 3 万到 5 万人访问我的某个网站或者浏览我制作的内容。

当我决定开发某种新产品的时候，我会有成百上千的追随者准备立即购买它。我不必去苦苦寻觅客户。我的受众信任我，因为我和他们有关系。他们想让我开发出他们想要购买的东西。这让推销变得很容易。

我还知道我的受众喜欢什么，追求什么，这是我的另一项巨大的优势。

另外，我可以为同一批受众创建出多个产品并销售给他们，所以如果我想在未来创建某个新产品，我不必每创建一个产品都从头开始尝试寻找客户。

拿本书作例子：如果你买了本书，那么是什么原因促使你购买本书的呢？你买它有可能是因为你看过我的某个 YouTube 视频，或者读过我写的博客文章、听到过我的播客，甚至读过我以前写的书。

找到受众会给你带来一个巨大的优势。它几乎可以保证你一定会大获成功。是的，这需要你额外付出努力，这需要时间，而且当你寻找受众的时候，实际上你赚不到多少钱，你必须为此创建大量免费的内容。但是，一旦你拥有了受众，你就可以拥有一项依赖于单一产品的业务，你可以将你的余生投入其中。

学会推销

我想不出有哪一位成功的企业家同时不是一位成功的推销员的。

事实上，即使你从未成为一名企业家，也从未决定自己要创业，你的推销技巧也可能会成为你的人生是否成功的决定性因素。

我们一直在推销。人人都在推销。但有些人就是做不好推销。

试图说服孩子让他/她心甘情愿地上床睡觉，说服你的老板给你加薪，或者向你的同事解释清楚你做事的方式才是最好的方式……无论你想说服别人做什么，其实你都是在推销。

推销你自己，推销你的想法……如果你是一名企业家，就是推销你的产品。（尽管，有人可能会说，任何一位企业家的首要任务就是推销他们自己和他们对世界的愿景。）

不过，推销是很难的。还不仅因为这些技巧影影绰绰、很难掌握，而且推销需要你去直面生活中最大的恐惧之一：拒绝。

推销总是要面对拒绝。但是你必须要直面拒绝，特别是当你想成为一名企业家的时候。因此，你必须像他们说的那样——别再抱怨了，别像个期期艾艾的小姑娘。

幸运的是，学会推销并不难。关于这个主题有很多书籍。我建议你可以去阅读格兰特·卡登[1]（Grant Cardone）的每一本著作，特别是《没有干不好的销售：把产品卖给任何人的高效销售策略》（*Sell or Be Sold*）。你也应该看看关于文案的书籍，因为在线上销售实际上全凭文案。我建议去浏览 Copy Hackers 上的书，从中可以获取这套技能。

要想真正擅长推销，实践是必不可少的。找一份电话销售或者挨家挨户上门推销的工作。不必在乎能不能赚钱，你可以从中汲取到真正的向人们推销的经验，你也能学会如何面对拒绝。

但是，无论你做什么，不要试图逃避这项技能。如果你经营一家企业，你就不能把销售工作外包出去。你可以雇用一个销售团队，但你自己必须首先是一名推销大师。

寻求帮助

如果不是 Josh Earl、Derick Bailey 和 Charles Max Wood，那么 Simple Programmer 就不会生存到今天。这几位也因为播客频道 Entreprogrammers 而出名。他们是我几年前成立的一个策划小组的部分成员，我们把这个小组变成了每周播放的播客频道。

什么是策划小组？基本上它由一群拥有不同技能和业务的人组成，他们在某一目标上有着相同的想法，他们定期相聚以帮助彼此取得成功。

做一名企业家是很难的。就像塞尔达的老人说的：“独自前行是危险的！”你需要一些支持，这很关键。

虽然你不一定需要像我这样的智囊策划小组，但你真的需要有人站在你这边鼓励你、激励你，因为你会有很多次想要放弃。

就像我说的，我的策划小组拯救了我的企业，因为没有他们，我不但有可能放弃，而且还无法获取那些对 Simple Programmer 的成长和繁荣至关重要的想法。

企业家的生活就像是过山车。某一天你站在世界之巅，然而第二天一切都变成一团

① 格兰特·卡登是国际销售专家、销售培训师、演讲家和《纽约时报》畅销书作家。——译者注

乱麻。确保你能得到一些支持，这样你才能度过这场风暴。

所有这一切都很艰难，但值得付出

我知道我在本章中描绘了一幅可怕的创业前景，我是故意的。我想让你知道，如果你想走上这条路会有多么艰难，让你不会对任何艰难险阻感到意外，就像在通往翡翠城堡的黄金大道也要穿过一些阴森恐怖的森林一般。

但我也想让你知道，当上企业家简直棒极了！世界上最好的感觉莫过于知晓你的世界就是你的，你的人生就是属于你的，也是你自己一手打造的。

每天早上当我醒来时，我会自行决定这一天我要做什么。

是的，我有时间表，我要遵守惯例，我有责任要担当。但是，是我自己选择了它们，它们完全是我的抉择。我是我的命运的真正主宰，这种感觉实在是太棒了。我能自己决定我要赚多少钱。我可以和家人一起去欧洲旅行三个月，仍然可以拿到工资，仍然还能继续工作。最重要的是，我知道我已经创造了一些颇有意义的东西，我对他人的生活产生了积极的影响。

因此，即使这条路再艰难，只要你做好准备，我都会鼓励你和我一起踏上这段美妙绝伦的旅程。

第55章

策马扬鞭：职业发展路径

叮咚！你被定级了。你现在是 12 级的 Web 开发者了。你已经解锁了一项新技能——掌握了新的 JavaScript 框架。作为一名软件开发者，你可以在多条职业道路之间做出选择。就像游戏一样，正本里面还有许多副本。

你最终将在哪里结束自己的软件开发职业生涯，这将取决于你选择的特定路径。选错路，你在余生中将是一个写 Cobol 的小矮人；选对路，你就可能成为一名巫师、造物主，住在象牙塔里，高高在上发号施令。

好吧，也许不会是这样。但你在职业道路上的选择的确会产生深远的影响，选择的确很重要。

太多的初级程序员从不花时间考虑他们的职业发展道路，从来没有深思熟虑过他们想要走什么样的道路，想要投身于哪一个领域。相反，他们只会站在路边，声嘶力竭地高喊“有没有哪个团队想要我”，然后随随便便就加入一群想要去铤而走险的人中，把别人的道路当作是自己的道路。

本章所要论述的正是软件开发者应该如何有的放矢地选择自己想要去追求的职业发展路径。本章内容将从列举职业发展路径的选项入手。

三类软件开发者

在最高层次上，我把软件开发者分为三大类。你可能不太习惯以这三类来区分软件开发以及软件开发者，因为你可能只考虑到了这三类中最常见的那一种，也就是大多数软件开发者都会选择的那一种。但是，如果想要查看软件开发职业生涯的详尽列表，我们必须从这三类软件开发者开始。

我把软件开发者分成三大类：

- 职业开发者（最常见的）；
- 自由职业者（雇佣兵）；
- 创业者（程序员与企业家的混合体）。

我们来简要地聊一聊每一类。

首先从职业开发者开始。

事实上，本书的大部分内容都集聚焦于职业开发者。职业开发者也是本章的主要关注对象。原因很简单：大多数程序员要么本身就是一名职业开发者，要么在职业生涯中的某个阶段里是一名职业开发者。

根据我的定义，职业开发者是一名软件开发者，他有一份为别人工作的全职工作，并且定期获得薪水。大多数的职业开发者都想为他们喜欢的公司工作，在那家公司升职，偶尔也能换一家公司涨一涨薪水，然后也许会在某一天退休。这条路没有错。就像我说的，这就是软件开发者默认的职业发展道路。

接下来是自由职业者。

在第 54 章里我们讨论了什么是自由职业者，所以在这里我不会赘述。从本质上讲，自由职业者就是一名为自己工作的软件开发者，他们不必忠诚于任何一家特定的公司，他们选择做一名“雇佣兵”为任何他们选择的客户工作。我们不会在本章中论及自由职业者的职业发展路径，因为在第 54 章我们已经谈过了：讨论自由职业者的职业发展路径需要一本专著。

最后，也是我心目中最心仪的软件开发者类型（因为我就是这其中的一员），就是企业家程序员，或者软件开发者企业家，或者开发者企业家——你喜欢哪个头衔就用哪个头衔来称呼他们吧。

这一职业发展路径与自由职业者截然不同，因为你不必应用自己的软件开发技能为他人工作，你要利用自己的软件开发技能创造出属于自己的产品，并把这个产品直接销售给客户。

这可能包括编写你自己的应用程序然后把它卖掉、创建培训视频教程、撰写博客、写作，甚至凭借自己的才华创作音乐……总之，你可以从上述所有这些方式中赚得盆满钵满，从而保证每天自己的晚餐桌上都有通心粉和奶酪。

在本章中，我们也不打算讨论“企业家”这一条职业发展路径，因为讨论清楚如何成为一名程序员企业家同样需要一本专著，而且我们在上一章已经谈到了其中的一些基础常识。

职业开发者的选项

接下来我想要讨论的是：作为一名软件开发者，你可以选择的专业发展大方向。

注意，本章中谈到的“专业化”（specialization）与第 51 章中讲到的“专业”（profession）含义不尽相同。本章中讲到的“专业”的范围要宽泛得多。

之所以把这些专业发展的大方向称之为“选项”，是为了避免产生混乱，从技术上讲，作为一名软件开发者，你可以选择其中任何一个作为自己宏观的职业路径，然后一往无前一直走下去。

必须要明确的是，这些选项并非职业开发者所独有，另外两类开发者必须也要选择其中一条职业发展路径。你也可以选择多条路径，做一名“双栖开发者”，但你至少应该选择其中某一条路径。

Web 开发

如今，Web 开发可能是人数最为庞大的一类软件开发者。大多数软件开发者都是 Web 开发者，或者至少在做一些 Web 开发工作。

作为一名 Web 开发者，你要开发 Web 应用程序。作为一名 Web 开发者，你可以在前端工作，让应用程序变得绚丽多彩，你也可以在后端工作，保障应用程序正常运行，或者你也可以同时工作在前端和后端，成为一只充满魔力的、令人赞叹不已的 Web 开发独角兽，特别是当你还拥有一些网页设计的才能时。

通常，能够完成所有 Web 开发工作（也许除网页设计之外）的开发者会被冠以“全栈开发者”的美誉，因为他们可以在完完全全的 Web 开发技术栈上完成开发工作：前端、中间件与后端（用户界面、业务逻辑与数据库）。

移动开发

移动应用的程序员，在这里集合啦！你知道的，如今移动应用遍地都是，越来越多的软件开发者选择成为移动开发者，为手机、平板电脑甚至智能电视或者其他可穿戴设备开发移动应用。

应用开发领域为软件开发者提供了大量令人欣喜的机会，因为每年都会出现越来越多的应用。现在，几乎每一家公司都需要一款移动应用，有时甚至不止一款。

桌面开发

软件开发者经常写信向我询问：桌面软件开发是否依然健在。

我觉得这个问题十分怪诞，因为大多数时候他们正是从正在运行桌面程序的计算机上录入电子邮件问我这个问题的，当然，通常是通过一个 Web 浏览器，但这依然是一个桌面程序。实际上，你是如何编写并且编译代码的？我们中大多数人使用的依然是基于桌面的 IDE，尽管云 IDE 越来越流行。

好吧！我承认，对桌面开发者来说，形势看起来是不大好。我这么说，你开心了吧？但是，我认为，在现实中，对编写直接运行在 PC 上的桌面应用程序的软件开发者，总归会有一些需求的。我的见解可能是错误的，但至少在现在，这是一个可行的职业选择，只不过它不是一个非常受欢迎的选择。

电子游戏

是的，我知道你想成为一名电子游戏开发者。我也想成为一名电子游戏开发者。

成为一名电子游戏开发者其实正是我进入软件开发行业的原因。但我最终并没有真正成为一名电子游戏开发者，我的职业生涯是从编写打印机程序开始的，然后我写过一大堆 Web 应用，开发过一些移动应用，还做过很多其他事情，最后写了一些带有讽刺意味的书，制作了一堆 YouTube 视频，内容是让女孩如何成为软件开发者。可我就是没有做成电子游戏开发者。

人生不如意，十之八九。但是，严肃地说，这是一个可行的职业选择，但这又是一个困难重重的选择，竞争激烈，工作辛苦，长时间加班，这些都是我能想到的所有缺点。

我本该走上电子游戏开发者这条职业通道的。

沿着这条路走下去吧！

嵌入式系统

这一行听起来不太有利可图，也没什么值得炫耀的，但相信我，这一行很有趣。

我曾经也是一名嵌入式系统的开发者，编写打印机用程序！这一行虽然不是那么花团锦簇，但你猜怎么着，你正在喝的这杯水里的冰块是电冰箱造出来的，而电冰箱之所以能造出冰块可是因为电冰箱里有个“大脑”。如今，一切事物都有“大脑”。因此，总得有人“写”出来充当这些“大脑”的程序。那个人可能就是你。

嵌入式系统的开发者大多是工作在实时操作系统上，这些操作系统运行在电子设备内部，所以就我所知，“嵌入式系统”这个名字起得实在是很睿智。

这是一个很好的职业选择，因为它的需求量巨大，而且它需要专业技能，这些技能非常有价值。作为一名软件开发者，我做过的一些最难的工作涉及解决嵌入式系统程序中的时序问题。

大数据科学

这是一个相当新颖的职业道路径，但似乎也是前途最为辉煌的选择。

数据科学家到底做什么呢？没人真的知道答案。我认为他们的工作肯定与“大数据”有关。但严肃地说，数据科学是一个体量巨大而又增长迅速的领域，软件开发者可以进入，特别是如果他们想要赚到大钱的话。

数据科学家利用来自不同领域的技能和技术来获取大量数据、理解大数据，然后做出结论和预测。数据科学家经常利用他们的编程技巧来编写定制的程序，以提取、整理和重组数据，以便以一种易于理解的方式来表征数据。

随着数据量的不断增长，数据科学的未来肯定是一片如火如荼之势。

工具和企业信息化

许多软件开发者创建的软件并不会商业化地发布与销售，也不会用在商业化销售的产品中。相反，他们创建的是在组织内部应用的工具，或者是在组织内部使用的应用程序。

实际上，我发现工具开发非常有趣、富有价值，因为当你构建出一个有效的工具能够帮助你的团队或者其他团队更好地完成工作时，开发工具的效果会非常显著。

企业信息化软件的开发工作可能非常具有挑战性，需要一套独特的能力和知识体系，因为企业信息化软件的开发者通常必须对组织、对组织内的政治局势有着深刻的理解，而正是这些政治局势决定了企业信息化软件的开发方式。

云

云开发也是一个相当新的领域，伴随越来越多的应用转移到云和分布式模式，云开发的体量也在迅速增长。

大多数云应用同时也是 Web 应用，但它们并不一定都是 Web 应用。云开发者需要了解云是如何工作的，特别是在可伸缩性和可用性方面。

有了云 IDE，你甚至可以成为在云中开发的云开发者。

自动化测试

当你看到自己编写的自动化测试运行自如，在应用中自动填写字段、点击按钮、自动导航并且能够验证结果的时候，那是一种非常奇妙的感觉。

测试自动化充满乐趣。我很爱它。它不仅有趣，而且总体规模也在迅速扩展，需求量巨大。目前严重缺乏了解自动化测试框架、编写自动化测试工具以正确方式测试其他软件方法的优秀软件开发者。

专注于测试自动化的软件开发者要构建用于自动化应用测试的工具，编写自动化测试脚本以执行和验证功能。测试自动化极具挑战性，复杂度也很高，因为本质上这个工作是要求你编写一个应用程序来测试另一个应用程序。

但是，就像我说的，我觉得这个工作兴趣盎然。

穿越“玻璃天花板”

一般来说，你会发现，软件开发者不管选择了哪一条特定的职业路径（也许不止一条），最终都会遇到所谓的“玻璃天花板”。这个玻璃天花板实质上就是一个极限，限制了你在职业发展路径上可以前进多远，限制了你作为一个软件开发者可以得到的最高薪酬。

无论你有多优秀，总有一天你会到达这个顶点，你再也无法前进了。但是，有办法绕过或者穿越这个玻璃天花板。

你可以选择不再为别人工作。如果选择做一个自由职业者，你的玻璃天花板要宽敞许多，尽管作为一个自由职业者你可以赚多少钱仍然有一个实际存在的限制，因为你仍然需要用时间来换钱。如果选择做一名企业家，那就完全没有上限了，但你的收入也可能是 0 甚至是负数。

任何一种选择都可以让你穿越玻璃天花板。

如果你依然坚守职业开发者的道路，那你可以在打造个人品牌和自我营销上加大投入，这样你可能凭着自己的声望就能找到一家公司，让你的薪酬远远高于平均水平。事实上，我为此专门创建了“软件开发者如何自我营销”课程，它可以帮你学会如何做到这一点。但是，还有另外一种方法。你可以寻求加入一家大公司，进入它的管理通道或者技术轨道。

做管理还是搞技术

大多数中小型公司在向上晋升和发展方面都存在实际的限制。

作为一名软件开发者，你不可能比公司的发展通道最高级别还要高，而且，那个所谓的“最高级别”其实可能根本也没有高到哪里去。但在像微软、苹果、IBM、谷歌、Facebook、惠普这样的大公司，上限可能会高出许多。这类公司往往需要最优秀的技术人员，所以大公司为这些技术人员量身定做出专门的技术通道。

通常，在这类大公司里，可以选择技术型职业发展通道，也可以选择走上管理通道。你必须从中做出抉择，如果你想要走上管理通道，那就得放弃自己的编码技能，你也可以选择坚守在技术通道上，一直编码到他们告诉你再也不需要你编码了。

如果你选择走上管理通道，你可能会成为一名开发者经理，然后可能是一名部门经理或项目经理，再然后，如果你能一直获得晋升，你可以一路做到高级管理职位，如开发总监甚或是首席技术官（CTO）。

向 John 提问：每个人都可以胜任管理工作，还是说你需要先学会“做人”？

无论你选择走哪条道路，你都需要先学会“做人”。

真的，我是认真的。如果你想在事业上取得成功，你绝对应该致力于提升自己的人际交往技能。

本书并没有把重点放在人际交往技巧上，如果你觉得自己需要对此有所了解的话，你可以阅读我的另一本书《软技能：代码之外的生存指南》，或者戴尔·卡内基的永恒经典名著《如何赢得朋友及影响他人》。

就管理工作而言，我想说的是，你面临的最大问题并不在于你能否成为那种能胜任管理工作的“人”，而在于技术人员出身的你能否忍受不能从事技术工作的缺憾。每当我被派到任何一种管理岗位时，我的最大问题总是想要撸起袖子去写代码或者去做其他技术工作。

大多数软件开发者之所以进入这个行业就是因为他们喜欢解决技术问题，而不仅仅是为了赚大把钞票。

因此，你真的应该问问自己，你能不能坦然面对在你的职业生涯中无法编写代码的生活呢?

如果你选择了技术通道，你可能会从高级开发者转去做架构师，然后再晋升为研究员或者高级研究员。（每个组织都有自己的技术和非技术职业发展通道，但在职位和职位名称上往往不尽相同。）

但是，如果你达到了“玻璃天花板”还想继续有所突破，那你就不得不做出抉择：坚守技术通道，还是转去管理通道。

事实上，如果你没能在一家拥有先进技术路线的大公司工作，你甚至可能都没得选择。进入管理层可能是你能够得到晋升的唯一选择——要么转去做管理工作，要么自己选择退出。

要一直思考“我要去哪里”

实际上，本章的目的是促使你认真规划一下自己的工作方向，在自己的职业生涯发展方向上你需要深谋远虑。如果你想在事业上阔步前进，那你就需要清楚地知晓你该往哪个方向前进。

因此，仔细思考一下：你想成为怎样的软件开发者。你想永远都做职业开发者吗？

如果是，那你想做哪个领域的开发者：Web 开发者、移动开发者，还是云开发者？还有，你的职业生涯的终点在哪里？最终，你想做一名架构师吗？还是说，你只是想一直编码、一直都在做一些很酷的事情，永远都不要操心自己该往哪个方向前进？你想让自己的职业发展得尽善尽美吗？

如果是这样的话，那你最好现在就开始寻找拥有高级技术发展通道的公司。也许你想最终进入管理层，或者成为首席技术官，甚或是首席执行官。又或许你想在自己的职业生涯早期做一名开发者，然后转变成为一名自由职业者甚或是创业。

无论你决定做什么，最重要的是：你需要做出决策，并且为此做出计划。

即使你做出了选择，你也不必死守在一条通道上一成不变，你可以不断调整改变计划。但是，你应该至少制订一些计划，否则你会在自己的职业生涯中漫无目的地随波逐流。

第56章

未雨绸缪：工作稳定性与工作保障

来，跟我复述一遍：根本就没有所谓“工作保障”。根本就没有工作保障这回事情。即使在日本，在相当长一段时间里有传统：一旦你开始为一家公司工作，你就得为那家公司工作上一辈子，但这种传统正在走向终结。

是的，我知道你的父母会告诉你：如果你去上学，取得好成绩，成为一名大学毕业生，那你就可以在一家好公司找到一份好工作，于是一切都万事大吉。但是，这可不一定！没有什么事情可以这样轻而易举。

过去，这个世界可能是按照这种方式运作的，但现在肯定不是这样。你可能依照父母之言做好上述“每件事”，但还是找不到工作。根本就没有资历之类的东西，权益之类的东西也是根本不存在的，也没有“按劳取酬”这样的事情，至少你不要假想就因为你做了某些事情，雇主就欠你的。

因此，赶快把工作保障和工作稳定性这类想法抛于脑后吧。要习惯于不舒服。要习惯于面对未知的事物，把你的各种不切实际的期望统统拿掉，换成超强的适应能力，这样，你所寻求的工作保障和稳定性才会在不知不觉间降临在你身旁。只是它会以出乎你预料的另一种方式出现。

没什么是稳定的，不过没关系

你可能会想，我上面说的一切都是危言耸听，那现在我要告诉你：没关系，一切都会好起来的。

我不是这么想的。事实情况也不是这样的。不过这的确没什么关系。世界再也不是过去的样子了。我们的工作方式已然改变，而且还在持续变化中。再也不能指望在一家公司里找到一份工作并在那里待上二三十年，直到你退休后领上养老金为止。

公司分崩离析的消息层出不穷。变更的速度日新月异。看看黑莓（Blackberry）公司。黑莓公司曾经是移动通信市场的王者。没有人看到他们去向何处，只是在一夜之间听到“砰”的一声这家公司就跌入万劫不复的泥潭。那么，即使你作为软件开发者在黑莓从事一份很棒的工作，即使你已经在那里工作了很多年，你也会突然发现自己处在一个风雨飘摇的地方。

事实是，你其实从来就得到过一份稳定的工作。无论你现在身处何处，也不管你希望自己身处何处，你的工作都不会稳定。这就是当今的工作环境的本质，但这是双向的。如今，雇主也不能指望员工永远待在自己公司里。

曾几何时，如果你在相当短的时间内为多家公司工作过，这会是你的简历上的一个污点。如今，这却变成了常态。你越早意识到这一点，对你就越有好处，因为这会对你所作出的选择产生极大的影响。

仔细想想这一点。如果你正在寻求一份工作并且你期望未来 20 年里一直都在这家公司工作，那你做出的决定与你打算只在这里待上几年转身就走时做出的决定是截然不同的。

太多软件开发者的行止举止就像是还生活在 20 世纪 70 年代，而这些早都是明日黄花了。太多的软件开发者想要挑选“稳定”的公司工作，而不是选择更有前途也“风险更高”的机会，因为他们认为大公司不会像创业公司一样迅速崩溃。

这种见解是完全错误的。你必须得接受：当今商业世界从本质上讲就是不稳定，特别是在技术方面。

你随身备有一份“紧急逃生计划”吗？如果你的老板明天走进来塞给你一张粉红纸条，告诉你“你被解雇了”，你可以迅疾开始执行这份计划吗？你可以从 Simple Programmer 上下载一份“紧急求职工具包”，它就像紧急状况下逃生途径一样，让你准确知道你在这种情况下需要做些什么以消除恐惧、建立信心，让你自信满满地处理好任何事情。

不要试图寻找稳定，相反，努力让自己变得更强健有力、适应力更强，这样你就永远不会失业。

工作保障并非来自囤积知识

我们一会儿再谈稳定的问题，在此之前，我想花点儿时间来解释工作保障问题，如果你问我为什么先做这件事，我会说人们为实现工作有所保障而做的一些事情都是本末倒置、愚不可及的。

许多软件开发者在试图获得更多保障的时候所做的最糟糕的事情之一就是囤积知识、有能吝教。他们不会公开分享他们正在学习的东西，也不会教别人如何做好自己的工作，以便在职场灾难突如其来时，生活也会继续下去，他们做着完全相反的事情。他们故意让事情变得复杂，试图确保他们是唯一知道系统如何构建、如何工作的人，他们就是那个知晓如何处理这个险象环生的架构的唯一智囊。他们竭尽所能想营造一种氛围：如果他们真的发生什么意外，世界就会就此彻底毁灭。

好吧，这里我有个消息要告诉你。不管你认为自己有多重要，也不管你认为自己知晓怎样的“机密”，世界都会照常运转。你处心积虑留下的各种痕迹会被清理干净，其他人会被雇来做你的工作，其他人会把所有已知的东西拼凑在一起，最终会弄清楚你是怎么做的。当他们做这些事情的时候，他们意识到其实你所做的事情并没有那么不可或缺，其实他们很久以前就可以摆脱你了（他们本应该早早摆脱你的）。

因此，别这么做。有能吝教并非营造工作保障的方法。这么做只会激怒人们，把你自己搞得一文不值——不仅是对你现在的公司，对其他任何公司也是如此。你本可以把那些时间和精力用在学习新的东西，教会别人你学到的东西从而提高自己的技能，而你却把这些时间和精力浪费在企图抓住一些你无论如何都无法掌握的东西上。

也许你可以使用有能吝教的小伎俩取得些许成功，像绑架人质一样暂时能够要挟一家公司，但最终，他们一定会摆脱你的控制，摆脱你的要挟，直至摆脱你。

你阻止不了进步。

取而代之，要做完全相反的事

具有讽刺意味的是，如果你要想达到最高水平的工作保障，你就得自觉自愿地让你自己变得不那么不可或缺。

我知道这么做似乎看起来会适得其反，而且我也知道许多心怀善意的职场长者可能已经给过你建议：不要泄露你所有的秘密，否则你就不再不可替代了。但是，事实证明，在任何公司里，最有价值的员工都是那些让自己的工作变得无足轻重的人，他们竭尽全力让自己的工作变成自动的，他们会无保留地培训其他员工可以胜任他们能做的事情。

是的，如果你让你的工作变得无关紧要，那你确实无法保住这份工作，但你也不会被解雇。你会被升职的。这才是工作保障的真谛——你所触碰过的一切都变成了金子，所以你会一直被委派去负责越来越多的工作。

你看，作为一个势单力薄地为公司工作的软件开发者，你能做得也只有这么多。你可以成为一个非常优秀的程序员，但是你在一天之内能够完成的工作毕竟还是有上限的。但是，如果你可以帮助你的同伴软件开发者完成更多的任务，或者你可以使你的部分工作自动化从而让你个人不必再去手动完成这些工作，那么你就像是使用到了杠杆的力量，你会比任何单打独斗工作的员工都更加富有成效。

你越多地分享你所知道的，你就会越变得价值连城，这是当今唯一真正实用的工作保障形式。

用能力代替稳定

最终，实现工作稳定和工作保障的最好方法不是在一家稳定的公司获得一份完美的工作，也不是借由只有你才知晓的有关工作的关键秘密把公司像人质一样地绑架起来，而是**通过持续不断地积累知识和毫无保留地分享知识来实现自我价值的增值**。与其靠摆弄政治游戏来保住自己的位置、靠选边站队来赌赢稳定的工作，不如让自己超然于其上，**让自己压根就不需要工作保障或工作稳定这类东西**。

为什么不考虑一下这样的策略：不要把自己的希望寄托在某一家公司或某一家公司的某一份工作上，而是**持续不断地提高自己的能力，让自己在任何时候都能轻松地找到一份新工作**？让自己变得价值连城，以至于每家公司都大声疾呼：“我们要雇用你。”于是，一瞬间，你会发现：工作保障和工作稳定似乎都是愚蠢的想法。

这是更加超卓的策略，因为这个策略依靠的是你能控制的内在的东西，而不是你无法控制的外部因素。

就像我之前说过的，时代变了。如今，工作保障和工作稳定都是错觉。因此，通过提高自己的能力而实现自力更生，这是一种更有利、更明智的策略，不要对任何一种所谓的稳定的工作产生依赖心理。

建立自己的安全防护网

要想不再担心工作稳定性和工作保障的问题，最好的一个方法就是创建属于自己的安全防护网——积攒 3～6 个月的生活费以备不时之需。

令我感到震惊的是，有不少软件开发者（以及其他行业的人士）一直过着“月光族”的生活。这没有任何意义，也没有任何借口。如果你过着“月光族”的生活，你就是把自己置于“重重压力之下”，如果你的生活中有一件事出现麻烦，它就会引发一连串的经济上的问题，直到你眼睁睁地看着自己的生活毁于一旦。

如果你总是靠下个月的薪水支付房租和其他账单，那你当然会对工作保障和工作稳定性这类问题提心吊胆，因为工作一旦丢了就会对你的生活产生剧烈的影响。虽然你不一定想要失业，但是如果你一旦失业，只要你有足够的积蓄来维持几个月的生活开支，失业也不是什么大事，因为你有足够的时间去寻找另一份工作，一份更好的工作。

当然，现在我这么说的时候，大多数人都同意我的观点。他们会点头会意："是的，你说的有道理。"但是他们会告诉我，他们也希望能积攒下几个月的生活费，但他们现在就是做不到。他们给我讲了一些凄凄惨惨的故事，告诉我他们的账单有多少，告诉我他们是如何勉强度日，告诉我一旦他们得到加薪或者偿还了车子的贷款，他们就会开始储蓄来建立他们的安全防护网。

都是扯淡！不管你赚多少钱，你都没有理由无法把收入的至少 10%存入储备账户中！从今天起就开始攒钱！

如果你自认为你负担不起，就说明你的生活远远超过了你的收入。也许你需要找一个小一点的房子，或者老旧一些的车子；也许你应该减掉每周 5 次的外出就餐，也不要再外出看电影；也许你应该取消昂贵的手机数据套餐——也许你可以在没有手机的情况下生活一段时间。

断掉你的有线电视，自备午餐，开便宜点儿的车子住小一点儿的房子……做任何事情来确保你可以省下至少 10%的收入，这样你就可以开始建设自己的储蓄计划了。

如果你从现在开始着手"储蓄 3 个月的生活费"计划，几年下来你就可以达成目标。那样你就再也不用担心工作保障的问题了。这种感觉难道不是很棒吗？难道不值得为此而做出小小的牺牲吗？

在过去的 10 年里，我总是拥有至少维持一年生活开销的储蓄。当你的银行账户里有足够一年的生活费时，你知道你拥有的力量有多么巨大吗？你可以书面告诉你的老板，让他滚得远远的，因为你根本不在乎他，因为你有足够的储蓄花上整整一年的时间去精挑细选另一份工作。（可别真这么做，我可不推荐这么做。）这种感觉棒极了。

另外，你再也不用为解付支票的事情伤脑筋了。

我都不记得我上次解付支票是什么时候的事儿了。这不是因为我很有钱，富可敌国，而是因为我确信我的生活水准远远低于我的收入水平，我永远也不会陷入捉襟见肘的境地。即使我赚的钱比现在要少，但我依然拥有足够的储蓄，我不用担心失去工作，也不用忧虑解付我的支票。

关于这个话题，最好的也是我极力推荐的是《巴比伦富翁的秘密：尘封 6000 年的理财智慧》（*The Richest Man in Babylon*）[①]这本书。我强烈建议你阅读这本书，并且想方设法遵循书中的至理名言。

---

① 这本书的作者是乔治·克拉森（George Clason），他 1874 年出生于美国密苏里州的路易斯安娜市，曾创作出版了一系列以古巴比伦为背景、用寓言体方式讲述关于理财和致富的小册子。在《巴比伦富翁的秘密：尘封 6000 年的理财智慧》一书中他提到了"致富七大守则"。（以上摘编自百度百科）——译者注

向 John 提问：我喜欢你说的，但我不能让我的配偶和我一起同心协力。他/她的开销是失控的。帮帮我吧！

这是一个难题。遗憾的是，没有一个简单的或者可以一劳永逸的解决方案，以下仅为一些一般性的建议。

首先，认识到你不能控制别人，也不能控制他们做什么，即便是你的配偶亦是如此，但是你可以控制你做什么。因此，即使你的配偶可能正在摧毁你各种控制开销的努力，你仍然可以坚持克制与节俭的原则，这至少会对他/她产生一些影响，也会起到榜样的作用。通常，如果想让某人做某事，以身作则是最好的办法。如果你开始在有关金钱的决策上采取更为明智的举动，开始变得更为节俭，那么你的配偶很有可能最终也会养成一些同样的习惯，虽然无法肯定这一点，但至少值得一试。

其次，确保你已经清晰明了地告诉你的配偶，你想要做出怎样的有关财务问题上的转变及其原因。尝试以一种非评判的方式去告诉他/她这些，但是要非常清晰地告诉他/她你想要做什么，一定要从“我打算做什么”的角度来讨论这个问题，而不是“我要求你去做什么”这个角度。你可以问一个问题——“我们如何才能一起实现这个目标？”，这样可以营造出共同进退的感觉。

最后，你需要意识到：你的生活最终应由你自己来主宰。如果你的配偶根本不愿意与你在财务计划上合作，你可能需要重新评估一下你是否想在余生都过着“月光族”的生活。如果你的配偶坚持要买奢侈品或者最新的科技设备，我不能建议你立即离婚，但你可能需要仔细考虑一下你的生活中允许什么出现、不允许什么出现，以及这对你有多重要。你可能需要设定明确的界限，清楚阐述你不会让你的未来财务状况受到损害，清楚阐述你认为你的配偶当前的行为以及应当采取的适宜的行动。

记住，在生活中，对于任何特定的情况，你总归会有以下三种选择：（1）接受它；（2）改变它；（3）远离它。如果你不能接受它或者改变它，你可能就不得不让自己离开它。

拥抱不确定性

在本章的结尾，我会打消你对工作保障和工作稳定性的最后一丝幻想：拥抱不确定性，而不是逃避。

去年，我参加了托尼•罗宾斯最著名的研讨会之一“与命运的约会”。这是一个为期6 天的课程，基本上你可以把课程的内容完全解构，然后再根据你个人的价值观与你对待生活的态度自行重组。

这是一个可以改变生活的大事件，我强烈推荐这个课程。

在这个研讨会上，他说了一些掷地有声的话语，从根本上改变了我看待生活的方式，也从根本上改变了我对稳定性以及确定性的看法。“你的生活质量与你在充满不确定性的生活中感觉到通体舒畅的程度成正比。”直到我听到托尼·罗宾斯的这句话的那一刻，我的生命中我一直都在追求确定的、安全的、稳定的生活。

我竭尽全力想为我的生活、我的经济状况和我的未来建立一圈牢不可破的堡垒。我竭尽全力想实现这个想法，我不能允许任何出乎意料的事情发生在我身上。我想让我的生活之舟永不沉没，所以我梦寐以求的就是每一块甲板都牢不可破。为了达到这个目标，我耗费了大量的时间。但是，我意识到，这种做法实质上降低了我的生活质量。我不仅从整体上降低了我的生活质量，还为了一个不可能达成的目标而枉费工夫。

不管你有多富有，不管你的工作有多体面，也无论你有多想要竭尽全力保全和留住你所拥有的，生活总归有风险。无论你拥有什么，总可能有一些机会被夺走。当你不遗余力想要阻止这一切发生的时候，你将会失去生活的快乐。

相反，我发现，正如托尼所说的，拥抱不确定性，我的生活质量才会有显著的提高，这听起来有些怪诞。当我在自己的生活中实现这个认知上的转变之后，突然间我就没有那么焦虑了。我依然在努力工作，我依然在努力做出明智的决定，但我竭尽所能做好自己该做的，然后把剩下的交给命运。我无法控制命运，我甚至都不想尝试这么做。

当你不去试图控制你无法控制的事情的时候，当你愿意欣然接受任何发生在你身上的事情的时候，你的生活会更加快乐，你自己也会更加愉悦。

因此，我给你的最后一条建议是拥抱不确定性。关于这一主题有一本好书，马克·曼森（Mark Manson）的《重塑幸福：如何活成你想要的模样》（*The Subtle Art of Not Giving a Fuck*）。

是的，提高你自己的能力是一个好主意，这样你就能更轻松地找到一份新工作；让自己在当前的岗位上发挥出更大的价值，这是一个伟大的想法，去分享所有你可以分享的知识，不要总想着藏着掖着；建立起你自己的安全防护网也是一个很棒的主意，这样无论你在财务上遇到什么困难，你总能坦然度过。

但是，即使你做到了上述所有这些事情，你仍然可能遭遇到尼古拉斯·塔勒布（Nicholas Taleb）（我最喜欢的作家之一）所称的“黑天鹅事件[①]”，陡然间失去一切。那么，为什么不接受这种不确定性，把它作为生活的一部分呢？

---

① “黑天鹅事件”（Black Swan Event）指非常难以预测且不寻常的事件，通常会引起市场连锁负面反应甚至颠覆。一般来说，“黑天鹅事件”是指满足以下三个特点的事件：它具有意外性；它会产生重大影响；虽然它具有意外性，但人的本性促使我们在事后为它的发生编造理由，并且或多或少认为它是可解释和可预测的。“黑天鹅事件”存在于各个领域，无论是金融市场、商业、经济还是个人生活，都逃不过它的控制。（以上摘自百度百科）——译者注

第57章

学无止境：培训与认证

我不知道你怎么样，反正我是不喜欢浪费时间，也不喜欢浪费我的钱。当然，想要浪费时间与金钱，方法有很多。拿《魔兽世界》游戏举个例子吧。为了玩这个游戏我浪费了大量的时间和金钱，尽管我猜钱没有那么多，但耗费了大把时间是真的。

我也曾干过浪费大把钞票的事情。早期，在我投资房地产的时候，我支付了 1 万美元的首付给一套原计划应该在那一年晚些时候建造完工的复式别墅。我的房地产经纪人警告我，我的贷款人警告我，连开发公司都说，那家建筑商“没有信誉”。我听了吗？没有。好消息是，我在第二年的纳税申报表中确实申报了 1 万美元的坏账损失。

不管怎么说，尽管本章似乎包含了很多关于我有多蠢的故事（很多），但实际上主题根本不是这个。本章的主题是关于培训与认证的。

真的，你看，你可以在培训和认证上花费（浪费）大量的时间和金钱，却一无所获，或者你可以做出明智的投资，用你的投资获得最大的回报。但是达成这个目的路径并不总是清晰的。因此，让我们说得更明确一些吧。

证书物有所值吗

大多数软件开发者不可避免地总要问到的第一个问题就是，证书是否“物有所值”。这个问题也可以演变为：花费金钱和时间去获证书，值得吗？

关于这个问题，任何优秀的顾问或者律师都喜欢回答：“这要视情况而定。”

这取决于你希望从证书中获得什么。如果你真的希望学到一些有用的东西，使你能够更好地完成工作，让每个在简历上看到你名字后面的大写字母的人都对你心生崇拜，马上就给你提供一份任你随意开价的工作，答案就是“不值得”。是的，不值得。

在我的职业生涯中，我获得过大量的证书，但我可以告诉你，在获得这些证书的过程中，我并没有真正学到任何真才实学。当然，我暂时记住了一些艰深晦涩的 ASP.NET 库调用的确切语法。当然，对各种不同的技术和工具我获得了相当广泛的知识，我还获得了认证，但这却不值一提，就算我自己自学也一样可以轻松获得。

我还发现，拥有证书并不能使我的求职过程变得更加容易。在某些方面，有很多证书还会让面试变得更加困难，因为面试官会自然而然地采取咄咄逼人的态度，询问难题让我领教一下获得了认证是否真的意味着我知道些什么，或者干脆让我坦诚“认证都是胡扯”。这种情况非常有趣，在这种情况下你只能点头微笑。要允许他们把那些因为被误导而导致的愤怒都发泄出来。这不是你的错。

当然，我这并不是说证书全都是一无是处、一钱不值。我只是说，一纸证书本身并不能代表太多的东西，它不会对你的职业发展带来决定性的影响。

John，为什么你还拿了那么多证书

问得好。我很高兴你能问我这个问题。

虽然一纸证书并不一定能给你带来一份优质的工作，但它可以给你带来锦上添花的效果，尤其是当你在申请咨询公司的工作岗位时。

许多咨询公司刚好就是微软的官方解决方案提供商，他们要求雇来的软件开发者要么已经获得了微软认证，要么在被聘用后马上就能通过认证。在这种情况下，已经通过了某项认证（甚至不止一个）将会使你在这样一家公司里找到工作变得轻而易举。

另外，在你的经验还不够丰富或没有大学学位的时候，证书也会对你有所帮助。一纸证书可能不会让某人信服你就是专家，但它会表明你至少对自己正在做的事情有所了解，你还是花了些工夫实际完成了这个认证课程的。如果认证本身直接与某个专业相关，那么证书也可以让你看起来更像是某个专业领域内某个专业方向上的专家。

如果你已经被录用了，认证是一个很好的方式来表明你正在努力提升自我，提高自己的整体技能，所以证书可以帮你获得晋升。

在我职业生涯中的一段时间里，我陷入困境，我发现自己在攀登公司内的晋升阶梯时很艰难，因为我的工作没有挑战性，而且因为我在组织中的职位等级不高，所以我没有什么机会去从事各种更富挑战性的工作。

于是我决定去大量考取微软认证。最终那一年我获得了 6 个微软认证，并且获得了 MSCD 和 MSDBA 认证证书。于是，在绩效考核的时候，我就有了一个很好的理由要求

加薪，要求晋升到一个更高的职位。

虽然我并没有从获得认证中学到很多东西，但我表现出了足够的勇气和决心，这也就是我与众不同的原因。

怎样获得证书

在我的软件开发职业生涯中，我已经完成了许多认证，我可以告诉你，获得认证其实就只有一件事，而且只是这一件事：学会如何通过这项认证的考试。

至少就我所知，为了获得认证，你必须学习如何通过考试，而不是学会培训材料本身。这是认证的缺陷之一，这也是你不需要看重它们的原因之一。一旦通过了认证，你很快就会意识到考试实际上只是在测试你是否有能力通过本次考试，并不是基于你所学到的知识。（我知道有些人会不喜欢我说的话。我承认，可能会有一些认证考试确实已经克服了这个缺陷，只不过我还没有遇到过。）

我很肯定，开创认证考试的人并不是故意如此，但是想要在某种标准化考试中测试某人的编程能力或者某人在某一特定领域内的知识，确实很困难。

不管是什么原因，现实就是：如果你想通过某项认证，那你就需要有针对性地为通过这项认证的考试而学习。*研读所有的学习资料和书籍对你的帮助都不及研习专门为了应试的练习题*。

我发现，Transcender 这样的软件是演练大多数的认证考试最好的途径。在这类软件里的题目与考试中的实际真题看起来非常接近。

别误会，我可不是说因为你就是为了考试而学习，所以你只需要做好考试模拟题就好。你还应该研究一下考试范围内的学习资料和内容，甚至可能需要一本备考书籍。但是，如果你想要通过考试，大部分的保障还是来自使用像 Transcender 这样的软件做好练习题。而且，只要你认为你已经为考试做好了准备，就不要害怕去参加考试。

如果考试没有通过呢？对于大多数认证考试，你可以尝试再考一次，考试费会大大减少甚至免费，而且再考之前你对自己要仔细学习什么内容（考试会考什么）会有更为清晰的了解。

培训怎么样

通常，对增长你的实际知识或技能而言，认证并不是一种有意义的方式，更不是有效用的方式；培训的水更深，更是五花八门、良莠不齐。

有些培训非常优秀，而也有些培训则非常差。优秀的训练可以大大加速你的学习过程，帮你学习一项新技能，或者让你以比自学更快的速度掌握一项新技能。但是，差的培训只会浪费时间和金钱，更有甚者，如果你被灌输了错误的概念，还会对你有害。

最有价值的培训应该是这样一种培训：在培训中，你可以在短时间内吸收到大量的信息与经验，比你自己学习要节省大量时间。

你真正需要追寻的培训，应该是能让你比自己轻易就能学会的更多。例如，假设你正在努力学习一种新的编程语言，如果你能参加一次培训，请一位编程语言专家把你需要知道的最重要的概念浓缩成为期三天的课程，这就可能是非常有价值的，因为这不太可能是你自己轻而易举就能做到的。在连续三天不间断地使用该编程语言的过程中，你还将从沉浸式体验中获益良多。因此，你要寻找的就是这种能为你提供学习捷径的培训。

当我在讲培训课程的时候，我总是试图教给我的学生三件事情：

（1）快速入门的方法；

（2）关于这项技术的用途的总体介绍与概述；

（3）你需要知道的能够利用该项技术应对 80%情况的那 20%知识。

我这么做的目的是加快学生的学习速度，特别是那些如果是他们独自奋战要费劲九牛二虎之力才能掌握的部分。

学习一门新技术，入门总是最为艰难的，所以如果这时有一个人告诉你它的价值，就可以节省你的时间。

同样，当你开始学习一项技术时，很难知道该技术的全部范围，以及那些“对未知的未知”，也就是你还不知道你不知道的东西。通过对一个主题做出覆盖全貌的概述，揭示出技术的范围，通过将“对未知的未知”转化为“对已知的未知”，可以节省大量的时间，即使你陷入困境，谷歌也可以帮到你。

最后，通过教你聚集了一项技术 80%好处的那 20%内容，可以为你节省了大量时间，因为作为初学者，知道什么是重要的很难。

不要忘了把目光投向软件开发以外的领域，去参加一些可以助你在生活的其他方面有所发展的培训。我曾经参加过托尼·罗宾斯（Tony Robbins）在网络营销、健身、商业以及涉及我生活中的其他方面的培训/研讨会。我发现这些培训都是非常有价值的，无论是在个人层面还是在职业层面。

都有哪些类型的培训

通常情况下，培训可以分为两类：线上培训和现场讲师指导的培训。当然，也有混合型的。

线上培训的数目极为庞大，而且收费极低。今天，数目如此众多的高质量培训课程都以线上方式提供，而且还非常便宜，这实在是令人惊讶。无论你想学习什么，都可以找到相应的线上培训。

我对线上培训有些偏爱，因为我曾经为Pluralsight开设了55门线上课程，我强烈推荐所有软件开发者都来订阅这些课程。

在我看来，这是你的软件开发生涯中可以做的最好的投资之一，你能想到的每一个技术主题、每一门编程语言都有大量的线上课程供你选择，而且收费非常之低廉。

其他提供线上培训的网站还有很多，如TreeHouse、Lynda、Udacity和Udemy等。

我自己也有一些更有针对性的在线培训课程，例如：

- 软件开发者如何自我营销；
- 十步学习法；
- 面向软件开发者的房地产投资简明课程；
- 用博客赚钱的10种方法。

当然，你也可以在类似YouTube这样的网站上找到很多优质的免费线上培训课程。

你也可以找到很多传统的现场培训课程，虽然现场培训课程通常有点儿贵，而且还需要更多的时间，因为你必须去某个实际的地点参加培训。尽管如此，我仍然认为传统的现场培训方式不会消失，因为它物有所值。现场培训可以给你提供更多的互动体验，并使你能够与培训讲师、与参加培训的其他人顺畅沟通。

学习的最好方法之一就是形成一个带有反馈环节的闭环，也就是说你可以提问并且即时得到答案；现场培训通常支持这种机制。

虽然，为了要参加现场培训你必须要经常外出，但是这种全身心的投入对快速学习一给主题来说非常有价值，因为你无处可去，所以你可以心无旁骛。

我参加了托尼•罗宾斯的“与命运的约会”研讨会，这是一次完全沉浸其中的体验。在为期6天的时间里，你每天会在研讨会大厅里待上14～16小时。实际上你只有睡觉的时间，甚至连睡觉的时间都很少。但这是一种不可思议的经历，因为你完全沉浸其中。

你可以从阅读托尼的名著《唤醒心中的巨人》（*Awaken the Giant Within*）中获取大量相同的信息以及练习，但当你参加研讨会时，这是一种更富有价值的体验，因为你不得不花上整整6天的时间来训练自己，而且是完全贴合实际的练习。

因此，我大力提倡现场培训，因为这会迫使你全神贯注，让你的全身心沉浸在你想要学习的知识之中。

你通常会发现大量的课程可以提供现场培训的方式，公司通常会请培训讲师来讲授某个特定的主题。此外，许多大型会议在会议正式召开之前或者之后会举办工作坊，会议的一些发言者会就他们擅长的主题提供培训。

充分利用好培训机会

仅仅参加培训是不够的。

“参加培训”可不是说你和某一位专业人士坐在同一间屋子里，你可以拿到上面写有“培训合格”或者“出席培训”字样的一纸证书，这并不意味着你真正学到了任何东西，也不意味着你以任何卓有成效的方式提高了自己的技能。

如果你想从任何培训中得到最为丰厚的收获，那你就必须像托尼·罗宾斯所说的那样，做到“全神贯注”。这意味着，当你去参加一个培训的时候，你不应该只去仔细聆听那些吸引你的内容，也不应该只去参与你感兴趣的练习，相反，你应竭尽所能参与其中。关闭手机，不要去查看电子邮件，也不要试图在培训期间做所谓的“紧急工作”。如果你不能在事关个人发展的事情上抱有严肃认真的态度，那你干脆就不要去参加培训，因为那只会浪费时间与金钱。做不到专心致志，就会心不在焉。

因此，参加培训的第一条守则就是，在你挑选培训课程时一定要仔细。确保这是一次优质的、富有价值的培训，值得你为此花费时间。不要只是因为培训是提供给你的你就去参加，也不要因为培训是免费的或者折扣诱人的你就去参加，或者你觉得你应该“做一些有价值的事情”就草率决定去参加。相反，在参加培训之前，你要对培训精挑细选、仔细评估。

下一步是，提前做好计划。清空你的日程。做好安排，这样你就不会在培训中被打搅，这样你才能真正从培训中获得最大收益。

是的，烦人的事情总是时有发生，但是如果我去参加培训或者做一些重要的事情，我会确保没有人能因那些琐事抓到我。你并没有你想象中那么重要。相信我，没有你，其他人也能应付自如。

最后，当你真的去参加培训时，就像我之前说的那样，要全神贯注。

向 John 提问：你为什么一直三句话不离托尼·罗宾斯，一直把托尼·罗宾斯挂在嘴边呢？他给你灌了什么迷魂汤，让你这么信奉他啊？

哈，我懂你的意思，我懂。

看起来我似乎就是托尼·罗宾斯的铁粉，我在书中穿插了他的内容和培训，也许我这么做可以得到巨大的回扣，又或者是我中的托尼·罗宾斯“毒”。

首先，我推荐托尼·罗宾斯的课程并没有得到任何报酬，至少在撰写本章的时候还没有拿到报酬——我觉得我应该研究制订一个特别的推荐计划。因此，实际上并没有什么经济利益上的原因。

其次，虽然我很喜欢托尼·罗宾斯所说的话，尽管他的书和他的节目也对我的生活产生了非常大的影响，但这并不意味着我 100%赞同他所说的每一句话。例如，对他的很多有关健康和健身的建议我就不敢苟同。

但是，我发现他的话对大多数人来说都是大有裨益的，包括我自己，所以我才会不厌其烦地提到他和推荐他。

在我的生活当中，我并没有把许多人真正列为我自己的导师，但托尼·罗宾斯无疑是我的导师之一。

但是，跟任何人一样，他也有自己的缺点，他也不是一直都百分之百的正确，你不应该盲从他。

让雇主为你支付培训费

培训可能很昂贵。例如，我参加的托尼·罗宾斯的“与命运的约会”研讨会，费用大约是 5000 美元一张票，而且还得我自己支付交通费和住宿费。

因此，想方设法让你的雇主为你支付培训费用也许是一个好主意。（尽管我认为，即使你的雇主拒绝支付培训费用，你也应该心甘情愿地自掏腰包，为自己投资。）

但是，该如何让你的雇主为你支付培训费用呢？很简单。你把培训当作是一项投资，一项会回报丰厚的投资。因此，首先要对培训进行仔细评估，以确保培训必须是物有所值。像 Pluralsight 那样的在线培训，肯定是物美价廉的，不费脑筋就能当即决策。每一个雇主都应该为此而慷慨解囊，让自己的软件开发者能够访问 Pluralsight。

想要证明这项投资的回报非常容易，因为售价极其低廉。你要让你的老板知道，如果他让你拥有线上培训的账号，你就可以迅速学到你需要的任何技术，而不是你自己费尽力气去苦苦搜寻信息，购买书籍再仔细研读，或者自己想方设法去解决这些问题，这可以节省下大把的时间。你也可以将线上培训与现场的面对面授课进行比较，这可以一目了然地展示出购买 Pluralsight 在线课程有多划算。

向 John 提问：你又在喋喋不休地推荐 Pluralsight。这次是因为有经济上的诱因还是说你又是它的铁粉呢？

是的，这一次，两个原因都有一些。

好吧，主要还不是因为我是 Pluralsight 的铁粉，毫无疑问是因为经济上的刺激。我的确可以从推荐 Pluralsight 上得到报酬。这一点我毫不掩饰。

我为 Pluralsight 开设了许多课程，所以如果你去 Pluralsight 观看我的课程，我会从这些课程中获得一定百分比的版税收入。但是，即使我推荐了一大堆人上 Pluralsight，即使你去 Pluralsight 观看我在课程，也不会真的对我的收入有什么重大的影响。

老实说，我在本书中反复提到 Pluralsight，真正的原因就是它提供的在线培训课程质量很高，而收费又很低。我真心认为每个软件开发者都应该订阅 Pluralsight，因为对你职业生涯而言，这是一项伟大的投资。

语言难以表达：对于你能想到的几乎任何技术主题，都能在 Pluralsight 上找到随需应变的培训课程，这是多么价值不菲啊。

因此，是的，我是有些偏见。如果你反对我通过推广 Pluralsight 赚钱，或者仍然认为这是我推荐 Pluralsight 的唯一动机，那就去直接注册吧，不用使用我的会员链接，直接去 Pluralsight 网站上注册，也不必观看我的任何课程。我真心不希望，你因为对我的不信任而错过对你的事业发展如此宝贵的东西。

但是，如果你想让你的雇主为你支付更为昂贵的现场培训费用，包括随之而来的交通费用，那你可能需要更有策略。你可能需要在培训期间做大量的笔记，向团队的其他成员分享你所学到的东西。这样，你就可以将培训费用分摊掉（培训费用除以团队中软件开发者的数量），分摊后的数字也就不至于那么触目惊心了。你也可以谈论培训的预期结果与产出，也就是你预计的培训对公司或企业产生的贡献。

记住，企业有三种方法可以赚更多的钱：

（1）增加客户数量；

（2）增加每个客户的价值；

（3）降低向客户交付和支持产品或服务的成本。

培训怎么能做到这三件事之一或者全部呢？

你也可以询问公司是否有培训预算，如果没有，询问你是否可以申请年度的培训预算。一些公司已经有培训预算，而一些大公司则已经制定了政策：每年要为每位雇员支付一定数量的培训费用。

最后，看看你能否把培训引入你们公司作为内训。看看你的雇主是否愿意组织一场企业内训，支付相关的费用来培训你的整个团队。在这种情况下，你可以减少交通费用，你还可以得到个性化的定制培训，也许还可以雇用培训师额外多做一天的咨询工作。

我自己就经常提供这种内训服务，所以如果你有兴趣，可以询问你的雇主，是否愿意请我去你的办公室直接给你的团队提供培训。

做培训讲师

说到培训，你有没有想过成为那个可以提供培训的人？如果你是一名经验丰富的软件开发者，特别是当你在某个领域有所专长，那你可以去做一名培训讲师，借此提升你的事业，赚取可观的收入。

总归会有公司希望聘请外部顾问和培训师来给他们的软件开发团队进行培训。就像我说的，我提供这种培训服务，收费大约是每天 10 000 美元。

这看似是一个很大的数目，但如果你有一个由 10 名软件开发者组成的团队，那么分摊到每个人的培训费用也就是 1 000 美元，如果你问我，我会说这个数目对个性化的、定制化的培训来说是很划算的。当然，我这么说是有偏见的。

你也可以在大型会议上开设工作坊培训，特别是如果你有一个热门的话题，你可以做定制化的培训。（不过，这么做的话你可能需要和会议的组织者分享收入。）

尽管现在在线培训非常流行，但仍然有很多公司专门提供面对面的培训。他们经常在寻找新的培训讲师，在很多情况下甚至会为你开设的培训提供相关资料。因此，如果你有教学技巧，还有一些专门的技能，你可能应该考虑一下自己去做培训讲师。

关键在于你投入了多少精力

关于认证和培训以上差不多涵盖了我要说的所有内容，但我想强调一个重要观点：关键在于你投入了多少精力。

证书和培训本身并没有价值，就像大学教育并不一定有价值一样。就像生活中的许多事情一样，最重要的是你投入了多少精力，这种努力决定了你从中可以得到的价值。

你去健身房时，不可能只是坐在长凳上和你的朋友聊天，或者在镜子前比画出各种造型，然后就可以拥有强健的肌肉——尽管我知道有很多人尝试这么做过。同样的情况也适用于你的软件开发生涯。因此，赶快走上前去，拿起哑铃、举起杠铃，然后尽情挥洒汗水吧！

第58章

乐此不疲：兼职项目

我不知道还有哪个软件开发者没有考虑过着手启动一个兼职项目。

在我的整个职业生涯中，我做过很多不同的兼职项目。我应该更明了地说明一下，在我的职业生涯中我曾经启动过许多兼职项目。老实说，这些项目中大多数都没能得以完成。老实说，这些项目中大多数都没能真正启动过。

你看，梦想和目标之间还是有很大距离的。梦想是你追逐的东西，目标是你要去做的事情，也是你能实现的东西。

以前我就是个梦想家，前我追逐各种梦想……想法。我一直都在规划一些兼职项目，但我一直都没有去实施它们。事实上，当我追忆逝水流年中我的职业生涯时，我要追溯到那个时刻，那是一个转折点，在那一刻发生了巨大的转变，那个转折点就是我完成了自己的第一个兼职项目。

那时，我想学习 Android 开发，我计划创建一个 Android 应用程序，于是我下定决心去开发一个名叫 PaceMaker 的应用程序，后来由于商标纠纷，我最终将它命名为“Run Faster”。（这个故事说来话长。）

向 John 提问：我就喜欢听长篇故事，所以我才拿起这本大部头的书。

满足你的愿望。

最初，我开发了一个 Android 应用程序 PaceMaker，后来又开发了它的 iOS 版本。我从没有对商标或者名称做过任何调研，因为我真的没有想过这件事儿，我都认为这件事儿不值一提。

这个应用程序的功能是根据你设定的目标速度值，告诉你你跑步的速度是太快还是太慢。如果你太慢，它会告诉你“加速”；如果你太快，它会告诉你“慢下来”。

刚开始，这款应用卖得很好，*Shape*[①]杂志都介绍过这款应用。这款应用卖出了很多副本；后来我的产品进入了衰退期，每周只能卖出四五份。（实际上，直到现在，每月我仍然可以从这款应用程序赚到 30～50 美元，尽管这款应用已经有好几年都没有更新过了。）

有一天，我收到了一封电子邮件，来自一家开发 DJ 软件的公司，而且他们的软件名字也叫 PaceMaker。他们拥有 PaceMaker 的商标注册权，他们要求我更改我的应用程序的名称。

我不确定如果我回答“不”会有什么法律后果，也不确定他们是否真有证据，因为我的应用程序是一款跑步用的应用，而他们的是音乐领域的应用；但我决定，我能做的最明智的事情就是向他们索取补偿，因为更改应用名称很麻烦，因为我还要把与 PaceMaker 相关的电子邮件地址、Twitter 账户等都转给他们。

你可能会认为“他们不可能为他们已经拥有合法权利的商标付钱”，但你错了。

我不会在这里讨论谈判的具体细节，我只想说，我得到的补偿金额非常值得我花点儿时间在应用程序商店中快速更改名称，以及更改 PaceMaker 在 Gmail 账户上的密码。

然而，刚开始时我在这个项目上的工作过程，就跟先前我那些虎头蛇尾的兼职项目一样，很快我就感到索然无味了，决定放弃。但后来发生了一些事情。让我没有放弃，而是埋头苦干。当时，我对自己说，“John，你一定要完成这个应用程序，把它放到 Android 应用商店里。不管花费多长时间，你每天至少都要花 1 小时来完成这个应用，一直到彻底完成为止。”

从那一刻开始，一切都变了。从那一刻开始，我成了“终结者”。顺利完成这个兼职项目之后，机遇之神接二连三地眷顾我，我完成了其他许多兼职项目，最终成就了今天的我，这是我从来都未想到过的——写书，制作视频，拥有自己的公司，实质已经退休。

既往以来，15 年左右的工作经历对我的事业产生的影响也没有我善始善终完成这个兼职小项目产生的影响那么巨大。

时至今日，那个兼职项目仍然挂在 Google Play 商城上。事实上，还有一个 iOS 版本。我已经有几年没再更新它了，但它仍然每个月给我带来那么一点点收入，借此不断地提醒我：那个小小的兼职项目对我的职业生涯是多么的重要。

兼职项目应该常伴左右

毋庸置疑，兼职项目是你提升自己软件开发者职业生涯的最佳方式之一。

---

① *Shape* 是一本妇女健身和美容杂志，1981 年由韦德出版公司创办，拥有 11 个国际版本，是全美销量最大的健康类杂志之一。——译者注

我已经告诉过你我的故事，那个小小的 Android 应用如何改变了我的生活与职业生涯，其实即使是我在 Run Faster 之前开始做的那些更小的虎头蛇尾的兼职项目，也帮我提高了自己的软件开发技能，让我学习了新技术，有时甚至还能赚一点儿外快。

我最早的一个兼职项目是一款应用于 Palm 个人数字助理平台的一个试用装应用程序，我称其为 MaLi（Magic the Gathering Life Counter）。它是用 C 语言编写的，最后在我自己在 Ssmoimo 上开的网站上被卖掉，赚了大约 5 美元。使用 WayBack 机器，你可以浏览我创建的网站，甚至可以下载一个旧版本的 MaLi。我从做这个兼职项目中学到了很多。

我学习了平面设计——用 Photoshop 来创建我的标志（logo）以及网站的图片。我学会了如何创建一个 GIF 动画。我学会了网页设计的一些技巧。我还不得不学了一点 Perl 语言编程，这样我就可以创建一个 CGI 脚本来处理 PayPal 上的付款，可以向其他人自动发送一个注册码来解锁注册版本的应用程序。我甚至不得不学习了如何实现一个粗陋的副本保护和注册系统，以及如何在网络上实现基本的电子商务。

虽然我没有借由这个兼职项目发大财，但我拓展了各种各样的技能，这些技能对我的职业发展帮助巨大。最重要的是，我对自己的编程能力有了信心。我凭借一己之力创建了自己的应用程序，并想出了在网上销售它的方法。

这就是一个兼职项目的力量：你学习了新技能，实践了现有的技能，挑战了新的方法，培养了对自己能力的自信心。

一个为期 6 个月的兼职项目可能带给你的经验，相当于你在朝九晚五的全职工作中好几年才能积攒下的经验。不仅如此，每一个项目都像一张小小的乐透彩票，每个人都有机会从中获得巨大的经济利益，特别是在你成长和学习的过程中。

这就是我建议所有真正有志于提升自己职业生涯的软件开发者一定要有一些兼职项目常伴自己左右的原因。

挑选一个兼职项目

因此，现在也许我已经说服你了，你应该启动一个兼职项目，但是你可能会对如何挑选一个兼职项目感到迷惘。我们很容易受困于试图寻找完美无缺的想法，但最终却没有把任何东西付诸实践。

还记得我们是如何谈论梦想和目标之间的区别吗？要促使某事成为一个目标，那它就必须是具体的。你需要搞搞清楚你要做什么，然后就着手开始行动。

我强烈建议你从一些很小的东西开始。从一个非常简单的兼职项目入手，确保你知道自己可以轻而易举完成这个项目。也许，你应该挑选一些最多只需要几个星期或者一个月的时间就可以完成的小项目。

为什么一开始要挑选一些小东西入手？原因在于：*大多数人都很擅长欺骗自己*。他们习惯于违背自己的承诺和誓言，以至于失去了信任自己的能力。然而，他们之所以违背诺言，是因为他们试图着手处理那些体量过大、投入过大的项目（甚或是生活上的变化）。

他们的企图逾越了自己的能力范围，这会导致他们失败或放弃，于是他们创造了这样的模式：持续不断地让自己失望，因为他们失去了信任自己的能力。也许你现在正深陷于这个泥潭之中。在我的生命中，我也确实有过这样的经历。

打破这一循环的最好办法是做出小的承诺并切实履行这些承诺。（我们将在本章稍后的“成为终结者”一节中更深入地讨论这一点。）因此，从一个非常小的、不是那么激进的兼职项目开始吧。从那些你确信自己可以胜任并且可以完成的事情开始吧。

事实上，我通常建议，大多数软件开发者要去完成的第一个兼职项目就是那些已经存在的项目的复制版本。

当我第一次学习游戏编程的时候，我并没有试图去完成一个萦绕在我脑海之中的游戏杰作，因为那个游戏需要三年时间才能完成。恰恰相反，我对一个乒乓游戏做了一个非常简单的克隆。

不要担心复制，这与抄袭是不一样的。不知你注意到没有，应用商店里到处都是其他游戏和应用程序的复制版本。只不过它们并非完全的抄袭，注意你的复制版本也不要做成完全的抄袭。

如果你不必既要设计软件又要构建软件，那么你的项目就变得容易许多，成功的可能性也会提高许多。开始的时候只是从构建软件入手，慢慢地，当你在完成兼职项目上经验更加丰富、更加信任自己的时候，你就可以既设计又构建一些新的东西。

一旦你可以完成了一些小而简单的兼职项目，并且夯实了你对自己的信任，此时也许就是时候选择更为雄心勃勃的项目了，但我还是会把我的雄心壮志限制在一个能在三个月内完成的项目上，或者至少第一个版本是可以在三个月之内完成的。

未来，如果你总能不断地创建兼职项目、完成不同版本，那么，伴随着时间的推移，也许你能像我一样把兼职项目做成自己的全职工作。但是，对于每一个版本/项目，你应该尽快完成它，这样你就可以测试想法，从中获取好处，而不是拖延了很多年之后无疾而终。

让兼职项目服务于至少两个目标

我是一个“多重目标工作机制”的超级粉丝。多任务处理很糟糕，很难操作，而且最终会让你的效率低下。（当然也会有一些例外。）但是，多重目标工作机制就能达到一举多得的目的。这种方法简直完美无缺。

你会问："什么是多重目标工作机制？"顾名思义，多重目标工作机制就是你只做了一件事情（在本节中，我们可以说是"完成了一个兼职项目"），但是可以完成一个以上的目标。以本书为例。我正在写的这本书，由许多篇幅不大（博客帖子一样大小）的章组成，为什么呢？

首先，我想保持每天至少写1000个英文单词的写作习惯。我不只是随手写写东西。我想，我必须要写一本书。但是，写一本书需要很长的时间，通常报酬又不是很丰厚，在你能完成它（如果你能完成的话）并且实际卖出之前你得不到任何回报。因此，我想，我怎么能更多地利用"多重目标工作机制"更好地完成它呢？

然后，我意识到：我可以先把这本书的每一章都当作一篇博客文章去写，这样当我写完所有内容之后，我就可以再把所有的章节都汇集成一本书。我认为这是一个很棒的方法，可以增加我的博客的电子邮件注册数量。所以，这个"写本书的兼职项目"（这的确是一个兼职项目，因为我每天只写作1小时）可以用于以下目的。

（1）保持每天写1000字的习惯。

（2）可以写出一本完整的著作。

（3）当我出售本书时，可以增加额外的收入。

（4）为我的博客创建内容。

（5）增加注册人数。

在我看来，这实在是一本万利的事情。我从写作本书中得到了很多好处，因为我已然采用结构化的"多重目标工作机制"来构造它从而达成了多个目标。

但这还不是全部。我可以通过以下方式进一步实现多个目标：

- 出售本书的电子版；
- 出售本书的印刷版；
- 出售本书的音频版；
- 制作一些视频，然后出售本书的豪华版（把以上所有版本全部囊括其中）；
- 使用各章内容来创建 YouTube 内容。

因此，你看到了，即便是选择一个小型项目去完成，你也要想方设法让它满足多个目标。

也许，你可以在你自己的兼职项目中，将下列目标组合在一起：

- 学习一种新的编程语言；
- 学习新的框架；
- 实践并掌握现有的技能；
- 创建一个应用程序，解决你当前的某些问题；
- 创建一个应用程序，解决你或者别人的某些问题；

- 创造额外的收入来源；
- 在你的面试材料中使用它；
- 作为博客内容；
- 创建一个应用程序，以便于展示视频内容；
- 利用该项目指导别人；
- 利用该项目得到别人的指导；
- 加强自己的自律性；
- 尝试一种新的时间管理技术；
- 结交新朋友；
- 了解一下你感兴趣的行业；
- 完成学院或大学的作业；
- 其他。

整装待发

在开始编写代码之前，或者做任何事情之前，规划好你要做什么是非常重要的，即决定最终目标是什么。

通常情况下，如果一个项目无法最终完成，是因为它缺少三样重要的东西。

- 目标，即完成的标准。
- 截止日期。
- 设置好项目工作的时间间隔，并且形成一个制度。

你需要做好这三件事才能成功。

从定义好项目的终极目标开始。你将使用怎样的标准来判断自己的项目已经完成，或者至少可以交付了？定义好项目的最小功能特性集合，这也是项目成功完成的一部分。项目的范围稍后可能会有所增加，你可以再创建新项目以便将新的功能特性集成到现有项目之中，但请一定确保给项目圈定一个初始的范围，这一范围将确定该项目何时“完成”。

接下来，*设定最后期限*。要有进取心，但也不要过于激进。选择一个你认为自己可以完成的最后期限，给自己一点缓冲时间，但不要太多。如果你给自己太多的缓冲时间，那你就会拖延。有了最后期限，你就会产生紧迫感，这有助于你以更严肃认真的态度对待自己。

当我说“我将在今年年底前之前写完这本书”的时候，我就是在设定目标，这也是我做出的承诺。我不能拖拖拉拉、磨磨蹭蹭地写这本书，因为我设定的最后期限不仅要对我自己负责，而且我已经昭告天下了。

最后，你需要制订一个制度和一份进度计划，用于管理这一兼职项目的进展。

我在《软技能：代码之外的生存指南》的第四篇“生产力”中讨论了如何给自己创建各种制度，如定额工作法等。这里我不再赘述，但请一定要确保你给自己定了某种制度，将如下事项定义妥当：

- 明确规定你每天或每周要花多少时间在该项目上；
- 明确规定你在哪些时间点上会花时间在该项目上，并且写在你的日历上；
- 明确定义跟踪工作任务的过程。

良好的制度是成功的关键。本书能够得以完成也是得益于制度。我承担的每个成功的项目都是由自定义的一项制度来驱动的。

坚持不懈

说到制度，让我们谈一谈：为了能够让你的兼职项目得以真正完成，并且能够保障你可以从中有所收获，你可以做的最重要的事情之一就是坚持不懈。

这意味着你不能只在心情好的时候才去做这个项目，因为在很多时候你都不胜其烦。这也意味着你要制订一个工作计划，哪怕身在地狱，哪怕洪水来临，你都要坚守这个计划。

我在生活中所能享受到的任何真正的成功，其衡量标准都源自坚持不懈。我的体型保持得不错，看上去很帅，这要归功于我在节食和锻炼身体方面坚持不懈。（如果你想知道，我会告诉你，我每天只吃一顿饭，一周跑 65 公里，每周举重 3 次。）我没有放纵过自己哪怕一天，在这一点上我是很认真的。我坚持写这本书，写博客文章，制作 YouTube 视频，我几乎对任何我想在生活中完成的事情都要持之以恒。所有这些小事叠加在一起才成就了大事[①]。

再伟大的城墙也是由一块一块完美无缺的砖头砌成的。坚持不懈才是关键。如果你想要完成你的兼职项目，那就要学会坚持不懈，锲而不舍。

向 John 提问：你说你不曾放纵过自己哪怕一天。这怎么可能呢？难道没有什么事情能破坏你完美的日程安排吗？

我从不错过一天的一个主要原因是我提前做好计划。

如果我知道有什么事情会让我无法进行锻炼，或者让我无法录制我的 YouTube 视频，或者让我无法写作本书中的某一章，或者会阻碍任何我列入正常计划里的其他事情，那我会在我的日历上指定一个替代时间。

① 荀子《劝学》里有一句，“不积跬步，无以至千里”，可以为作者的这段话做出最好的诠释。——译者注

> 每当我旅行时（这是非常频繁的），我总是提前做好我在旅行期间的锻炼计划：我要在哪一天的什么时候去健身，我要什么时间去哪里跑步，我要怎么把我的 YouTube 视频录下来。
>
> 有一份计划是很必要的，一份计划会真正帮你做到坚持不懈，但你也必须要提前计划好计划什么时候会被打破。

成为终结者

相信我，你一定想成为终结者。我成为终结者之后，我的生活彻底改变了。

“行百里者半九十”，能做到善始善终实在不易。

我的衣橱里有一条跆拳道的黄色腰带、一些破旧的足球鞋、一把吉他，还有冲浪板等。我把它们都称为“最接近成功的破碎梦想”。我们每人可能都有一个。我们都开始做了一些事情，但是我们一直没看清楚结局。我们都怀着最大的希望启动了项目，但几周甚至几天后就放弃了。

从现在起再也不要这么行事了！今天，下定决心成为一名终结者！下定决心：*不管要做哪个项目，也不管你有多讨厌它，只要你开始去做某些事情，你就一定要善始善终地完成它，即使这会要了你的命。*

正是这种态度改变了我的生活。现在，除非我打算有头有尾地做一些事情，否则我永远不会开始。即便我再不想完成这件事，我也会坚持到底。要不是我下定决心要采取这种态度，我就永远不会完成我的第一本书，也不会在 Pluralsight 上完成 55 门课程、完成多个产品、练出来 6 块腹肌或者其他很多事情。

虽然我并不能把我手中的每一个项目都点石成金，但是我可以告诉你，它们都完成了。

> **向 John 提问：我如何处理在项目中“卡住”的问题？也就是说，当我不知道下一步该做什么或者不知道该如何解决问题的时候，我该怎么办？**
>
> 在大多数情况下，你只需要继续前进，即使是在你知道你的解决方案或者你的答案不是最佳的时候。找到完美的解决方案，确实很难，相信我。虽然我倾向于完美主义，但完美是优秀的敌人。
>
> 如果我因为不知道该写些什么，或者因为我找不到完美的句子导致自己被“卡住”，那你今天就不会读到这本书了。折中的结果是，本书的某些部分并非像我期待的那样完美，但这本书可以按时完成并且交付给读者。

就算一个项目完成了 99%的任务，如果它不能被交付，那么它的价值也是 0%。与其让自己深陷于你想要解决的问题中不能自拔（因为你正试图给问题找到完美的解决方案），还不如放下包袱继续前行——这几乎总是更为更好的策略。

通常情况下，你必须砥砺前行，怀揣着对美好前途的预测，兴许还得加上希望和祈祷。有时你的预测可能是错的，那样你肯定会屡屡受挫。

因此，如果你觉得自己被困住了，首先要做的就是评估你是真的“被困住”了，还是你只是在等待一个完美的解决方案。如果你仍然感到前进受阻，无所适从，那就试着开始考虑下一个最小步骤，并且立即着手实施这个步骤，即使你感觉不太对。

在你不能顺利解决问题的时候，可以寻求帮助，然后跳过它继续前进。

并非所有的问题都必须要解决。有时候，你只需要做出前途美好的预测，并接受结果，因为你知道，有些事情总比没有好。

从兼职项目中赚钱

在本章行将结束的时候，让我们讨论一下你该如何从自己的兼职项目中赚钱——是的，没错，我说的就是“你”。

首先，**我建议你要从任何一个兼职项目中都能找到一些赚钱的方法，哪怕只能赚到蝇头小利**。如果你必须要为自己的应用程序定价，那就定成 99 美分吧，但一定要把它上传到应用商店里。

如果你需要把该应用程序定为免费，那你可以在应用程序中添加一些广告，也可以给这个应用程序做一个试用版本、一个付费版本。至少也要设置一个“打赏”按钮吧！从一开始就要尝试着找出一些方法，能为项目变现。

如果你正在创建一个博客，你可以考虑参加我的“从你的博客中赚到钱的十种方法”（10 Ways to Make Money From Your Blog）短训班，其实我觉得，这个短训班上讲到的许多概念同样适用于其他许多场合。

另外，我已经说过了，记着要现实一点，**你并不能指望从你的兼职项目赚大钱**。是的，我知道，你会觉得“我的项目无与伦比”，而且很可能事实也的确如此，但不要指望着你能从中赚到大钱，至少在一开始时赚不到。日积月累之后，你也许能赚到一些钱，但这也有赖于你在一开始就想出某种可以赚些钱的办法。

如果你完成了多个项目，那么随着时间的推移，通过不同的现金流你的收入会大大增加。

重要的是一定要考虑一下上面我说的这一点。你不是 Twitter，你也不是某个有着天马行空的想法但却有资金资助的初创型公司——它们一开始只需要努力吸引用户就好，但接下来就得为如何真正赚到钱而忧心忡忡。

勇敢迈出第一步

希望你现在已经有了一个很好的想法，已经想好了要启动一个兼职项目，什么该做、什么不该做。衷心希望你已经感到备受鼓舞，打算立即开始动手。

就像我说的，我认为所有的软件开发者都应该有一些兼职项目。只要记住：从小项目开始，记住承诺和完成，你就会很好。你需要时时确保你能从自己倾情投入时间和精力的兼职项目中真正获益（而且不止一种）。

祝你好运，万事如意！

第59章

开卷有益：推荐阅读的好书

我喜欢读书，这不是秘密。

每周我会跑步65公里，跑步的时候对我来说就是学习时间。我每周花8小时看书或者在跑步和开车时听有声读物。一年内阅览超过50本书对我来说是一件很轻松的事情。

我在生活中所取得的绝大部分成就，可以直接归功于我读过的书。我从未有过真正的导师。当我想学习如何投资房地产时，没有人向我展示其中发诀窍，我得自己弄明白，是书帮了我大忙。在我第一次想学习编程时，我也没有真正的导师。我不认识任何程序员，我那时只是个孩子。于是，我求教于书。当我在自己的软件开发职业生涯中衔枚疾进的时候，我依然没有机会求教于人，于是我求教于更多的书。

创办一家企业——书对我鼎力相助。学会股票交易——靠的是书。改善我的生活，让我更加自律，培养自尊，培养意志力，乃至于塑身健体，无一不是书的功劳。一切一切都是书的功劳。（我也曾屡屡遭受蹶踣，但都很快爬了起来。）

也许你像我一样，没有机会接触到一位真正的导师可以指导自己走上编程与生活的道路。衷心希望本书能够有助于你达成这一目标，因为人生旅程没有终点，从来没有终点。

这就是我决定在本书里列出我最喜欢的书的清单的原因，这样你就可以创建属于自己的虚拟导师。对我来说，列出几百本书的想法很诱人，但是为了节省篇幅我对书单一再做了减法，只保留了我认为最好的书。但是，如果你想下载我推荐的所有最具影响力的书籍的完整书单（按照不同主题分类列出），你可以移步去浏览我的博客。希望你喜欢。

关于写出好代码的书

身为软件开发者，你应该对怎样编写优质代码特别感兴趣，因为这是软件开发者最基本的技能之一。

下面是关于这个主题我认为最好的一些书，这些书对我的职业生涯产生了重大影响，直接提高了我编写的代码的质量。

《代码大全（第2版）》（*Code Complete: A Practical Handbook of Software Construction, Second Edition*）

这是一本关于如何编写优质、整洁、易于理解、不需要过多解释就可以清晰表达代码含义的基础性经典书籍。

它从根本上改变了我编写代码和创建软件的思维方式。它讲述了如何调试代码，如何创建高质量的软件，以及软件开发者都应该理解的其他许多主题。

虽然这本书在方法论上有点儿过时，但对每一位严谨的软件开发者来说，它仍然是一本必读书籍。

《代码整洁之道》（*Clean Code: A Handbook of Agile Software Craftsmanship*）

这是我最爱的一本书之一，作者是我在软件开发行业最喜欢的导师之一——罗伯特·马丁（Robert Martin，“鲍勃大叔”）。

这本书教你如何编写整洁、高度可被理解的代码，书中还包含重构既有代码的实例。书中描述的原理和最佳实践从本质上讲是永恒的，大大有助于理解用任何编程语言编写的代码。

《代码整洁之道》弥补了《代码大全》在方法论上有点儿过时的不足，这本书中描述了如何以敏捷方法开发与维护软件。

《敏捷软件开发：原则、模式与实践》（*Agile Software Development, Principles, Patterns, and Practices*）

这是“鲍勃大叔”的另一本著作，这本书更聚焦于面向对象编程。

这本书的主题非常广泛，涵盖了敏捷方法及其应用，面向对象的设计原则、设计模式等内容，所有内容都附有精彩的示例。

必须知道的书

身为软件开发者，你需要了解很多事情。虽然我在这本书中已经就这些事项的基本知识做了简要概括，但是下面的书将带给你更深入的理解，并对我没有讨论的几个领域做了补充。

《设计模式》(*Design Patterns: Elements of Reusable Object-Oriented Software*)

这是一部经典著作，放在今天仍然不过时，因为你通常从正在维护的代码中看到它的设计模式，或者从正在编写的代码中领会到一些模式。

每一个软件开发者至少应该理解本书中提出的基础的经典设计模式。

《计算机软件测试》(*Testing Computer Software*)

对全面了解什么是软件测试而言，这是另一本必不可少的经典著作。

这本书涵盖了每一个软件开发者都应该了解的有关测试与测试方法的基本知识。

《算法导论》(*Introduction to Algorithms*)

这本书读起来不轻松，需要一些数学功底，但它是当今软件开发领域关于常用的现代算法的最好的书之一。

每一位软件开发者都应该熟悉这些算法。

《企业应用架构模式》(*Patterns of Enterprise Application Architecture*)

这本书囊括了如何编写健壮的大规模应用程序所需要的一切知识。

尽管这本书重点是企业级应用系统，但是书中的许多原则与模式适用于任何类型的大规模软件应用。

处理既有代码的书

作为软件开发者，你最常做的事情之一就是处理和维护不是由你编写的代码，即遗留代码。

幸运的是，关于这个话题有一些很优秀的书。

《重构：改善既有代码的设计》（*Refactoring: Improving the Design of Existing Code*）

维护遗留代码的一项基本技能就是重构。重构就是改变代码的结构但不改变代码的功能。这本书涵盖了你需要知道的每一种主要的重构模式。

现在，这些重构工作中大部分已经不再需要手工完成，因为它们被集成到 IDE 之中，但是这本书教你这些重构模式的内涵，以及如何在需要的时候实现这些重构模式。

《修改代码的艺术》（*Working Effectively With Legacy Code*）

它被认为是学习如何处理和维护遗留代码的最好的一本书。

它涵盖了在处理遗留系统时你需要考虑的每一个主题，包括安全地重构、标识要修改代码的地方、处理非面向对象系统等。

我强烈建议每个软件开发者都阅读这本书，不止一次。

《重构与模式》（*Refactoring to Patterns*）

通过重构来清理遗留代码的最佳方法之一是简化代码，尤其是当遗留代码是一个烂摊子的时候。

本书以循序渐进的方式向你展示如何复用既有代码，如何使用软件开发中常见的设计模式重构代码。

这并不意味着你应该把代码中的每一个位都重构其设计模式，或者在一个简单的解决方案就能奏效的情况下还要强行使用过度复杂的模式，这本书的内容肯定在很多时候会派上用场。

培养自己成为优秀开发者的书

身为一名优秀的软件开发者，不仅需要你能编写出优质的代码，也不仅需要你具备技术能力。对程序员而言，形形色色的软技能对你的成功也是至关重要的。

下面几本书将有助于开发者技术技能之外的成长与发展。

《软技能：代码之外的生存指南》（*Soft Skills: The Software Developer's Life Manual*）

当然，我必须把我的书包含在内，这是我为满足软件开发者发展软技能的需要专门写的一本书。

这本书的内容涵盖了职业生涯规划、自我营销、学习、生产力、理财、健康和健身等多项内容，甚至包括如何掌控心理和心态。

我认为每位软件开发者都应该读这本书，虽然我这么说是因为我有些偏爱。

《程序员修炼之道：从小工到专家》（*The Pragmatic Programmer: From Journeyman to Master*）

这是一本非常流行的编程书，它基于一些经验丰富的软件开发者的智慧，讲述了所有有关软件开发者如何推进职业生涯的事情。

这本书非常有趣，可读性强，书中描述的都是在软件开发中真实困境中的真实故事。

《我编程，我快乐：程序员职业规划之道》（*The Passionate Programmer: Creating a Remarkable Career in Software Development*）

这本书里充满了实用的建议，对你作为软件开发者的职业生涯规划，以及应对你不可避免要面对的斗争，都大有裨益。

这本书的内容包括学习如何提升你的技能，如何改变你的态度，如何保持积极性，如何充满激情地生活，当然，还有关于如何推进你的事业发展的内容。

厚植自己人文素养的书

这是一批我难以割舍的书。

这方面的书我有好多，因为我的人生使命就是发展我自己，然后帮助别人实现个人成长；所以我摘选出其中最优秀的书和我认为会特别帮到软件开发者的书。

我本想限制在 3 本，后来实在无法抗拒，增加到 4 本。

《如何赢得朋友及影响他人》（*How To Win Friends & Influence People*）

从这本书开始吧。这是有史以来写得最好的关于如何与他人互动的书之一。

不要让书名或者书的年代欺骗你。这是一本经典书，经常出现在许多成功人士的图书排行榜上。我每年至少读一次这本书，有时候读两次。

关于这本书，我怎么夸奖都不为过——它改变了我的人生。

As a Man Thinketh

这是一本短小精悍的书，也是一本老书，但却极其有效。

这本书中呈现的心态就是在生活中取得成功必需的心态。这本书集中描述了你的思想，以及你如何选择去感知这个世界，而你对世界的感知又最终决定了你的生活和世界会是什么样子以及它又会变成什么样子。

Maximum Achievement: Strategies and Skills That Will Unlock Your Hidden Powers to Succeed

如果我不得不只能选出一本关于个人发展的书，那就是它了。为什么呢？

这本书里有许多概念，而这些概念来源于有关这一主题的其他经典书籍，然后以一种简洁和清晰的方式加以解释。这本书涵盖了有关个人发展的广泛主题，为你提供了许多货真价实的建议。

《我的人生样样稀松照样赢："呆伯特"的逆袭人生》(*How to Fail at Almost Everything and Still Win Big*)

选出最后一本推荐的书是很困难的。还有那么多优秀的有关个人发展的书籍，但我只能选择这一本了，因为它的作者不是别人，正是斯科特·亚当斯，就是"呆伯特"的创作者。但他的成就远不只这些。

这本书阐述了一种生活哲学，让你不由自主地成为人生大赢家。我从来没有料到这么一位留着一头尖尖头发的老板卡通人物会有如此智慧，但这本书却做到了。（如果你真的想看看斯科特·亚当斯的书会多么深奥，你真的想烧一烧脑，我建议你看看他的另一本名著，《上帝的残屑：对复杂世界的另类思索》（*God's Debris: A Thought Experiment*）[①]。不过，别说我没有警告你。）

培养自己成为优秀开发者的书就介绍到这里，不过，关于个人发展和成长可以阅读哪些书这一主题，我可以写上整整一本书。

深入挖掘类的书

有时候，作为软件开发者，深入挖掘是一件既有趣又富有启发性的事。

---

① 斯科特·亚当斯（Scott Adams）的第一本非关呆伯特、非关幽默的著作。他自己说，这是147页的思想实验书，专门用来激荡脑力。——译者注

我说的深入挖掘是什么意思？我的意思是通过抽象概念和剖析事物来理解事物是如何运作的。当然，为了完成我们的日常工作，我们并不需要知道 CPU 是如何工作的，也不需要了解操作系统的底层细节，但是，有时挖掘这些细节是很有趣的。

因此，如果你想深入挖掘下去，这里有几本书可以推荐给你，它会带你达到你渴望的深入程度，满足我们那种孩子般的好奇心。

《编码的奥秘》（*Code: The Hidden Language of Computer Hardware and Software*）

这本书填补了我在计算机硬件、底层计算机科学与计算机体系结构概念上的许多知识空白。这本书最好的一点在于，它的描述方式十分有趣，充满娱乐、易于消化。

我强烈建议每位软件开发者都来阅读这本书，并不是因为你需要了解本书的内容，而是因为你学习这本书中的内容会带来很多乐趣。

另外，你会以一种无法想象的方式理解计算机与代码。

《计算机程序的构造和解释》（*Structure and Interpretation of Computer Programs*）

这是一本深奥的关于编程的书籍，尤其当你读完这本书并开始做书中的所有练习的时候。

我认为你会发现这些经验是大有裨益的，它可能会改变你的思维方式和编程方式，特别是如果你从未被听说过函数式编程的概念的话。

《程序员面试金典》（*Cracking the Coding Interview: 150 Programming Questions and Solutions*）

如果你想在微软或者谷歌这样的大公司里找到一份工作，这本书是必须要读的。如果你想通过白板面试，也就是说你必须编写一个解决方法以解决一些算法问题，必须读这本书。

这本书几乎涵盖了所有需要解决的计算机科学中难度很大的算法类型的程序，而这些内容在编码面试中恰恰是经常要被问到的。这本书涵盖了基础类型的算法与数据结构，还提供了实践性问题，可以助你一臂之力。

如果你想深入学习如何解决算法类型的编码问题，这本书就是你需要的。

《计算机程序设计艺术》（*The Art of Computer Programming*）[①]

我可以推荐一本我从未读过的丛书吗？当然可以。

---

① 本书作者高德纳（D. E. Knuth）是在计算机学界享有很高权威和盛名的殿堂级人物，他的这部著作是无数计算机专业人员的学习教材和参考读物，也是许多专业研究工作者经常阅读的经典。本书已被翻译为几十种文字在世界各地出版。——译者注

这一套四卷版的鸿篇巨制是我列为“有一天要读”的书，但我迄今为止还没敢触碰它。为什么？因为读这套书是一项巨大的事业。

这套书深入细致地讲述了计算机科学的算法，都不是些简单的东西。如果你真心想要深入学习算法，而且你已经准备好了去面对烦琐的数学问题，那就去读这套书吧。

让我知道你阅读时情况如何。祝你好运。

《编译原理（第2版）》（*Compilers: Principles, Techniques, and Tools, Second Edition*）

这本书被称为“龙书”[①]，理由很充分。

这本书描述的都是神秘深奥的内容，深入到编译器和操作系统的领域。

这本书中的有些信息可能有点儿过时了，但是如果你真的对编译器是如何工作的感兴趣，并且可能想自己编写一个编译器的话，请仔细阅读这本书。

娱乐消遣类的书

尽管我同意，你可能会认为深入算法或编译程序的领域既有趣又好玩，但我不得不承认：并非所有的软件开发者都是如此。

因此，我要向你展示的是我认为大多数软件开发者都会觉得非常有趣和好玩的书。每个人的兴趣点不尽相同。

《哥德尔、艾舍尔、巴赫——集异璧之大成》（*Gödel, Escher, Bach: An Eternal Golden Braid*）[②]

我第一次听到这本书是因为有人说他们希望能在第一次读罢这本书之后再读一遍。这就足以让我购买和阅读这本书了，果然没有令我失望。

它不是计算机科学或者编程的书，但是有许多与编程相关的概念，深入研究了充满矛盾和似是而非的逻辑领域。

---

① 在业界，编译原理有所谓“三大圣经”之说，分别是作者此处提到的“龙书”《编译原理》（*Compilers: Principles, Techniques, and Tools*）、“虎书”《现代编译原理：C 语言描述》（*Modern Compiler Implementation in C*）和“鲸书”《高级编译设计与实现》（*Advanced Compiler Design and Implementation*）。——译者注

② 这本书的作者是侯世达。这是在英语世界中有极高评价的一部科普著作，曾获得普利策文学奖。“集异璧”源自数学家哥德尔、版画家艾舍尔、音乐家巴赫的名字的首字母——GEB。值得一提的是，这本书的中译本的翻译工作前后费时十余年，译者都是数学和哲学的专家，特别是在原作者的帮助下，译者把西方文化的典故和说法尽可能转换为中国文化的典故和说法，这部中译本甚至可以看作一部新的作品，这也是中外翻译史上的一个创举。（以上摘编自百度百科）——译者注

Magic 2.0 系列

我没有读过几本小说，但这个系列书吸引了我，因为它们把 D&D 元素与计算机黑客、时间旅行等内容完美结合起来。它们很有趣。

再声明一次：我没有读过几本小说，但作为一名程序员，我真的很喜欢这个系列的书，所以我在这里推荐它们。

《火星救援》（*The Martian*）①

就像我说的，我没读过几本小说，但我读这本书是因为它是程序员写的，我喜欢空间探索，而且很多人一直都在谈论这部小说。

这部小说没有让我失望。这本书非常有趣、惊险刺激，而且很烧脑。这本书里的每一个情节我都非常喜欢。

《雪崩》（*Snow Crash*）

这是我要推荐的另一本我还没有读过的书，但我保证我已经把它添加到我在亚马逊上的愿望清单里了，我很快就要去读这本书啦。

就小说类书籍而言，这可能是最受欢迎的书。因此，我觉得如果我没向你推荐这本书的话，我会对不起你。

许多开发者喜欢并推荐这本书，所以我打算把它留在这个书单中。

励志类的书

生活中，没有什么可以真正替代被人踢屁股的感觉。我们正是在逆境中学会了无惧困难和坚毅顽强。

生活会给你带来巨大的压力。生活有时会很残酷、很沉重。你会失去前进的动力。你会选择放弃或者逃避。

如果你遇到这些状况，下面这几本书会对你有所帮助。

《反障碍：如何从障碍中获益》（*The Obstacle is the Way*）

今天，我的生活中心是围绕着斯多葛学派哲学的，而这本书是我接触到的第一本斯多葛学派哲学的书。

---

① 作者是安迪・威尔（Andy Weir）。2015 年这本书被改编为电影《火星救援》。——译者注

这本书的主要观点：所有发生在你身上的坏事情都不能打败你，反而可以促使你变得更加强大，帮助你找到正确的道路。

这些观点大多来自斯多葛学派哲学，它们是使用历史故事来证明的。

The 10X Rule

这本书的作者是格兰特·卡登（Grant Cardone），在我读了他的这本书以及下一本我要推荐的书之后，我很快把他当作为我人生中最伟大的榜样之一。

这本书告诉你，如何设定比你的目标还要高 10 倍或者更高的目标，以及如何投入比你想象的还要多 10 倍的努力来实现这些目标。它教会你如何能够并且应该采取大规模行动以获取成功的生活。

这本书一定会触动你，我保证。

Be Obsessed or be Average

你周围有没有人说你很痴迷，你的做事方式不够健康，因为你工作太过辛苦了？这本书将教会你如何礼貌地回击他们，然后继续燃烧你的激情。

这本书谈到：你可以利用驾驭自己的力量来达到任何你想要去的地方。它还谈到：有些人会试图击垮你，你该如何跟他们打交道。

The War of Art

这本书至少我读过十几次了，这本书实在是太棒了。

这本书的主要论点：坐下来开始着手做某项工作的时候，你会意识到它总是很难的，你往往会觉得没有动力，但作为一个专业人士，你无论如何都要坚持下去。

这本书帮我开发出适合我自己的工作守则以完成了我的第一本书，而且这个守则还在继续帮助我写你正在读的我的这本书。

这本书教会我们：每当我们试图以各种方式成就更好的自己时，如何以不屈不挠的精神克服生活当中我们所面临的重重阻力。

另外，它写得很富有诗意，所以读起来令人兴趣盎然。

读书吧，我的朋友

到此我的推荐就告一段落，上述所有书应该能够让你忙上一段时间了。如果你把这份清单上的所有书都读完，我保证你的人生会得到极大的改善。但热爱读书的旅程不应该就此结束。如果你还没有养成阅读的习惯，我会向你发出挑战。

世间好书如此众多，很难把我喜欢的东西浓缩到这一张书单上。

这里我还有最后一些建议来助你一臂之力：一定要确保你把时间花在读好书上。要去寻找那些别人强烈推荐的书。手边永远有一份阅读清单，也就是你想读的下一本书是哪一本，只有这样你才不会为“寻找一本好书”而感到困惑。

如果可以的话，你可以利用有声读物。这样，当你跑步、走路、举重、开车或做其他活动的时候，你都可以很容易地聆听一本有声读物。花点儿钱定购这样的内容，别害怕买的书太多了。

最后，把你所学到的东西付诸行动。知识不付诸实践，就毫无价值。不要只看书，要照着书中的内容去实践。想一想如何将你所学的东西运用到你自己的生活当中。

也许有一天，你自己也可以写一本书。

第60章

余音袅袅：结束语

我都不敢相信我们都到“结束语”了。我说“我们”，是因为如果你伴随着我一起读完这本数十万字的书，你也应该得到赞扬。所以你大可以祝贺一下自己——你要知道大多数人购买了一本书甚至永远都不会打开它，即使是那些打开了书去读的人，大多数也就是看看第1章就搁置一旁了。

但是，在你对自己表达祝贺之前，我想提醒你，“阅读”和“实践”之间还存在着巨大的差异。每次我签售我的第一本书《软技能：代码之外的生存指南》，我几乎总会写下“Take Actions”（采取行动）这句话[①]。当人们问我为什么要写这句话，而不是更能招人喜欢的话（例如，“Joe，你太棒了，继续哦。”）的时候，我会告诉他们，如果看完一本书而没有采取行动，那这本书也不过只是文字而已。

所以，我鼓励你去做的事情就是——采取行动。

我尽力做了我能做的事情。我已经尽力向你提供了我关于软件开发，以及关于如何做一名成功的软件开发者的所有知识，但我能做的也仅此而已。我只能帮你到这里了。剩下的就要看你自己了。因此，我要向你发出挑战，或者说，我恳求你，不要让这本书只是成为你读过的一本书而已。不要把“我不知道该做什么”作为你不想坚持前行的借口。

现在，你已经知道该做些什么了。

如果你想入行成为一名软件开发者，你已经知道该如何起步了。你已经知道你都需

① 这一点我可以作证。作为John的第一本书《软技能：代码之外的生存指南》的译者，我和John在2016年7月间肩并肩坐在一起签售了大约500本这本书的中文版，John在每一本书的扉页上给读者写下的都是“Take Actions”，除了他给我签名的那一本。——译者注

要掌握哪些技能，你也知道如何选择编程语言，以及如何开始学习，你还知道上大学、去编程训练营或者自学这三种方式各自的利弊。

如果你需要找到第一份工作，或者找到一份新工作，你也知道该怎么做了。你已经知道了怎样寻找实习机会，你也知道了有经验该怎么找工作、没有经验又该怎么找工作。你知道如何创建一份赏心悦目的软件开发方面的简历，如何面试、如何谈判薪酬和加薪，甚至包括怎样辞掉一份工作，以及在职业生涯的中期如何从其他职业转入软件开发领域。

虽然我不能告诉你作为软件开发者你需要了解的所有细节，但是你对各种基础知识已经有所了解，从开发类型到测试和质量保证类型，从方法学、源代码控制到最佳实践、代码调试等。你已经知道了，身为开发者如何工作，以及如何通过选择以积极的态度来改善自己的工作环境，而不是一味指责生活或环境。你知道如何与自己的同事和老板相处，如何平衡自己的生活，如何与团队协同工作，如何展示和推销你的想法，甚至包括如何着装。你知道如何获得晋升，如何与那些试图让你沉沦的人打交道，以及如何领导他们。

最后，你知道如何将事业带到下一个层次——如何推进自己的事业。你知道建立声望，以及所要付出的代价。你知道如何经营自己的人脉，如何构建自己的技能，如何让自己更加专业化，如何创建博客，以及如何让你名扬四海。你知道自己的选择，知道自己可以选择的职业发展道路，无论是攀登公司阶梯还是作为自由职业者超然于外。

因此，对你来说，“缺乏知识”至少不能再作为一个借口。

当然，*知道要做什么与知道该怎样付诸实践之间，还存在着巨大的鸿沟。*

我们谁都不知道改变如何发生，所以我们必须运用自己所拥有的知识，尽最大的努力去应用这些知识，相信这个过程，知道途中会经历一些失败，但是只要我们重新站起来再去尝试，只要我们永不放弃，成功终将会到来。

因此，现在是时候采取行动了——改变你的生活，选择成功。

你可以在读完这本书之后，说：“这本书不错，这里有很多很好的建议。”然后，就没有然后了。你也可以把这本书看作是你人生中的转折点。这时，你就会说：“我受够了。我想要更好的东西，我想要更多的东西，我想成为更优秀的人。”

我鼓励你努力做到后者。这就是人生中那个短暂而又辉煌的瞬间——在我们把自己的愿望和野心转化为决心的那一瞬间，一切终将不同。

现在，这就是属于你的时刻。现在，这就是属于你的机会。生命中这样的机会并不常见——有人在你耳边低语，告诉你：“去做些事情吧。现在就去做！”因此，扬起风帆，给自己设置好新的标准，为你的职业生涯，为你的人生方向，为任何你想要到达的彼岸，设置好航线吧。

就在今天，就在此刻，立即采取行动！

最后一个请求

如果不太麻烦的话，在我放你走之前，我想请你帮个忙。

不管你从事什么工作，传播爱、分享知识吧。如果你从本书中得到了任何收益，请把你的收益传递给其他可以用到它的人。

当然，如果你想让他们受益更多，决定把我的书当作礼物送给他们，我会感激不尽。我写这本书是为了改变一个人的生活。因此，如果它对你有所影响，我的请求就是——你要成为改变别人生活的一部分，无论是微小的改变还是巨大的改变。所有这些小的改变叠加在一起，这个世界就会变得更加美好。

但是，改变只能始于你采取行动，然后告诉别人如何做同样的事情。因此，我真诚地感谢你阅读这本书。我祝福你在身为软件开发者的职业生涯中，以及在你的生活中，都可以取得辉煌伟大的成功。即使没有人相信你，即使你也不相信自己，我也相信你。

因此，走出去，去征服世界吧！你可以在我的博客上找到我，继续我们的旅程。